磷资源开发利用丛书

总主编 池汝安

副总主编 杨光富 梅 毅

磷矿物与材料

第 5 卷

黄志良 胡 朴 陈常连 黄江胜 王树林 编著

科学出版社

北 京

内 容 简 介

本书是湖北三峡实验室"磷资源开发利用"丛书第5卷。本书共5章，第1章系统介绍了磷灰石结晶矿物学特征，阐述了中国磷灰石矿物资源分布特征、磷灰石结晶矿物学特征、磷灰石光性矿物学特征以及磷灰石矿物研究和表征方法。第2章介绍了磷灰石的比较晶体化学特征。第3章分别介绍了湖北、云南、贵州等地磷矿工艺矿物学，系统总结了其地质矿产特征、矿石自然类型与工业类型、矿石的矿物成分和化学成分、矿石工艺性质、矿物的嵌布嵌镶特征和单体解离度。第4章详细探讨了锶羟基磷灰石的制备及形貌控制机理，提出模板诱导/均相沉淀法制备不同形貌的锶羟基磷灰石，分析反应过程中物相转化和结晶控制机理，为锶羟基磷灰石的可控制备提供理论指导。第5章主要介绍了磷灰石矿物材料的功能开发，包括磷灰石固体碱催化功能材料、化学分离功能材料、生物功能材料、智能传感材料、除镉环境功能材料，展现了其广阔的应用领域。

本书可作为从事磷矿物、磷化工、生物与材料等专业研究与生产的高等院校师生、科研院所的科研人员及企事业单位技术人员的参考用书，以期有所裨益。

图书在版编目（CIP）数据

磷矿物与材料 / 黄志良等编著. — 北京：科学出版社，2025.1
（磷资源开发利用丛书 / 池汝安总主编）
ISBN 978-7-03-076702-8

Ⅰ. ①磷…　Ⅱ. ①黄…　Ⅲ. ①磷矿床 – 研究 ②磷灰石 – 矿物 – 材料 – 研究
Ⅳ. ① P619.2 ② P578.92

中国国家版本馆 CIP 数据核字（2023）第 199623 号

责任编辑：刘翠娜　崔元春 / 责任校对：王萌萌
责任印制：赵　博 / 封面设计：赫　健

科 学 出 版 社 出版
北京东黄城根北街16号
邮政编码：100717
http://www.sciencep.com

北京中科印刷有限公司印刷
科学出版社发行　各地新华书店经销
*
2025年1月第 一 版　开本：787×1092　1/16
2025年7月第二次印刷　印张：18 1/2
字数：450 000
定价：**260.00元**
（如有印装质量问题，我社负责调换）

"磷资源开发利用"丛书编委会

顾　问

孙传尧　　邱冠周　　陈芬儿　　王玉忠　　王焰新　　沈政昌

吴明红　　徐政和　　钟本和　　贡长生　　李国璋

总　主　编

池汝安

副总主编

杨光富　　梅　毅

编　　委（按姓氏笔画排序）

丁一刚　　习本军　　马保国　　王　龙　　王　杰　　王孝峰

王辛龙　　卞平官　　邓军涛　　石和彬　　龙秉文　　付全军

朱阳戈　　刘　畅　　刘生鹏　　汤建伟　　孙　伟　　孙国超

李　防　　李万清　　李少平　　李东升　　李永双　　李先福

李会泉　　李国海　　李桂君　　李高磊　　李耀基　　杨　超

杨家宽　　肖　炘　　肖春桥　　吴晨捷　　何　丰　　何东升

余军霞　　张　晖　　张　覃　　张电吉　　张道洪　　陈远姨

陈常连　　罗显明　　罗惠华　　金　放　　周　芳　　郑光明

屈　云　　胡　朴　　胡　清　　胡岳华　　段利中　　修学峰

姚　辉　　倪小山　　徐志高　　高志勇　　郭　丹　　郭国清

唐盛伟　　黄年玉　　黄志良　　黄胜超　　龚家竹　　彭亚利

虞云峰

"磷资源开发利用" 丛书出版说明

　　磷是不可再生战略资源，是保障我国粮食生产安全和高新技术发展的重要物质基础，磷资源开发利用技术是一个国家化学工业发展水平的重要标志之一。"磷资源开发利用"丛书由湖北三峡实验室组织我国 300 余名专家学者和一线生产工程师，历时四年，围绕磷元素化学、磷矿资源、磷矿采选、磷化学品和磷石膏利用的全产业链编撰的一套由《磷元素化学》《磷矿地质与资源》《磷矿采矿》《磷矿分选富集》《磷矿物与材料》《黄磷》《热法磷酸》《磷酸盐》《湿法磷酸》《磷肥与磷复肥》《有机磷化合物》《药用有机磷化合物》《磷石膏》《磷化工英汉词汇》组成的丛书，共计 14 卷，以期成为磷资源开发利用领域最完整的重要参考用书，促进我国磷资源科学开发和磷化工技术转型升级与可持续发展。

　　磷矿是不可再生的国家战略性资源。磷化工是我国化工产业的重要组成，磷化学品关乎粮食安全、生命健康、新能源等高新技术发展。我国磷矿资源居全球第二位，通过多年的发展，磷化工产业总体规模全球第一，成为全球最大的磷矿石、磷化学品生产国，形成了磷矿开采、黄磷、磷酸、无机磷化合物、有机磷（膦）化合物等完整产业链。但是，我国仍然面临磷矿综合利用水平偏低、资源可持续保障能力不强、磷化工绿色发展压力较大、磷化学品供给结构性矛盾突出等问题。为了进一步促进磷资源的高效利用，推动我国磷化工产业的高质量发展，2024 年 1 月，工业和信息化部、国家发展和改革委员会、科学技术部、自然资源部、生态环境部、农业农村部、应急管理部、中国科学院联合发布了《推进磷资源高效高值利用实施方案》。

　　湖北三峡实验室是湖北省十大实验室之一，定位为绿色化工。2021 年，湖北省人民政府委托湖北兴发化工集团股份有限公司牵头，联合中国科学院过程工程研究所、武汉工程大学和三峡大学等相关高校和科研院所共同组建湖北三峡实验室，围绕磷基高端化学品、微电子关键化学品、新能源关键材料、磷石膏综合利用等研究方向开展关键核心技术研发，为湖北省打造现代化工万亿产业集群提供关键科技支撑，提高我国现代化工产业的国际竞争力。

　　为推进磷资源高效高值利用、促进我国磷资源科学开发与利用，湖北三峡实验室组织编撰了"磷资源开发利用"丛书，组织了 300 多位学者和专家，历时数年，数易其稿，编著完成了由 14 个专题组成的丛书。我们相信，该丛书的出版，将对我国磷资源开发利用行业的产业升级、科技发展和人才培养做出积极贡献！本书可为从事磷资源开发和磷化工相关行业生产、设计和管理的工程技术人员及高等院校和科研院所的广大学者和学生提供参考。

杨志富

2024 年 1 月

序

　　磷矿资源作为地球上不可再生的重要矿产资源之一，在农业、工业、环保等诸多领域具有不可替代的作用。随着全球人口的不断增长和科学技术的迅猛发展，人类对磷矿物的需求越来越多，磷资源的开发与利用面临着前所未有的挑战。如何科学合理地开发和利用磷矿资源，提升其附加值，拓宽其应用领域，是当前科研和产业界亟待解决的重要课题。

　　《磷矿物与材料》正是在这一背景下应运而生的。该书作为"磷资源开发利用"丛书的重要组成部分，立足于磷矿物的基础研究与应用开发，系统阐述了磷矿物结晶矿物学特征、工艺矿物学特征，以及磷灰石的比较晶体化学特征。尤其是该书针对羟基磷灰石的制备与形貌控制机理展开了深入探讨，为相关领域的研究者提供了宝贵的理论依据和技术指导。值得一提的是，该书不仅从基础研究入手，全面解析了我国相关地区磷灰石矿物的资源分布与特征，还特别关注了磷灰石矿物材料的功能开发。书中，作者团队详细介绍了磷灰石在催化、生物、环保等方面的广泛应用，展示了这一重要矿物材料的巨大潜力。这些内容的编写无疑为磷矿物材料的研究与应用提供了新的视角和思路。

　　该书的作者团队由在磷矿物研究领域具有深厚造诣的专家学者组成，他们凭借多年的科研积累，结合前沿研究成果，将磷矿物领域的最新进展与实践经验融入其中。不仅使该书在内容上极具权威性和科学性，也为从事磷矿物研究、开发和应用的科研人员、高校师生提供了重要的参考资料。作为一部专注于磷矿物材料的学术专著，该书的出版具有重要的现实意义和学术价值，不仅为磷矿企业和科研机构提供了理论支持和实践指导，也为磷矿物及其材料的未来发展指明了方向。相信该书的问世，将对推动磷资源的高效开发与可持续利用，促进相关领域的科技进步，产生深远的影响。

　　在此，我谨向该书的作者团队表示诚挚的敬意，并预祝《磷矿物与材料》一书在磷资源研究与应用领域取得广泛的关注与认可，为我国乃至全球磷矿资源的科学开发与合理利用做出积极贡献。

中国工程院院士

2024 年 9 月 5 日于武汉理工大学

前　言

本书是"磷资源开发利用"丛书之一。

本书以磷矿物资源为研究对象，以磷矿物结晶矿物学特征及工艺矿物学特征为研究基础，以磷灰石的比较晶体化学特征为研究特色，以羟基磷灰石的制备及形貌控制机理为研究目的，以具有生物、化学分离、环保（除镉）、固体碱催化等功能的材料制备与开发为研究重点，将这一系列成果汇编成此书，以期对磷矿企事业单位科研人员及从事磷矿物、磷化工、生物与材料专业的大专院校的师生具有参考价值。本书第1章系统介绍了磷灰石结晶矿物学特征，阐述了中国磷灰石矿物资源分布特征、磷灰石结晶矿物学特征、磷灰石光性矿物学特征及磷灰石矿物研究和表征方法。第2章介绍了磷灰石的比较晶体化学特征。第3章分别介绍了湖北、云南、贵州等地磷矿工艺矿物学，系统总结了其地质矿产特征、矿石自然类型与工业类型、矿石的矿物成分和化学成分、矿石工艺性质、矿物的嵌布嵌镶特征和单体解离度。第4章详细探讨了锶羟基磷灰石的制备及形貌控制机理，提出模板诱导/均相沉淀法制备不同形貌的锶羟基磷灰石，分析反应过程中物相转化和结晶控制机理，为锶羟基磷灰石的可控制备提供理论指导。第5章主要介绍了磷灰石矿物材料的功能开发，包括磷灰石固体碱催化功能材料、化学分离功能材料、生物功能材料、智能传感材料、除镉环境功能材料，展现了其广阔的应用领域。

本书第1章由陈常连、黄志良、王树林撰写；第2章由黄志良、胡朴、王树林撰写；第3章由胡朴、王树林撰写；第4章由黄江胜撰写；第5章由黄江胜、胡朴、王树林撰写。

这里要感谢湖北三峡实验室对本书的资助。

由于作者水平有限，书中难免有不足之处，恳请广大读者批评指正。

2023 年 12 月

目　录

第 1 章

磷灰石结晶矿物学特征

1.1 中国磷灰石矿物资源分布特征

越来越多的证据表明，不同聚磷期形成的磷矿在空间上呈线性带状分布，这种线性带状分布受古大陆伸展构造作用形成的盆地（简称伸展盆地）沉积所控制。本书将中国磷矿划分成四个聚磷成矿带。通过构造解析发现，伸展盆地具有增生和扩展作用。根据伸展盆地的增生和扩展作用特征及聚磷成矿带的时、空分布规律，指出找寻新的磷矿区的方向。

1.1.1 四个聚磷成矿带的特征

根据中国磷矿的空间分布特征可以将其分为以下四个聚磷成矿带。

A 带：集安—浑源—固阳—喀什东西向聚磷成矿带；

B 带：浑源—黎城—峨眉山—昆阳北东向聚磷成矿带；

C 带：锦屏—合肥—宿松—大悟—贵阳—开阳北东向聚磷成矿带；

D 带：南京—中余—凤台—鲁山—宁强—永昌北西西向聚磷成矿带。

古元古界—上震旦统含磷地层对比见表 1-1～表 1-4。

表 1-1 古元古界含磷地层对比表

界	辽宁	吉林	内蒙古	时限
古元古界	宽甸群	集安群	渣尔泰群	2200～1800Ma
	砖庙组	清河组	增隆昌组	

表 1-2 中元古界含磷地层对比表

界	河北		内蒙古		吉林		辽宁		苏北		皖中		皖南		鄂东北		时限
中元古界	大红峪组	长城系	尖山组	白云鄂博群	珍珠门组	老岭群	大石桥组	辽河群	锦屏组	海州群	铜山组	巢县群	柳坪组	宿松群	黄麦岭组	红安群	1900～1100Ma

表 1-3　下寒武统含磷地层对比表

统	阶	云南	四川	贵州	湖北	新疆、甘肃、内蒙古	华北			时限
下寒武统	龙王庙阶	○	○	○	○	○	○			
	沧浪铺阶	○	○	○	○	★	辛集组	侯家山组	苏峪口组	600～585Ma
	筇竹寺阶	★	★	○	○	○				
	梅树村阶	中谊村段	麦地坪段	戈仲伍段	天柱山段	肖尔布拉克组	★			615～603Ma

注：★表示磷酸盐地层；○表示无磷层位。

表 1-4　上震旦统陡山沱组含磷层对比表

统	云南、贵州、湖北、湖南、江西、陕西、河南	四川	浙江	时限
上震旦统	陡山沱组	观音崖组	三里亭组	850～700Ma

1. A 带

该带呈东西向狭长带状展布，发育于北纬 45°～55°。东至吉林集安，延入朝鲜境内；向西经浑源、固阳至新疆喀什北部，延入哈萨克斯坦共和国境内。从东向西已发现的磷矿有：吉林集安小黄沟磷矿、辽宁宽甸杨木川磷矿、内蒙古布龙图磷矿、甘肃方山口磷矿、新疆柯坪地区磷矿。

根据聚磷期的不同，A 带可划分成以下三个聚磷段。

1）古元古代聚磷段（A-1 段）

空间上分布于 A 带东端，东至吉林集安，向西终止于辽宁营口。在我国境内该矿带长约 300km，宽 20～40km，为伸展盆地早期产物。含磷层为古元古界宽甸群砖庙组和集安群清河组（表 1-1）。此岩系遭变质作用，经原岩恢复，为一套陆源碎屑碳酸盐岩夹火山岩沉积建造。

2）中元古代聚磷段（A-2 段）

空间上分布于 A 带东端及中部，东至吉林通化，经辽宁、河北至内蒙古乌拉山北，全长约 1700km，宽 50～80km。为伸展盆地中期产物。含磷层在辽宁、吉林一带为辽河群大石桥组及老岭群珍珠门组；在河北一带为长城系大红峪组；在内蒙古一带为白云鄂博群尖山组。这些聚磷层位的对比见表 1-2。此岩系均遭变质作用，经原岩恢复，为一套陆源碎屑 - 火山岩、砂质、碳泥质、碳酸盐岩沉积建造。

3）早寒武世聚磷段（A-3 段）

空间上分布于 A 带西端，东起甘肃方山口一带，向西至新疆喀什北部柯坪地区，全长约 1500km，宽 200～400km，为伸展盆地晚期产物。含磷层位于肖尔布拉克组底部，属梅树村阶（表 1-3）。很可能还存在属沧浪铺阶的含磷层，相当于哈萨克斯坦共和国卡拉套地区的楚拉克套组，含磷岩系为一套泥质、硅质、碳酸盐夹火山碎屑岩沉积建造。

2. B 带

该带总体呈北东向展布，走向上具折线变化，在浑源至黎城段走向南北；在陕西宁强至四川峨眉山为北东向，在峨眉山至昆阳、个旧又转南北。此带向北与 A 带在浑源相接，向南经河北、山西、山东、陕西、四川至云南延入越南境内。昆阳磷矿、德泽磷矿、雷波磷矿形成于此聚磷带上。

根据聚磷期不同，B 带可划分为以下两个聚磷段。

1）中元古代聚磷段（B-1 段）

空间上分布于 B 带北端，走向南北，北至山西浑源，南至山西黎城，全长 700km，宽约

100km，为 B 带伸展盆地早期产物。含磷层为长城系大红峪组（表 1-2），为一套陆源碎屑碳酸盐岩沉积建造，此聚磷段与 A-2 段属同期形成。

2）早寒武世聚磷段（B-2 段）

空间上分布于 B 带中部及南端，走向北东—南北，北至陕西宁强、南至云南个旧、昆阳。全长约 140km，宽 200 ～ 300km。含磷层为下寒武统梅树村阶（表 1-3），含磷岩系为陆源碎屑碳泥质、硅质、碳酸盐岩沉积建造。越南境内的哥克桑相当于此层位。

3. C 带

该聚磷带呈北东向展布，向北延至江苏锦屏，向南经安徽肥东、宿松，湖北黄梅、大悟、宜昌、襄阳，湖南石门，贵州瓮安，延至贵州开阳。从北向南已发现的磷矿有：锦屏磷矿、肥东磷矿、宿松磷矿、黄梅磷矿、黄麦岭磷矿、瓮安磷矿、开阳磷矿。

根据聚磷期不同，C 带可划分为以下两个聚磷段。

1）中元古代聚磷段（C-1 段）

空间上分布于 C 带北端，为伸展盆地早期产物，向北至江苏锦屏，向南至湖北大悟，其间受郯庐大断裂的影响，在大悟至黄梅一带走向北西西，在黄梅以北走向北东，呈 "V" 形带状分布。全长约 800km，宽几十至上百千米，含磷层在江苏一带为中元古界海州群锦屏组，皖中为巢县群铜山组，皖南为宿松群柳坪组，鄂东北为红安群黄麦岭组（表 1-2）。含磷岩系均遭变质作用，经原岩恢复，为一套陆源碎屑碳酸盐岩夹锰质层沉积建造。

2）晚震旦世聚磷段（C-2 段）

空间上分布于 C 带南端，北至湖北荆襄经宜昌、湖南石门、贵州贵阳至开阳，全长约 1400km，宽 200 ～ 400km。含磷层为上震旦统陡山沱组（表 1-4），含磷岩系为陆源碎屑碳泥质、硅质、碳酸盐岩沉积建造。

4. D 带

该带呈北西西向展布，东至江苏，向西经浙江、安徽、河南、陕西至甘肃永昌、山丹一带。目前发现的主要磷矿有：南京泰山铁磷矿、中余磷矿、凤台磷矿、鲁山辛集磷矿、永昌磷矿、山丹磷矿。D 带在中部与 B 带、C 带相交接，同时受郯庐大断裂的影响。

根据聚磷期不同，D 带可以划分为以下三个聚磷段。

1）晚震旦世聚磷段（D-1 段）

空间上分布于 D 带东端，东至南京泰山铁磷矿，西至安徽凤台磷矿。全长约 200km，宽约 100km，主要含磷层为上震旦统陡山沱组（表 1-4），含磷岩系同 C-2 段。

2）早寒武世聚磷段（D-2 段）

空间上分布于 D 带中部及西端，东至安徽凤台，向西经河南鲁山、陕西宁强延至甘肃永昌、山丹一带，全长 1600km，宽约 100km，含磷层为下寒武统沧浪铺阶的辛集组及其相当层位的苏峪口组，含磷岩系属陆源碎屑碳酸盐岩沉积，并伴有膏盐沉积。含磷层位见表 1-3。

1.1.2　大陆伸展盆地的形成证据

（1）四个聚磷带均表现为空间上的线性带状分布，不同聚磷期形成的磷矿严格发育于同一聚磷带上，这表明其沉积环境是一个窄长的断陷海盆。

（2）聚磷带两侧均为古隆起。例如，A-3 段，北侧为阿尔泰古隆起，南侧为塔里木古隆起；A-1 段与 A-2 段，北侧为内蒙古隆起，南侧为胶辽古隆起；B 带与 C 带，东侧为华夏活动隆起，西侧为康滇古隆起，北侧为古华北隆起，南侧为江南古隆起。这些隆起实际上为构造抬升区，古隆起之间为一系列正断层形成的地堑盆地，一定时期的海侵形成了古海盆地，反映了岩石圈的伸展作用。

（3）伸展盆地内含磷沉积建造是一致的，均为陆源碎屑碳酸盐岩建造，夹火山岩、碳泥质、锰矿层、硅质层。分布稳定，厚度大。这反映了大陆伸展盆地聚磷沉积作用的特色。

1.1.3 伸展盆地的增生和扩展作用

1. 伸展盆地的增生

A 带上，A-1 段与 A-2 段东端平行排列。形成的原因是在伸展作用早期，即古元古代形成了 A-1 段盆地，伸展作用到了中期，即中元古代，在 A-1 段盆地北侧演变成 A-2 段盆地。伸展盆地的这种侧向演变称为盆地增生。

同样地，早寒武世的 B-2 段是晚震旦世 C-2 段向西增生的结果，从而 B-2 段与 C-2 段平行排列。

2. 伸展盆地的扩展

同一聚磷带上，不同聚磷期形成的磷矿在空间上自东向西（A 带和 D 带）或自北向南（B 带和 C 带），含磷层逐渐由老至新发展，这种现象是伸展盆地在走向上从早到晚扩展的结果。

A 带上，伸展作用早期即古元古代形成 A-1 段；中元古代扩展形成 A-2 段（西部）；早寒武世扩展形成 A-3 段。

B 带上，伸展作用早期即中元古代形成 B-1 段；早寒武世扩展形成 B-2 段。

D 带上，则由 D-1 段扩展为 D-2 段。

扩展作用导致伸展盆地的宽度有规律地演变，从早到晚，盆地宽度变宽。例如，A 带上，A-1 段宽 20～40km，A-2 段宽 50～80km，A-3 段宽 200～400km；B 带上，B-1 段宽 100km，B-2 段宽 200～300km；C 带上，C-1 段宽几十千米至上百千米，C-2 段宽 200～400km。

扩展作用还导致盆地沉积建造的演变。例如，B 带上，北段四川雷波、汉源、绵竹磷矿主要为碎屑岩型，矿石以粒屑磷块岩为主，构成中低品位磷矿，在南段昆阳磷矿，主要为碳酸盐岩建造，以壳粒磷块岩为主，构成中高品位磷矿。同样地，在 A 带上，东段矿石以粒屑、中低品位磷矿为主，西段以壳粒、中高品位磷矿为主。C 带和 D 带均有此规律。

1.1.4 找矿方向

（1）伸展盆地的扩展作用使不同聚磷期磷矿发育于同一个带上。因此，找矿必须沿带进行。

（2）扩展作用使同一聚磷带沿走向发育不同的含磷层位。因此，找矿必须由老到新寻找相应的含磷层位，同一带上不能局限于某一个含磷层。

（3）伸展盆地的增生作用使不同聚磷期的盆地平行排列，侧向增生。因此，找矿必须从已知矿区边缘找寻新的聚磷盆地和含磷层。

1.2 磷灰石结晶矿物学特征

1.2.1 磷灰石成因及结晶矿物学特征

磷灰石是一族以钙磷酸盐为代表的矿物，在地壳中，磷灰石分布极广，广泛出现在各种地质作用的产物中，常呈显微柱状或针状作为副矿物见于许多沉积矿床、岩浆矿床、变质矿床、风化–淋滤矿床、生物堆积矿床。伟晶岩、接触交代矿床和热液矿脉中有时也有磷灰石生成，此时往往可见粗大的柱状晶体。

磷灰石按成因不同可分为两类：磷灰（石）岩和磷块岩。磷灰（石）岩是指磷以晶质磷灰石形式出现在岩浆岩和变质岩中的磷灰石。磷灰石晶体多种多样，有巨大晶体，也有普通显微镜观察不到的微晶。这类矿石一般品位较低，但可选性较好。磷块岩是指以胶磷矿（collophane）为主的磷矿石，主要是沉积成因或风化淋滤成因的磷灰石。胶磷矿是指在高倍显微镜下也分辨不出晶体的那些磷酸盐矿物的统称。以前人们在显微镜下观察到胶磷矿具有许多胶体结构，认为它是非晶质物质，但实践证明它是结晶质的，只是结晶体非常细小，一般不易观察到，其可选性次于磷灰（石）岩。规模巨大的磷灰石矿床主要为浅海沉积形成，以胶磷矿为主。由它们再经变质作用形成的变质矿床以结晶磷灰石为主。由生物化学作用形成的海岛鸟粪层磷矿，主要成分为羟基磷灰石（hydroxyapatite，HAP），规模也很大。

常见的磷灰石晶体一般呈带锥面的六方柱，集合体呈粒状、致密块状、结核状六方双锥晶类。主要单形为六方柱 m、h，六方双锥 x、s、u 及平行双面 c。

无杂质的磷灰石为无色透明，但因含杂质通常呈浅绿、黄绿、褐红、浅紫色等颜色。沉积成因的磷灰石因含有机质被染成深灰至黑色；玻璃光泽，断口油脂光泽；解理极不完全；性脆；断口不平坦；硬度为 5；相对密度为 3.18～3.21。

偏光镜下，无色；一轴晶（－）；氟磷灰石（fluorapatite，FAP）的常光折射率（N_o）=1.633，非常光折射率（N_e）=1.629，折射率随 OH^-、Cl^- 含量升高而增大；氯磷灰石（chlorapatite，CLAP）的 N_o=1.667，N_e=1.665；羟基磷灰石的 N_o=1.651，N_e=1.647。

我国磷矿有三大类型：岩浆岩型磷灰石矿、沉积岩型磷块岩、沉积变质岩型磷灰岩。①岩浆岩型磷灰石矿的储量只占总储量的 7%，主要分布在北方。其特点是品位低，一般小于 10%，低者仅为 2%～3%。由于结晶较粗、嵌布粒度较粗，属易选磷矿，选矿工艺简单，选矿指标较高。还伴生有钒、钛、铁、钴等元素，可综合回收，因此这类矿石经济效益较好。②沉积变质岩型磷灰岩的储量占总储量的 23%，主要分布在江苏、安徽、湖北等省份。一般情况下，由于风化，矿石松散、含泥高，采用擦洗、脱泥工艺即可获得合格磷精矿，有时也联合浮选工艺获得合格磷精矿。云南滇池地区有许多矿山均采用此工艺，生产成本较低。此类矿是工业价值最大的磷矿。③沉积岩型磷块岩是世界各国中磷矿的主要类型，我国此类型矿石储量占总储量的 70%，主要分布在中南和西南地区。而云、贵、川、鄂、湘五省该类磷矿储量占该类型总储量的 78%，可说是磷矿之乡。此类矿选矿难度最大。我国磷矿床成因类型及主要磷灰石的化学组成如表 1-5、表 1-6 所示。

表 1-5　我国磷矿床成因类型

类型	亚类	矿床实例
沉积岩型磷块岩	浅—滨海相沉积磷块岩矿床	贵州开阳、云南昆阳等矿床
	陆相火山—沉积铀磷块岩矿床	华东某地矿床
岩浆岩型磷灰石矿	正岩浆磷灰（石）岩矿床	青海湟中、山东莱芜等矿床
	岩浆气成热液磷灰（石）岩矿床	广西岑溪南渡矿床
	伟晶岩磷灰（石）岩矿床	内蒙古兴和矿床
沉积变质岩型磷灰岩	正变质磷灰（石）岩矿床	河北丰宁招兵沟矿床
	沉积变质磷灰岩矿床	内蒙古布龙图矿床
	沉积变质—交代磷灰岩矿床	黑龙江鸡西麻山矿床

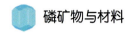

表 1-6　我国主要磷灰石的化学组成　　　　　　　　　　（单位：%）

矿石类型	成岩变种	化学组成								典型矿山
		P_2O_5	SiO_2	CaO	MgO	Fe_2O_3	Al_2O_3	CO_2	F	
磷块岩	沉积型硅质	16.45	43.02	24.64	1.33	4.26	1.83	3.64	1.36	宁夏贺兰山
	沉积型钙质	30.20	3.39	46.33	3.72	0.79	0.29	9.57	2.63	贵州瓮福
	沉积型硅-钙质	15.26	27.49	30.72	6.15	1.52	1.06	14.89	1.63	湖北王集
	变质型硅-钙质	9.20	19.03	28.76	10.28	2.17	3.21	23.03		江苏锦屏
磷灰（石）岩	岩浆岩型	P_2O_5		TiO_2		TFe		V_2O_5		CoO	河北马营
		$6.46 \sim 6.60$		$4.30 \sim 6.40$		$18.16 \sim 22.45$		$0.14 \sim 0.21$		$0.0073 \sim 0.0085$	

1.2.2　磷灰石的晶体化学特征

磷灰石的晶体化学通式为 $A_{10}[XO_4]_6Z_2$，式中 A 为二价阳离子并以 Ca^{2+} 为代表，同时还有 Mg^{2+}、Fe^{2+}、Sr^{2+}、Mn^{2+}、Pb^{2+}、Cd^{2+}、Zn^{2+}、Ba^{2+} 等类质同象混入物，而稀土元素离子（REE^{3+}，如 Ce^{3+}、Nd^{3+}、La^{3+}、Sm^{3+}）以及碱金属离子 Na^+、K^+ 也易于形成耦合类质同象替换而进入磷灰石结构的 A 位置。此外，结构中 A 位离子可占据两种配位位置:配位数（CN）为 9 的 A（1）位置与配位数为 7 的 A（2）位置。络阴离子 $[XO_4]$ 主要是 $[PO_4]^{3-}$，也可被 $[SiO_4]^{4-}$、$[SO_4]^{2-}$、$[AsO_4]^{3-}$、$[VO_4]^{3-}$、$[CO_3]^{2-}$ 等替代，其中以结构碳酸根离子的替换最为常见。Z 为附加阴离子，主要由 F^-、OH^-、Cl^- 离子组成，并可据此划分出氟磷灰石、羟基磷灰石、氯磷灰石端元矿物。

（1）氟磷灰石（fluorapatite），$Ca_5(PO_4)_3F$。

（2）氯磷灰石（chlorapatite），$Ca_5(PO_4)_3Cl$。

（3）羟基磷灰石（hydroxyapatite），$Ca_5(PO_4)_3OH$。

自然界中产出的主要是含微量 Cl^- 或 OH^- 的氟磷灰石，而含有 $[CO_3]^{2-}$ 的羟基磷灰石则是脊椎动物牙齿和骨骼的重要组成部分[1]。本族矿物阳离子 A 两种不同位置的存在以及阳离子、络阴离子和附加阴离子的多种替换，使得磷灰石中阴、阳离子类质同象成分较多，且性质多有不同[2]。

磷灰石属六方晶系，空间群为 $P6_3/m$，单位晶胞中晶胞分子数 $Z=2$。对于氟磷灰石、羟基磷灰石、氯磷灰石端元矿物而言，晶胞参数 a、c 分别为 9.3927Å①、9.410Å、9.616Å 及 6.8828Å、6.872Å、6.780Å[3]。结构中磷氧四面体的 P—O 间距平均为 1.533Å，而 Ca（1）分别与分成三组的 9 个 O 相连，间距分别为 2.399Å、2.457Å、2.804Å；Ca（2）分别与 6 个 O 和一个 Z 位离子相连，平均 Ca（2）—O 间距为 2.459Å，Ca（2）—F 间距约为 2.229Å。每一个 O 与一个 P、三个 Ca（1）、两个 Ca（2）离子配位。在磷灰石结构中，Ca（2）与三个 O 呈等边三角形相间排列，构成平行于晶体 c 轴分布的结构通道。在结构通道中，F^- 位于六次中性螺旋轴（6_3）与对称镜面（m）的交点上，而 OH^- 和 Cl^- 则分别偏离 m 面 $0.35 \sim 0.40$Å 和 1.20Å 左右，前者虽然使六方晶系保持对称，但却使垂直于 c 轴的滑移对称面消失，使空间群降低为 $P6_3$；后者 Cl^- 的半径极大并大大偏离 m 面，因此可造成结构发生明显变化，空间群降低为假六方晶系的 $P2_1/b$[4-8]。图 1-1、图 1-2 分别列出了氟磷灰石沿 c 轴方向的晶体结构和结构通道示意图。

---

① 1Å=0.1nm=10^{-10}m。

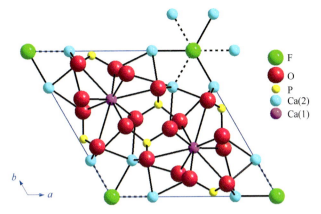

图 1-1　氟磷灰石晶体结构沿 *c* 轴投影图

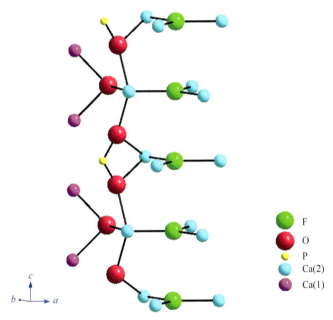

图 1-2　氟磷灰石结构通道示意图

1.2.3　磷灰石类质同象替换

如前所述，磷灰石结构中存在着广泛的类质同象替换，它们分别出现在 Ca 位置、四面体位置和通道位置上，近些年来人们对这些类质同象替换进行了深入的研究。

1. Ca 位替换

在 Ca 位置上，存在两种位置不同的阳离子——相对较大的 Ca（1）与较小的 Ca（2），使得各种不同类型、不同半径的金属离子可以进入结构之中。

其中 Sr^{2+} 是磷灰石中最常见的 Ca 位替换离子之一，这是由于 Sr^{2+} 和 Ca^{2+} 具有地球化学相似性。虽然 Sr^{2+} 的离子半径（1.31Å）大于 Ca（1）（1.26Å，9 配位），但在磷灰石结构中却强烈地选择相对更小的 Ca（2）（1.15Å，7 配位）位置，即表现出完全有序的占位行为 [9]。

Mn^{2+} 也是天然磷灰石中常见的 Ca 位替换离子，含 Mn^{2+} 磷灰石具有荧光特性，可以作为荧光屏晶体，因此材料学家对其很感兴趣。影响 Mn^{2+} 在磷灰石结构中替换占位行为的主要因素是离子半径和位置对称性，Mn^{2+} 的离子半径（0.90Å）略低于 Ca^{2+}，根据电子自旋共振谱、红外光谱（IR）、热荧光光谱、中子衍射和粉晶法结构分析的实验结果，Suitch 等[10]认为 Mn^{2+} 完全有序地占据 Ca（1）位置，同时 Mn^{2+} 的大量进入导致磷灰石的空间群降低为 $P6_3$，甚至是 $P3$。Hughes 等[9]四圆单晶 X 射线衍射（XRD）测定的数据证实了 Mn^{2+} 倾向于占据 Ca（1）位置，但同时也发现含大量 Mn^{2+} 的磷灰石的空间群仍保持为 $P6_3/m$。Mn^{2+} 的有序性可用键价参数的方法来预测：在两个 Ca 位置上，Mn^{2+} 均是键不饱和的，但 Ca（2）位置上的键不饱和度相对较小，对于含 Mn^{2+} 为 1.21 原子 / 晶胞的样品而言，总键价和仅为 1.31，小于 Ca（1）位置上的总键价和 1.44，因此 Mn^{2+} 更倾向于占据 Ca（1）位置[11]。

对于 Na^+ 离子而言，由于电价的差异，对 Ca^{2+} 的替换总是以耦合形式体现，主要的替换机理有三种[12]：$Na^+ + REE^{3+} \rightleftharpoons 2Ca^{2+}$；$Na^+ + SO_4^{2-} \rightleftharpoons Ca^{2+} + PO_4^{3-}$；$Na^+ + CO_3^{2-} \rightleftharpoons Ca^{2+} + PO_4^{3-}$。

而 REE^{3+} 的进入，则涉及以下两种电荷补偿机理：$REE^{3+} + Si^{4+} \rightleftharpoons Ca^{2+} + P^{5+}$；$REE^{3+} + Na^+ \rightleftharpoons 2Ca^{2+}$。在非过碱性的岩浆中，相对富硅贫磷条件下以第一种机理为主，而在晚期岩浆阶段，随着 Si 逸度的减少和碱度的增加，后一种机理的作用将更加重要[13]。对 REE^{3+} 在磷灰石结构中的占位行为的研究一直都是很活跃的[14-23]，目前根据结构测定的结果来看，一般认为天然磷灰石中的稀土元素多属轻稀土（如 Ce^{3+}、Nd^{3+}、La^{3+}、Sm^{3+}），主要占据 Ca（2）位置。而且随着原子序数的增加，不同 REE 在 Ca（1）和 Ca（2）位置上的占有率逐渐减小，据 Fleet 等的研究成果，La、Ce、Pr、Nd 的占有率分别为 4.04%、3.67%、3.30%、2.92%。重稀土元素在天然磷灰石中的含量很低，但据合成样品的测试结果，重稀土元素在 Ca（1）位置上的占有率较大。

对于其他离子如 Cd^{2+}、Hg^{2+}、Pb^{2+}、Zn^{2+} 等的替换，由于受其地壳丰度和地球化学特点的影响，一般在磷灰石中含量较少。但这些离子生物毒性大，进入生物体后极易取代生物磷灰石（含结构碳酸根离子的羟基磷灰石）中的 Ca^{2+}，并不断滞留、富集，形成累积效应。因此，它们对磷灰石中 Ca^{2+} 的替换普遍引起人们的重视。例如，扩展 X 射线吸收边精细结构谱（EXAFS）方法研究表明，在沉积型磷灰石中以低浓度（90～100mg/L）形式存在时，Cd^{2+} 既可以占据 Ca（1）位置，也可以占据 Ca（2）位置，但对 Ca（2）的占有率较大；而在高浓度时（单位晶胞 Cd^{2+} 数达 0.8），则 Cd^{2+} 几乎完全有序占据 Ca（2）位置[24]。类似地，X 射线粉晶结构精化结果表明，Pb^{2+} 同样有序地占据 Ca（2）位置[25, 26]。此外，在人工合成的磷灰石中，也可以人为地将上述离子引入磷灰石的晶体结构之中，并可形成连续的固溶体[27-39]。显然，这些研究成果对重金属离子中毒的防治以及对与重金属摄入量过高有关的疾病的机理研究和治疗，有着重要的参考价值和指导意义，同时，也使得磷灰石可以作为一种新型环境矿物材料用于重金属离子工业废水的治理。

2. 四面体替换

磷灰石结构中与四面体位置有关的络阴离子团主要是 $[SiO_4]^{4-}$、$[SO_4]^{2-}$、$[AsO_4]^{3-}$、$[CO_3]^{2-}$ 等，其中 $[CO_3]^{2-}$ 最为常见并具有特殊的晶体化学意义。

大多数岩浆岩型磷灰石矿中均有含量不等的结构硅酸根，其 SiO_2 含量可以从 0.1% 到大于 5%[13]。由于价态的差异，SiO_4^{4-} 对 PO_4^{3-} 的替换往往是耦合的，最常见的替换机理有三种：$SiO_4^{4-} + SO_4^{2-} \rightleftharpoons 2PO_4^{3-}$；$SiO_4^{4-} + REE^{3+} \rightleftharpoons Ca^{2+} + PO_4^{3-}$；$SiO_4^{4-} + CO_3^{2-} \rightleftharpoons 2PO_4^{3-}$。前两种类型常见于碱性 – 超碱性岩型磷灰石，第三种类型主要见于喷发成因的碳酸岩，如黑云母碳酸岩中，随着 SiO_4^{4-} 和 CO_3^{2-} 的大量进入，磷灰石晶格将发生畸变，结晶度下降[13]。

硫在磷灰石中的分布不是很普遍，含量也较低，一般仅为百分之几到千分之几（以 SO_3 计），但 SO_4^{2-} 的替换却具有重要的地球化学意义[40]。例如，在碱性 – 超碱性岩型磷灰石中，硫含量较高，可达 3.5%（SO_3）以上，这是该成因类型磷灰石的重要标型特征之一[41]。SO_4^{2-} 对 PO_4^{3-} 的替换产生的电荷不平衡主要由 SiO_4^{4-} 来补偿，Si^{4+}、P^{5+}、S^{6+} 三者在磷灰石结构中可以形成连续的类质同象系列。尽管 SiO_4^{4-}、PO_4^{3-}、SO_4^{2-} 均为四面体状，但它们的电价不同，使得富 Si、S 磷灰石的结构出现较大畸变[13]。

CO_3^{2-} 是磷灰石结构中最为普遍的替换成分，其晶体化学特征对磷灰石的影响也最大。目前在学术界，对磷灰石中结构碳酸根离子的替换位置与电荷补偿形式存在着激烈的争论，其也是研究的热点、难点[6, 42-64]。人们很早就在磷灰石（包括天然与生物的）分析数据中发现了 CO_3^{2-}，但早期的研究把这些 CO_3^{2-} 简单地归因于杂质碳酸盐的机械混入或 CO_2 气体的表面吸附。随着研究工作的深入，又发现这些 CO_3^{2-} 的存在往往导致磷灰石成分、结构与性质的规律性变化，主要体现在：IR 中，在 $1420cm^{-1}$、$1460cm^{-1}$ 处出现 CO_3^{2-} v_3 模式的分裂双峰，甚至出现更为复杂的三峰，这一特点与碳酸盐中位于 $1430cm^{-1}$ 附近的 v_3 单峰现象完全不同，说明由于位置群对称性的下降，原先在碳酸盐中简并的 v_3 峰在磷灰石结构中出现了简并解除现象，即这些 CO_3^{2-} 并不存在于碳酸盐的结构中。同时，随 CO_3^{2-} 含量的增加，晶胞参数出现规律性变化，其中 a 值明显变小，同时折射率降低而双折射率增大；另外，P 的含量与 CO_3^{2-} 含量呈负相关，而且据报道，对于某些样品，F 含量还与 CO_3^{2-} 含量呈正相关，这些规律显然无法用杂质混入来解释。

目前，学术界基本上认为 CO_3^{2-} 是进入磷灰石结构的，因而，争论的焦点则主要集中在这些结构碳酸根离子的结构位置及其电荷补偿形式上。一般认为存在两种类型的替换，即取代 PO_4^{3-} 占据四面体位置的 B 型替换和取代 OH（或 F）占据结构通道的 A 型替换，涉及的电荷补偿机理包括[45, 55]：

$$(CO_3OH)^{3-}（或 (CO_3F)^{3-}）\equiv PO_4^{3-}$$
$$CO_3^{2-}+Na^+ \equiv PO_4^{3-}+Ca^{2+}$$
$$CO_3^{2-}+O^{2-} \equiv PO_4^{3-}+OH^-$$
$$4CO_3^{2-} \equiv 3PO_4^{3-}+\square$$

在磷灰石的 IR 中，CO_3^{2-} 谱峰的分裂现象十分明显，一般可以清楚地观测到 v_2 与分裂的 v_3 模式。进一步研究发现，CO_3^{2-} 在磷灰石中可能存在两种结构位置：一种为四面体位置，即 B 型替换；另一种为通道位置，即 A 型替换。B 型替换 CO_3^{2-} 的 v_3 模式分裂为明显的双峰，分别位于 $1460cm^{-1}$、$1420cm^{-1}$，而 v_2 谱峰位置则在 $873cm^{-1}$，A 型替换的上述谱峰则分别位于 $1545cm^{-1}$、$1450cm^{-1}$ 和 $880cm^{-1}$。结构碳酸根离子的含量可以通过红外光谱法、X 射线粉晶衍射等方法来确定[55, 65, 66]。

实验表明，在大部分常规条件下合成的羟基磷灰石中，CO_3^{2-} 可进入磷灰石晶体结构中。例如，采用溶胶 – 凝胶合成工艺时，随着原始的 Ca/P 的增高，P 位出现空缺，促使环境气氛中的 CO_2 溶解并进入磷灰石结构中，因此 Ca/P 与结构碳酸根离子含量乃至晶体的比表面积呈正相关[67-72]。这一规律的发现使得人们可以通过在一定范围内提高 Ca/P，合成富含 CO_3^{2-} 的羟基磷灰石，这些磷灰石结晶度差、粒径小、比表面积与表面活性大，具有良好的生物相容性和对重金属离子的吸附性能[73, 74]。

CO_3^{2-} 是二价的平面三角状离子基团，学者争论的焦点是它们如何占据四面体位置并替换三价的 PO_4^{3-} 离子基团。目前的结构证明其多数是通过间接方式得到的。例如，Regnier 等[55]采用傅里叶变换红外光谱仪（FTIR）、核磁共振（NMR）及量子力学从头计算法等手段，证

实了 CO_3^{2-} 对 PO_4^{3-} 的替换，但否定了 CO_3F^{3-} 形式的替换。最近，有人根据四面体位置上的畸变参数与四面体替换参数、CO_3^{2-} 含量之间的关系，以及 IR 的特征，提出了 CO_3^{2-} 进入四面体结构的证据[75]。Peeters 等[54]采用晶体场从头计算法求出 A 型三角平面与 c 轴相交 7° 左右。而 Suetsugu 等[62]的偏振红外光谱测试结果表明：合成样品中，位于通道中的 CO_3^{2-} 面平行于 c 轴，而位于四面体中的 CO_3^{2-} 面垂直于 c 轴。

3. 通道离子替换

主要的通道离子包括 F^-、Cl^-、OH^- 以及在少数情况下出现的 CO_3^{2-}，尽管有人提出 O^{2-} 也可能存在于通道中，但却未能得到充分的证实。上述离子在岩浆分异演化过程中以挥发组分的形式进入岩浆岩型磷灰石矿的结构通道中，而它们的相对含量可作为岩浆 – 晶体体系物理化学平衡与岩浆结晶温度 – 压力条件的指示，具有重要的地球化学意义。

同时，通道离子之间的替换也是影响晶胞参数的重要因素。天然磷灰石以 F^-、OH^- 为主要通道离子，它们的相对含量与晶胞参数 a、c 有明显的相关关系，而 Cl^- 对于晶胞参数的影响最为明显，这一现象产生的主要原因是 OH^-、Cl^- 对通道的占据使通道尺度 [由 Ca(2)—Ca(2) 间距表示] 加大，从而使晶格在横向上膨胀[6, 8]。

1.3　磷灰石光性矿物学特征

1.3.1　磷灰石结晶学特征

磷灰石可产于多种类型的岩石中，是岩浆岩和变质岩中极常见的副矿物，有时可达到相当高的含量，以致形成有综合利用价值的磷矿床，如河北北部基性岩的磷 – 铁矿床，苏北、皖北的沉积变质岩型磷灰石矿床。碳酸盐中一般也含有一些磷灰石。在沉积岩中磷灰石是构成磷块岩的主要成分，并常出现于陆源碎屑沉积物中。磷灰石有时亦出现在热变质岩和区域变质岩中，如在变质的钙硅酸岩和石灰岩中，氟磷灰石经常与粒硅镁石、金云母、榍石、锆英石、角闪石、石榴子石、辉石、符山石等矿物共生。羟基磷灰石可产生在滑石片岩，氟 – 羟基磷灰石可产生在绿泥石片岩中。磷灰石的性质稳定，故在陆源碎屑沉积物中也有产出。磷灰石是制造磷肥的重要矿物原料。同时，氟磷灰石可作为激光发射晶体。

1. 磷灰石的结晶习性[76]

磷灰石，英文名称为 apatite，在矿物学中属于磷灰石族，其分子式为 $Ca_5[PO_4]_3(F, Cl, OH)$，属六方晶系。磷灰石一般不易蚀变，即使在不是很新鲜的岩石中，甚至包围它的矿物已完全蚀变时，磷灰石也几乎没有什么变化。

磷灰石的理论化学组成为：CaO（55.38%）、P_2O_5（42.06%）、F（1.25%）、Cl（0.75%）和 H_2O（0.56%）。天然磷灰石的成分与 $Ca_5(PO_4)_3F$ 很接近。部分 Ca 可被 Mn、Sr、TR（主要是 Ce）、Na、Ba、K 等替代，而 PO_4^{3-} 可被 AsO_4^{5+}、SiO_4^{4-}、SO_4^{2-} 等替代。磷灰石按成分不同可分为氟磷灰石 $Ca_5(PO_4)_3F$、氯磷灰石 $Ca_5(PO_4)_3Cl$、羟基磷灰石 $Ca_5(PO_4)_3OH$、碳磷灰石 $Ca_5(PO_4, CO_3, OH)_3(F, OH)$ 等，并认为氟磷灰石、羟基磷灰石可以以任意比例混溶。这可能是自然界中氟 – 羟基磷灰石最为常见的一个原因。磷灰石中赋存的稀有放射性元素颇须注意。据分析，原生的火成岩中磷灰石 U 含量为 0.001% ～ 0.01%，沉积海相磷灰石中 U 含量为 0.005% ～ 0.02%，而 Th 含量更多些。海相磷块岩中还常含有 I[77]。

　　磷灰石晶体呈长短不一的六方柱状、针状，通常为粒状或致密块状。图 1-3 为不同色彩的单晶磷灰石矿物，六方柱状特征较为显著。磷灰石晶体在不同岩类中有所不同：在岩浆岩和变质岩中或为较大的柱状及六边形的自形晶，或为细微粒状、长柱状、针状的微小副矿物，还有的呈针状包裹体；在沉积岩中则多呈鲕状、球状、肾状、皮壳状、钟乳状、土状以及纤维状、鳞片状，有的则呈生物骨骼的形态。磷灰石晶体大小变化很大，由超显微状态直到巨大的晶体（伟晶岩中的磷灰石长可达 1m 左右）。

图 1-3　单晶磷灰石矿物

　　图 1-4 是某磷灰石矿物照片及偏光显微图像[78]。由图 1-4 可以看出，磷灰石原矿中，常伴有多种矿物，如方解石、白云石、磁铁矿、烧绿石等，而且磷灰石颗粒边缘常常富集一些稀土元素。磷灰石颗粒形貌有长柱状、卵形等。

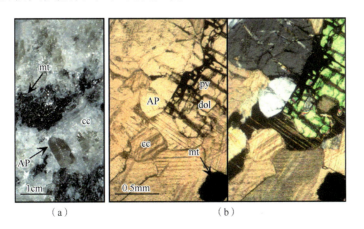

（a）　　　　　　　　　　　（b）

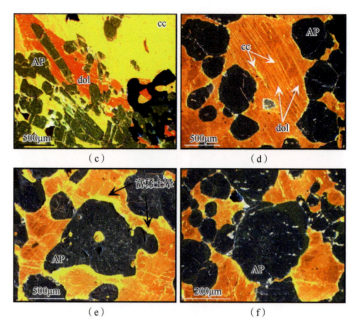

图 1-4　磷灰石矿物照片及偏光显微图像

（b）中左侧为单偏光，右侧为正交偏光；cc- 方解石；AP- 磷灰石；dol- 白云石；mt- 磁铁矿；py- 烧绿石

　　磷灰石中还常含有黑色的包裹体，内部包裹体的类型也有很多种，常见的包裹体类型有结晶矿物包裹体、气液包裹体、负晶、管状包裹体以及生长结构等。磷灰石中的常见矿物包裹体有方解石、赤铁矿、电气石等。墨西哥产的黄绿色磷灰石中常见的包裹体有深绿色电气石的针状包裹体；巴西产的深蓝色磷灰石中还常包裹圆形的气泡群，这种气泡群被认为是岩浆的残余物；此外，美国缅因州产的紫色磷灰石中还常见纤维状的生长管道；坦桑尼亚的黄绿色磷灰石中还常见密集的定向裂隙，这种裂隙还可导致猫眼效应。

　　图 1-5 ～图 1-7[78, 79] 给出了不同矿物中磷灰石晶体的显微图像及各种包裹体。观察图 1-5 可以发现，磷灰石晶体边缘处颜色加深的位置包含了数量较多的流体包裹体，而且流体包裹体含有较多固相，其排列方向与磷灰石晶面的生长方向（c 轴）一致。由图 1-6 可以看出，磷灰石晶体中包含较多哥特拱形的流体包裹体，有的具有双折射相，包裹体中含固相、气相或液相，其中气相为 CO_2，液相则为 H_2O，包裹体位于磷灰石晶粒内的缺陷部位。由图 1-7 可见，不同矿物中磷灰石晶粒的发育及构成也有差别，而且其包裹体也并不相同，图 1-7（a）、（b）、（e）中，磷灰石晶粒中含有较多的流体包裹体及碳酸盐固体包裹体；图 1-7（c）、（d）中磷灰石的晶粒中除了含有碳酸盐包裹体外，其裂隙处还含有较多的方解石；而图 1-7（f）中的磷灰石晶粒则含有较多细长的碳酸盐脉。

　　2. 磷灰石的点群（点阵）

　　磷灰石属六方晶系，其空间点群（点阵）为简单六方，其中，$a=b\neq c$，$\alpha=\beta=90°$，$\gamma=120°$，如图 1-8 所示，阵点位于晶胞的顶点上。

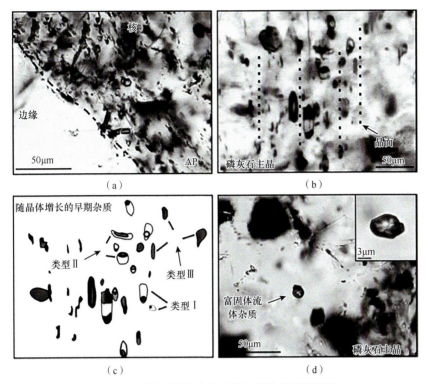

图 1-5 磷灰石主晶中的流体包裹体的显微图像

AP- 磷灰石

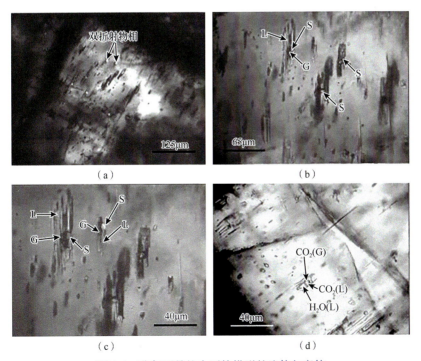

图 1-6 磷灰石晶粒中哥特拱形的流体包裹体

S- 固相；L- 液相；G- 气相

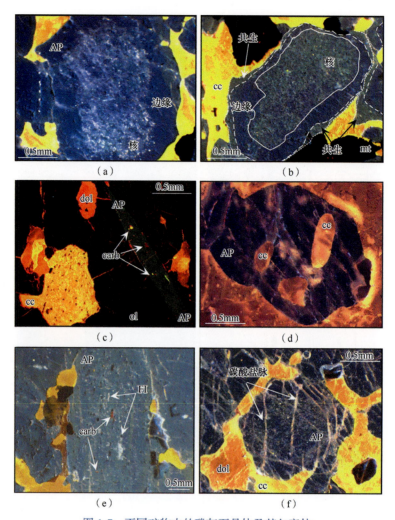

图 1-7　不同矿物中的磷灰石晶体及其包裹体

（a）、（b）和（e）是磁铁橄榄石矿物；（c）和（d）是磷灰石－方解石－碳酸盐矿物；（f）是镁橄榄石矿物；cc- 方解石；
AP- 磷灰石；dol- 白云石；carb- 碳酸盐；FI- 流体包裹体；mt- 磁铁矿；ol- 橄榄石

图 1-8　磷灰石的点群

对于不同种类的磷灰石，阵点的原子并不相同，图 1-9 ～图 1-12 分别给出了不同磷灰石六方晶胞中的原子排列示意图。

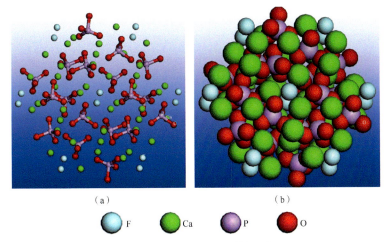

（a）　　　　　　　　　　　　（b）

F　　　　Ca　　　　P　　　　O

图 1-9　Ca$_5$(PO$_4$)$_3$F 晶胞结构示意图

（a）球棒模型；（b）密堆模型

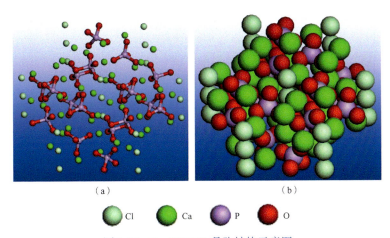

（a）　　　　　　　　　　　　（b）

Cl　　　　Ca　　　　P　　　　O

图 1-10　Ca$_5$(PO$_4$)$_3$Cl 晶胞结构示意图

（a）球棒模型；（b）密堆模型

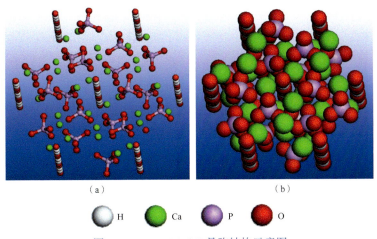

（a）　　　　　　　　　　　　（b）

H　　　　Ca　　　　P　　　　O

图 1-11　Ca$_5$(PO$_4$)$_3$OH 晶胞结构示意图

（a）球棒模型；（b）密堆模型

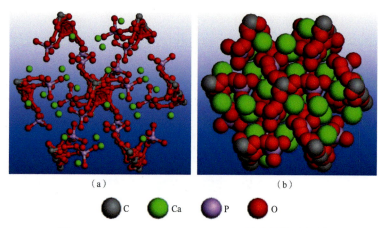

（a）　　　　　　　　　　（b）

C　　　Ca　　　P　　　O

图 1-12　$Ca_{10}(PO_4)_{5.56}(CO_3)_{0.64}(OH)_{3.668}$ 晶胞结构示意图
（a）球棒模型；（b）密堆模型

3. 磷灰石的空间群

磷灰石晶体的空间群为 $P6_3/m$，空间群编号为 176。表 1-7 列出了典型的氟磷灰石的晶胞参数及晶胞中各原子的位置。

表 1-7　氟磷灰石 $Ca_5(PO_4)_3F$ 的晶胞参数

晶型	晶胞参数		原子位置			
	a、b、c/nm	α、β、γ/（°）	原子	x	y	z
六方	$a=b=0.937$ $c=0.688$	$\alpha=\beta=90$ $\gamma=120$	Ca（1）	0.3333	0.6667	0
			Ca（2）	0.25	0	0.25
			P	0.417	0.361	0.25
			O（1）	0.3333	0.5	0.25
			O（2）	0.6	0.467	0.25
			O（3）	0.3333	0.25	0.063
			F	0	0	0.25

注：氟磷灰石的晶胞参数来源于 ICSD #24236（ICSD 表示无机晶体结构数据库）。

4. 磷灰石晶体的物理性质

自然界中磷灰石晶体呈长短不一的六方柱状，两端被双锥面或底面所限，如图 1-13 所示[80,81]。而人工合成的磷灰石中，可见完美的针状晶段、长板状、片状及端面平齐的六方长柱，如图 1-14 所示[82]。

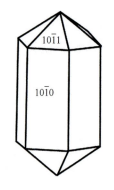 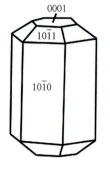 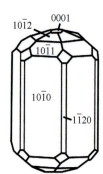

图 1-13　自然界中磷灰石晶形

图 1-14　合成磷灰石晶形

磷灰石晶体常见的物理性能包括以下方面：

（1）解理。解理不发育，{0001} 解理不完全至中等，{1010} 解理不完全，断口不平坦，亦可见贝壳状断口，性脆。

（2）硬度。磷灰石的莫氏硬度为 5，一些厚板状的磷灰石晶体硬度偏低，可为 3 ～ 4。

（3）密度。密度在 2.9 ～ 3.446g/cm³ 变化，宝石级磷灰石常见的密度实测值为 3.18g/cm³，稀土元素的类质同象替换对磷灰石的密度影响尤为明显。此外，大量矿物包裹体的存在也可使磷灰石密度值升高，如坦桑尼亚的磷灰石猫眼密度值达 3.35g/cm³。

1.3.2　磷灰石光性矿物学 [76]

1. 磷灰石的光性方位

磷灰石晶体属一轴晶，常光折射率 N_o=1.629 ～ 1.667，非常光折射率 N_e=1.624 ～ 1.666，双折射率为 $N_o - N_e$=0.001 ～ 0.005，磷灰石的光性方位如图 1-15 所示。

2. 磷灰石的颜色、多色性

磷灰石多呈灰白、浅绿、蓝绿、黄、褐色等；薄片中一般无色，有时带微弱的不均匀的粉红、褐、浅蓝、灰色，并具多色性。吸收性 $N_e > N_o$，偶见 $N_o > N_e$。颜色多与 Mn 的含量及其氧化程度有关，同时 Fe、TR 和放射性元素也有影响。

3. 磷灰石的突起

磷灰石的突起为正中突起。一般来说，氯磷灰石的折射率相对最高（合成的氯磷灰石晶体 N_o=1.6684。随进入晶格中 Mn

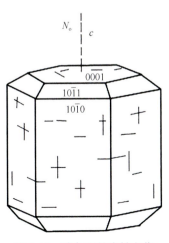

图 1-15　磷灰石的光性方位

的增加，折射率和密度也有所增高。图 1-16 是磷灰石在单偏光显微镜下的照片，可见明显的正中突起及磷灰石自形晶。

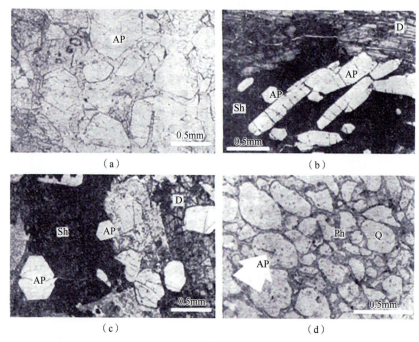

（a）　　　　　　　　　　　　　　（b）

（c）　　　　　　　　　　　　　　（d）

图 1-16　磷灰石在单偏光显微镜下的照片

（a）磷灰石的自形晶，可见裂理和典型的正中突起，湖北；（b）磷灰石的自形晶（多为纵断面）和钛榴石、次透辉石，河北矾山；（c）磷灰的自形晶（横断面）和钛榴石、次透辉石，河北矾山；（d）含磷砂岩（砂质磷块岩）中的磷质胶结物——胶磷矿和碎屑石英以及石英中的长柱状磷灰石包裹体，表明碎屑的母岩可能为岩浆岩，山西平陆；Sh- 钛榴石；D- 次透辉石；Ph- 胶磷矿；Q- 碎屑石英；AP- 磷灰石

4. 磷灰石的解理

其 {0001} 解理不完全，稍大的晶体可有 {10$\bar{1}$0} 的不完全解理，但不常见。

5. 磷灰石的干涉色

其最高干涉色为 I 级灰，但随 CO_3^{2-} 或 OH^- 含量的增加而有所增高。

6. 磷灰石的消光

磷灰石的柱状切面呈平行消光，横切面（自形好的呈六边形）呈全消光。

7. 磷灰石的双晶

磷灰石的双晶面为 {11$\bar{2}$1} 或 {10$\bar{1}$3}，但很少见。

8. 磷灰石的延性

磷灰石的延性多为负延性。板状晶体则可能为正延性。

9. 磷灰石的色散

磷灰石的色散为中等。

10. 磷灰石的光性异常

磷灰石有异常二轴晶，一般 $2V > 10°$（V 表示两光轴之间的夹角），但氯磷灰石的 $2V$ 可达 $20° \sim 25°$。富含 CO_2 的磷灰石尤其易表现光性异常。据研究，碱磷灰石（dehrnite）的 $2V$ 可达 $40°$。

11. 磷灰石的光学鉴定特征

磷灰石的光学鉴定特征如下：以正中突起、完好的六边形晶形、{0001} 解理、Ⅰ级灰干涉色、平行消光、负延性可区别于大多数浅色矿物；平行消光和无完好解理可以同夕线石、黄玉相区别。磷灰石常与锆英石、黄玉相混，其区别为：锆英石一般为一轴晶正光性，有明亮鲜艳的Ⅲ～Ⅳ级干涉色；黄玉则为二轴晶正光性，双折射率较高，干涉色为Ⅰ级白，且薄片中晶形为杏仁状，纵切面较短，晶粒较粗，表面有时有分解的黏土物质。磷灰石同石英的区别在于石英的突起较低，双折射率较高，为一轴正晶。同异性石的区别是异性石的折射率较低，为一轴正晶，{0001} 解理清晰。黝帘石和磷灰石很相似，但前者的六边形横切面在正交偏光镜下有干涉色，并常具有异常干涉色（α-黝帘石有靛蓝或锈褐色的异常干涉色）。磷灰石加一滴硝酸后，再加入少许钼酸铵，即出现磷钼酸铵的黄色沉淀。

磷灰石的成分变化必然导致磷灰石光性的改变。图 1-17 给出了磷灰石光性随成分变化的关系。

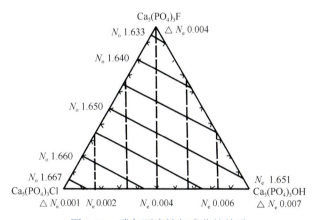

图 1-17 磷灰石光性与成分的关系

12. 磷灰石变种的光性特征

磷灰石有多种变种。一般认为，磷灰石类矿物主要有四个理想的端元组分：氟磷灰石、羟基磷灰石、碳磷灰石、氯磷灰石，实际上在自然界绝对纯的氟磷灰石、羟基磷灰石、氯磷灰石是很少见的，而碳磷灰石实则经常与氟磷灰石或羟基磷灰石共同产出。因此，又有细晶磷灰石、胶磷矿等不是很准确的习惯名称。除此之外，由于某些元素的替换，还出现了一些诸如硅磷灰石（ellestadite）、铈磷灰石（britholite）、碱磷灰石等变种。

图 1-18 是不同磷矿中磷灰石的显微照片。从图 1-18 可见各种不同形貌的胶磷矿、胶结物、碳磷灰石及其他伴生矿物。

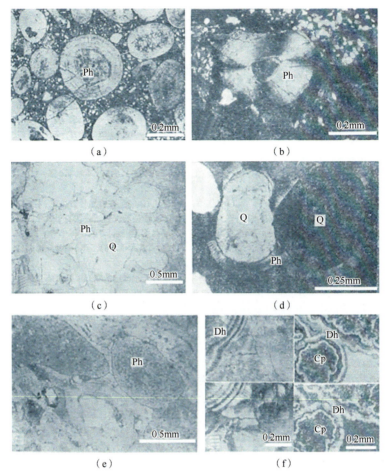

图 1-18 磷灰石的显微镜下照相

（a）鲕状、豆状胶磷矿（豆砾状磷块岩），左上方鲕粒状核心为黄铁矿和石英，右上方鲕粒状核心主要为碎屑石英，中间的鲕粒几乎全部为胶磷矿（主要为氟磷灰石），单偏光，山西芮城；（b）胶磷矿鲕粒的十字消光，右上方鲕粒状核心为石英碎屑，皮壳为胶磷矿，正交偏光，山西芮城；（c）含磷砂岩（砂质磷块岩）中胶磷矿胶结的碎屑石英，单偏光，山西运城；（d）含磷砂岩中的胶磷矿呈皮壳状包围着石英，注意微晶单体是垂直石英碎屑表面生长，正交偏光，山西永济；（e）胶磷矿的团粒和胶结物，单偏光，云南昆阳；（f）带状、羽状的碳磷灰石皮壳（左），碳磷灰石（黑）和黑色胶磷矿（白）交互产出（右），上面为单偏光，下面为正交偏光，美国；Ph- 胶磷矿；Q- 碎屑石英；Cp- 碳磷灰石；Dh- 黑色胶磷矿

　　氟磷灰石：分子式为 $Ca_5(PO_4)_3F$，F 含量一般为 2% 左右，最高可达 3%～4%，Mn 含量可达 5%（锰 – 氟磷灰石）。自然界产出的磷灰石大多为氟磷灰石并含有一些其他组分，因此曾认为磷灰石主要是指氟磷灰石。六方晶系，晶形呈短柱状、厚板状、块状、粒状或呈致密状、球状、肾状、鳞片状。多呈副矿物产于火成岩、碱性火成岩、酸性和基性伟晶岩、磁铁矿矿床及高热液脉中。呈海绿色、竹绿色或蓝绿色、紫蓝色、褐色、肉红色，也可无色；薄片中无色。有微弱的多色性，$N_o > N_e$，N_o=1.633～1.6459，N_e=1.624～1.6441，但含碳的氟磷灰石 N_o=1.629，N_e=1.624，折射率 D=3.15～3.22，莫氏硬度 H=5。

　　羟基磷灰石：分子式为 $Ca_5(PO_4)_3OH$，常与氟磷灰石混溶，在自然界最常见的就是氟 – 羟基磷灰石。六方晶系、柱状晶体。N_e=1.640～1.645，N_o=1.645～1.651，N_o–N_e=0.004～0.007；D = 3.21。

　　氯磷灰石：分子式为 $Ca_5(PO_4)_3Cl$，Cl 含量可达 4.13%。在自然界较少见，主要产于辉长岩类岩脉中，与金红石、钛铁矿、榍石、磁铁矿、中柱石、普通角闪石等共生。单斜晶系，柱状晶体。一般无色或具有浅淡颜色，可有多色性。$N_o > N_e$，$N_o=1.658$，$N_e=1.653$，$N_o-N_e=0.005$（人造变种：$N_o=1.667$，$N_e=1.664$，$N_o-N_e=0.003$），折射率随 Cl 含量增加而减小。$D=3.10 \sim 3.20$，$H=5$。

碳（酸）磷灰石：通常所说的天然产出的碳（酸）磷灰石实际上包括碳 – 氟磷灰石（carbonate-fluorapatite），分子式为 $Ca_5(PO_4, CO_3)_3F$，即细晶磷灰石（francolite）；碳 – 羟基磷灰石或直接称碳羟基磷灰石（carbonate-hydroxyapatite，即 dahllite），分子式为 $Ca_5(PO_4, CO_3)_3OH$。

细晶磷灰石：假六方晶系，纤维状。主要成分为 CaO（51.42%）、P_2O_5（40.33%）、CO_2（2.72%）、F（3.89%）以及少量的碱金属元素。产于侵入二叠纪含磷酸盐岩层的火成岩岩床和岩墙中，与胶磷矿、无色细粒磷灰石共生。亦见于鲕状褐铁矿和淡水沉积物中。无色。$N_o=1.625$，$N_o-N_e=0.005$，一轴负晶。$D=3.1$，$H=4.5$。

碳羟基磷灰石：六方晶系，短柱状、长柱状、厚板状、块状、粒状、球状、肾状、次纤维状、鳞片状、纤维状、皮壳状等。主要成分为 CaO（53% ~ 56%）、P_2O_5（35% ~ 39%）、CO_2（3.36% ~ 6.29%）、H_2O（1.2% ~ 4.44%），CO_2 : H_2O = 1 : 3，呈结核体广泛分布在磷酸盐中，也呈皮壳产出于氯磷灰石中。黄—黄白色，薄片中无色。$N_o=1.603 \sim 1.635$，$N_e=1.598 \sim 1.631$，$N_o-N_e=0.004 \sim 0.009$（或可达 0.017）；$D=2.9 \sim 3.1$，$H=5$，碳羟基磷灰石的特点是折射率较其他磷灰石低，而 N_o-N_e 则高于普通磷灰石。

胶磷矿：是一种细粒状的磷酸盐矿物。一般认为它是非晶质状态的磷灰石的习称，显微镜下为均质全消光。经过电子显微镜观察可知其为隐晶质或超显微状态的磷灰石微晶。主要成分为碳氟磷灰石或碳羟基磷灰石。无色或因某些元素影响显灰、白、黄、褐等色。呈层状、结核状、球粒堆、放射状、羽状及粉末状、土状产出。胶磷矿构成的鲕粒或球粒常具有同心层结构，有时则为放射纤维状结构，而在较小的球粒中也可无结构，呈致密状，而鲕粒中心常有一些碎屑物，主要是石英及黄铁矿、生物碎片等。胶质磷矿可同方解石交互产出，胶磷矿鲕粒可被方解石或玉髓脉穿过或部分交代。胶磷矿鲕粒因失水收缩常产出同心状的裂隙。胶磷矿是沉积型海相磷块岩的主要成分；在隆起的珊瑚礁中也有产出，与三斜磷钙石（monetite）$CaHPO_4$、石膏、方解石共生。$N_o=1.569 \sim 1.63$；$D=2.6 \sim 2.9$，$H=3.5$。

硅磷灰石：分子式为 $Ca_5(SiO_4, PO_4, SO_4)_3(Cl, OH, F)$，是富含 SiO_2、SO_3 的磷灰石变种。成分中 SiO_2 含量可达 17.31%，SO_3 含量为 20.69%，而 P_2O_5 含量仅为 3.06%。产自接触变质的大理岩，共生矿物有硅灰石、符山石、透辉石、硅硫磷灰石、石榴石、雪硅钙石 [tobermorite, $Ca_5Si_6O_{16}(OH)_2 \cdot 4H_2O$]、钙镁橄榄石、水硅钙石 [okenite, $CaSi_2O_4(OH)_2 \cdot H_2O$] 及蓝色方解石等。六方晶系，块状、粒状。浅玫瑰色，$N_o=1.655$，$N_e=1.650$，$N_o-N_e=0.005$；$D=3.068$，$H=5$。

硅磷灰石同羟基磷灰石系列的中间成员为硅硫磷灰石 [wilkeite, $Ca_5(SiO_4, PO_4, SO_4)_3$ (O, OH, F)]，六方晶系，菱面柱、六方双锥状、块状、粒状。成分中 P_2O_5 含量为 14% ~ 20%，SiO_2 含量为 9% ~ 11%，常与硅磷灰石共生。淡玫瑰红色、黄色。$N_o=1.650 \sim 1.655$，$N_e=1.646 \sim 1.650$，$N_o-N_e=0.004 \sim 0.005$；$D = 3.1 \sim 3.23$，H 约为 5。

羟硅磷灰石（hydroxyl-ellestadite）：分子式为 $Ca_5(SiO_4)_3(OH, Cl, F)_2$，是 1971 年首次在日本发现的一种新的磷灰石变种，类似硅磷灰石，但硅磷灰石中的 Cl 含量 > OH、F 含量，而羟硅磷灰石中的 OH 含量 > Cl、F 含量，同硅磷灰石一样，也属于夕卡岩矿物。除与典型的夕卡岩矿物透辉石、符山石等共生外，还与黄绿脆云母、羟钙石 [portlandite, $Ca(OH)_2$]、针硅钙石 [hillebrandite, $Ca_2SiO_3(OH)_2$]、硬硅钙石 [xonotlite, $Ca_4Si_5O_{17}(OH)_2$]、硬石膏等共生。六方晶系，淡紫色，具有显著的多色性，垂直延长方向吸收性最强。$N_o=1.654$，$N_e=1.650$，$N_o-N_e=0.004$，

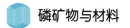

一轴负晶。D = 3.018，H =4.5。

铈磷灰石：分子式为 $(Ca，Ce)_5(SiO_4，PO_4)_3(OH，F)$，成分中 Ce、La、Y 含量较高，一般均在 20% 左右，亦可高达 60%。产出于碱性岩、碱性花岗伟晶岩及与其有关的接触交代矿床中，共生矿物有锆英石、烧绿石、榍石、萤石、磁铁矿、褐钇铌矿及透辉石、褐帘石、符山石等。六方晶系或假斜方晶系，柱状晶体或不规则粒状。黄褐色，具有多色性：N_o 方向颜色为褐色，N_e 方向颜色无色。N_o=1.776，N_e=1.772，$N_o–N_e$=0.004，一轴负晶（或为 N_p=1.775，N_m=1.772，N_g=1.177，二轴负晶，N_p、N_m、N_g 分别代表矿物的大、中、小三个主折射率）。

凤凰石（fenghuanglite，又称钍铈磷灰石）：含钍的铈磷灰石，产于我国黑榴石–霓石–磷霞岩中，和霞石、黑榴石、正长石、榍石等共生。六方晶系，柱状、粒状。浅黄—褐色，薄片中黄—褐色，有淡黄—淡绿色的微弱多色性。N_o=1.65 ～ 1.75，$N_o–N_e$=0.001 ～ 0.2，一轴负晶，但常显均质性。

碱磷灰石：分子式为 $(Ca，Na，K)_5(PO_4)_3(OH)$，当磷灰石中的 Ca 部分为碱金属所替换时，则构成碱磷灰石。其化学成分的特点是 Na 含量较高，一般 $Na_2O > K_2O$（含 Na_2O 可达 7% 左右，含水较少。通常产在角砾状磷酸盐岩石中，共生矿物有纤磷钙铝石（crandallite）、钙银星石、水磷铝钠石（wardite）、混钙银星石（wavellite，是钙银星石 + 羟基磷灰石的混合物）、白磷碱铝石（lehiite）、斜磷铝钙石（montgomeryite）、磷镁铝石（gordonite）、水磷铝碱石（millisite）等。六方晶系，晶体呈六方柱状、纤维状至刀片状构成的葡萄状、皮壳状。有 {0001} 完全解理。无色或浅绿、黄、绿白、灰等色。N_o=1.622 ～ 1.640，N_e=1.614 ～ 1.633，$N_o–N_e$=0.007 ～ 0.008；常为二轴负晶，N_p=1.610 ～ 1.614，N_m=1.619 ～ 1.623，N_g=1.620 ～ 1.624，$N_g–N_p$=0.010，$2V$ 小，但有时也可大至 40°。有时晶体的中心部分为一轴晶，边缘部分为二轴晶。消光角可达 12° ～ 16°，D=3.04 ～ 3.09，H 约为 5。

钾羟基磷灰石（lewistonite）：分子式为 $(Ca，K，Na)_5(PO_4)_3(OH)$，相较碱磷灰石有较多的水（H_2O 可达 7.69% 甚至 8.60%）。而且一般 $K_2O > Na_2O$（K_2O 含量可达 3.71% 左右）。产于磷铝石结核的裂隙中，与碱磷灰石、混钙银星石、纤磷钙铝石和磷酸盐矿物共生。六方晶系，晶体呈六方柱状、粉末状、皮壳状、粒状或球粒状。无色或浅绿白色。{0001} 完全解理。N_o=1.621，N_e=1.611，$N_o–N_e$ = 0.010，常为二轴负晶，N_p=1.613，N_m=1.623，N_g=1.624，$2V$=42°；D=3.08，H=5。许多晶体的中心部分为一轴晶，而边缘部分为二轴晶。

1.4　磷灰石矿物研究方法

对于磷灰石的研究，首先应对它的外表特征（晶形、晶面细节等）和各种物理性质进行细致观察，并密切注意它的共生矿物，充分利用矿物的共生规律，对其组成和类型做出初步判断。其次根据所涉问题的性质和精度要求，再选用适宜的方法做进一步工作。磷灰石的具体研究方法多种多样，常见的方法主要包括化学方法、物理方法和物理–化学方法。除此之外，针对磷灰石矿物某些特殊的晶体化学特征，综合运用多种研究方法，又产生了间接研究法和比较晶体化学（comparative crystal chemistry）研究方法。下面对这些方法加以简要介绍。

1.4.1　化学方法

化学方法包括简易化学分析和化学全分析两种。

1. 简易化学分析

简易化学分析又称为化学简项分析。本方法是采用少量的化学试剂，通过简便的试验操作，能迅速地检验出磷灰石样品所含的主要化学成分（Ca 和 P），达到鉴定矿物目的的一种方法。

可采用改进的乙二胺四乙酸（EDTA）络合滴定法和高锰酸钾氧化返滴定法精确测定羟基磷灰石中的钙含量，通过对比实验、精密度实验和加标回收实验对基准碳酸钙、分析纯磷酸三钙、分析纯磷酸氢钙及合成的羟基磷灰石中的钙含量进行测定，对结果的标准偏差、相对标准偏差及回收率进行比较，结果表明，两种方法测定结果相当吻合，改进的 EDTA 法比高锰酸钾氧化返滴定法更快速、简便，能够满足钙磷酸盐中钙含量的准确测定。钙含量测定的最大标准偏差和相对标准偏差分别为 0.057% 和 0.15%。同时，可采用磷钼酸喹啉容量法测定羟基磷灰石样品中的磷含量 [83]。

2. 化学全分析

化学全分析包括定量和定性的系统化学分析。需要较多的设备和试剂、较多较纯的样品，以及较高的技术和较长的时间。在此之前，必须进行光谱分析。

该方法首先制定全分析方案并制备系统分析溶液。系统分析溶液包括酸溶组分溶液和全量组分溶液，具体分为：

（1）氢氟酸 – 硫酸 – 高氯酸制备系统分析溶液；

（2）碱熔除硅制备系统分析溶液；

（3）氢氧化钾 – 过氧化钠熔融分解直接酸化制备系统分析溶液；

（4）离子交换分离磷氟制备系统分析溶液。

磷灰石的全化学分析一般包括 22 个分析参数：

（1）二氧化硅（三氯化铝 – 动物胶或聚环氧乙烷凝聚容量法、碱熔 – 氟硅酸钾容量法、酸溶 – 氟硅酸钾容量法、硅钼蓝比色法、钼蓝比色法测定样品中的水溶性二氧化硅）。

（2）三氧化二铁（磺基水杨酸比色法、邻菲啰啉比色法、三氯化钛还原重铬酸钾容量法测定样品中的水溶性三氧化二铁）。

（3）氧化亚铁（邻菲啰啉比色法、重铬酸钾容量法测定样品中的水溶性氧化亚铁）。

（4）二氧化钛（二安替比林甲烷比色法、铁钛连续比色法测定样品中的水溶性二氧化钛）。

（5）三氧化二铝（不预分离干扰的氟盐取代 -EDTA 法、铜盐回滴 EDTA 法、磷酸盐沉淀分离氟盐取代 -EDTA 法、碱熔分离氟盐取代 -EDTA 法测定样品中的水溶性三氧化二铝）。

（6）氧化钙、氧化镁（EDTA 滴定法连续测钙镁、EDTA- 反式 -1, 2- 环己二胺四乙酸（CDTA）法分别测钙和镁、沉淀分离 EDTA 容量法测定钙镁、高锰酸钾容量法测定钙、蔗糖 – 草酸法测定煅烧磷矿石中的钙、乙二醇二乙醚二胺四乙酸 -TEA-NaOH 分离 EDTA 容量法测镁、Ba-EGTA 掩蔽钙 EDTA 直接滴定镁）。

（7）氧化锰（高锰酸比色法、过硫酸铵 – 亚铁容量法测定样品中的水溶性氧化锰）。

（8）氧化钾、氧化钠（火焰光度法测定钾钠、原子吸收分光光度法测定钾钠、四苯硼钠容量法测定钾）。

（9）氧化钡（硫酸钡重量法、钙作释放剂氧化亚氮 – 乙炔火焰原子吸收分光光度法和硫酸铅共沉淀钡、氧化亚氮 – 乙炔火焰原子吸收分光光度法测定样品中的水溶性氧化钡）。

（10）氧化锶（原子吸收分光光度法、发射光谱法、X 射线荧光光谱法测定样品中的水溶性氧化锶）。

（11）钒（磷钨钒酸比色法、V_2O_3-H_2O_2-PAR[①]比色法测定样品中的水溶性钒）。

（12）铀（离子交换分离偶氮胂Ⅲ比色法、三辛基氧膦萃取 Br-PADAP[②]比色法、亚铁–钒酸铵容量法测定样品中的水溶性铀）。

（13）稀土元素（PMBP/苯–异戊醇萃取分离–偶氮胂Ⅲ比色法测定稀土总量、PMBP-苯萃取分离偶氮胂Ⅲ比色法测定稀土总量、沉淀分离偶氮胂Ⅲ比色法测定磷矿选矿样中的稀土总量、萃取分离比色法测定稀土分组含量）。

（14）锆（偶氮胂Ⅲ比色法测定磷灰岩中的锆、二甲酚橙比色法测定磷灰石及其精矿中的锆）。

（15）镍（火焰原子吸收分光光度法、石墨炉原子吸收分光光度法测定样品中的水溶性镍）。

（16）硫（碳酸钠–氧化锌半熔重量法、燃烧–碘量法、电感耦合等离子体发射光谱法测定样品中的水溶性硫）。

（17）氟（离子选择电极法、热解分离钍盐滴定法、蒸汽蒸馏分离钍盐滴定法、不经分离钛–过氧化物间接比色法、不经分离锆–二甲酚橙间接比色法测定样品中的水溶性氟）。

（18）氯（离子选择电极法、硫氰酸汞间接比色法、硝酸汞容量法、X 射线荧光光谱法测定样品中的水溶性氯）。

（19）碘（离子选择电极法、元素碘萃取比色法、碘蓝比色法、热解分离催化滴定法、X 射线荧光光谱法测定样品中的水溶性碘）。

（20）二氧化碳、有机碳、石墨碳（重量法测定二氧化碳、气量法测定二氧化碳、计算法测定二氧化碳、非水滴定法连续测定二氧化碳及有机碳、铬酸盐氧化容量法测定低含量有机碳、燃烧–非水滴定法测定石墨碳）。

（21）灼失量。

（22）水分（烘干失重法测定 H_2O^-、双球玻璃管灼烧重量法测定 H_2O^+）。

1.4.2 物理方法

这类方法主要是以物理学的原理为基础，借助各种仪器，鉴定和研究磷灰石矿物的各种性质。主要包括光学显微镜、X 射线衍射、红外光谱、拉曼（Raman）光谱、电子探针、电子显微镜、X 射线光电子能谱（XPS）、固态魔角自旋核磁共振等。

光学显微镜是利用晶体的光学性质而制定的一种鉴定和研究方法。在磷灰石样品研究中应用最多的是偏光显微镜。

偏光显微镜是用于研究所谓透明与不透明各向异性材料的一种显微镜。凡具有双折射性的物质，在偏光显微镜下就能分辨清楚。偏光显微镜的特点是将普通光改变为偏振光进行镜检的方法，以鉴别某一物质是单折射性（各向同性）还是双折射性（各向异性）。双折射性是晶体的基本特性。因此，偏光显微镜被广泛应用在矿物、化学等领域，在生物学和植物学领域也有应用。

偏光显微镜必须具备以下附件：起偏镜、检偏镜、补偿器或相位片、专用无应力物镜、旋转载物台。偏光显微镜在装置上的要求：①光源最好采用单色光，因为光的速度、折射率和干涉现象会因波长的不同而有差异。一般镜检可使用普通光。②目镜要带有十字线。③为了取得平行偏光，应使用能推出上透镜的摇出式聚光镜。④伯特兰透镜是聚光镜光路中的辅助部件，它可保证用目镜来观察在物镜后焦平面中形成的干涉图样。偏光显微镜技术要求：

---

① PAR 表示 2- 氧代 -3-(磷酰氧基) 丙酸。

② PADAP 表示 2-(5- 溴 -2- 吡啶偶氮)-5- 二乙氨基苯酚。

载物台的中心与光轴同轴；起偏镜和检偏镜应处于正交位置；制片不宜过薄。

偏光显微镜的工作方式包括[84]：①单偏光镜，主要用来观察和测定矿物的外表特征（如矿物的形态与解理等）、与矿物对光波选择吸收有关的光学性质（如矿片的颜色、多色性和吸收性等）、与矿物折射率值大小有关的光学性质（如突起、糙面、边缘、贝克线及色散效应等）。②正交偏光镜，主要用来观察和测定非均质体矿片上光率体椭圆半径方向及名称、干涉色级序、双折射率、消光类型及消光角、晶体延性符号、双晶等。③锥光镜，研究在偏振光干涉时产生的干涉图样，这种方法用于观察物体的单轴或双轴性。磷灰石样品的单偏光照片如图1-19所示。

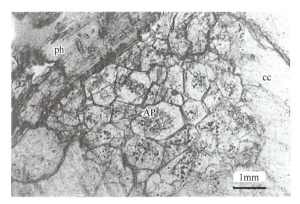

图1-19　产于侵入碳酸岩氟–羟基磷灰石的团块状晶体集合体的单偏光照片
可见完好的晶形；AP-磷灰石；ph-金云母；cc-方解石

1.4.3　物理–化学方法

此类方法主要包括热分析、极谱分析及电渗析等。在磷灰石矿物的研究中应用最多的是热分析方法，该方法可分为热重分析（TGA）和差热分析（DTA）两种。

热重分析是测定磷灰石矿物在加热过程中的质量变化来研究矿物性质的一种方法。这一方法只限于鉴定、研究含水矿物。

差热分析是利用磷灰石矿物在连续加热过程中，伴随着物理–化学变化而产生吸热或放热效应来进行研究的方法。因此，只要准确测定热效应的强度，并和已知资料进行对比，就能对样品做出定性或定量分析。此分析的具体做法是将试样粉末与中性体粉末分别装入样品容器，然后将其同时送入高温炉中加热。此时，插在它们中间的一对反接的热电偶将把两者之间的温度差转换成温差电动势，采用电子电位差计记录成差热曲线。

1.4.4　间接研究法

这种研究方法主要是针对磷灰石晶体结构中的结构碳酸根离子。确定CO_3^{2-}在磷灰石中的准确含量是讨论CO_3^{2-}对磷灰石晶体化学性质影响的基础，但常规岩矿化学分析法受制样提纯过程的限制而难以解决CO_3^{2-}的定量问题。在实际工作中，人们多采用一些间接方法确定磷灰石中的CO_3^{2-}含量，这些方法主要有红外光谱法[85, 86]、粉晶X射线衍射[65]和化学式P位原子数固定法（电子探针–化学式计算法）[87]。

1）红外光谱法

采用文献[86]的方法，标准样品为纯天然氟磷灰石与$BaCO_3$按不同质量比配制，即分别按1：2.5、1：3、1：5、1：6、1：10、1：20、1：30混合后再各取1mg分别与

400mg KBr 混匀压片，在 PE-9836 型红外分光光度计上实测标准样品（1mg 磷灰石加 400mg KBr）的红外光谱。据此，求出样品中 CO_3^{2-} 基团 1420cm^{-1} 处的吸光度与 PO_4^{3-} 基团 575cm^{-1} 处的消光度比值（即 E_{1420}/E_{575}），并采用下列公式[86]计算磷灰石中的 CO_3^{2-} 含量：

$$C_{CO_3^{2-}}\ (\text{wt}\%) = t\ (E_{1420}/E_{575})$$

式中，$t = 5.985$，由标准样品校正关系得出；wt% 表示质量分数。

2）粉晶 X 射线衍射

将样品研磨后在 Philips PW 1710 型自动粉晶衍射仪上对磷灰石的 004、410、002、300 面网衍射进行慢扫描。实验条件：电压 35kV、电流 15mA、Cu K$_\alpha$ 射线、Ni 滤波，在 25° ~ 34° 2θ 角区域扫描速度为 0.004°/s，在 51° ~ 54° 2θ 角区域扫描速度为 0.002°/s。测出 410 及 004 面网衍射峰对的衍射角差值，即 $x=2\theta_{004}-2\theta_{410}$，根据 Schuffert 等[65]提出的经验公式求出磷灰石中的 CO_3^{2-} 含量。

其经验公式为

$$C_{CO_3^{2-}}\ (\text{wt}\%) = 10.643x^2 - 52.512x + 56.986$$

3）电子探针－化学式计算法

将样品嵌于导电胶中磨平、抛光并镀碳膜，先在能谱仪上进行元素的定性分析，再于 ARL-SEMQ 和 CAMECA-CAMEBAX 电子探针上用天然磷灰石作标准样品，对 Ca、Mg、Sr、Mn、Na、Ce、La、Y、P、Si、S、F 和 Cl 进行定量分析。用固定 Ca 位离子法求出磷灰石的晶体化学式。采用化学式 P 位原子数固定法假设 P 位离子（P+Si+S+C）数目为 6，不足的由 C 原子补充，再由所补充的 C 原子数换算出相应的 CO_3^{2-} 含量。

用上述 3 种方法求出的磷灰石中的 CO_3^{2-} 含量如表 1-8 所示。

表 1-8　磷灰石中 CO_3^{2-} 含量测定结果　　　　　　　　（单位：%）

试样	产地	测定值		
		IR 法	F 法	X 法
沉积岩碳氟磷灰石	贵州息峰	2.2	2.0	2.0
	湖北王集	2.0		1.3
	（美）佛罗里达	4.5	4.2	7.7
	（美）爱达荷	2.0	2.2	2.6
变质岩氟磷灰石	湖北黄麦岭	0.6	0.3	0.7
	江苏锦屏	0.8	1.2	0.2
	（加）安大略	1.1	1.1	0.6
热液碳氟磷灰石	安徽铜官山	1.0	1.1	0.2
伟晶碳氟磷灰石	内蒙古集宁	1.1	0.8	0.5
基性岩羟氟磷灰石	河北承德	0.0	0.7	0.5
碳酸盐羟氟磷灰石	（巴西）阿拉沙	0.5	0.8	2.3
	（意）武尔图雷	1.7	1.3	3.2
	（乌干达）波特尔堡	2.6	1.8	1.2
	（德）凯撒施图尔	0.6	1.8	1.4

续表

试样	产地	测定值		
		IR法	F法	X法
碱性岩氟磷灰石	（意）武尔图雷	0.3	0.3	3.7
	（意）圣韦南佐	0.0	0.7	
	（意）皮蒂利亚诺	0.0	0.3	0.5
	（意）皮亚琴察	0.0	0.3	
	（意）蒂蒂利亚诺		0.0	
	（意）麦奇	0.0	0.0	1.5
	（意）普利亚		0.0	
未知成因氟磷灰石	马达加斯加	0.2	0.7	1.4

注：IR法表示红外光谱法；F法表示电子探针 - 化学式计算法；X法表示粉晶X射线衍射法。

X射线衍射法的优点在于测定十分简便，由于衍射峰对几乎不受杂质矿物的干扰，可用未提纯的矿石样品直接进行测试。不过，由表 1-8 中数据可以看出，X射线衍射法的测定值与其他两种方法相比有较大的偏差，甚至出现不合理的负值。该法适用范围较窄，多用于沉积型的碳氟磷灰石。

与X射线衍射法相似，电子探针 - 化学式计算法的基础也是假设全部 CO_3^{2-} 进入 PO_4^{3-} 的四面体晶格位置，这对于大部分天然磷灰石而言是个合理的假设。除个别个例外，由电子探针 - 化学式计算法推导的值与红外光谱法所得值有明显的正相关关系，如图 1-20 所示。电子探针 - 化学式计算法的优点在于适用范围广且相对简便，可对薄片下的显微矿物进行直接测定而无须繁琐的样品分离提纯过程，对于难以分选的细小磷灰石微晶来说，它是一种较为实用的间接测定 CO_3^{2-} 含量的方法。电子探针 - 化学式计算法的局限性在于它对电子探针成分分析结果的准确性及精密度要求甚高。否则，磷灰石中所有元素的测定误差都将累积在 CO_3^{2-} 含量上，因而制样质量及磷灰石中其他组分的测量准确性和精密度都会极大地影响 CO_3^{2-} 含量的计算结果，特别是在 CO_3^{2-} 含量低的情况下，数据的可靠性更差。

红外光谱法的基本原理：磷灰石的红外谱中 CO_3^{2-} 基团与 PO_4^{3-} 基团的本征吸收强度的比例与其结构 PO_4^{3-} 含量呈正相关，因而可通过校正标准样品得出适用于某一特定实验条件下的经验公式并由红外吸光度比值来求出 CO_3^{2-} 含量。该法不受磷灰石中其他替换离子的干扰，因而结果较为准确可靠。该法的另一优点在于适用范围广，可适用各种类型的磷灰石，且样品用量甚少（2～5mg 即可）。其不足之处在于测定过程较繁琐，对单矿物样品的纯度要求较高，少量未分离的碳酸盐杂质可能造成一定的测量误差。除了要求分离提纯样品之外，每次测量都须配制一系列标准样品，而且对仪器稳定性和保持实验条件的一致性要求很高。尽管有上述局限性，但对于磷灰石中 CO_3^{2-} 含量的测定，红外光谱法仍是较为合理的方法，有着较为广阔的应用前景。

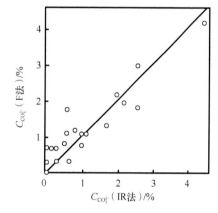

图 1-20　IR法与F法测得磷灰石中 CO_3^{2-} 含量关系

IR法 - 红外光谱法；F法 - 电子探针 - 化学式计算法

1.5 磷灰石矿物表征方法

1.5.1 X射线衍射

这一方法的原理主要是X射线的波长与晶体内部原子间的距离相近，属于同一个数量级，当X射线进入矿物体后可以产生衍射。

X射线是一种波长很短（为 10 ～ 0.001nm）的电磁波，能穿透一定厚度的物质，并能使荧光物质发光、照相乳胶感光、气体电离。在用电子束轰击金属"靶"产生的X射线中，包含与靶中各种元素对应的具有特定波长的X射线，称为特征（或标识）X射线。考虑到X射线的波长和晶体内部原子间的距离相近，1912年德国物理学家劳厄（Laue）提出一个重要的科学预见：晶体可以作为X射线的空间衍射光栅，即当一束X射线通过晶体时将发生衍射，衍射波叠加的结果使射线的强度在某些方向上加强，在其他方向上减弱。分析在照相底片上得到的衍射花样，便可确定晶体结构。

最基本的衍射实验方法有三种：粉末法、劳厄法和转晶法[88]。粉末法只要有少量磷灰石粉末即可，衍射花样可提供丰富的晶体结构信息，可以进行磷灰石矿物物相的定性和定量分析及晶胞参数计算。劳厄法和转晶法采用磷灰石单晶体作为样品进行分析，可用来测定晶体的晶胞参数、空间群及各个原子（或离子）在晶胞内的具体位置。

X射线衍射在磷灰石矿物中的应用实例如下所述。

1）鉴定物相

采用了粉晶XRD技术鉴定磷灰石粉末状样品的物相组成，如图1-21、图1-22所示。

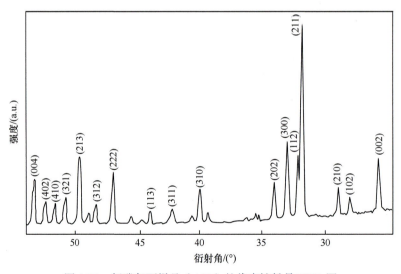

图1-21 氟磷灰石样品（A22）的代表性粉晶XRD图

2）计算晶胞参数

对基性岩浆成因、伟晶成因、火山热液成因、沉积成因和沉积区域变质成因五种不同成因类型的磷灰石的晶胞参数进行计算。

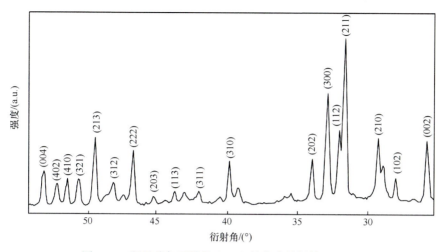

图 1-22　羟基磷灰石样品（K7）的代表性粉晶 XRD 图

用 DMAX-IIB 型 X 射线衍射仪对各磷灰石样品进行粉晶衍射实验（中国地质大学（武汉）材料与化学分析测试中心），选用（002）、（211）、（300）、（310）、（222）、（213）六个衍射峰的初始晶面间距（d）值，计算出的各样品晶胞参数列于表 1-9。表 1-9 中还给出计算的各样品密度值。

表 1-9　磷灰石样品的晶胞参数和密度

参数	基性岩浆成因	伟晶成因		火山热液成因	沉积成因		沉积区域变质成因	
样号	I1	P1	P2	T1	S1	S2	M1	M2
a_0/Å	9.385	9.384	9.384	9.396	9.369	9.373	9.378	9.380
c_0/Å	6.890	6.894	6.897	6.904	6.887	6.893	6.882	6.896
V_0/Å³	525.50	525.73	526.59	527.84	522.76	524.42	524.15	525.43
c_0/a_0	0.7341	0.7347	0.7353	0.7348	0.7351	0.7354	0.7338	0.7352
密度 /（g/cm³）	3.181	3.220	3.159	3.144	3.203	3.166	3.191	3.172

3）结构精细化研究

可以用单晶四圆衍射仪对磷灰石单晶样品进行结构精细化工作。在收集衍射数据之前，对样品先采用 X 射线回摆照相法和魏森贝格（Weissenberg）照相法进行晶体质量检测。然后，在 Philips PW-1100 型单晶四圆衍射仪（Mo 靶，石墨单色化，波长 $\lambda=0.07107nm$）上收集衍射数据，采用 ω 扫描方式，扫描宽度 1.6°，扫描范围 0° ～ 40°。用 SHELEX-76 程序，在 $P6_3/m$ 空间群的基础上进行结构精细化。有关的精细化结构参数列于表 1-10 中。

1.5.2　红外光谱

当样品受到频率连续变化的红外光照射时，分子吸收了某些频率的辐射，并由其振动或转动引起偶极矩的净变化，使分子振动和转动能级产生从基态到激发态的跃迁，并使相对应的这些吸收区域的透射光强度减弱。记录红外光的透射比与波数或波长关系曲线，就可得到红外光谱。

表 1-10　晶体结构参数

岩石类型	提拉法合成氟磷灰石单晶	羟基磷灰石[4]	碳磷灰石[4]	乌干达特尔堡（Fort Portal）喷发型碳酸岩	德国侵入型碳酸岩	意大利超碱性岩	意大利超碱性岩
磷灰石种类	氟磷灰石	羟基磷灰石	碳磷灰石	氟-羟基磷灰石	氟-羟基磷灰石	氟磷灰石	氟-羟基磷灰石
晶体尺度/（mm×mm×mm）	0.2×0.2×0.25	0.25×0.2×0.1	0.35×0.25×0.2	0.19×0.17×0.17	0.2×0.19×0.19	0.3×0.1×0.1	0.2×0.2×0.2
测定面网符号	$hk\pm l$	$hk\pm l$	$hk\pm l$	$hk\pm l$	$hk\pm l$	$hk\pm l$	$hk\pm l$
衍射线条数	1315	1201	1243	1678	1658	1654	nd
独立的衍射线线数（$I > 3\sigma$）	604	344	354	667	696	487	nd
变量数	40	44	44	46	43	41	nd
R/%	2.5	1.6	2.0	1.7	1.8	2.4	nd
Ca1—O1/nm	0.2400	0.2404	0.2407	0.2404	0.2402	0.2397	0.2410
Ca1—O2/nm	0.2456	0.2452	0.2448	0.2457	0.2455	0.2458	0.2459
Ca1—O3/nm	0.2804	0.2807	0.2793	0.2805	0.2808	0.2810	0.2807
Ca1—O平均/nm	0.2553	0.2554	0.2549	0.2555	0.2555	0.2555	0.2559
Ca2—O1/nm	0.2690	0.2711	0.2901	0.2692	0.2691	0.2684	0.2700
Ca2—O2/nm	0.2376	0.2353	0.2306	0.2359	0.2371	0.2375	0.2363
Ca2—O3a/nm	0.2495	0.2509	0.2544	0.2508	0.2502	0.2496	0.2516
Ca2—O3b/nm	0.2350	0.2343	0.2331	0.2347	0.2350	0.2353	0.2351
Ca2—O平均/nm	0.2478	0.2479	0.252	0.2477	0.2479	0.2477	0.2483
Ca2—F/nm	0.2299			0.2341	0.2320	0.2301	0.2372
Ca2—OH/nm		0.2385		0.2378	0.2330		
Ca2—Cl/nm			0.2759				
P—O1/nm	0.1531	0.1534	0.1533	0.1534	0.1536	0.1542	0.1537
P—O2/nm	0.1536	0.1537	0.1538	0.1536	0.1539	0.1544	0.1539
P—O3/nm	0.1532	0.1529	0.1524	0.1531	0.1533	0.1536	0.1534
P—O平均/nm	0.1533	0.1533	0.1532	0.1534	0.1536	0.1541	0.1537
四面体体积 V/（10^{-3}nm³）	1.848	1.846	nc	1.846	1.854	1.870	1.857
Ca2—Ca2/nm	0.3982	0.4084	nc	0.4054	0.4018	0.3985	0.4074
a/nm	0.9375	0.94166	0.95979	0.94027	0.93930	0.93839	0.9423
c/nm	0.6887	0.68745	0.67762	0.68859	0.68904	0.6893	0.6891

续表

岩石类型/磷灰石种类	意大利 Piitigliano 超碱性岩 氟-羟基磷灰石	意大利 Vulture 超碱性岩 氟-羟基磷灰石	加拿大威尔伯福斯（Wilberforce）变质岩 氟磷灰石	乌干达 Kasekere 喷发型碳酸岩 羟基磷灰石	墨西哥杜兰戈（Durango）变质岩 氟磷灰石	意大利阿布鲁佐（Abruzzo）超碱性岩 氟-羟基磷灰石	意大利 Abruzzo 超碱性岩 氟-羟基磷灰石	意大利 Abruzzo 超碱性岩 氟-羟基磷灰石
晶体尺度/（mm×mm×mm）	170×170×140	150×80×80	370×320×310	nr	250×250×200	nd	nd	nd
面网符号	$hk\pm l$	$hk\pm l$	hkl, khl	$\pm hkl$	$\pm hkl$	$\pm hkl$	$\pm hkl$	$\pm hkl$
衍射线数	1681	1573	1780	1186	1568	1609	1218	1099
独立的衍射线数（$I > 3\sigma$）	707	636	625	566	682	730	572	524
变量数	44	47	41	44	44	43	43	43
R/%	1.7	1.9	2.5	3.4	2.1	2.6	4.4	2.8
Ca1—O1/nm	o.2401	0.2403	0.2401	0.2416	0.2401	0.2401	0.2411	0.2411
Ca1—O2/nm	0.2457	0.2457	0.2457	0.2466	0.2455	0.2455	0.2460	0.2458
Ca1—O3/nm	0.2812	0.2807	0.2798	0.2802	0.2807	0.2807	0.2808	0.2816
Ca1—O$_{平均}$/nm	0.2635	0.2632	0.2628	0.2634	0.2631	0.2631	0.2634	0.2637
Ca2—O1/nm	0.2685	0.2715	0.2685	0.2664	0.2696	0.2699	0.2685	0.2685
Ca2—O2/nm	0.2383	0.2365	0.2381	0.2350	0.2378	0.2369	0.2375	0.2389
Ca2—O3a/nm	0.2500	0.2511	0.2502	0.2524	0.2498	0.2505	0.2502	0.2514
Ca2—O3b/nm	0.2352	0.2347	0.2355	0.2354	0.2350	0.2348	0.2352	0.2352
Ca2—O$_{平均}$/nm	0.2480	0.2485	0.2481	0.2473	0.2481	0.2480	0.2479	0.2485
Ca2—F/nm	0.2305	0.2338	0.2296	0.2369	0.2307	0.2325	0.2317	0.2315
Ca2—OH/nm	0.2335	0.2367		0.2395				
Ca2—Cl/nm		0.2590						
P—O1/nm	0.1540	0.1536	0.1536	0.1528	0.1534	0.1534	0.1542	0.1536
P—O2/nm	0.1544	0.1540	0.1540	0.1533	0.1540	0.1535	0.1530	0.1543
P—O3/nm	0.1539	0.1531	0.1536	0.1534	0.1534	0.1540	0.1542	0.1542
P—O$_{平均}$/nm	0.1541	0.1536	0.1537	0.1532	0.1536	0.1536	0.1538	0.1540
四面体体积 V/（10^{-3}nm）	1.874	1.852	1.859	1.843	1.856	1.857	1.868	1.873
Ca2—Ca2/nm	0.3992	0.4049	0.3976	0.4105	0.3996	0.4027	0.4013	0.4010
a/nm	0.93948	0.94211	0.93822	0.9410	0.93926	0.93995	0.94035	0.94117
c/nm	0.68956	0.68796	0.68959	0.6917	0.68828	0.68877	0.68990	0.69082

注：nd、nc 分别表示未测定、未计算。

化合物中的某些基团或化学键在不同化合物中所对应的谱带波数基本上是固定的或只在小波段范围内变化，因此许多官能团在红外光谱中都有特征吸收，通过红外光谱测定，人们就可以判定未知样品中存在哪些官能团，这为最终确定未知物的化学结构奠定了基础。由于分子内和分子间相互作用，官能团的特征频率会因官能团所处的化学环境不同而发生微细变化，这为研究表征分子内、分子间相互作用创造了条件。分子在低波数区的许多简正振动往往涉及分子中的全部原子，不同分子的振动方式彼此不同，这使得红外光谱具有像指纹一样高度的特征性，称之为指纹区。利用这一特点，人们采集了成千上万种已知化合物的红外光谱，并把它们存入计算机中，编成红外光谱标准谱图库。人们只需把测得未知物的红外光谱与标准谱图库中的光谱进行比对，就可以迅速判定未知化合物的成分。此外，红外光谱可以研究化合物的晶体结构和化学键，如力常数的测定和对称性等，利用红外光谱方法可测定相应官能团的键长和键角，并由此推测立体构型。由所得的力常数可推知化学键的强弱，由简正频率计算热力学函数等。

红外光谱可用来对磷灰石结构中 $[PO_4]$、$[CO_3]$、$[OH]$ 等官能团进行定性和定量分析，进而对磷灰石晶体结构获得较为全面的认识。

红外光谱在磷灰石矿物中的应用实例如下所述。

图 1-23～图 1-26 列出了典型的氟磷灰石、羟基磷灰石、氯磷灰石和碳氟磷灰石的 IR 谱图。将 2mg 左右的样品与 300mg 光谱纯级的 KBr 粉末在玛瑙研钵中混匀、磨细后压片，在 110℃下烘烤 24h，以减少吸附水的干扰。在 Bruker IFS113V 型红外分光光度计上真空（真空度 P=5mbar[①]）

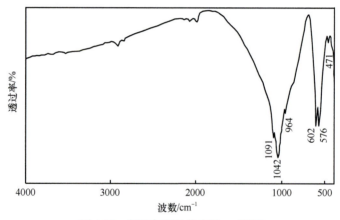

图 1-23　氟磷灰石的代表性 IR 谱图

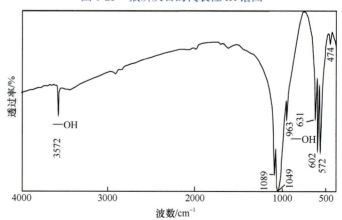

图 1-24　羟基磷灰石的代表性 IR 谱图

① 1bar=10⁵Pa。

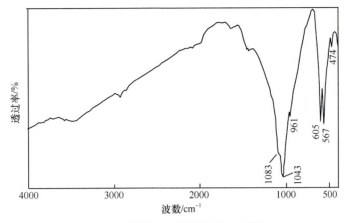

图 1-25　氯磷灰石的代表性 IR 谱图

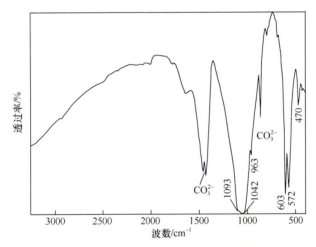

图 1-26　碳氟磷灰石的代表性 IR 谱图

测定 FTIR 谱，扫描次数 50 ～ 100 次，扫描范围 400 ～ 4000cm^{-1}，测量误差为 ±1cm^{-1}。

图 1-27 和表 1-11 列出了基性岩浆成因、伟晶成因、火山热液成因、沉积成因和沉积区域变质成因五种不同成因类型的磷灰石的 IR 光谱特征及特征峰的谱学归属。在 PYE Unicam SP-300 型红外分光光度计上用 KBr 压片法测得各样品的 IR 谱（武汉工程大学分析测试中心）。

1.5.3　拉曼光谱

当光源照射到物质上时会产生散射现象，从而产生散射光。在散射光中有与原光源波长相同的光，这是由于激发光与物质发生弹性散射而产生，称作瑞利（Rayleigh）散射。在散射光中还有比原光源波长或长或短的散射光，这是由于激发光与物质发生非弹性散射而产生，此即拉曼散射。在拉曼谱线中，把频率小于入射光频率的谱线称为斯托克斯（Stokes）谱线，而把频率大于入射光频率的谱线称为反斯托克斯（anti-Stokes）线。在初期是利用汞灯的单色光作为激发光源。拉曼散射的强度非常微弱，约为 Rayleigh 散射的千分之一，若要获得一个完整的拉曼光谱是很困难的。随着激光技术的发展，由于激光光源有良好的单色性及方向性，且具有高强度，是理想的激发光源，扩展了拉曼光谱的应用范围。

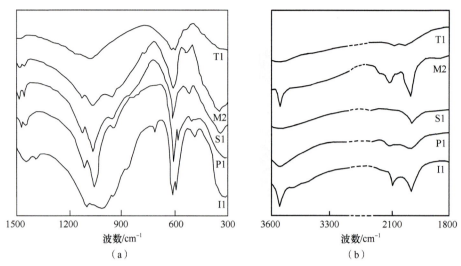

图 1-27　各类磷灰石的 IR 谱

（a）波数范围为 300 ～ 1500cm^{-1}；（b）波数范围为 1800 ～ 3600cm^{-1}；

I1- 基性岩浆成因；P1- 伟晶成因；T1- 火山热液成因；S1- 沉积成因；M2- 沉积区域变质成因

表 1-11　磷灰石的 IR 吸收频率及其归属　　　　　　　　　　　　（单位：cm^{-1}）

归属		PO_4^{3-}					CO_3^{2-}		OH^-	其他
		v_1	v_2	v_3	v_4	v_5	v_3	v_2	伸缩	
基性岩浆成因	I1	960	315 260	1095 1050	600 568	467			3540	2150 2000
伟晶成因	P1	963	315 265	1095 1075 1045	600 570	458	1450 1425	850		2000
	P1	960	310 265	1090 1040	600 570	465	1450 1425	875		2050 2000
火山热液成因	T1	960	310	1090 1040	598 570	468	1450 1420			2000
沉积成因	S1	960	318 265	1090 1048	600 570 563	469	1450 1425	860		2070 1995
	S1	962	322 263	1092 1010	598 568	467	1450 1427	863		2070 2000
沉积区域变质成因	M1	960	318 265	1095 1045	600 570	470	1453 1428	865	3540	2080 2000
	M1	960	315 265	1090 1040	598 570	465	1450 1428	865	3540	2150 2000

拉曼效应起源于分子的振动与转动，因此从拉曼光谱中可以得到分子振动能级与转动能级的结构信息。Rayleigh 谱线与拉曼谱线波数的差值称为拉曼位移，即分子振动能级的直接量测。从拉曼位移的分析中可以获得物质结构的相关信息。

拉曼光谱和红外光谱被誉为"姊妹谱"，两者具有很强的互补性，前者适用于研究同原子的非极性键振动，而后者适用于研究不同原子的极性键振动。

拉曼光谱在磷灰石矿物中的应用实例如下所述。

将样品研碎至 10 ~ 100μm，取约 10mg 的晶体碎屑置于内径为 1mm 的特别拉制的石英玻璃管中，以 514.5nm 的 Ar+ 激发线为光源，用 Mod.R943XXM 型 Thorn-Enn 光电倍增管探测信号，在 Jobin Yvon U1000 型拉曼谱仪 [意大利佩鲁贾（Perugia）大学] 上用 90° 位置法测量拉曼谱。为减少误差，使用空白玻璃样品管进行对比测量，并采用光谱差减法得到样品谱图。最终谱图为 3 ~ 5 次扫描的平均结果，波数测量精度为 ±3cm⁻¹，图谱分辨率约 2cm⁻¹。图 1-28、图 1-29 为代表性谱图。经峰形拟合程序确定的各主要峰位列于表 1-12。

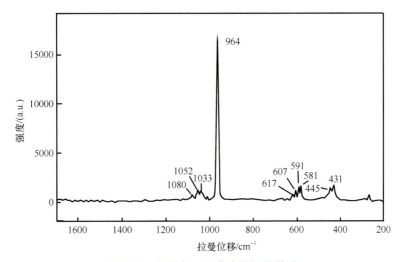

图 1-28　氟磷灰石的代表性拉曼谱图

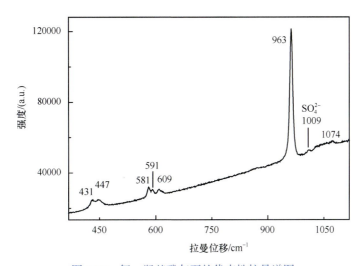

图 1-29　氟 - 羟基磷灰石的代表性拉曼谱图

表 1-12　各类磷灰石的磷氧四面体振动频率　　　　　　（单位：cm^{-1}）

类型		氟磷灰石	羟基磷灰石	碳磷灰石
IR 模式	v_{3a}（E$_1$u）	1093	1089	1083
	$v_{3b}+v_{3c}$（Au+E$_1$u）	1042	1049	1043
	v_1（E$_1$u）	964	963	961
	v_{4a}（E$_1$u）	602	602	605
	$v_{4b}+v_{4c}$（Au+E$_1$u）	576	572	567
	$v_{2a}+v_{2b}$（Au+E$_1$u）	471	474	474
拉曼模式	v_{3a}（Ag）	1080	1079	1078
	v_{3a}（E$_2$g）	1061	1057	1058
	v_{3b}（Ag）	1052	1049	1044
	v_{3c}（E$_1$g）	1041	1041	1035
	v_{3b}（E$_2$g）	1033	1031	1017
	v_1（Ag+E$_2$g）	963	963	961
	v_{4a}（E$_2$g）	617	618	621
	v_{4a}（Ag）	607	610	615
	v_{4b}（Ag）	591	593	593
	v_{4c}（E$_1$g）			587
	v_{4b}（E$_2$g）	581	581	577
	v_{2a}（A$_1$g）		450	
	v_{2a}（E$_2$g）	445		443
	v_{2b}（E$_1$g）	431	433	430

1.5.4　电子显微镜

当一束聚焦电子束沿一定方向射到样品时，在样品物质原子的库仑电场作用下，入射电子束方向将会发生改变，即发生散射作用。这种散射作用还可进一步分为弹性散射和非弹性散射。对于弹性散射，电子只改变运动方向，能量基本不变。而对于非弹性散射，电子不但改变运动方向，能量也有不同程度的衰减，衰减部分的能量转变为热、光、X 射线、二次电子、俄歇电子等。除了散射外，还有一部分电子被吸收，一部分电子透过样品物质。电子显微镜就是利用高能电子束与物质之间的交互作用所引起的各种物理现象为基础原理而构建并发展起来的。

在磷灰石矿物研究中最常用到的电子显微技术是扫描电子显微成像技术和透射电子显微成像技术。扫描电子显微镜（简称扫描电镜，SEM）主要用于直接观察样品表面的形貌，样品表面上的凹凸不平使某些局部朝向二次电子探测器，另一些背向二次电子探测器。朝向二次电子探测器发出的二次电子被收集得多，就显得亮，反之就显得暗，由此产生阴阳面、富有立体感的图像。除二次电子外，用背散射电子成像可辨别原子序数的差别，用特征 X 射线成像可辨别元素分布，可对元素进行定性或半定量分析。透射电子显微镜（简称透射电镜）的成像方式与光学显微镜相似，只是以电子透镜代替玻璃透镜。放大后的电子像在荧光屏上显示出来。样品必须制成电子能穿透的、厚度为 100～2000Å 的薄膜。除观察表面形态外，透射电镜还可利用电子衍射对磷灰石样品的内部结构和表面结构进行研究。随着电子光学的不断发展，透射电镜又派生出了分辨率更高的超高压透射电镜和高分辨率透射电镜，可直接观察晶体结构、晶体缺陷及材料中原子的排列情况。

电子显微镜在磷灰石矿物中的应用实例如下所述。

1）扫描电镜

在双目镜下用手挑出天然磷灰石单晶（样品产于意大利），粘在样品托架上，镀上 C 膜，再在扫描电镜（意大利佩鲁贾大学）下观察晶体的原始形貌和晶面特征，如图 1-30～图 1-34所示。同时，扫描电镜还可对多晶粉体的磷灰石样品进行表面微形貌观察。图 1-35 是水热法合成羟基磷灰石的扫描电镜照片。

图 1-30　氟－羟基磷灰石由六方柱和六方
双锥组成的完好晶形
产于意大利武尔卡诺（Vulcano）

图 1-31　氟－羟基磷灰石由以六方柱为主组
成的完好晶形
晶体端面上可见熔蚀坑；产于意大利 Vulcano

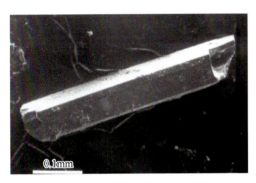

图 1-32　氟－羟基磷灰石六方长柱状晶体
产于意大利 Abruzzi

图 1-33　氟磷灰石由六方柱和六方双锥组
成的完好晶形
产于意大利 Pitigliano

图 1-34　氟磷灰石扁平的六方短柱状晶体
阶梯状晶面生长纹清晰可见；产于意大利 Pitigliano

图 1-35　水热法合成羟基磷灰石的晶体
完好的晶面清晰可见

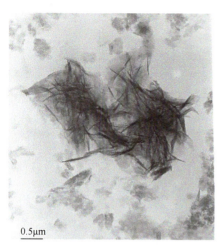

0.5μm

图 1-36　溶胶－凝胶法合成的羟基磷灰石
可分辨出毛发状的晶体轮廓，但晶面发育不明显

2）透射电镜

对于溶胶－凝胶法合成的羟基磷灰石样品，则用透射电镜 [仪器型号 PhilipsCM12，中国地质大学（武汉）] 观察其形貌，如图 1-36 所示。

1.5.5　电子探针

利用细焦电子束，在样品表层微区内激发元素的特征 X 射线，根据特征 X 射线的波长和强度，进行微区化学成分定性或定量分析。电子探针的光学系统、真空系统等部分与扫描电镜基本相同，通常也配有二次电子和背散射电子信号检测器，同时兼有组织形貌和微区成分分析两方面的功能。

电子探针有三种基本工作方式：①点分析，用于测定磷灰石样品中某个指定点的化学成分，以及对其中所含元素进行定量分析；②线分析，用于分析某一元素沿选定直线方向上的浓度变化；③面分析，用于观察某一元素在选定微区内的浓度分布。

同时，磷灰石样品的表面要求平整，必须进行抛光。样品应具有良好的导电性，对于磷灰石这样不导电的样品，表面则喷镀一层不含分析元素的薄膜。实验时要准确调整样品的高度，使样品分析表面位于光谱仪聚焦圆的圆周上。

电子探针在磷灰石矿物中的应用实例如下所述。

基性岩浆成因、伟晶成因、火山热液成因、沉积成因和沉积区域变质成因五种不同成因类型的磷灰石的化学成分定量分析如下所述。

将上述样品破碎，进行差溶后挑纯并制成电子探针样，由 ICXA-733 型电子探针进行元素定量分析（中国地质大学材料与化学分析测试中心），所得结果列于表 1-13。其中每一个分析数据均由 1～5 个点分析的结果求平均得出。固定 Ca 位置上阳离子 Ca′（Ca′ = Ca + Na + Mg + …）的数目为 5，用电荷补偿法推算得出的结构水及 CO_2 含量以及由 IR 谱法推算出的 CO_2 含量值 CO_{2IR} 也列于表 1-13 中以供参考。表 1-13 中还给出了由这些数据算出的一些成分参数。

表 1-13　各类磷灰石的化学成分　　　　　　　　　　（单位：wt%）

参数	基性岩浆成因	伟晶成因		火山热液成因	沉积成因		沉积区域变质成因	
样号	I1	P1	P2	T1	S1	S2	M1	M2
CaO	54.179	54.931	53.882	53.705	53.550	53.292	54.606	55.333
Na_2O	0.028	0.097	0.083	0.086	0.022	0.159	0.138	0.035
MgO	0.051	0.004	0.004	0.025	0.011	0.015	0.006	0
FeO	0.063	0.028	0.019	0.016	0.033	0	0.029	0.031
MnO	0.022	0	0	0.031	0.003	0	0.230	0.074
SrO	0	0.0311	0	0	0	0	0	0
BaO	0.033	0	0	0.030	0.032	0	0	0
Y_2O_3	0	0	0.038	0.031	0.007	0	0	0
P_2O_5	41.063	40.633	38.631	40.940	39.604	37.21	41.019	40.594
F	2.118	2.558	2.482	1.411	2.393	2.865	3.021	2.093
Cl	0.029	0.048	0.051	0.425	0.014	0.026	0.006	0

参数	基性岩浆成因	伟晶成因		火山热液成因	沉积成因		沉积区域变质成因	
样号	I1	P1	P2	T1	S1	S2	M1	M2
H_2O	0.735	0.551	0.549	0.220	0.586	0.358	0.336	0.788
CO_2	0.183	1.194	2.168	1.60	1.036	3.117	0.639	1.362
CO_{2IR}	0.43	1.04	2.52	1.60	2.26	3.35	0.76	1.44
Ca/P	1.675	1.722	1.770	1.668	1.714	1.822	1.695	1.728
CO_2/P_2O_5	0.004	0.029	0.056	0.039	0.026	0.084	0.016	0.034
F/P_2O_5	0.052	0.063	0.064	0.034	0.060	0.077	0.074	0.046
CO_2/CaO	0.003	0.022	0.040	0.030	0.019	0.058	0.012	0.025

1.5.6　X射线光电子能谱

一定能量的X射线照射到样品表面对待测物质产生作用，可以使待测物质原子中的电子脱离原子成为自由电子。

各种原子、分子的轨道电子结合能是一定的。因此，通过测定磷灰石样品产生的光电子能量，就可以了解样品中元素的组成。元素所处的化学环境不同，其结合能会有微小的差别，这种由化学环境不同引起的结合能的微小差别称为化学位移，由化学位移的大小可以确定元素所处的状态。因此，利用化学位移值可以分析元素的化合价和存在形式。

X射线光电子能谱法是一种表面分析方法，分析的是磷灰石样品表面的元素含量与形态，而不是样品整体的成分。其信息深度为3～5nm。如果利用离子轰击作为剥离手段，X射线光电子能谱可以实现对磷灰石样品的深度分析。

X射线光电子能谱在磷灰石矿物中的应用实例如下所述。

图1-37为典型的溶胶－凝胶法合成的羟基磷灰石的XPS全谱图。XPS分析是在武汉理工大学分析测试中心完成的，仪器型号为ESCALab MK2，激发源为Al Kα 1486.6eV，分析器模式为FRR、16mA×12.5kV，分析室真空压力为10^{-6}Pa，以污染碳C 1s结合能284.8eV为能量参考，全谱的扫描步长为0.40eV，高分辨率的各谱的扫描步长为0.05eV。

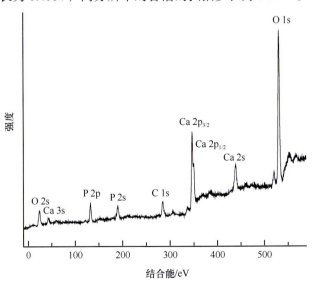

图1-37　溶胶－凝胶法合成羟基磷灰石XPS全谱

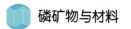
1.5.7　固态魔角自旋核磁共振

半数以上的原子核为自旋，旋转时产生一小磁场。当加一外磁场时，这些原子核的能级将分裂，即塞曼效应。测定共振核的化学位移及自旋边带，可以推断核所处的结构环境，这使得该技术在晶体材料研究中日益受到重视。随着固态魔角自旋核磁共振（MASNMR）在实验技术上的不断成熟，它已成为量子矿物学和矿物谱学研究的重要手段。由于各种 NMR 共振核，如 ^{1}H、^{11}B、^{13}C、^{19}F、^{23}Na、^{29}Si、^{31}P、^{35}Cl、^{55}Mn、^{87}Sr、^{113}Cd、^{139}La、^{207}Pb 等均可进入磷灰石的晶体结构，近年来，对磷灰石的 NMR 研究比较活跃，涉及的共振核主要包括 ^{31}P、^{19}F、^{13}C 和 ^{1}H。例如，Braun 等用 ^{19}F、^{31}P 的 NMR 谱来区分生物陶瓷中的磷灰石相和其他非晶态磷酸盐相；而 Regnier 等则根据 ^{13}C 的 NMR 谱特点，推断结构碳酸根离子不可能以 $[CO_3F]^{3-}$ 四面体形式取代 $[PO_4]^{3-[55,89]}$。

固态魔角自旋核磁共振在磷灰石矿物中的应用实例如下所述。

1）^{31}P NMR 谱的测定

将样品粉末在玛瑙研钵中充分研磨分散后，置于 ZrO_2 氧化物陶瓷制成的样品腔（直径 $\Phi=7mm$）中，在装备有 MASN-P/H 探头的 Bruker Avance 型谱仪上测试了 ^{31}P 的 NMR 谱，磁场强度为 121.49MHz；样品自旋速度为 5kHz，采用浓度为 85% 的 H_3PO_4 溶液（化学位移 $\delta=0ppm$①）为标样，测量误差估计为 0.05ppm。同时，用固态 NaH_2PO_4 作为外标，其主要谱峰实测的化学位移 $\delta=5.489ppm$。图 1-38 为具有代表性的 ^{31}P NMR 谱，其谱峰位置是相对于固体 NaH_2PO_4 标定的，将该值减去 5.489，即相对于 85% 的 H_3PO_4 的化学位移值。

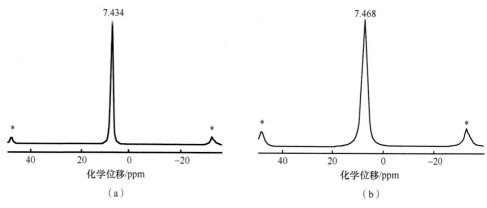

图 1-38　磷灰石具有代表性的 121.49MHz ^{31}P NMR 谱

（a）水热合成羟基磷灰石；（b）沉积型碳氟磷灰石；*- 自旋边带

2）^{13}C NMR 谱的测定

为了测定 $[CO_3]^{2-}$ 在磷灰石结构中的影响，采用天然沉积型碳氟磷灰石（样品 A7）和生物材料碳羟基磷灰石进行 ^{13}C NMR 谱的测试。在类似于测定 ^{31}P NMR 谱的仪器条件下，以四甲基硅烷（tetramethylsine，TMS；$\delta=0ppm$）为标样，在 75.47MHz 磁场下测定，样品自旋速度为 5kHz，测量误差为 0.5ppm。将测试结果与分析纯的 $CaCO_3$、Na_2CO_3 的 ^{13}C 测试结果进行对比。从实验结果（图 1-39）来看，碳氟磷灰石的共振谱峰只有一个，位于 $\delta=170.5ppm$ 处，碳羟基磷灰石的结果与碳氟磷灰石的结果完全相同。而 $CaCO_3$、Na_2CO_3 的谱峰位置与碳氟磷灰石也极为接近，分别位于 $\delta=171.0ppm$ 和 $\delta=171.6ppm$ 处。

---

① 1ppm=10^{-6}。

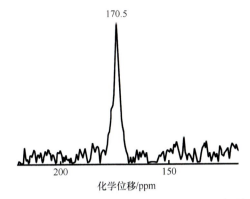

图 1-39　碳氟磷灰石的 ^{13}C NMR 谱（TMS 标样）

3）^{1}H NMR 谱的测定

研究 ^{1}H 的 NMR 谱采用的样品和实验方法与前两种类似，磁场强度为 300MHz，样品自旋速度为 5kHz。标样则采用 2, 2, 3, 3-d$_4$-3- 三甲基硅基丙酸钠盐（δ=0ppm），它的 ^{1}H NMR 共振实测峰位与四甲基硅烷相差 0.1ppm；谱图测量采用单脉冲法，测量误差小于 0.02。合成氟－羟基磷灰石的代表性谱图见图 1-40。

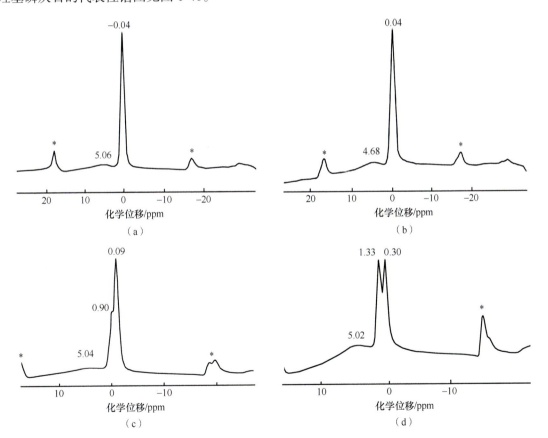

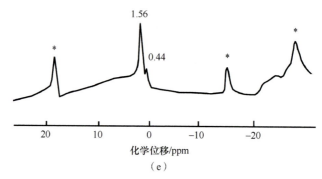

图 1-40　合成氟 - 羟基磷灰石的 300MHz ^{1}H NMR 谱

（a）～（e）分别表示样品中的 F 相对含量逐渐增高，F 占通道离子总数的比例分别为 0%、5%、25%、50%、75%

参 考 文 献

[1] Ito A, Nakamure S, Aoki H, et al. Hydrothermal growth of carbonate-containing hydroxyapatite single crystals. Journal of Crystal Growth, 1996, 163: 1311-1317

[2] 王濮，潘兆橹，翁玲宝，等 . 系统矿物学 (下册). 北京：地质出版社，1987

[3] Liu Y, Comodi P, Sassi P. Vibrational spectroscopic investigation of phosphate tetrahedron in fluor-, hydroxy-, and chlorapatites. Neues Jahrbuch für Mineralagie-Abhandlungeh, 1998, 174(2): 211-222

[4] Hughes J M, Cameron M, Crowley K D. Structure variations in natural F, OH, and Cl apatites. American Mineralogist, 1989, 74: 870-876

[5] Hughes J M, Cameron M, Crowley K D. Crystal structures in natural ternary apatites: solid solution in the $Ca_5(PO_4)_3X(X=F, Cl, OH)$system. American Mineralogist, 1990, 75: 295-304

[6] Liu Y, Comodi P. Some aspects of the crystal-chemistry of apatites. Mineralogical Magazine, 1993, 57: 709-719

[7] Cockbain A G. The crystal chemistry of the apatites. Mineralogical Magazine, 1968, 36: 654-661

[8] 刘羽，胥焕岩 . 磷灰石结构通道离子对晶胞参数的影响 . 矿物岩石，2001, 21(1): 1-4

[9] Hughes P R, Cameron M, Crowley K D. Ordering of divalent cations in the apatite structure: crystal structure refinement of natural Mn- and Sr-bearing apatite. American Mineralogist, 1991, 76: 1857-1862

[10] Suitch P R, Lacout J L, Hewat A, et al. The structural location and role of Mn^{2+} partially substituted for Ca^{2+} in fluorapatite. Acta Crystalline, 1985, B41: 173-179

[11] Brown I D, Altermatt D. Bond-valence parameters obtained from a systematic analysis of the inorganic crystal structure database. Acta Crystallographic, 1985, B41: 244-247

[12] Ronsbo J G. Coupled substitutions involving REEs and Na and Si in apatites in alkaline rocks from the Ilimaussaq intrusion, South Greenland, and the petrological implications. American Mineralogist, 1989, 74: 896-910

[13] Comodi P, Liu Y, Stoppa F, et al. A multi-method analysis of Si-, S- and REE-rich apatite from a new find of kasilite-bearing leucite (Abruzzi, Italy). Mineralogical Magazine, 1999, 63(5): 661-672

[14] Fleet M E, Pan Y M. Crystal chemistry of rare earth elements in fluorapatite and some calc-silicates. European Journal of Mineralogy, 1995, 7: 591-605

[15] Fleet M E, Pan Y M. Site preference of rare earth elements in fluorapatite. American Mineralogist, 1995, 80: 329-335

[16] Fleet M E, Pan Y M. Site preference of rare earth elements in fluorapatite: binary (HREE+LREE)-substituted crystals. American Mineralogist, 1997, 82: 870-877

[17] Hughes J M, Cameron M, Mariano A N. Rare-earth element ordering and structure variations in natural rare-earth bearing apatite. American Mineralogist, 1991, 76: 1165-1173

[18] Roeder P L, Macarthure D, Ma X P, et al. Cathodoluminescence and microprobe study of rare-earth elements in apatite. American Mineralogist, 1987, 72: 801-811

[19] Fleet M E, Liu X Y, Pan Y M. Site preference of rare earth elements in hydroxyapatite$[Ca_{10}(PO_4)_6(OH)_2]$. Journal

of Solid State Chemistry, 2000, 149: 391-398

[20] Boyer L, Piriou B, Carpena J, et al. Study of sites occupation and chemical environment of Eu^{3+} in phosphate-silicates oxyapatites by luminescence. Journal of Alloys and Compounds, 2000, 311: 143-152

[21] Steinmann M, Stille P, Mengel K, et al. Trace element and isotopic evidence for REE migration and fractionation in salts next to a basalt dyke. Applied Geochemistry, 2001, 16: 351-361

[22] Gaillard C, Chevarier N, Auwer C D, et al. Study of mechanisms involved in thermal migration of molybdenum and rhenium in apatites. Journal of Nuclear Materials, 2001, 299: 43-52

[23] Ouenzerfi R E, Panczer G, Goutaudier C, et al. Relationships between structural and luminescence properties in Eu^{3+}-doped oxyphosphate-silicate apatite $Ca_{2+x}La_{8-x}(SiO_4)_{6-x}(PO_4)_xO_2$. Optical Materials, 2001, 16: 301-310

[24] Sery A, Manceau A, Greaves N G. Chemical state of Cd in apatite phosphate ores as determined by EXAFS spectroscopy. American Mineralogist, 1996, 81: 864-873

[25] Bigi A, Bruckner S, Gazzano M, et al. Structural analysis of calcium-lead hydroxyapatite. Zeitschrift Kristallographie, 1988, 185: 476

[26] Miyake M, Ishigaki K, Suzuki T. Structure refinements of Pb^{2+} ion-exchanged apatites by X-ray powder pattern-fitting. Journal of Solid Chemestry, 1986, 61: 230-235

[27] Badraoui B, Thouvenot R, Debbabi M. Étude par diffraction des rayons X, par résonance magnétique nucléaire ^{31}P en phase solid et par spectrométrie infrarouge des hydroxyapatites mixtes cadmium-strontium. Comptes Rendus de l'Académie des Sciences-Series IIC-Chemistry, 2000, 3: 107-112

[28] Bigi A, Gazzano M, Ripamonti A. Thermal stability of cadmium-calcium hydroxyapatite solid solutions. Journal of Chemical Society, Dalton Transaction, 1986, 2: 241-244

[29] Bigi A, Gandolfi M, Gazzano M, et al. Structural modifications of hydroxyapaptite induced by lead substitution for calcium. Journal of Chemical Society, Dalton Transaction, 1991, 11: 2883-2886

[30] Christy A G, Alberrius-Henning P, Lidin S A. Computer modeling and description of nonstoichiometric apatites $Cd_{5-\eta/2}(VO_4)_3I_{1-\eta}$ and $Cd_{5-\eta/2}(PO_4)_3Br_{1-\eta}$ as modified chimney-ladder structures with ladder-ladder and chimney-ladder coupling. Journal of Solid State Chemistry, 2001, 156: 88-100

[31] Feki H E, Naddari T, Savariault J M, et al. Location of potassium in substituted lead hydroxyapatite: $Pb_{9.30}K_{0.60}(PO_4)_6(OH)_{1.20}$ by X-ray diffraction. Solid State Sciences, 2000, 2: 725-733

[32] Hadrich A, Lautie A, Mhiri T. Vibrational study and fluorescence bands in the FT-Raman spectra of $Ca_{10-x}Pb_x(PO_4)_6(OH)_2$ compounds. Spectrochimica Acta Part A, 2001, 57: 1673-1681

[33] Hata M, Okada K, Iwai S. Cadmium hydroxyapatite. Acta Crystallographic, 1978, B34: 3062-3064

[34] Henning P A, Moustiakimov M, Lidin S. Incommensurately modulated cadmium apatites. Journal of Solid State Chemistry, 2000, 150: 154-158

[35] Mahapatra P P, Sarangi D S, Mishra B. A new method of preparation of solid solutions of calcium-cadmium-lead hydroxyapatite and their characterization by X-ray, electronmicrograghy and IR. Indian Journal of Chemistry, 1993, 32A: 525-530

[36] Mahapatra P P, Sarangi D S, Mishra B. Kinetics of nucleation of lead hydroxyapatite and preparation of solid solution of calcium-cadmium-lead hydroxyapatite: an X-ray and IR study. Journal of Solid State Chemistry, 1995, 116: 8-14

[37] Nounah A, Lacout J L. Thermal behavior of cadmium-containing apatites. Journal of Solid State Chemistry, 1993, 107: 444-451

[38] Sugiyama S, Minami T, Moriga T, et al. Calcium-lead hydroxyapatites: thermal and structural properties and the oxidation of methane. Journal of Solid State Chemistry, 1998, 135: 86-95

[39] Sugiyama S, Nakanishi T, Ishimura T, et al. Preparation, characterization, and thermal stability of lead hydroxyapatite. Journal of Solid State Chemistry, 1999, 143: 296-302

[40] Peng G, Luhr J F, McGee J J. Factors controlling sulfur concentrations in volcanic apatite. American Mineralogist, 1997, 82: 1210-1224

[41] Stoppa F, Liu Y. Chemical composition and petrogenetic implications of apatites from some ultra-alkaline Italian rocks. European Journal of Mineralogy, 1995, 7: 391-402

[42] Aoba T, Moreno E C. Changes in the nature and composition of enamel mineral during porcine amelogenesis. Calcified Tissue International, 1990, 47: 356-364

[43] Bouhaouss A, Bensaoud A, Laghzizil A, et al. Effect of chemical treatment on the ionic conductivity of carbonate apatite. International Journal of Inorganic Materials, 2001, 3: 437-441

[44] Feng B, Chen J Y, Qi S K, et al. Carbonate apatite coating on titanium induced rapidly by precalcification. Biomaterials, 2002, 23: 173-179

[45] Feki H E, Savariault J M, Salah A B, et al. Sodium and carbonate distribution in substitution calcium hydroxyapatite. Solid State Sciences, 2000, 2: 577-586

[46] Gadaleta S J, Paschalis E P, Betts F, et al. Fourier transform infrared spectroscopy of the solution-mediated conversion of amorphous calcium phosphate to hydroxyapatite: new correlations between X-ray diffraction and infrared data. Calcified Tissue International, 1996, 58: 6-16

[47] Morgan H, Wilson R M, Elliott J C, et al. Preparation and characterization of monoclinic hydroxyapatite and its precipitated carbonate apatite intermediate. Biomaterials, 2000, 21: 617-627

[48] Matthews A, Nathan Y. The decarbonation of carbonate-fluorapatite (francolite). American Mineralogist, 1977, 62: 565-573

[49] McClenllan G H. Mineralogy of carbonate fluorapatites. Journal of Geological Society, 1980, 137: 675-681

[50] McConnell D. Crystal chemistry of bone mineral: hydrated carbonate apatites. American Mineralogist, 1970, 55: 1659-1669

[51] McConnell D, Foreman D W J. Model for carbonate apatite. Inorganic Chemistry, 1978, 17(7): 2039-2040

[52] Okazaki M, Takahashi J. Synthesis of functionally graded CO_3 apatite as surface biodegradable crystals. Biomaterials, 1999, 20: 1073-1078

[53] Oliveira L M, Rossi A M, Lopes R T. Dose response of A-type carbonated apatites preparation under different conditions. Radiation Physics and Chemistry, 2001, 61: 485-487

[54] Peeters A, de Maeyer E A P, van Alsenoy C, et al. Solid modeled by *ab initio* crystal-field methods. 12. Structure, orientation, and position of A-type carbonate in a hydroxyapatite lattice. Journal of Physical Chemistry B, 1997, 101: 3995-3998

[55] Regnier P, Lasaga A C, Berner R A, et al. Mechanism of CO_3^{2-} substitution in carbonate-fluorapatite: evidence from FTIR spectroscopy, ^{13}C NMR, and quantum mechanical calculations. American Mineralogist, 1994, 79: 908-918

[56] Rey C, Renugopalakrishnan V, Shimizu M, et al. Resolution-enhanced Fourier transform infrared spectroscopic study of the environment of the CO_3^{2-} ion in the mineral phase of enamel during its formation and maturation. Calcified Tissue International, 1991, 49: 259-268

[57] Rey C, Renugopalakrishnan V, Shimizu M, et al. Fourier transform infrared spectroscopic study of the carbonate ions in bone mineral during aging. Calcified Tissue International, 1991, 49: 251-258

[58] Santos R V, Clayton R N. The carbonate content in high-temperature apatite: an analytical method applied to apatite from the Jacupiranga alkaline complex. American Mineralogist, 1995, 80: 336-344

[59] Santos M, Gonzalez-Diaz P F. A model for B carbonate apatite. Inorganic Chemistry, 1977, 16(8): 2131-2134

[60] Schramm D U, Rossi A M. EPR and ENDOR studies on CO_2-radicals in γ-irradiated B-type carbonated apatites. Physical Chemistry and Chemical Physics, 2000, 2(6): 1339-1343

[61] Schramm D U, Rossi A M. Electron spin resonance(ESR)studies of CO_2-radicals in irradiated A and B-type carbonate-containing apatites. Applied Radiation and Isotopes, 2000, 52: 1085-1091

[62] Suetsugu Y, Shimoya I, Tanaka J. Configuration of carbonate ions in apatite structure determined by polarized infrared spectroscopy. Journal of American Ceramic Society, 1998, 81(3): 746-748

[63] Suetsugu Y, Takahashi Y, Okamura F P, et al. Structure analysis of A-type carbonate apatite by single-crystal X-ray

diffraction method. Journal of Solid State Chemistry, 2000, 155: 292-297

[64] Wenk H R, Heidelbach F. Crystal alignment of carbonated apatite in bone and calcified tendon: results from quantitative texture analysis. Bone, 1999, 24(4): 361-369

[65] Schuffert J D, Kastner M, Emanuele G, et al. Carbonate-ion substitution in francolite: a new equation. Geochim Cosmochim Acta, 1990, 54: 2323-2328

[66] 刘羽 . 间接确定磷灰石中碳酸根含量的几种方法对比 . 岩矿测试 , 1994, 13(2): 109-112

[67] 刘羽 , 钟康年 , 胡文云 . 溶胶 - 凝胶法合成条件与羟基磷灰石特征的关系 . 材料科学与工程 , 1997, 15(1): 63-65

[68] Ivanova T I, Frank-Kamenetskaya O V, Kol'tsov A B, et al. Crystal structure of calcium-deficient carbonated hydroxyapatite. Thermal decomposition. Journal of Solid State Chemistry, 2001, 160: 340-349

[69] Landi E, Tampieri A, Celotti G, et al. Densification behavior and mechanisms of synthetic hydroxyapatites. Journal of the European Ceramic Society, 2000, 20: 2377-2387

[70] Liu D M, Yang Q Z, Troczynski T, et al. Structure evolution of sol-gel-derived hydroxyapatite. Biomaterials, 2002, 23: 1679-1687

[71] Raynaud S, Champion E, Bernache-Assollant D, et al. Calcium phosphate apatites with variable Ca/P atomic ratio I. Synthesis, characterization and thermal stability of powders. Biomaterials, 2002, 23: 1065-1072

[72] Vallet-Regí M, Rodríguez-Lorenzo L M, Salinas A J. Synthesis and characterization of calcium deficient apatite. Solid State Ionics, 1997, 101-103: 1279-1285

[73] 刘羽 , 钟康年 , 胡文云 . 用水热法羟基磷灰石去除水溶液中铅离子的研究 . 武汉化工学院学报 , 1998, 20(1): 39-42

[74] 刘羽 , 胥焕岩 , 黄志良 , 等 . 羟基磷灰石吸附水溶液中 Cd^{2+} 的影响因素的研究 . 岩石矿物学杂志 , 2001, 20(4): 583-586

[75] Comodi P, Liu Y. CO_3 substitution in apatite: further insight from new crystal-chemistry data of Kasekere (Uganda) apatite. European Journal of Mineralogy, 2000, 12: 965-974

[76] 北京大学地质学系岩矿教研室 . 光性矿物学 . 北京 : 地质出版社 , 1979

[77] 陈其英 , 赵东旭 . 磷矿地质与找矿 . 北京 : 科学出版社 , 1978

[78] Costanzo A, Moore K R, Wall F, et al. Fluid inclusions in apatite from Jacupiranga calcite carbonatites: evidence for a fluid-stratified carbonatite magma chamber. Lithos, 2006(91): 208-228

[79] Vapnik Y, Bushmin S, Chattopadhyay A, et al. Fluid inclusion and mineralogical study of vein-type apatite ores in shear zones from the Singhbhum metallogenetic province, West Bengal, India. Ore Geology Reviews, 2007(32): 412-430

[80] 王德滋 , 谢磊 . 光性矿物学 . 3 版 . 北京 : 科学出版社 , 2008

[81] 王德滋 . 光性矿物学 . 上海 : 上海人民出版社 , 1975

[82] Chen C L, Huang Z L, Yuan W J, et al. Pressure effecting on morphology of hydroxyapatite crystals in homogeneous system. CrystEngComm, 2011(13): 1632-1637

[83] 王志锋 , 宋邦才 , 张军 . 化学分析法精确测定羟基磷灰石中的 Ca 和 P 含量 . 硅酸盐通报 , 2007, 26(1): 186-189

[84] 李德惠 . 晶体光学 . 2 版 . 北京 : 地质出版社 , 1991

[85] 韩秀伶 . 碳氟磷灰石的红外吸收光谱 . 地质科学 , 1980, 15(2): 156

[86] Featherstone J D B, Pearson S, LeGeros R Z. An infrared method for quantification of carbonate in carbonated apatites. Caries Research, 1984, 18: 63

[87] Sommerauer J, Katz-Lehnert K. A new partial substitution mechanism of CO_3^{2-} (CO_3OH^{3-}) and SiO_4^{4-} for the PO_4^{3-} group in hydroxyapatite from the Kaiserstuhl alkaline complex(SW-Germany). Contributions to Mineralogy Petrology, 1985, 91: 360

[88] 常铁军 , 祁欣 , 刘喜军 , 等 . 材料近代分析测试方法 . 哈尔滨 : 哈尔滨工业大学出版社 , 2000

[89] Braun M, Hartman P. ^{19}F and ^{31}P NMR spectroscopy of calcium apatites. Journal of Material Science: Materials in Medicine, 1995, 6: 150-154

第 2 章

磷灰石的比较晶体化学特征

■ 2.1 矿物比较晶体化学的研究内容

2.1.1 非常温常压条件（高温、低温及高压）下的成分比较晶体化学

比较晶体化学是近几年发展起来的一门新的晶体化学分支。Hazen 和 Finger[1] 是这一领域的开拓者，其早期的主要研究对象是非常温常压条件（高温、低温及高压）下各种结晶材料的结构及性能变化，这一研究对于了解主要生成于地下高温高压条件下的矿物的晶体化学特征及探讨各种人工合成材料在高温高压条件下的结构及性能的变化无疑均有重要的理论价值及实际意义。由于受到实验条件的限制，我国对非常温常压条件下的各种结晶矿物或材料的比较晶体化学研究成果较少，研究水平较低。

2.1.2 常温常压条件下的成分比较晶体化学

1. Vegard 定律

早在 Hazen 和 Finger[1] 提出非常温常压条件下的比较晶体化学概念之前，Vegard 和 Dale[2] 在研究石盐型结构 $R^{2+}O$ 时提出，在类质同象化合物中，当 R^{2+} 位置上的离子替换发生时（ $R^{2+}=$ Ni、Mg、Co、Fe、Mn、Cd、Ca、Eu、Sr 和 Ba），晶体摩尔体积近似正比于替换离子半径（ r ）的立方，即费伽德（Vegard）定律，也称为 X-V 习性。Vegard 定律的提出，实际上揭开了以矿物的成分变化引起结构和性能变化为主要研究对象的成分比较晶体化学（composition comparative crystal chemistry）的序幕。

Wones[3] 对三八面体层状硅酸盐的晶体摩尔体积与二价离子半径的立方关系进行了研究分析，证实了 Vegard 定律，但同时发现碱金属离子的替换有一定的偏差，说明晶体摩尔体积还与配位数有关。

由于 Vegard 定律对许多同型系列端元化合物有效，但对一个固溶体系列内的中间组分则常常显示更复杂的 X-V 习性，Newton 和 Wood[4] 从固溶体系列端元 A 和 B 间的单位晶胞体积和成分关系的 X 射线研究数据中推导出在许多固溶体中存在的一种复杂 X-V 习性表现出来的混合过剩体积的超越函数：

$$V_{excess} = V_A x (1-x)^2 + V_B x^2 (1-x)$$

式中，V_{excess} 为离子混合过剩晶胞体积；V_A 和 V_B 为端元 A、B 的体积；x 为某阳离子的摩尔分数。

Newton 和 Wood 认为该超越函数"异常"必定与固溶体系列中晶体"变异事件"有关，大阳离子在较小位置上的较低含量只产生"局部形变"，所以混合后的体积比在高含量时更小。

2. Pauling 第一规则（成分与配位数的关系）

Pauling[5] 提出了离子半径大小的极限比值 r^+/r^- 与配位数、配位多面体之间的关系，即鲍林（Pauling）第一规则。

Born-Landé 提出了晶格能（或称点阵能）的概念，晶格能越大，晶体越稳定，往往使配位数增高。晶格能表达式为

$$U_0 = N_A A \omega^2 e^2 \, (1-1/m) \, /r_0$$

式中，U_0 为晶格能；N_A 为阿伏伽德罗常数；A 为马德隆常数；m 为玻恩指数；ω 为离子价；e 为电子电量；r_0 为相邻阴、阳离子间的距离。

Goldschmidt 提出离子极化效应（polarization effect）也能影响配位数的思想 [6]。离子极化力越大，往往能使正负离子间距减小，配位数降低，共价成分提高，如 KF 的 $r^+/r^-=1.000$，按 Pauling 第一规则配位数应该为 12，但它的实际配位数降低到了 6。

3. Smith-Bailey 关系式（成分与键距、多面体体积的关系）

Smith 和 Bailey[7] 对层状硅酸盐和架状硅酸盐（Al, Si）—O 键的键距（d）和多面体体积（V_p）与 Al-Si 固溶体中 Al 的摩尔分数之间的关系进行了研究；Hazen 和 Finger[1] 对其进行了总结，如下所述。

（1）平均键距（d）的净变化 Δd 由下式给出：

$$\Delta d \approx \Delta X_2 \, (r_2 - r_1)$$

式中，ΔX_2 为阳离子 2 的占位度的变化；r_2 和 r_1 为两个阳离子半径。

（2）多面体体积（V_p）的体积膨胀系数 γ_v 由下式给出：

$$\gamma_v \approx 3 \, (r_2 - r_1) \, /d$$

4. Hazen-Finger 关系式（成分与成分扩充系数的关系）

Hazen 和 Finger[1] 在总结 Vegard 定律、Pauling 第一规则、Smith-Bailey 关系式之后，提出了成分扩充系数（coefficient of compositional expansion，用 γ 表示）的概念，其表现形式有两种：线性（晶胞棱长或参数）膨胀系数 γ_d 和体积膨胀系数 γ_v，其关系式如下。

线性的：

$$\gamma_d = 1/a \left(\frac{\partial a}{\partial X} \right)_{T,P}$$

容积的：

$$\gamma_v = 1/V \left(\frac{\partial V}{\partial X} \right)_{T,P}$$

式中，X 为较大阳离子的摩尔分数；a 为某一个晶胞参数；V 为晶胞体积；T 为温度；P 为压力。

5. 成分比较晶体化学研究发展趋势

从近几年文献检索的资料看，成分比较晶体化学的理论和方法仍然是建立在 Vegard 定律、Pauling 第一规则、Smith-Bailey 关系式和 Hazen-Finger 关系式基本框架体系的基础上，但也

有以下两个方面的重大进展和趋势。

（1）除成分与晶体结构参数、配位数、键距、多面体体积和成分扩展系数等的关系之类比较成熟的成分比较晶体化学的研究内容外，从事材料合成与开发的科学家已着手研究成分与晶形、晶粒大小、结晶度、晶格缺陷度、相变、晶体表面能、晶格能、多面体畸变等特征的相互关系，因为这些特征与材料的性能密切相关。对这方面的研究，尽管科学家没有用到"成分比较晶体化学"这个名词，但作者认为这些研究也应属成分比较晶体化学的研究内容，可为成分比较晶体化学的研究拓展出更加广阔的空间。

（2）除以往的简单化合物和硅酸盐矿物研究外，也已展开对其他复杂化合物的成分比较晶体化学方面的研究，这为新型矿物材料的组成—结构—性能"三位一体"的研究提供了新的手段和方法。

2.2 阳离子替换磷灰石固溶体的成分比较晶体化学特征

2.2.1 不同阳离子替换磷灰石固溶体的制备

为了制备较纯的样品，端元组分（M）AP 和同价阳离子（M′）替换 [M-M′AP] 采用惰性气体保护下的固相反应法（避免 CO_3^{2-} 进入晶格），其反应式分别如下：

$$3\,M(H_2PO_4)_2 + MCl_2 + 6\,M(OH)_2 \longrightarrow M_{10}(PO_4)_6Cl_2 + 12H_2O \uparrow$$

$$M(H_2PO_4)_2 + MCl_2 + M'CO_3 + M(OH)_2 \longrightarrow M_xM'_{10-x}(PO_4)_6Cl_2 + H_2O \uparrow + CO_2 \uparrow$$

异价替换的 [M-NAP] 采用溶胶–凝胶法：第一步，将 REE 的氧化物加入过量的 Na_2SiO_3 溶液中，调节 pH，形成 $REE_6(SiO_4)_{4.5} \cdot x(SiO_4)$（控制过量的量 $y_0=1.5$）初凝胶胶核；第二步，在初凝胶中加入二价阳离子（R^{2+}）氢氧化物，调节 pH，形成 $M_4REE_6(SiO_4)_6(OH)_2$ 终凝胶，干燥后煅烧。

制备好的样品经化学分析来验证其分子式，经实验误差分析，合成样品分子式的分析误差为 ±0.0001mol。

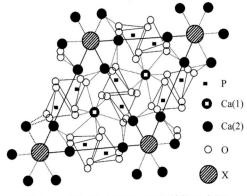

图 2-1　磷灰石（0001）面的结构示意图

P
Ca(1)
Ca(2)
O
X

2.2.2 不同阳离子替换的磷灰石固溶体结构

Nàray-Szàbo 首先揭示了钙的氟磷灰石的结构（图 2-1）：六方晶系，空间群 $P6_3/m$，其中 Ca 有两种位置，即配位数为 9 的 Ca（1）和配位数为 7 的 Ca（2），$n_{Ca(1)} : n_{Ca(2)} = 2 : 3$，Ca（1）位于上下两层的六个 [PO₄] 四面体之间并与其九个角顶 O（其中有 6 个相距最近，另外 3 个较远，因此，可认为实际配位数为 6～9）连接，这种连接使整个结构形成平行 c 轴通道，Ca（2）与周围四个最近的 [PO₄] 四面体中的六个 O 及一个较远的 F⁻ 连接（可认为实际配位数为 6～7）[8]。资料表明 [9-39]：Ca 位易被一价、二价、三价和 REE³⁺ 离子替换，因此形成了复杂的不同阳离子替换、具磷灰石结构（以下简称 AP）的系列固溶体，其结构与钙磷灰石结构相同。

2.2.3　端元二价阳离子磷灰石结晶常数的变化

用 Cl⁻ 作为通道离子，阳离子分别为：Mg^{2+}（离子半径为 0.072nm）、Mn^{2+}（离子半径为 0.083nm）、Zn^{2+}（离子半径为 0.074nm）、Fe^{2+}（离子半径为 0.078nm）、Cd^{2+}（离子半径为 0.095nm）、Ca^{2+}（离子半径为 0.100nm）、Sr^{2+}（离子半径为 0.118nm）、Pb^{2+}（离子半径为 0.119nm）、Ba^{2+}（离子半径为 0.135nm）。结果如下所述。

（1）随阳离子半径（r）增加，AP 晶胞参数 a_0、c_0 线性增加（图 2-2），其线性关系为

$$a_0 = 1.7995r + 0.7837 \quad R^2 = 0.9744$$
$$c_0 = 2.3430r + 0.4507 \quad R^2 = 0.9870$$

（2）a_0 与 c_0 的线性增加仅与晶胞中阳离子密堆积的几何因素有关，而与离子电负性的变化关系不大（Pb 电负性为 1.9，而 Ca 和 Sr=1、Ba=0.9），这可能是因为对只有一种端元组分的阳离子 AP 来说，Ca（1）和 Ca（2）位置均为同种离子的平衡协调作用消去了电负性的影响以保持高度的对称有序。

（3）c_0 递增速率比 a_0 要快，原因也是 Ca（1）和 Ca（2）均为同种离子的平衡协调作用的结果。

（4）实验（图 2-3）发现，当阳离子

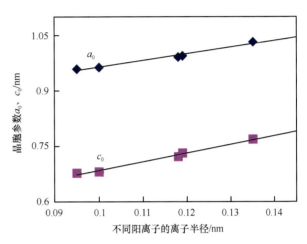

图 2-2　具不同二价阳离子 ClAP 的晶胞参数

半径 < 0.095nm 时，无论改用什么条件都无法合成出具六方结构相的 AP；只有当 $r \geqslant 0.095$nm（Cd^{2+}）时才出现六方 AP，原因有如下两方面：其一，根据 Pauling 第一规则[5]，当 $0.732 > r(M^{2+})/r(O^{2-}) > 0.414$ 时，稳定的配位数为 6～8，而 Cd^{2+} 的 $r(R^{2+})/r(O^{2-})$ 为 0.679，估计的配位数为 7～8，可满足 AP 中最小的 Ca（2）配位数（7），属晶体化学稳定型；其二，从 XRD 谱（图 2-3）中可以看出，随阳离子半径增大，（211）、（300）二面网的 2θ 有规律地减小，$\Delta 2\theta$ 基本保持不变，但（112）面的减小速率增大。当阳离子为小半径 Cd^{2+} 时，（112）峰与（300）峰重叠，根据 Smith-Lehrt 公式[40] 可得如下公式。

对应（300）面网：

$$a_0 = \sqrt{12}d_{(300)}$$

对应（112）面网：

$$\frac{1}{a_0^2} + \frac{1}{c_0^2} = \frac{1}{4d_{(112)}^2}$$

因面网间距 $d_{(112)} = d_{(300)}$，要保持空间群 $P6_3/m$，必须使 $a_0 = \sqrt{2}c_0$。

当阳离子为大半径 Ba^{2+} 时，（112）和（211）峰重叠，根据 Smith-Lehrt 公式[40] 可得如下公式。

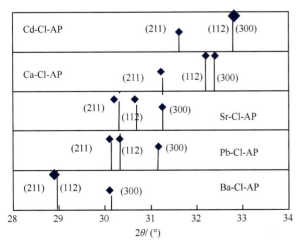

图 2-3　具不同二价阳离子的 ClAP 的 XRD 图谱

对应（211）面网：

$$\frac{28}{3a_0^2} + \frac{1}{c_0^2} = \frac{1}{d_{(211)}^2}$$

对应（112）面网：

$$\frac{1}{a_0^2} + \frac{1}{c_0^2} = \frac{1}{4d_{(112)}^2}$$

因 $d_{(112)} = d_{(211)}$，即 $a_0 = 0.5c_0$。由于（112）与（211）重叠，阳离子半径的最大极限是 0.135nm，根据 Pauling 第一规则，当 $1.000 > r(M^+)/r(O^{2-}) > 0.732$ 时配位数为 8～12，而 Ba^{2+} 的 $r(M^{2+})/r(O^{2-})$ 为 0.964，估计的配位数为 9～10，可满足 AP 中最大的 Ca（1）配位数（9），属晶体化学稳定型；当阳离子半径 > 0.135nm 时，可能大大超过 AP 中最大的 Ca（1）配位数，不能形成 $P6_3/m$ 空间群；当阳离子半径介于 Cd^{2+} 和 Ba^{2+} 之间时，（112）处在（211）与（300）之间，即 $d_{(211)} > d_{(112)} > d_{(300)}$，即 $a_0 = 0.5c_0 \sim \sqrt{2}c_0$。

2.2.4 同价阳离子替换磷灰石固溶体的成分比较晶体化学

图 2-4（a）表明，Ca^{2+}、Sr^{2+} 可形成连续固溶体。随大半径 Sr^{2+} 固溶量 x 的增加，晶胞体积 V_x（nm³）线性增加，符合 Vegard 定律[41]，表现出很好的 X-V 习性，这在其他固溶体中很难见到，其关系为

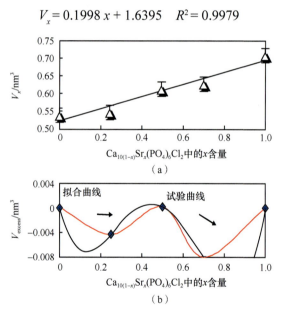

$$V_x = 0.1998x + 1.6395 \quad R^2 = 0.9979$$

图 2-4 系列固溶体 $Ca_{10(1-x)}Sr_x(PO_4)_6Cl_2$ 中的晶胞体积（V_x）与离子混合过剩体积（V_{excess}）变化曲线

根据 XRD 数据推导出的 A_xB_{1-x} 晶胞体积表达式为 $V_{excess} = V_x - xV_A - (1-x)V_B$，离子混合过剩体积 V_{excess} 与 x 的关系属 "W" 形样式 [图 2-4（b）]，可用 4 次多项式模拟：

$$V_{excess} = 641.9x^4 - 1218x^3 + 703.07x^2 - 126.97x - 2 \times 10^{-12} \quad R^2 = 1$$

当 $x < 0.5$ 时，曲线为负值较小的抛物线；当 $x > 0.5$ 时，曲线为负值较大的抛物线，说明端元组分随大半径阳离子的加入，Ca（1）与 Ca（2）位置可以相互协调，V_{excess} 克服电负

性的波动，使 a_0、c_0 和 V_x 维持线性关系。

2.2.5　异价阳离子替换磷灰石固溶体的成分比较晶体化学

为了查明 Ca（1）、Ca（2）位置的化学差异，样品按溶胶 – 凝胶法合成，利用耦合替代：

$$6\ REE^{3+} + 4\ M^{2+} \longrightarrow 10\ Ca^{2+}$$

$$6\ SiO_4^{4-} \longrightarrow 6\ PO_4^{3-}$$

目的是与 $n_{REE^{3+}}$: $n_{M^{2+}}$ =3 : 2 一致，即晶体中电价平衡、位置数相等且位置一致。由于 REE^{3+} [Lu^{3+}（离子半径为 0.085nm）、Er^{3+}（离子半径为 0.089nm）、Y^{3+}（离子半径为 0.091nm）、Dy^{3+}（离子半径为 0.092nm）、Gd^{3+}（离子半径为 0.097nm）、Sm^{3+}（离子半径为 0.100nm）、Nd^{3+}（离子半径为 0.104nm）、Ce^{3+}（离子半径为 0.107nm）、La^{3+}（离子半径为 0.114nm）] 的离子半径与 M^{2+} 相当，但电价高，根据制备方法可推测 [SiO_4] 四面体在第一步先与 REE^{3+} 结合，在 Ca（2）位置形成具 AP 结构的缺陷晶核：

$$\boxed{M}_4 REE_6 (SiO_4)_{4.5} \cdot (SiO_4)_{1.5} \boxed{(OH)}_2$$

式中，□ 为缺陷位置。

第二步，M(OH)$_2$ 不断修复缺陷形成了 $M_4 REE_6 (SiO_4)_6 (OH)_2$ 型晶体。因此可以认为 REE^{3+} 正好全部进入 Ca（2）位置，而 M^{2+} 进入 Ca（1）位置，该结论可从文献 [34]、[42] 中得到验证。

实验结果（图 2-5，图 2-6）表明：Ca（1）位置为同一阳离子 M^{2+} 时，随 Ca（2）位置 REE^{3+} 的半径增大，a_0 增大；Ca（2）位置为同一 REE^{3+} 时，随 M^{2+} 的半径增加，a_0 也增大，但大半径 M^{2+} 的 a_0 增加速率小于小半径 M^{2+} 的 a_0 增加速率，且趋势线收敛于一点（图 2-5），即当 REE^{3+} 外推到约 0.1275nm 时，M^{2+} 的半径增加对 a_0 的增加效果为 0，说明 a_0 主要受 Ca（2）位置的控制，原因是 Ca（2）位置在晶核期已经形成，也就是说晶胞框架是由 Ca（2）与 [SiO_4] 构成的。对于同一 M^{2+} 来说，随 REE^{3+} 的半径增加，c_0 也增大；不同于 a_0 的是，不同的 M^{2+}，其曲线相互平行（图 2-6），说明晶胞框架也决定了 c_0 的大小，但不同的 M^{2+} 对 c_0 的影响不因 REE^{3+} 的影响而变化，因此 Ca（1）位置的阳离子大小能均匀反映 c_0 的增长。Pb^{2+} 半径介于 Sr^{2+} 与 Ba^{2+} 之间，但其 a_0、c_0 均与 Ca^{2+} 相似，出现了明显的"铅晶体化学异常"（简称"铅异常"）现象。

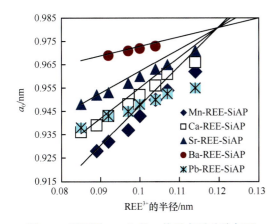

图 2-5　具不同 REE^{3+} 的二价阳离子硅磷灰石
（R-REE-AP）的晶胞参数 a_0 变化曲线图

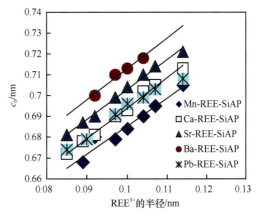

图 2-6　具不同 REE^{3+} 的二价阳离子硅磷灰石
（R-REE-AP）的晶胞参数 c_0 变化曲线图

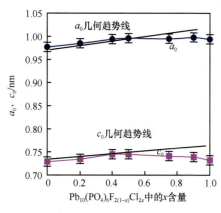

图 2-7　系列固溶体 $Pb_{10}(PO_4)_6F_{2(1-x)}Cl_{2x}$ 中的晶胞参数变化曲线

2.2.6　铅异常成分比较晶体化学的 XRD 分析

通过改变通道离子半径，用 F^-（离子半径为 0.133nm）替代 Cl^-（离子半径为 0.181nm）形成不同 Cl^- 含量的连续固溶体，观察 Pb^{2+} 对 a_0 的影响。结果表明：a_0 的增长随 Cl^- 含量增大到一定程度（$x=0.4$）后，离子密堆积的几何因素造成的线性增长不明显，反而减小（图 2-7）。从晶体结构来看，Ca（1）位置的 Pb^{2+} 受 $[PO_4]$ 的影响是均匀的，但 Ca（2）的 Pb^{2+} 同时受 $[PO_4]$ 和通道离子 Cl^- 的影响，呈不对称性，其键型为（F^-、Cl^-）—Pb^{2+}—$(PO_4)^{3-}$，这时电负性的差异明显地表现出来，随 Cl^- 含量的增大铅的电负性倾向于 Pb^{2+}—$(PO_4)^{3-}$ 一边（因 Cl^- 电负性小于 F^-），从而使 Pb^{2+}—$(PO_4)^{3-}$ 键键长减小，表现为 a_0 因含 Cl^- 含量增大而增长的势头减小，曲线向下弯曲。因此铅异常主要是受 Ca（2）位置铅的电负性影响。

2.2.7　不同阳离子替换磷灰石固溶体 FTIR 结构表征

图 2-8 表明：在 ClAP 体系中，随阳离子半径增大，$[PO_4]$ 四面体的 v_{3-1}、v_{3-2}、v_1、v_{4-1}、v_{4-2} 均向低频方向移动。依据为

$$v = \frac{1}{2\pi c}\sqrt{\frac{k}{\mu}} \tag{2-1}$$

式中，k 为键力常数；c 为光速；μ 为折合离子的质量。

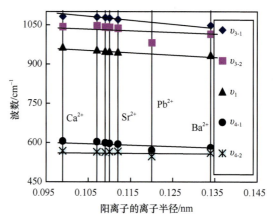

图 2-8　具不同阳离子的 ClAP 的红外振动锋 v_{3-1}、v_{3-2}、v_1、v_{4-1}、v_{4-2} 的频率变化

Batsanov 于 1969 年对离子晶体的键力常数 k 进行如下表述：

$$k = 4e^2 Z_A Z_{BN} / d^2$$

Gordy 于 1969 年对共价键合的 k 进行如下表述：

$$k = a'N(X_A X_B / d^2)^{3/4} + b$$

式中，a'、b 为常数；d 为平均键距；Z 为离子电荷；e 为电子电量；N 为电场强度。

对 Ca^{2+}、Sr^{2+}、Ba^{2+} 而言（电价相同、电场强度相同、电负性相当），随 M^{2+} 半径增大，M^{2+} 对 $[PO_4]$ 四面体的吸引力减小，M^{2+}—$(PO_4)^{3-}$ 键中的 O 更靠近 P，使 $[PO_4]$ 四面体中 P—O 键长减小，键强变大，k 变大，因此，理论上振动频率应向增大方向移动，但这与实验结果（图 2-8）不符。作者认为，AP 结构的特殊性赋予 Ca（1）、Ca（2）位置的相互协调性来保持六方对称，从而造成了随 M^{2+} 增加 P—O 键长反而增大、振动频率反而减小的现象。

图 2-8 中铅异常表现得非常明显，$v_{3\text{-}1}$ 与 $v_{3\text{-}2}$ 峰几乎合并，v_1 峰消失，且与其他 M^{2+} 相比低频移动幅度增加，表明铅的较大电负性（1.9）引起铅对 $[PO_4]$ 基团中的 O 的强吸引，导致 $[PO_4]$ 四面体中 P—O 键长增大，从而键力常数减小，向低频移动幅度增加。

2.3 通道位离子替换磷灰石固溶体的成分比较晶体化学

2.3.1 不同通道位离子替换磷灰石固溶体的制备

端元羟基磷灰石（HAP）采用单相共沉淀法制备，其反应式如下：

$$10Ca(OH)_2 + 6H_3PO_4 \xrightarrow{pH=9\sim12} Ca_{10}(PO_4)_6(OH)_2 + 18H_2O \uparrow$$

端元氟磷灰石（FAP）和氯磷灰石（ClAP）及各替换固溶体（X_1-X_2AP：其中 X_1、X_2 为 F^-、Cl^-、OH^-，可相互替换；在分子式中用 X_2 表示大半径离子、X_1 表示小半径离子）的制备采用惰性气体保护下的固相反应法，其反应式如下：

$$3Ca(H_2PO_4)_2 + CaF_2 + 6Ca(OH)_2 \xrightarrow{900\sim1100℃} Ca_{10}(PO_4)_6F_2 + 12H_2O \uparrow$$

$$3Ca(H_2PO_4)_2 + CaCl_2 + 6Ca(OH)_2 \xrightarrow{950℃} Ca_{10}(PO_4)_6Cl_2 + 12H_2O \uparrow$$

$$Ca_{10}(PO_4)_6(X_1)_2 + x/2\,Ca(X_2)_2 \xrightarrow{950℃} Ca_{10}(PO_4)_6(X_1)_{2-x}(X_2)_x$$
$$+ x/2\,Ca(X_1)_2（洗涤除去）$$

原料选用分析纯，称量天平精度为 0.0001g，单相共沉淀法和固相反应法均按最终产物的化学计量比精确称量反应物，因此，产物单一。制备好的样品经化学分析来验证其分子式。

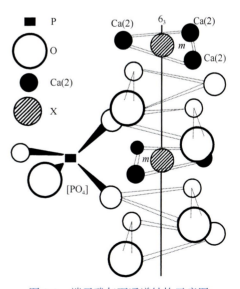

2.3.2 通道位离子替换固溶体磷灰石的结构

如图 2-9 所示，附加阴离子 X 充填于通道中，与上下两层六个 Ca 组成 $[F\text{-}Ca(2)_6]$ 八面配位体，因此 X 的配位数为 6，且位于结构通道中的 6_3 轴与 Ca(2) 三角形面（m 面）中心交汇处，X 位置可被 Cl^-、OH^-、Br^-、I^-、CO_3^{2-}、O^{2-} 等离子替换形成复杂的具磷灰石结构的固溶体。Hughes 等[43]对端元一价 X 离子替换磷灰石进行了系统的结构测定，提出：端元氟磷灰石中 F^- 位于 m 面中心；端元羟基磷灰石中 OH^- 无序地位于 m 面上方或下方位置，距 m 面 $0.035 \sim 0.040$nm

图 2-9 端元磷灰石通道结构示意图

（图 2-10），各有 1/2 被占据；而端元氯磷灰石中 Cl⁻ 距 m 面 0.120nm，且在一个通道中全部位于 m 面的上方，而在相邻通道中全部位于 m 面的下方，形成了有序超结构。

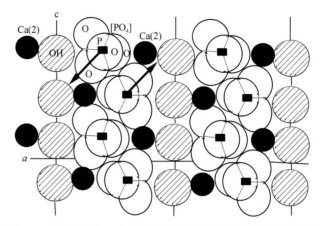

图 2-10　投影于（010）面上的羟基磷灰石的通道结构示意图

2.3.3　OH-ClAP、F-OHAP、F-ClAP 三系列固溶体晶胞参数的变化

用 W.P.L.S.F.M 法（代表 X 射线粉末衍射法、激光拉曼光谱法、同步辐射 X 射线吸收精细结构、中子衍射和穆斯堡尔谱方法的组合），三个系列的 AP 固溶体晶胞参数（a_0，c_0）测定结果列于表 2-1，数据表明三者有相近的变化规律（图 2-11，图 2-12）：随通道大半径离子（X_2）数的增加，a_0 增大，c_0 反而减小。作者推测产生这些变化的原因为在固溶体 AP 中，随 X_2 离子半径的增大 [F⁻（0.133nm）、OH⁻（0.137nm）、Cl⁻（0.181nm）]，X 离子距 m 面位置产生规律位移[43-45]，即偏离 Ca（2）三角形的对称面（m），其中 F⁻ 处于（0，0，1/4）位置，OH⁻ 处于（0，0，0.196）位置，Cl⁻ 处于（0，0，0.444）位置，随位置偏离距离的增大，Ca（2）三角形中 Ca（2）—Ca（2）键排斥力增大，即键距在平行（110）方向上或（010）投影面上增大（图 2-10），导致绕 6_3 轴的 3 次螺旋对称的某一层 Ca（2）离子向左偏离 c 轴，而相邻的另一层 Ca（2）离子向右偏离 c 轴，致使两层 [PO₄] 四面体沿 a 轴方向相向偏离，因此 a_0 增大；为了保持较紧密堆积，两层 [PO₄] 四面体在（010）或（100）面上沿 [101] 方向旋转，结果使得 c_0 相应地减小，因此，认为随通道离子半径的变化，c_0 是随 a_0 的变化而变化的。

表 2-1　OH-ClAP、F-OHAP、F-ClAP 固溶体晶胞参数（a_0，c_0）XRD 测定结果表　（单位：nm）

x	OH-ClAP		F-ClAP		F-OHAP	
	a_0	c_0	a_0	c_0	a_0	c_0
0.00	0.9436	0.6881	0.9401	0.6895	0.9401	0.6895
0.25			0.9440	0.6875		
0.40	0.9474	0.6867			0.9409	0.6894
0.50			0.9488	0.6862		
0.80	0.9538	0.6850	0.9509	0.6853	0.9411	0.6890
1.00			0.9544	0.6841		
1.20	0.9561	0.6835			0.9419	0.6885
1.50			0.9582	0.6827		
1.60	0.9596	0.6822			0.9425	0.6883
2.00	0.9630	0.6810	0.9630	0.6810	0.9436	0.6881

注：x 为分子式 $Ca_{10}(PO_4)_6(X_1)_{2-x}(X_2)_x$ 中的大半径离子（X_2）的固溶量；晶格参数测定误差为 0.0001nm。

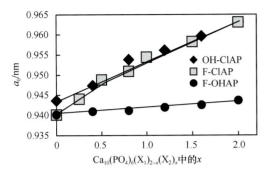

图 2-11　OH-ClAP、F-OHAP、F-ClAP 固溶体晶
胞参数 a_0 变化曲线图

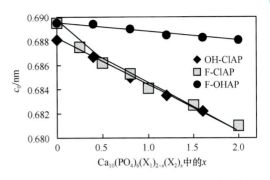

图 2-12　OH-ClAP、F-OHAP、F-ClAP 固溶体晶
胞参数 c_0 变化曲线图

　　OH-ClAP 和 F-OHAP 固溶体晶胞参数（a_0、c_0）随大半径离子的固溶量（x）的变化呈线性关系（图 2-11，图 2-12），符合 Vegard 定律。但 F-ClAP 的变化不呈线性关系：①当 $x > 0.5$ 时，OH-ClAP 与 F-ClAP 固溶体的晶胞参数（a_0、c_0）变化曲线几乎重合，说明当 $x > 0.5$ 时晶胞参数不受小半径离子（F^-、OH^-）的影响，仅受 Cl^- 半径的影响；②当 $x \leqslant 0.5$ 时，通道中以 F^- 为主，从图中曲线看 a_0 随 x 的减小而急剧减小，而 c_0 急剧增大，这可能是与 F 相对于 Cl 电负性较大引起 Ca（2）三角形收缩开始显示出来有关。

2.3.4　OH-ClAP、F-OHAP、F-ClAP 三系列固溶体 XRD 特征峰研究

　　AP 的特征峰是（211）、（112）、（300），图 2-13 表明：对于 OH-ClAP 系列固溶体，随大半径 Cl^- 含量的减少，（211）面网和（300）面网的 2θ 均有规律增大，根据布拉格（Bragg）方程，其对应面网间距 $d_{(211)}$ 和 $d_{(300)}$ 的值相应减小；对于 F-OHAP 系列，随大半径 OH^- 含量的减少，（211）面网和（300）面网的 2θ 也有规律地增大，但增大程度极小，其原因是 OH^- 和 F^- 离子半径相差不大；对于 F-ClAP

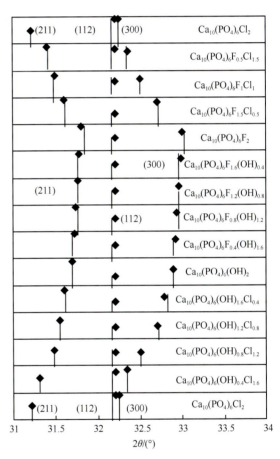

图 2-13　OH-ClAP、F-OHAP、F-ClAP 固溶体的
XRD 特征峰图谱

系列，随大半径 Cl^- 含量的减少，（211）面网和（300）面网的 2θ 均有规律地增大，其对应面网间距 $d_{(211)}$ 和 $d_{(300)}$ 的值则相应减小，这与 OH-ClAP 的特征峰变化是一致的。根据 Smith-Lehrt 公式，2θ 的变化规律是 a_0、c_0 的变化规律的反映。

　　有意义的是对于阳离子为 Ca^{2+} 的 AP，（112）面网 2θ 不随通道离子的变化而变化，保持 $2\theta = 32.2°$，对应 $d_{(112)} = 0.2780nm$，根据 Smith-Lehrt 公式应该有

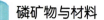

$$\frac{1}{a_0^2} + \frac{1}{c_0^2} = \frac{1}{4d_{(112)}^2}$$

即

$$\frac{1}{a_0^2} + \frac{1}{c_0^2} = \frac{1}{0.556^2}$$

$$c_0^{-2} = -a_0^{-2} + 3.2348 \qquad （2\text{-}2）$$

也就是说 c_0^{-2} 与 a_0^{-2} 呈线性关系。为了论证这一关系式，我们采用表 2-1 中三系列固溶体的所有实测晶胞参数（a_0、c_0）数据，按式（2-2）进行线性回归，回归方程式为

$$c_0^{-2} = -a_0^{-2} + 3.2893 \qquad R^2 = 0.9914 \qquad （2\text{-}3）$$

c_0^{-2} 与 a_0^{-2} 的关系图如图 2-14 所示，由图可知相关系数很大，且直线截距为 3.2893，与式（2-2）中的截距相对误差仅为 1.68%，表明 c_0 是随 a_0 的变化而变化的，这也佐证了 2.3.4 节中作者对 a_0 增大、c_0 减小的原因的推测。

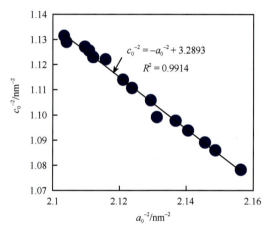

图 2-14　c_0^{-2} 与 a_0^{-2} 的关系图

2.3.5　OH-ClAP、F-OHAP、F-ClAP 三系列固溶体晶体化学的 FTIR 谱表征

1. F-OHAP 的 FTIR 谱

F-OHAP 的羟基 FTIR 谱如图 2-15 所示。

1）OH^- 的非对称伸缩振动峰 [ρ_0]

端元 HAP（$x=2$）中的 OH^- 在通道中沿 6_3 螺旋对称轴排列，形成了典型的氧氢键（$OH\cdots OH\cdots OH$），其伸缩振动峰 [ρ_0] 在 3572cm^{-1} 位置，属非对称伸缩振动 Au 模式 [46]，峰窄而强。随 F$^-$ 的加入，[ρ_0] 分裂为双峰（[ρ] 和 [ρ_1]），ρ 的位置在 3572～3575cm^{-1} 范围，属氧氢键的 Au 模式；ρ_1 的位置在 3543cm^{-1} 附近，属 [$–OH\cdots F$] 氟氢键导致的氢氧键键长增加、键力常数减小后向低频移动的 OH^- 非对称伸缩振动峰 [10]。

当 $x > 1.6$ 时（即 F$^-$ 的加入量较小），[ρ] 峰强 $>$ [ρ_1] 峰强，说明固溶体中属氧氢键的 OH^- 概率浓度大于属氟氢键的 OH^- 概率浓度，且其氟氢键键型为 [$OH\cdots F—OH$]（一个氟为两个羟基包围）。

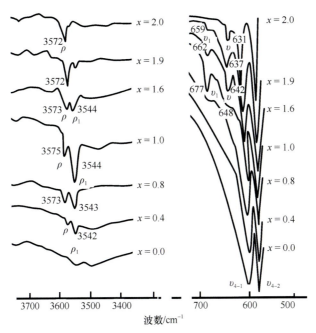

图 2-15　F-OHAP[$Ca_{10}(PO_4)_6F_{2-x}(OH)_x$] 的羟基 FTIR 谱

当 $x=1.6$ 时，ρ 峰强 $=\rho_1$ 峰强，此时属氧氢键的 OH⁻ 概率浓度等于属氟氢键的 OH⁻ 概率浓度，其氟氢键键型为 [OH···F]。

当 $1\leqslant x<1.6$ 时，ρ 峰强 $<\rho_1$ 峰强，且在 $x=1$ 处，ρ_1 峰强达最大值，此时属氧氢键的 OH⁻ 概率浓度小于属氟氢键的 OH⁻ 概率浓度，其氟氢键键型变为 [F—OH···F]（羟基被两个氟包围）。值得注意的是当 $x=1$ 时，OH⁻ 和 F⁻ 的含量相等，其在通道中的排列可能有三种形式：①完全无序。由于 FTIR 谱中 ρ 峰有明显的规律变化，说明不属于完全无序。②完全有序。即 OH⁻ 和 F⁻ 相间排列，这必导致氧氢键的概率浓度为 0，不可能有 ρ 峰，显然也不符合实验结果。③短程有序而长程无序。除大部分为氢键外，较弱 ρ 峰的出现表明还有一定浓度的氧氢键存在，那么两键之间必然有连接两者的 [F—F—F] 键存在，显然，三键是短程有序而长程无序的。

当 $x<1$ 时（即 F⁻ 的加入量较大），由于 OH⁻ 含量较少，ρ 峰强和 ρ_1 峰强大幅度降低，直到消失。

由以上对 OH⁻ 的非对称伸缩振动峰的特征分析得到如下结论：

当 $1.0\leqslant x<2.0$ 时（此段特征是 ρ_1 峰强 $\leqslant\rho$ 峰强），用 $S=\dfrac{\rho_1\text{峰强}}{\rho\text{峰强}}$ 表示氟氢键的 OH⁻

概率浓度与氧氢键的 OH⁻ 概率浓度之比，其与 x 的关系呈线性减小（图 2-16 中的 S 线）：

$$S=-1.8833x+3.83 \quad R^2=0.9935 \tag{2-4}$$

当 $0\leqslant x<1$ 时（此段特征是 ρ_1 峰强 $\leqslant\rho$ 峰强），用 $J=\dfrac{\rho\text{峰强}}{\rho_1\text{峰强}}$ 表示氧氢键的 OH⁻ 概率

浓度与氟氢键的 OH⁻ 概率浓度之比，其与 x 的关系呈线性增大（图 2-16 中的 J 线）：

$$J=0.5245x-0.0222 \quad R^2=0.9866 \tag{2-5}$$

式（2-4）和式（2-5）可以作为测定通道中 OH⁻、F⁻ 相对含量的 S-J 经验公式。

2）OH⁻ 的摆动峰 [v]

端元 HAP 中的 OH⁻ 摆动峰 [v] 在 631cm⁻¹ 位置（图 2-15），属面外摆动 Eu1 模式[47-50]，峰窄而强，但没有面内摆动峰 [v_1] 出现；当 $x = 1.9$ 时，其 v 增大为 637cm⁻¹，且在 659cm⁻¹ 处出现肩状面内摆动峰 [v_1]；当 $x=1.6$ 时，其 v 增大为 642cm⁻¹，同时在 662cm⁻¹ 处的 v_1 峰强增大；当 $x=1.0$ 时，其 [v] 峰只在 653cm⁻¹ 处出现肩状峰，但 v_1 峰增大到 677cm⁻¹；当 $x=0.8$ 时，其 v 峰消失，v_1 峰变为肩状峰（648cm⁻¹）；当 $x < 0.8$ 时，v_1 逐渐消失。[v] 的这种变化规律与短程有序而长程无序的键排列有关。

3）[PO_4]³⁻ 的弯曲振动峰 [v]

F⁻ 和 OH⁻ 的量变化对 [PO_4] 基团也产生了一定的影响，主要表现为弯曲振动 v_{4-1} 和 v_{4-2} 分裂间距 Δv_4 随 F⁻ 加入而减小（HAP 是 33cm⁻¹，FAP 是 22cm⁻¹）。

F⁻ 和 OH⁻ 的含量变化对 [PO_4] 基团的其他峰影响较小。

2. F-ClAP 的 FTIR 谱

不同 x 值的 F-ClAP 的 FTIR 谱见图 2-17，其详细特征谱峰频率数据列于表 2-2～表 2-4 中。

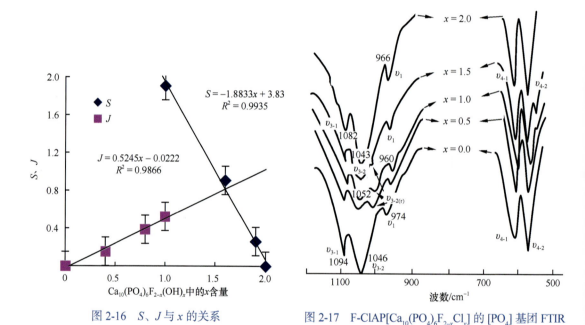

图 2-16　S、J 与 x 的关系　　　图 2-17　F-ClAP[$Ca_{10}(PO_4)_6F_{2-x}Cl_x$] 的 [$PO_4$] 基团 FTIR

表 2-2　[PO_4]³⁻ 的对称伸缩振动峰 [v_1] 测试数据（F-ClAP）

x	2.0 ≥ x > 1.0			1.0 ≥ x ≥ 0.0	
	2.0	1.5	1.0	0.5	0.0
v_1/cm⁻¹	966	960	959	959	974
变化趋势	------------------ →减小			减小 ← --------------------	

表 2-3　[PO₄]³⁻ 的非对称伸缩振动峰 [v_3] 测试数据（F-ClAP）

x	2.0 ≥ x > 1.0				
		1.0 ≥ x ≥ 0.0			
	2.0	1.5	1.0	0.5	0.0
v_{3-1}/cm⁻¹	1082	1084	1086	1091	1094
变化趋势	--→增大				
v_{3-2}/cm⁻¹	1043	1053	1052	1052	1046
变化趋势	----------------→增大		增大←------------------		
$v_{3-2(r)}$/cm⁻¹	无分裂	1019	1008	1030	无分裂
Δv_{3-2}/cm⁻¹		34	46（最大）	22	
DI	2.45	4.33	5.38	3.53	2.02

表 2-4　[PO₄]³⁻ 的弯曲振动峰 [v_4] 测试数据（F-ClAP）

x	2.0 ≥ x > 1.0				
		1.0 ≥ x ≥ 0.0			
	2.0	1.5	1.0	0.5	0.0
v_{4-1}/cm⁻¹	606	606	604	611	603
v_{4-2}/cm⁻¹	568	565	568	573	568
Δv_4/cm⁻¹	38	41	36	38	35
变化趋势	波动				

　　结果（图 2-17）表明：随 x 值的变化，F⁻ 和 Cl⁻ 的含量变化均对 [PO₄] 基团产生了较大的影响，表现为 [PO₄] 基团特征峰的有规律变化，对 v_4 峰来说（表 2-4），其分裂频率值（Δv_4）波动变化；对 v_3 峰来说（表 2-3），随 x 的增大，频率减小；对 v_1 峰来说（表 2-2），当 x=1.0 时，频率最小，向两端元频率增大；对 v_{3-2} 峰来说（表 2-3），当 x=1.0 时，频率及其分裂频率值（Δv_{3-2}）最大，向两端元频率减小，且端元 AP 不产生分裂。

　　产生以上现象的原因是：由于通道中 F⁻ 和 Cl⁻ 半径、电负性相差较大，F⁻ 和 Cl⁻ 的含量变化使固溶体中 [PO₄] 四面体结构的键长和键角产生了较大的变形，即 [PO₄] 四面体产生了形状畸变，很明显，当 x=1 时，畸变程度最大，向两端元畸变程度减弱。

　　v_{3-1} 峰和 v_{3-2} 峰的峰宽是 v_{3-1} 峰、v_{3-2} 峰、v_1 峰叠加的结果，能反映 F⁻ 和 Cl⁻ 的含量变化对 [PO₄] 四面体畸变程度的变化规律，因此，可用四面体畸变指数 DI 来表示成分变化引起 AP 结构中 [PO₄] 四面体畸变程度的相对大小，DI 的表征式（图 2-18）为

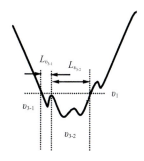

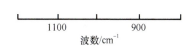

$$DI = \frac{L_{v_{3-2}}}{L_{v_{3-1}}} \qquad (2\text{-}6)$$

式中，$L_{v_{3-1}}$ 为 v_{3-1} 峰的峰宽；$L_{v_{3-2}}$ 为 v_{3-2} 峰的峰宽。

图 2-18　[PO₄] 四面体畸变指数（DI）表征

由按式（2-6）计算的不同 x 值的 F-ClAP 的 [PO$_4$] 四面体畸变指数 DI 的大小（数据列于表 2-3 中）可以看出：当 x=1.0 时，DI 最大，向两端元畸变程度减弱。当 x =2.0 和 x =0.0 时，DI 仍大于 1，说明端元 AP 的 [PO$_4$] 四面体不同于自由 PO$_4^{3-}$ 的正四面体，也有一定的形状畸变，这与文献 [47]、[48] 的结论是一致的。

3. OH-ClAP 的 FTIR 谱

不同 x 值的 OH-ClAP 的 FTIR 谱见图 2-19，其详细特征谱峰频率数据列于表 2-5 ～表 2-8 中。

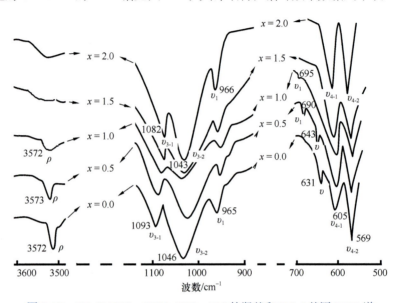

图 2-19　OH-ClAP[Ca$_{10}$(PO$_4$)$_6$(OH)$_{2-x}$Cl$_x$] 的羟基和 [PO$_4$] 基团 FTIR 谱

表 2-5　[PO$_4$]$^{3-}$ 的对称伸缩振动峰 [v_1] 测试数据（OH-ClAP）

x	2.0 ≥ x > 1.0		1.0 ≥ x ≥ 0.0		
	2.0	1.5	1.0	0.5	0.0
v_1/cm^{-1}	966	960	958	959	965
变化	-------------------→减小				
趋势			减小←-------------------		

表 2-6　[PO$_4$]$^{3-}$ 的非对称伸缩振动峰 [v_3] 测试数据（OH-ClAP）

x	2.0 ≥ x > 1.0		1.0 ≥ x ≥ 0.0		
	2.0	1.5	1.0	0.5	0.0
v_{3-1}/cm^{-1}	1082	1085	1089	1091	1093
	--→增大				
v_{3-2}/cm^{-1}	1043	1049	1055	1053	1046
变化	-------------------→增大				
趋势			增大←-------------------		
DI	2.45	3.70	4.00	3.45	3.23

表 2-7 [PO₄]³⁻ 的弯曲振动峰 [υ₄] 测试数据（OH-ClAP）

x	2.0 ≥ x > 1.0		1.0 ≥ x ≥ 0.0		
	2.0	1.5	1.0	0.5	0.0
v_{4-1}/cm^{-1}	605	606	604	604	603
v_{4-2}/cm^{-1}	569	568	573	569	574
$\Delta v_4/cm^{-1}$	36	38	31	35	29
变化趋势	波动				

表 2-8 [OH]⁻ 的振动峰 [ρ]、[υ] 测试数据（OH-ClAP）

x	2.0 ≥ x > 1.0		1.0 ≥ x ≥ 0.0		
	2.0	1.5	1.0	0.5	0.0
ρ/cm^{-1}	变化不大（在 3572～3574）				
v/cm^{-1}	无分裂	不显	不显	643	631
v_1/cm^{-1}	无分裂	不显	695	690	无分裂
变化趋势	波动				

结果（图 2-19）表明：对 [PO₄] 基团来说，随 x 值的变化，v_1 峰、v_{3-1} 峰、v_{3-2} 峰、v_4 峰的变化规律与 F-ClAP 基本相同，只是频率的变化幅度小些而已，其原因是：OH⁻ 半径比 F⁻ 半径大。对于羟基来说，随 x 值的变化，非对称伸缩振动峰 ρ（均在 3572cm⁻¹ 附近）的频率变化不大，且没有出现分裂；但随 x 值的增大，摆动峰 v 却分裂出 v_1 峰，两者频率均增大 [631cm⁻¹ → 643cm⁻¹ 和 690cm⁻¹ → 695cm⁻¹]，与 F-OHAP 相似，只是峰强很弱，这表明可能有微弱的 [—OH⋯Cl] 型氯氢键的存在。

2.4 不同 Ca/P 摩尔比羟基磷灰石的成分比较晶体化学

2.4.1 不同 Ca/P 摩尔比羟基磷灰石的合成

通过大量实验，采用惰性气体保护下的溶胶 – 凝胶法可定量制备不含 CO₃²⁻ 的不同 Ca/P（摩尔比，用 R 表示）的 HAP：用 R 分别为 1.2、1.3、1.5（小于 1.67 称为钙亏 HAP）、1.67（正常配比 HAP）、2.0、2.2、2.3、2.5（大于 1.67 称为钙盈 HAP）的 8 个配比预先制备 HAP 的凝胶产物（经钙、磷化学分析及红外测定来验证 R 值和结构 CO₃²⁻ 含量），再分别在 150℃、400℃、600℃、800℃、950℃、1100℃（用 T_c 表示）下煅烧，制得 48 个对比样品。合成工艺见图 2-20，装置见图 2-21。

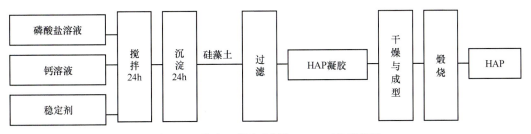

图 2-20　溶胶 – 凝胶法制备 HAP 工艺示意图

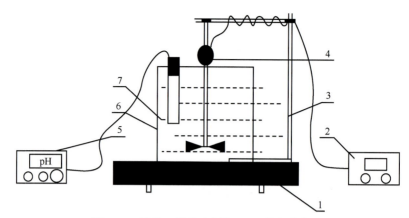

图 2-21　溶胶－凝胶法制备 HAP 的实验装置

1- 实验台；2- 搅拌器控制装置；3- 半圆底铁架台；4- 搅拌器；5- 精密酸度计；6- 平底烧杯；7- 反应溶液

2.4.2　不同 Ca/P 摩尔比 HAP 的晶粒大小与晶形

实验结果（表 2-9，图 2-22）表明：在同一温度 T_c 条件下，R 值偏离正常配比越大，其比表面积越大，即相应的晶粒表观尺寸 r_A 减小。XRD 图谱（图 2-23）显示：R 值偏离正常配

表 2-9　溶胶－凝胶法制备的不同 R 值的 HAP 晶形、晶粒大小测定结果（T_c=105℃）

不同配比的 HAP	钙亏 HAP			正常配比 HAP	钙盈 HAP			
R 值	1.2	1.3	1.5	1.67	2.0	2.2	2.3	2.5
面网尺寸 $r_{(211)}$/nm	26	36	56	67	32	19	11	15
比表面积 A_s/（m²/g）	145	132	80	54	130	148	354	271
表观尺寸 r_A/nm	14.7	16.3	26.9	39.9	16.6	9.5	6.1	7.9
TEM 观察到的平均柱长 L/nm		83.2		145.6			31.2	
TEM 观察到的平均柱宽 D/nm		10.4		16.6			10.4	
当量晶粒尺寸 r_R/nm		21		34			15	
晶形		柱状		柱状			短柱状	
晶形指数 MI		8		8.8			3	
结晶度 C_D/%	52.2	60.5	65.8	74.3	59.3	50.1	42.9	46.5
晶格缺陷度 T_r	1.00	0.63	0.35	0.02	0.35	0.42	0.55	0.77

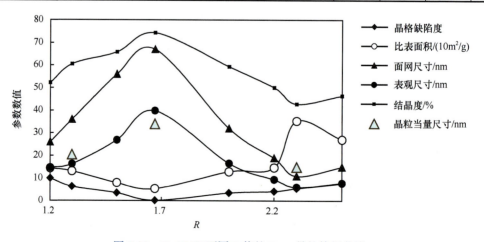

图 2-22　T_c=105℃不同 R 值的 HAP 晶粒特征曲线

比越大，衍射峰高度减小、峰宽加大、峰形变缓，按谢乐公式计算的面网尺寸 $r_{(211)}$ 减小（当 $R=2.3$ 时，其 $r_{(211)}$ 最小，为 11nm）。TEM 照片（图 2-24）显示：R 值偏离正常配比越大，晶粒当量尺寸 r_R 减小（当 $R=2.3$ 时，其 r_R 最小，为 15nm，显然 HAP 具有纳米级尺寸）。但是，当 $R=2.5$ 时，其 r_A、$r_{(211)}$ 比 $R=2.3$ 时反而有所增大，出现反常现象。

TEM 照片（图 2-24）表明：R 值偏离正常配比越大，晶形由正常配比的柱状变为短柱状。很显然，长宽比的大小能很好地反映 HAP 晶形的变化规律，因此，我们提出形态学指数（morphology index，MI）的概念来定量描述 HAP 的晶体形态，MI 的实质就是长宽比的大小，其表达式为

$$\text{MI} = L/D \tag{2-7}$$

式中，L 为 HAP 的平均柱长；D 为 HAP 的平均柱宽。

按式（2-7）计算的晶形指数 MI 的数据见表 2-9。

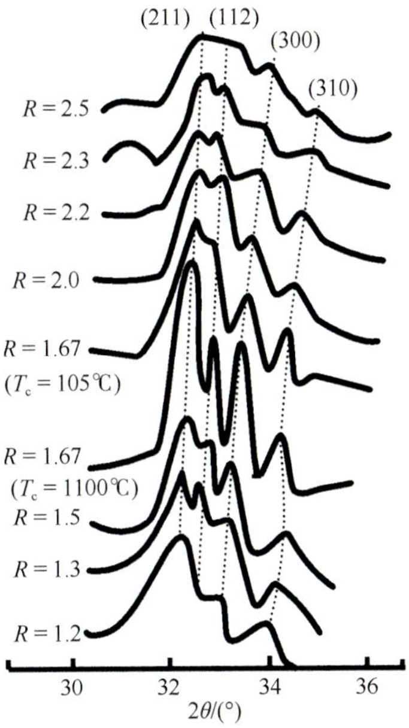

2.4.3 不同 R 值 HAP 的结晶度

结果表明（图 2-22）：在同一温度 T_c 条件下，R 值偏离正常配比越大，其结晶度 C_D 越小。TEM 照片（图 2-24）也能定性地显示以上规律。但是，当 $R=2.5$ 时，其结晶度 C_D 比 $R=2.3$ 时反而有所增大，出现反常现象。

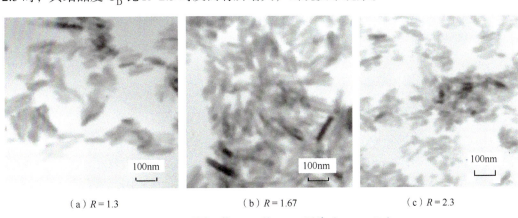

（a）$R=1.3$ 　　　　　（b）$R=1.67$ 　　　　　（c）$R=2.3$

图 2-24　不同 R 值 HAP 的 TEM 照片（$T_c=105℃$）

（上图右侧）

图 2-23　不同 R 的 HAP 的 XRD 特征峰

（其中标注：(211) (112) (300) (310)；$R=2.5$，$R=2.3$，$R=2.2$，$R=2.0$，$R=1.67$（$T_c=105℃$），$R=1.67$（$T_c=1100℃$），$R=1.5$，$R=1.3$，$R=1.2$；横轴 $2\theta/(°)$）

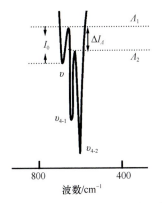

图 2-25　不同 R 的 HAP 的 υ、υ_{4-1}、υ_{4-2} 特征峰（FTIR）

2.4.4 不同 Ca/P 摩尔比 HAP 的晶格缺陷度

由图 2-25 可以发现：由于 Ca/P 摩尔比偏离正常配比而存在晶格缺陷，随着缺陷数增加，结构中羟基弯曲振动 υ（$630\sim640\text{cm}^{-1}$）和 [PO₄] 基团中弯曲振动 υ'_{4-1}（$600\sim606\text{cm}^{-1}$）向高频方向移动；而 υ_{4-2}（$563\sim565\text{cm}^{-1}$）则基本不变；υ 与 υ_{4-1} 形成的谷 $\varLambda_1$ 和 υ 与 υ_{4-2} 形成的谷 $\varLambda_2$ 的强度差 $\Delta I_\varLambda$ 与 υ 强度 I_0 之比（T_r）明显有规律地增加。因此，作者用 T_r 来表征晶格缺陷度的相对大小。晶格缺陷度 T_r 的 FTIR 表征（图 2-26）式为

$$T_r = \frac{\Delta I_A}{I_0} \qquad (2\text{-}8)$$

测算结果表明：R 值偏离正常化学配比越大，其晶格缺陷度越大（表 2-9，图 2-22）。

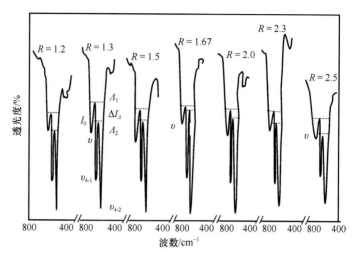

图 2-26　晶格缺陷度 T_r 的 FTIR 表征

2.4.5　不同 Ca/P 摩尔比 HAP 的晶格缺陷模型

根据 KrÖger-Vink 缺陷化学理论，通过对晶粒密度的实测，我们得出以下不同 Ca/P 摩尔比 HAP 的晶格缺陷模型。

（1）对于钙亏 HAP，其平均晶粒密度测定结果为 2.95g/cm³，比正常配比要小，因此其缺陷类型应为空位缺陷，缺陷结构式为

$$Ca_{10-x}(PO_4)_6(OH)_{2-2x}\diamond_x\square_{2x}$$

式中，◇为 Ca^{2+} 空位；□为 OH^- 空位。

在 HAP 结构中 Ca 缺少的量为 x 时，为了维持晶体结构电荷数、位置数、质量数三者的平衡，必然在通道位置有 $2x$ 的 OH^- 空位同时存在。因此，其晶粒密度较正常配比要小。

（2）对于钙盈 HAP，其平均晶粒密度测定结果为 3.15g/cm³，比正常配比要大，因此，其缺陷类型应为填隙缺陷，缺陷结构式为

$$Ca_{10+x}(PO_4)_6(OH)_{2+2x}$$

在 HAP 结构中 Ca 超过正常量为 x 时，为了维持晶体结构电荷数、位置数、质量数三者的平衡，必然有 $2x$ 的 OH^- 填充在通道位置正常格点的空隙中，即所谓的填隙离子，因此，其晶粒密度较正常配比要大。

（3）当 $R=2.5$ 时，晶粒尺寸和结晶度反而增大，但晶格缺陷度却保持有规律地增加（图 2-22），这种现象表明 $R=2.5$ 时晶格结构缺陷依然增加，只是晶粒尺寸和结晶度异常，其原因是 Ca 增加到一定值（$R=2.5$）后，Ca 填隙缺陷位置饱和，剩余缺陷数由 Ca 的填隙缺陷转变为 PO_4 四面体的空位缺陷，缺陷结构式为

$$Ca_{10+x}(PO_4)_6(OH)_{2+z}\bigcirc_y$$

式中，○为 PO_4^{3-} 空位。

显然，$x=z-3y$，因此，HAP 结构中既有空位缺陷又有填隙缺陷存在，即复合缺陷。这种缺陷类型，可用密度测定（当 $R=2.5$ 时，晶粒密度为 3.12g/cm³；当 $R=2.3$ 时，晶粒密度为 3.18g/cm³；

当 $R=1.67$ 时，晶粒密度为 3.10g/cm^3）得到证实。

2.4.6 不同 Ca/P 摩尔比 HAP 的相变（热稳定性）

1. 相变特征

随煅烧温度升高，HAP 的比表面积呈指数关系减小（图 2-27），这是扩散烧结过程中部分晶界消失所致，因此，煅烧温度越高，晶粒尺寸减小，结晶度升高。

图 2-28 表明，当 T_c 为 800℃时，$R<1.67$；$R<1.67$（钙亏）的 HAP 不稳定且分解为 $Ca_3(PO_4)_2$（TCP）和 CaO；$R \geqslant 1.67$（钙盈和正常配比）的 HAP 热稳定性好。

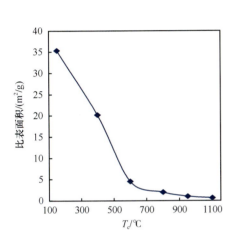

图 2-27　$R=1.67$ 时不同 T_c 的 HAP 的比表面积曲线　　图 2-28　不同 R 的 HAP 的 XRD 特征（$T_c=800℃$）

DTA 和 TGA 的结果图 2-29（a）为 $R=1.3$ 的 HAP（钙亏），图 2-29（b）为 $R=1.67$ 的 HAP（正常配比），图 2-29（c）为 $R=2.3$ 的 HAP（钙盈）。图 2-29 中三种不同 R 的 HAP 在 $50 \sim 150℃$ 出现较宽吸热峰，相应的失重量为 $1.32\% \sim 1.71\%$，该峰为吸附水的脱除所致；在 $150 \sim 700℃$ 范围内表现为一很宽的放热峰，但相应的失重量几乎为 0，表现出在该温度范围内 HAP 的结晶度增加，但没有组分损失。$R=1.3$ 的 HAP 的宽放热峰峰位在 226℃；$R=1.67$ 的 HAP 的宽放热峰峰位在 304℃；$R=2.3$ 的 HAP 的宽放热峰峰位在 358℃，说明随 R 增大，晶粒重结晶相对较难。

钙亏 HAP[图 2-29（a）] 在 781℃时有一明显的吸热峰，其相应的失重量为 0.76%，对照图 2-28 可知，该峰为 HAP 的脱羟相变峰，其相变分解反应为

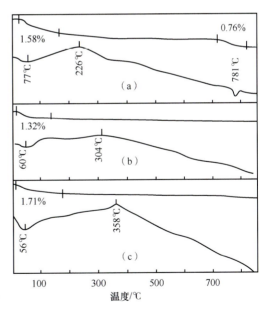

图 2-29　不同 R 的 HAP 的 TGA/DTA 曲线

$$Ca_{10-x}(PO_4)_6(OH)_{2-2x} \Diamond_{2x} \Box_x \xrightarrow{781℃} Ca_3(PO_4)_2 + CaO + H_2O \uparrow$$

因此，781℃应该是钙亏 HAP 的准确脱羟相变温度。

正常配比 HAP 和钙盈 HAP[图 2-29（b）、（c）] 在 700 ～ 800℃ 时没有吸热峰，说明 $R \geq 1.67$ 的 HAP 热稳定性好，这与 XRD 分析是一致的。

2. 相变机理

在一定的温度下，时间 t 内：

$$\overline{X}^2 = 6Dt \tag{2-9}$$

式中，D 为本征扩散系数，也可称为热扩散系数；$\overline{X}$ 为扩散距。

图 2-30（a）显示了 HAP 六方格子中质点 A 可能扩散跃迁的 18 个方向矢量，其中 F 面 6 个方向矢量是等价的，而 E、G 两面的 12 个方向矢量也是等价的。对于每个特定的跃迁矢量，必定有另一个方向相反而大小相等的跃迁矢量，如图 2-30（a）中的 $\overline{S}_6$、$\overline{S}_{15}$，所以有

$$\sum_{j=1}^{18} \overline{S}_i \overline{S}_j = S^2 \sum_{j=1}^{18} \cos \theta_{ij} = 0$$

式中，$\overline{S}_i$、$\overline{S}_j$ 分别为两个方向每次跃迁位移的矢量；θ_{ij} 为 $\overline{S}_i$ 和 $\overline{S}_j$ 的夹角。

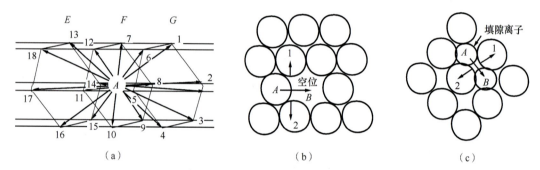

图 2-30 HAP 的相变本征扩散模型

即

$$\overline{X}^2 = (S_1 + S_2 + \cdots + S_{18})^2 = \sum_{j=1}^{18} S_j^2 + 2\sum_{j=1}^{17} \sum_{k=j+1}^{18} S_j S_k = \sum_{j=1}^{6} S_j^2 + \sum_{k=1}^{12} S_k^2$$

代入式（2-9）得

$$D = \frac{6S_j^2 + 12S_k^2}{6t}$$

显然，$S_j = a_0$，$S_k = \sqrt{a_0^2 + c_0^2}$，$\dfrac{1}{t} = \gamma$，其中 a_0、c_0 为 HAP 晶胞参数，γ 为跃迁频率。

即

$$D = \frac{6a_0^2 + 12(a_0^2 + c_0^2)}{6t} = \gamma(3a_0^2 + 2c_0^2)$$

因 γ 与温度关系符合玻尔兹曼方程：

$$\gamma = \gamma_0 \exp\left(\frac{-\Delta G}{RT}\right)$$

所以：

$$D = \gamma_0 (3a_0^2 + 2c_0^2) \exp\left(\frac{-\Delta G}{RT}\right) \qquad (2\text{-}10)$$

式中，γ_0、R 为常数；T 为温度；ΔG 为质点扩散跃迁所需的能量。

从式（2-10）可以看出 HAP 的晶格本征扩散系数 D 与晶胞参数和 ΔG 两个因素有关。如果把 $Ca(OH)_2$ 看成一个质点，那么，HAP 的脱羟相变过程的实质就是这个质点在通道中的本征扩散。不同 R 的 HAP 的晶胞参数变化很小，所以，决定 D 的关键因素是扩散跃迁所需的能量 ΔG，而 ΔG 与 HAP 的缺陷结构密切相关。因此，导致不同 R 的 HAP 相变差异的实质就是缺陷结构的不同。具体分析如下。

对于钙亏 HAP 来说，质点的本征扩散是通过空位缺陷位置跃迁的，如图 2-30（b）所示，质点由 A 位置通过空位跃迁到 B 位置（空位）只需稍稍打开标号为 1 和 2 的两个原子，所要克服的畸变能（阻力）很小，因此，空位缺陷要求的扩散跃迁所需的能量 ΔG 很小，显然，式（2-10）中的 D 就很大，脱羟相变温度小。

对于钙盈 HAP 来说，质点的本征扩散是通过填隙离子跃迁的，如图 2-30（c）所示，质点由 A 位置跃迁到 B 位置之前，标号为 1 和 2 的两个原子必先受热振动获得足够能量分开后让质点通过，由于填隙离子与基质的半径相当，这种局部的、暂时的晶格畸变所要克服的畸变能阻力很大，即扩散跃迁所需的能量 ΔG 很大，显然，式（2-10）中的 D 就很小，脱羟相变温度很高。

对于正常配比 HAP 来说，可以看成基质本身为填隙离子，因此，其脱羟相变温度与钙盈 HAP 相似。

可以看出，不同 R 的 HAP 相变差异和相变机理很好地论证了其晶格缺陷模型。这在其他固溶体中很难见到，其关系为

$$V_x = 0.1998\,x + 1.6395 \qquad R^2 = 0.9979$$

根据 XRD 数据推导出的 $A_x B_{1-x}$ 晶胞体积表达式：$V_{excess} = V_x - x V_A - (1-x) V_B$，混合过剩体积 V_{excess} 与 x 的关系属 "W" 形样式（图 2-4），可用 4 次多项式模拟：

$$V_{excess} = 641.9\,x^4 - 1218\,x^3 + 703.07\,x^2 - 126.97\,x - 2\times10^{-12} \qquad R^2 = 1$$

当 $x < 0.5$ 时，V_{excess} 与 x 的关系呈负值较小的抛物线；当 $x > 0.5$ 时，V_{excess} 与 x 的关系呈负值较大的抛物线，说明端元组分随大半径阳离子的加入，$Ca（1）$ 与 $Ca（2）$ 位置可以相互协调，V_{excess} 克服电负性的波动，使 a_0、c_0 和 V_x 保持线性关系。

2.5 碳酸根替换磷灰石的成分比较晶体化学特征及其相变

2.5.1 不同 CO_3^{2-} 掺量碳酸根替换磷灰石的制备

1. 磷灰石中 CO_3^{2-} 含量测定方法

测定磷灰石中 CO_3^{2-} 含量的装置如图 2-31 所示。实验用一系列的标准碳酸钙作工作曲线，经误差分析，该方法的测试误差为 0.01%，符合磷灰石中 CO_3^{2-} 含量测试的精度要求。

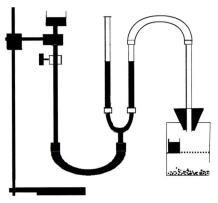

图 2-31　磷灰石中 CO_3^{2-} 含量测定装置

2. 纳米碳酸根替换磷灰石的合成与处理

作者通过大量的实验对比，加入定量 NH_4HCO_3 采用溶胶–凝胶法成功地制备了不同 CO_3^{2-} 掺量的碳酸根替换磷灰石（又称为碳羟磷灰石，CHAP）：将 $Ca(NO_3)_2$ 溶胶分别缓慢滴入具有不同 NH_4HCO_3 含量的 $(NH_4)_2HPO_4$ 溶胶的烧杯中，用氨水调节 pH（10～12 范围），生成的 CHAP 凝胶经 24h 老化→洗涤→干燥制得所需样品。样品在 105℃下干燥后，经化学分析测其 CO_3^{2-} 含量。将样品在 400℃、600℃、700℃、800℃、1100℃（用 T_c 表示）下煅烧 4h，供相变对比研究用。其溶胶–凝胶合成反应方程式如下：

$$x(NH_4)_2HPO_4 + yCa(NO_3)_2 + zNH_4HCO_3 + NH_4OH \longrightarrow Ca_y(PO_4)_x(CO_3)_z(OH)_2 [CHAP] + 其他$$

2.5.2　不同原始 Ca/P 摩尔比与 CHAP 中 CO_3^{2-} 最大替换量的关系

利用上述溶胶–凝胶法，采用原始 Ca/P 摩尔比 R_0，分为钙亏系列（R 为 1.2、1.3、1.5）、正常配比（R 为 1.67）、钙盈系列（R 为 2.0、2.2、2.3、2.5）8 个溶液，分别加入 10 种不同量的 NH_4HCO_3 溶液，制得 64 个样品，经 105℃干燥后，采用化学分析测其 CO_3^{2-} 含量，其结果如图 2-32～图 2-35 所示。

可以看出：对所有原始 Ca/P 摩尔比 R_0 的 CHAP 来说，随制备的溶胶体系中 NH_4HCO_3 溶液加入量的增加，CHAP 中的 CO_3^{2-} 含量逐步增大，当 NH_4HCO_3 溶液的加入量达到 30% 后，CHAP 中的 CO_3^{2-} 含量达到最大值，说明 CO_3^{2-} 在羟基磷灰石中的替换是有限固溶体替换。这是由于 CO_3^{2-} 基团配位数、半径、价态均与 CHAP 中的 PO_4^{3-} 基团和 OH^- 基团存在差异，不可能产生完全类质同象。

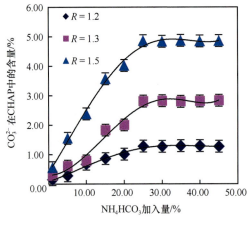

图 2-32　NH_4HCO_3 溶液加入量与 CO_3^{2-} 含量的关系（钙亏系列 CHAP）

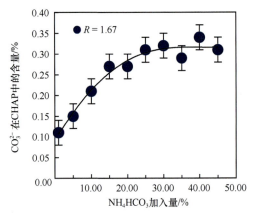

图 2-33　NH_4HCO_3 溶液加入量与 CO_3^{2-} 含量的关系（正常配比 CHAP）

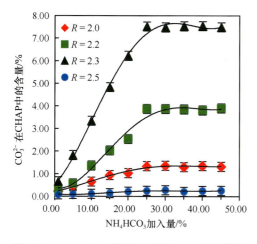

图 2-34 NH₄HCO₃ 溶液加入量与 CO₃²⁻ 含量的
关系（钙盈系列 CHAP）

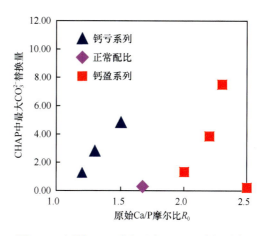

图 2-35 原始 Ca/P 摩尔比与 CHAP 中的最大
CO₃²⁻ 替换量的关系

对于钙亏系列 CHAP 来说，随原始 Ca/P 摩尔比 R_0 的增大，CHAP 中的 CO₃²⁻ 最大含量增大（图 2-32），两者之间表现出明显的正相关关系，$R=1.2$、$R=1.3$、$R=1.5$ 的 CHAP 中 CO₃²⁻ 最大含量分别为 1.28%、2.81%、4.86%。作者认为，由于钙亏系列的 HAP 存在空位结构缺陷，其缺陷结构式为：

$$Ca_{10-x}(PO_4)_6(OH)_{2-2x} \diamondsuit_x \square_{2x}$$

式中，◇为 Ca²⁺ 空位；□为 OH⁻ 空位。

在制备过程中，当有外界 CO₃²⁻ 存在时，Ca/P 摩尔比失配导致二价 CO₃²⁻ 很容易进入其晶格中替换三价 PO₄³⁻，从而使晶体中负电荷减少以平衡由于 R_0 小于正常配比而导致的阳离子缺少所产生的缺陷，这是由晶体自身降低其结构缺陷的能力决定的，图 2-36 的 FTIR 光谱证实钙亏系列的 CO₃²⁻ 替换主要为 B1 型替换。另外，在每一个 R_0 为定值的前提下，CO₃²⁻ 的加入，使得位置 Ca/P 摩尔比 R_p（place ratio of Ca to P，将其定义为所占的结构位置数之比，即钙与 X 位置上的所有阴离子的摩尔数之比）增大，但这也同时导致了四面体替换畸变程度增大，结构变得不稳定（将在随后的分析中详细论述），因此，随 R_0 的增大，即在 Ca 相对增多的情况下，容许 CO₃²⁻ 进入其晶格中的数量增加，这时 R_p 是相对下降的。

对于正常配比磷灰石来说，由于 R_0 已达到了正常配比，其结构中没有（或制备过程中不可避免的偶然性导致极少失配）结构缺陷。在制备过程中，即便有外界 CO₃²⁻ 存在时，CO₃²⁻ 也很难进入其晶格中，这是由晶体中 Ca 有足够的 PO₄³⁻ 与之结合且 PO₄³⁻ 比 CO₃²⁻ 更易形成 HAP 的能力决定的，因此，出现了图 2-35 中的突变现象，当 $R_0=1.67$ 时，其 CO₃²⁻ 最大含量只有 0.32%。

对于钙盈系列（$1.67 < R_0 < 2.5$）来说，随原始 Ca/P 摩尔比 R_0 的增大，CHAP 中的 CO₃²⁻ 最大含量也增大（图 2-34），两者之间表现出明显的正相关关系，$R=2.0$、$R=2.2$、$R=2.3$ 的 CHAP 中 CO₃²⁻ 最大含量分别为 1.34%、3.87%、7.52%，明显比钙亏系列的 HAP 有更大的替换量。作者认为，由于钙盈系列的 HAP 与钙亏系列的 HAP 存在不同的结构缺陷：

$$Ca_{10+x}(PO_4)_6(OH)_{2+2x}$$

在制备 CHAP 过程中，当有外界 CO₃²⁻ 存在时，Ca/P 摩尔比失配更易导致 CO₃²⁻ 进入其晶格中，表现出比钙亏系列 CHAP 有更大的替换量，其原因：一方面，在 R_0 为定值的前提下，相对于 Ca 填隙来说，相当于 PO₄³⁻ 不够即所谓的"空缺"（注：不是空位数），因而一部分的

CO_3^{2-} 以 [CO_3^{2-}·OH] 四面配位体方式进入其晶格中替换 [PO_4^{3-}] 四面体（这种替换方式与钙亏系列 CHAP 是不同的，其四面体替换畸变程度较小，将在随后的分析中详细论述），从而使位置 Ca/P 摩尔比（R_p）减小，向正常配比趋近（显然当 R_0 为 2.3 时，其 R_p 达到了 1.67），以减少 Ca 的结构填隙数量；另一方面，由于结构中也同时存在 OH$^-$ 填隙缺陷，一部分的 CO_3^{2-} 以 [CO_3^{2-}] 三角形平面配位体方式进入其晶格中替换通道位置的 [OH$^-$]，每 1mol 的 CO_3^{2-} 替换 OH$^-$ 后，电价平衡导致 1mol 通道位置的空位（$CO_3^{2-} \rightarrow$ OH$^-$+OH$^-$），因而降低了 OH$^-$ 的填隙缺陷。以上两方面均表明，随 R_0 的增大，CHAP 中的 CO_3^{2-} 最大含量也增大。

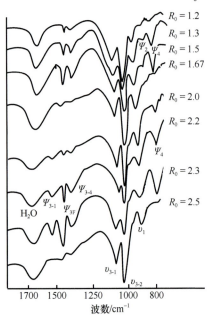

图 2-36 不同原始 Ca/P 摩尔比 R_0 CHAP 的 FTIR 光谱

当 R_0=2.5 时，也出现了图 2-36 中的突变现象，其 CO_3^{2-} 最大含量只有 0.32%。这可能是由于 R_0 增加到一定值（R_0=2.5）后，Ca 填隙缺陷位置饱和，剩余缺陷数由 Ca 的填隙缺陷转变为 PO_4 四面体的空位缺陷，这种缺陷结构的逆转导致填隙与空位缺陷共存，也许这种共存结构比 CO_3^{2-} 加入后的结构更稳定（有待于进一步研究），因此，CO_3^{2-} 很难进入其晶格中。

图 2-36 为不同原始 Ca/P 摩尔比 R_0，当其为最大 CO_3^{2-} 掺量时的 FTIR 光谱，可以看出：①钙亏系列，随原始 Ca/P 摩尔比 R_0 的增大（R_0 由 1.2 → 1.3 → 1.5），其 CO_3^{2-} 的特征峰——非对称伸缩振动 Ψ_{3-3}、Ψ_{3-4} 和面外弯曲振动 Ψ_2 及面内弯曲振动 Ψ_4 等峰强度增加，说明 CHAP 中的 CO_3^{2-} 最大含量增大；Ψ_3 分裂为 Ψ_{3-3}、Ψ_{3-4} 证明了 CO_3^{2-} 离子不是机械混入，而是属于结构碳酸根离子；Ψ_{3-1} 不显露及 Ψ_2、Ψ_4 同时出现说明这种结构碳酸根离子的替换属 B1 型替换（将在随后的分析中详细论述），这是钙亏 CHAP 的典型 FTIR 谱学特征。②钙盈系列，随原始 Ca/P 摩尔比 R_0 的增大（R_0 由 2.0 → 2.2 → 2.3），其 CO_3^{2-}

的特征峰——非对称伸缩振动 Ψ_{3-1}、Ψ_{3F}、Ψ_{3-4} 和面内弯曲振动 Ψ_4 等峰强度增加，说明 CHAP 中的 CO_3^{2-} 最大含量增大；Ψ_3 分裂为 Ψ_{3-1}、Ψ_{3F}、Ψ_{3-4} 也证明了 CO_3^{2-} 不是机械混入，而是属于结构碳酸根离子；Ψ_{3-1}、Ψ_{3F}、Ψ_{3-4} 同时出现且 Ψ_2 不显露说明这种结构碳酸根离子的替换属 AB 混合型替换（将在随后的分析中详细论述），这是钙盈 CHAP 的典型 FTIR 谱学特征。③正常配比和 R_0=2.5 的 CHAP，在 800 ~ 1600cm^{-1} 范围内的 FTIR 谱学特征是相近的，CO_3^{2-} 的特征峰强度小，说明结构碳酸根离子的替换量小；其 PO_4^{3-} 的特征峰 v_{3-1}、v_{3-2} 峰强度之比 $I_{v_{3-2}}/I_{v_{3-2}}$ 最大，这表明其 PO_4^{3-} 的畸变程度最小，这与以上的分析是相符的。

2.5.3 CHAP 中的 CO_3^{2-} 替换结构表征及替换结构模型

1. 有关样品制备

样品 1（CHAP）是采用通入 CO_2 气体条件下的均相沉淀法制备的 [反应物为 Ca(OH)$_2$ 和 H$_3$PO$_4$；pH 为 9 ~ 11；原始 Ca/P 摩尔比 R_0 大于 1.67]。通过化学分析，生成的 CHAP 的位置 Ca/P 摩尔比 R_p 为 1.67。

样品 1-1（CHAP）是采用前述溶胶－凝胶法 [反应物为 NH$_4$HCO$_3$+(NH$_4$)$_2$HPO$_4$ 和 Ca(NO$_3$)$_2$；

原始 Ca/P 摩尔比 R_0 为 1.3（钙亏系列）; pH 为 10 ～ 12]。

样品 2 是样品 1 经 850℃煅烧→洗涤→干燥后制得。

样品 3（CHAP）是用羟基磷灰石 [Ca$_5$(PO$_4$)$_3$OH] 在通入 CO$_2$ 气体条件下采用高温固相离子交换法制备的，原始 Ca/P 摩尔比 R_0 等于 1.67，通过化学分析，生成的 CHAP 的位置 Ca/P 摩尔比 R_p 也为 1.67。

样品 4（碳氟磷灰石 CFAP）的制备采用 CO$_2$ 气体保护下的高温固相反应法 [反应物为 Ca(H$_2$PO$_4$)$_2$、CaF$_2$ 和 Ca(OH)$_2$，原始 Ca/P 摩尔比 R_0 大于 1.67]，通过化学分析，样品的位置 Ca/P 摩尔比 R_p 为 1.67。

样品 5 ～样品 10（CHAP）的制备采用前述溶胶 – 凝胶法 [反应物为 NH$_4$HCO$_3$+(NH$_4$)$_2$HPO$_4$ 和 Ca(NO$_3$)$_2$；原始 Ca/P 摩尔比 R_0 为 2.3（钙盈系列）; pH 为 10 ～ 12]，生成的 CHAP 凝胶经 24h 老化→洗涤→干燥制得，干燥后的样品 5 ～样品 10 经化学分析测得含 CO$_3^{2-}$ 质量百分比（$W_{CO_3^{2-}}$）分别为 0.66%、1.82%、3.34%、4.83%、6.22%、7.52%（为 CO$_3^{2-}$ 饱和含量）。

2. 表征方法

FTIR 分析：用美国 Nicolet Impact 420 型傅里叶变换红外光谱议，KBr 压片。FTIR 谱拟合采用高斯函数法，其表达式为

$$y = A \cdot \exp\left[-\frac{1}{2}\left(\frac{c - x_j}{s}\right)^2\right]$$

式中，y 为自变量 x 第 j 个取值处的高斯函数计算值；A 为峰强；s 为半高宽；c 为峰高。

3. CHAP 中的 CO$_3^{2-}$ 替换结构表征

1）结构碳酸根离子 FTIR 谱特征分析及 Ψ_3 峰分裂模型

未受微扰的自由碳酸根离子属于 C 原子 sp^2 杂化且点对称群为 D$_{3h}$ 的平面三角形配位，有红外活性的简正振动模式有三种：面外弯曲振动 Ψ_2（879cm^{-1}）；非对称伸缩振动 Ψ_3（1415cm^{-1}）；面内弯曲振动 Ψ_4（680cm^{-1}）。在常见的方解石晶体 FTIR 谱中（图 2-37）Ψ_3 与 Ψ_4 的振动频率增大，且为尖锐单峰，其形成原因是受对称晶体场（由环境邻近的静电场产生）的影响，造成了 Ψ_3、Ψ_4 频率相对增大，单峰未分裂说明受到晶体相关场（引起碳酸根离子等效点系之间的长距离耦合产生达维多夫能级分裂而成）和晶格畸变场（掺碳酸根离子后导致的晶格畸变）的影响很小，振动耦合产生的因子群分裂很小，因此在图谱上不能分辨出来。

然而不同方法合成的磷灰石 FTIR 谱（图 2-37，图 2-38）中 Ψ_3 峰却发生了分裂，其分裂模型见图 2-39：自由离子 CO$_3^{2-}$ 在 AP 晶格中受到对称晶体场的影响，使 Ψ_3 增大到 Ψ_{3h}，受到由于 CO$_3^{2-}$ 在 AP 中位置替换产生的晶体相关场

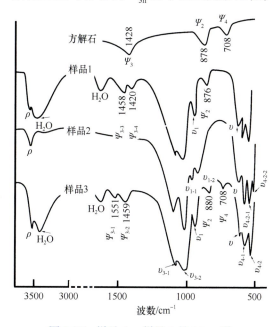

图 2-37　样品 1 ～样品 3 的 FTIR 谱

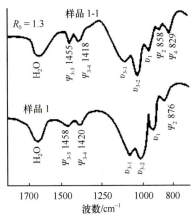

图 2-38　样品 1 和样品 1-1 的 FTIR 谱

和晶格畸变场的影响，Ψ_{3h} 分裂为 Ψ_{3u} 和 Ψ_{3g}，进一步受到极化场（偶极子派生相关动力场产生的长距离极化）的影响，Ψ_{3u} 分裂为 Ψ_{3-1} 和 Ψ_{3-2}，Ψ_{3g} 分裂为 Ψ_{3-3} 和 Ψ_{3-4}，可在 $BaCa(CO_3)_2$ 晶体中见到分裂出的四峰同时存在，但在 AP 中由于 CO_3^{2-} 的替代位置和方式不同，不同的振动峰强度大小发生变化，根据资料，Ψ_{3-1}、Ψ_{3-2} 峰为 A 型替换模式，Ψ_{3-3}、Ψ_{3-4} 峰为 B 型替换模式[1]。

2）均相沉淀法制备的 CHAP 的晶体化学 FTIR 谱特征分析

图 2-37 中的样品 1（CHAP）显然属 B 型替换，其明显的特征是：①分裂的 Ψ_3 峰主要以 Ψ_{3-3}（1458cm^{-1}）和 Ψ_{3-4}（1420cm^{-1}）显示，而 Ψ_{3-1} 和 Ψ_{3-2} 强度小，未显示。②由于 Ψ_{3-3} 接近 Ψ_{3h}，Ψ_{3-3} 峰强度大于 Ψ_{3-4} 峰强度。③ Ψ_4 峰被掩盖而未见。④ Ψ_{3-3} 与 Ψ_{3-4} 的分裂值为 38cm^{-1}。⑤ XRD 测定结果表明，样品 1 的晶格常数 a_0 和 c_0 分别为 0.9406nm 和 0.6865nm，比人工合成的纯羟基磷灰石（a_0 为 0.9436nm，c_0 为 0.6881nm）小，这是由于 CO_3^{2-} 基团半径比 PO_4^{3-} 小，因此，可以认为 a_0 和 c_0 都变小，是典型的 B 型替换特征。

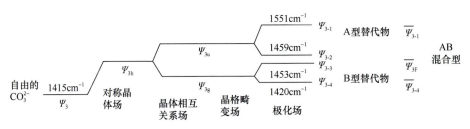

图 2-39　AP 中 CO_3^{2-} 的 Ψ_3 红外振动峰分裂模型

B 型替换的方式可能有以下两种：

（1）[CO$_3$OH] 组成四面配位体替换 [PO$_4$] 四面体，C 原子属 sp^3 杂化，由于等量替换后电价平衡，晶格中不产生空位和填隙的结构缺陷。另外，根据 R_0 和 R_p，其反应可以写成：

$$Ca(OH)_2 + H_3PO_4 + x\,H_2CO_3 \xrightarrow{\text{pH}=9\sim12} Ca_{10}\{(PO_4)_{6-x}(CO_3OH)_x\}(OH)_2 + H_2O$$

（2）[CO$_3$] 三角形配位体替换 [PO$_4$] 四面体，C 原子属 sp^2 杂化，由于等量替换后电价不平衡，晶格中产生阳离子空位结构缺陷，可能的反应式如下：

$$Ca(OH)_2 + H_3PO_4 + x\,H_2CO_3 \xrightarrow{\text{pH}=9\sim12} Ca_{10-x}Ca_x\{(PO_4)_{6-x}(CO_3)_x\}(OH)_2 + H_2O$$

从制备条件看，沉淀体系为碱性；有足够的 OH$^-$ 与 CO_3^{2-} 形成 [CO$_3$OH] 四面体；从替换匹配性看，以 [CO$_3$OH] 四面体替换 [PO$_4$] 四面体后，其替换能小，晶格稳定。

从制备后样品的化学分析结果看，位置 Ca/P 摩尔比 R_p 为 1.67，属正常配比，这符合第一种方式替换，而按第二种方式替换后应为钙亏系列。

从场的角度看，按第一种方式替换后晶体对称性比第二种方式程度高，且晶格畸变程度小，因此受晶体相关场和晶格畸变场影响，频率相对较小的 Ψ_{3g} 峰强度大，而 Ψ_{3u} 峰不显；从碳的成键形式看，sp^3 杂化的键长比 sp^2 杂化要大[51]，键力常数要小，红外振动频率较小，另外，sp^3 杂化的碳原子电负性为 2.5，sp^2 为 2.7[51]；与氧的电负性差值是 sp^3 杂化大于 sp^2 杂化因此晶体中产生的极化小，Ψ_{3-3} 与 Ψ_{3-4} 的分裂值小，与实验结果相符。

另外，图 2-37 中样品 2 的 FTIR 谱表明：经 850℃煅烧后，B 型 CO_3^{2-} 从晶格中分解脱除，脱除 CO_3^{2-} 后的羟基磷灰石 $[PO_4]$ 基团的 υ_{3-1}、υ_{3-2} 的峰强和峰强差增大，表明 $[PO_4]$ 四面体畸变程度减小，υ_1 峰分裂为 υ_{1-1} 和 υ_{1-2}，υ_{4-2} 分裂为 υ_{4-2-1} 和 υ_{4-2-2}，这些现象均说明原先 CO_3^{2-} 的替换对 $[PO_4]$ 基团产生了影响。从煅烧前后磷灰石中羟基 FTIR 谱的对比看，煅烧脱 CO_3^{2-} 后羟基的 ρ 和 υ 峰峰强显著增大，这一现象在其他文献中也有报道，但其产生的原因还不是十分清楚，作者认为，这是由于煅烧前 OH^- 存在于两种不同位置（$[CO_3OH]$ 四面体位和通道位），二者有序化过程不同，产生了简并振动干扰，而使 ρ 和 υ 峰被掩盖，而煅烧后 OH^- 仅存在于一种位置（通道位），没被掩盖，而使峰强较大。

以上证据均表明，均相沉淀法制备的 CHAP 中的 CO_3^{2-} 替换属 B 型替换，其替换方式应该是 $[CO_3OH]$ 四面配位体替换 $[PO_4]$ 四面体。

3）溶胶 – 凝胶法制备的 CHAP（R_0 为钙亏系列）晶体化学 FTIR 谱特征分析

根据 Roy 和 Elliot 的结论，溶胶 – 凝胶法制备的样品 1-1（R_0=1.3，为钙亏系列）的 FTIR 谱（图 2-38）特征与均相沉淀法制备的样品 1 的 FTIR 谱特征相比有很多的相似性：分裂的 Ψ_3 峰主要以 Ψ_{3-3}（1458cm^{-1}）和 Ψ_{3-4}（1420cm^{-1}）显示，而 Ψ_{3-1} 和 Ψ_{3-2} 强度小，未显示，Ψ_{3-3} 与 Ψ_{3-4} 的分裂值为 38cm^{-1}，且 Ψ_{3-3} 峰强度大于 Ψ_{3-4} 峰强度，说明应为 B 型替换；但不同的是，Ψ_4 峰未被掩盖而显示。因此，我们将此类型称为 B1 型，这种类型 FTIR 谱特征与 Regnier 等[52] 制作样品的 FTIR 谱特征一致，Regnier 采用量子力学从头计算法证实 B1 型替换方式是 $[CO_3]$ 三角形配位体替换 $[PO_4]$ 四面体；XRD 测定结果表明，该样品的晶格常数 a_0 和 c_0 分别为 0.9404nm 和 0.6863nm，与 B 型替换的样品 1 相似。

4）固相离子交换法制备的 CHAP 的晶体化学 FTIR 谱特征分析

图 2-37 表明，采用固相离子交换法制备的 CHAP（样品 3）应属 A 型替换，其明显特征是：①分裂的 Ψ_3 峰主要以 Ψ_{3-1}（1551cm^{-1}）和 Ψ_{3-2}（1459cm^{-1}）显示，而 Ψ_{3-3} 和 Ψ_{3-4} 未显示；②由于 Ψ_{3-2} 峰接近 Ψ_{3h}，Ψ_{3-2} 峰强大于 Ψ_{3-1} 峰强；③ Ψ_4 峰未被掩盖而显示；④ Ψ_{3-1} 与 Ψ_{3-2} 的分裂值可达 92cm^{-1}，远比 B 型替换要大；⑤ XRD 测定结果表明，样品 3 的晶格常数 a_0 和 c_0 分别为 0.9735nm、0.6623nm，表现出明显的 a_0 增加而 c_0 减小的典型通道替换特征。A 型替换可以按以下方式进行：$[CO_3]$ 三角形配位体替换通道位置的 OH^-，C 原子属 sp^2 杂化，替换后电价不平衡，因此，晶格中产生了通道位的 OH^- 空位缺陷。反应式如下：

$$Ca_{10}(PO_4)_6(OH)_2 + x\,CO_2 \xrightarrow{1000℃} Ca_{10}(PO_4)_6[(OH)_{2-2x}OH_x(CO_3)_x] + H_2O \uparrow$$

从制备条件来看，体系为高温离子交换，没有足够的 OH^- 与 CO_3^{2-} 形成 $[CO_3OH]$ 四面体；从替换匹配性看，以 $[CO_3]$ 三角形配位体替换通道位 OH^- 后，其替换能较大，晶格稳定性较差，这也证明了天然产出的 A 型替换 AP 较少的原因；从场的角度看，该种方式替换后晶体对称性比 B 型替换程度低，且晶格畸变程度大，受晶体相关场和晶格畸变场影响，频率相对较大的 Ψ_{3u} 峰强度大而 Ψ_{3g} 峰不明显；从碳的成键形式看，sp^2 杂化键力常数要大，红外振动频率较大，另外，由于产生的极化大，Ψ_{3-1} 与 Ψ_{3-2} 的分裂值大，与实验结果相符。图 2-37 中样品 3 的 FTIR 谱表明：由于 OH^- 仅存在于一种位置（通道位）未被掩盖，峰强较大。以上证据均表明，固相离子交换法制备的 CHAP 属 A 型替换，其替换方式应该是 $[CO_3]$ 三角形配位体替换通道位置的 OH^-。

5）固相反应法制备的 CFAP 的晶体化学 FTIR 谱特征分析

图 2-40 表明：采用固相反应法制备的碳氟磷灰石（样品 4）与人工合成的纯氟磷灰石（FAP）（图 2-40）相比应为 B 型替换，其明显的特征是：①分裂的 Ψ_3 峰主要以 Ψ_{3-3}（1460cm^{-1}）和

Ψ_{3-4}（1427cm^{-1}）显示，而 Ψ_{3-1} 和 Ψ_{3-2} 峰强度不明显。② Ψ_{3-3} 与 Ψ_{3-4} 的分裂值为33cm^{-1}。③但 Ψ_4 峰未被掩盖而显示。④ Ψ_{3-3} 峰强度等于 Ψ_{3-4} 峰强度。⑤ XRD 测定结果表明，样品4的晶格常数 a_0 和 c_0 分别为0.93857nm 和 0.6872nm，比纯氟磷灰石（a_0 为0.9401nm，c_0 为0.6895nm）小，证明并非通道位的 A 型替换。碳氟磷灰石的 B 型替换可能有以下两种方式。

（1）[CO$_3$F] 组成四面配位体替换 [PO$_4$] 四面体，与碳羟基磷灰石中 [CO$_3$OH] 组成的四面配位体一样，C 原子属 sp^3 杂化。反应式如下：

$$Ca(H_2PO_4)_2 + CaF_2 + Ca(OH)_2 + x\,CO_2 \xrightarrow{900\sim1100\text{℃}} Ca_{10}\{(PO_4)_{6-x}(CO_3F)_x\}F_2 + H_2O \uparrow$$

（2）[CO$_3$] 三角形配位体替换 [PO$_4$] 四面体，C 原子属 sp^2 杂化。反应式如下：

$$Ca(H_2PO_4)_2 + CaF_2 + Ca(OH)_2 + x\,CO_2 \xrightarrow{900\sim1100\text{℃}} Ca_{10-x}Ca_x\{(PO_4)_{6-x}(CO_3)_x\}F_2 + H_2O \uparrow$$

从制备条件看，体系有足够的 F$^-$ 与 CO$_3^{2-}$ 形成 [CO$_3$F] 四面体。

从制备后样品的化学分析结果看，位置 Ca/P 摩尔比 R_p 为1.67，属正常配比，这符合第一种方式替换，而第二种方式替换后应为钙亏系列。

从替换的匹配性、配位场、碳的成键形式看，以 sp^3 杂化形成的四面体替换结果与实验结果相符，但与 [CO$_3$OH] 四面体替换 [PO$_4$] 四面体相比，由于 F$^-$ 半径比 OH$^-$ 小，在 [CO$_3$F] 四面配位体中 C 与三个 O^{-2} 的对称性比 [CO$_3$OH] 四面配位体中的对称性差，晶格畸变程度较大，Ψ_{3g} 峰分裂后的 Ψ_{3-3} 和 Ψ_{3-4} 频率较大，另外由于 F 电负性比羟基大，sp^3 杂化的碳原子与 F 的电负性差值较大，产生的极化较小，Ψ_{3-3} 与 Ψ_{3-4} 的分裂值最小，这也是 Ψ_{3-3} 峰强度等于 Ψ_{3-4} 峰强度的原因。

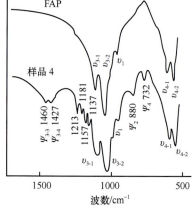

图 2-40 样品 4 的 FTIR 谱

与纯氟磷灰石相比（图2-40），[PO$_4$] 基团的 v_{3-1} 与 [CO$_3$F] 四面体的 Ψ_{3-4} 之间有四个新峰（1213cm^{-1}、1181cm^{-1}、1157cm^{-1}、1137cm^{-1}）出现，这一谱图特征在已报道的天然磷灰石或合成磷灰石中很少见到，这些新峰的形成可能是 O—C—F 键引起的因子群 C$_{6h}$ 分裂增大，而使 [PO$_4$] 基团应有的 15 个红外活性振动峰中的某几条在图谱中能分辨出来（有待证实）。在实验中，当改变 F 和 CO$_3$ 含量等合成条件时，有时会出现 2～6 条不同的新峰，这说明 O—C—F 键引起的因子群 C$_{6h}$ 分裂增大的可能性很大。

以上证据均表明，固相反应法制备的碳氟磷灰石属 [CO$_3$F] 四面配位体替换 [PO$_4$] 四面体的 B 型替换方式。

6）溶胶-凝胶法制备的 CHAP（R_0 为钙盈系列）晶体化学 FTIR 谱特征分析

图 2-41 表明：采用溶胶-凝胶法制备的碳羟基磷灰石（样品5～样品10）应属 AB 混合型替换，其明显特征是：①分裂的 Ψ_3 峰主要有三个，即 Ψ_{3-1}（1547～1550cm^{-1}）、Ψ_{3F}（1457～1465cm^{-1}）、Ψ_{3-4} 峰（1420～1427cm^{-1}）。② Ψ_{3-1} 峰强最小，Ψ_{3F} 峰强大于 Ψ_{3-4} 峰强。③ Ψ_4 峰被掩盖而不显。④随 CO$_3^{2-}$ 含量的增加，Ψ_3 峰面积和 Ψ_2 峰强均增大，说明随制备体系中 CO$_3^{2-}$ 含量的增加，CO$_3^{2-}$ 不断进入磷灰石晶格中，但当 CO$_3^{2-}$ 含量增加到 7.52% 时，Ψ_3 峰面积和 Ψ_2 峰强面积不再变化，说明此时已达到固溶饱和，CO$_3^{2-}$ 替换的 AP 固溶体属有限固溶体。⑤随 CO$_3^{2-}$ 含量的增加，属 A 型替换的 Ψ_{3-1} 峰强增大，Ψ_{3-1} 峰强与属 B 型替换的 Ψ_{3-4} 峰强之比也增大且当 CO$_3^{2-}$ 含量为 3.34% 时达最大值，说明在 CO$_3^{2-}$ 低含量时进入 A 型替换的相对速度快于 B 型替换，且在 3.34% 含量处达到最大值；当 CO$_3^{2-}$ 含量大于 3.34% 时，Ψ_{3-1} 峰强减小，Ψ_{3F} 峰强与 Ψ_{3-4} 峰强之比也相对减小，说明在 CO$_3^{2-}$ 高含量时进入 B 型替换的相对速度快，

直到 CO_3^{2-} 含量增加到 7.52% 时饱和。⑥XRD 测定结果与纯羟基磷灰石相比（表 2-10），对于晶格常数 a_0，$W_{CO_3^{2-}} \leqslant 3.34\%$ 时略有增大，$W_{CO_3^{2-}} \geqslant 3.34\%$ 时变化不大；但对于 c_0，随 CO_3^{2-} 掺量的增加而明显减小。这是由于 A 型替换后 a_0 增大、c_0 减小，而 B 型替换后 a_0 几乎不变、c_0 减小，两者叠合导致了以上晶格常数的变化，同时也反映了 A 型替换和 B 型替换在 AB 混合型结构中的分配规律。

表 2-10　XRD 测定的不同样品的晶胞常数 a_0、c_0、a_0/c_0

样品	a_0/nm	c_0/nm	a_0/c_0
HAP	0.9436	0.6881	1.3713
样品 1	0.9406	0.6865	1.3701
样品 1-1	0.9404	0.6863	1.3702
样品 3	0.9735	0.6623	1.4699
样品 4	0.9386	0.6872	1.3658
FAP	0.9401	0.6895	1.3635
样品 5	0.9436	0.6679	1.4128
样品 6	0.9438	0.6678	1.4133
样品 7	0.9442	0.6675	1.4145
样品 8	0.9441	0.6673	1.4148
样品 9	0.9442	0.6671	1.4153
样品 10	0.9441	0.6671	1.4152

图 2-42 是样品 9 采用高斯函数法拟合的结果，结果表明：从实测的 Ψ_3 的包络线中分解出了四个高斯型吸收峰，且这四个峰的峰位和峰强与 Ψ_{3-1}、Ψ_{3-2}、Ψ_{3-3}、Ψ_{3-4} 相符合，其中 Ψ_{3-1}、

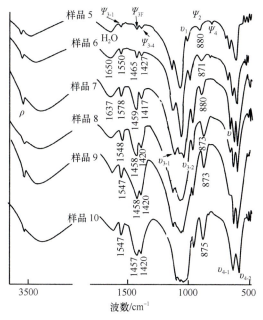

图 2-41　样品 5 ～样品 10 的 FTIR 谱

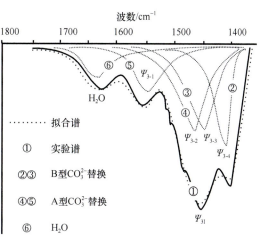

图 2-42　样品 9 中 CO_3^{2-} 的 Ψ_3 峰高斯函数拟合

$\Psi_{3\text{-}2}$ 对应为 A 型替换，而 $\Psi_{3\text{-}3}$、$\Psi_{3\text{-}4}$ 对应为 B 型替换，Ψ_{3F} 为 $\Psi_{3\text{-}2}$ 与 $\Psi_{3\text{-}3}$ 的叠合峰，因此 Ψ_{3F} 峰强大于 $\Psi_{3\text{-}4}$ 峰强，由于 A 型替换较难、替换量小，$\Psi_{3\text{-}1}$ 峰强最小，且 Ψ_4 峰被掩盖而不显示。

根据高斯函数法拟合结果及以上分析的结论，为了定量研究 CHAP 中这种特殊的替换结构，我们提出用替换指数（substitution index，SI）来表示 AB 混合型替换中 A 型所占的相对掺量大小。SI 的计算式为

$$SI = \frac{I_{\Psi_{3F}} - I_{\Psi_{3\text{-}4}}}{I_{\Psi_{3F}}} \times 100\%$$

式中，I 为 Ψ_3 各峰的峰强，其 FTIR 图谱如图 2-43 所示。

通过对图 2-43 中的 Ψ_3 各峰的峰强测量与 SI 计算：当 $W_{CO_3^{2-}} \leqslant 3.34\%$ 时，随 CO_3^{2-} 含量增加，A 型替换量增大，SI 增大，且当 $W_{CO_3^{2-}}=3.34\%$ 时，SI 达到最大值；当 $3.34\% < W_{CO_3^{2-}} \leqslant 7.52\%$ 时，随 CO_3^{2-} 含量增加，SI 减小，B 型替换量增大，且当 $W_{CO_3^{2-}} = 7.52\%$ 时固溶量饱和（图 2-44）。

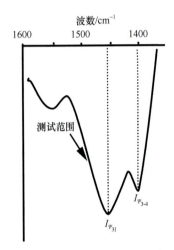

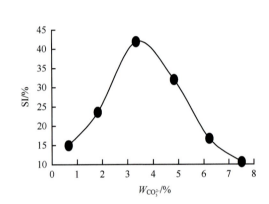

图 2-43　替换指数 SI 的 FTIR 表征　　　图 2-44　CO_3^{2-} 掺量与 SI 的关系（即替换指数 SI 模型）

7）CHAP 中的 CO_3^{2-} 替换结构的有关参数及替换结构模型

根据以上 FTIR 测试分析结果，本小节总结了 CHAP 中不同基团的 FTIR 特征振动峰频率位置数据，并与前人的结论做了相应的对比（表 2-11）。另外，根据以上 XRD 测试分析结果，本小节还总结了不同 CHAP 样品的晶胞常数（a_0、c_0）和晶胞常数之比 a_0/c_0（表 2-10）。

对 CO_3^{2-} 成分比较晶体化学的研究结果表明：不同制备方法、不同原始 Ca/P 摩尔比 R_0、不同 NH_4HCO_3 含量甚至于不同的 CO_3^{2-} 来源对 CHAP 中的 CO_3^{2-} 替换类型和替换方式均有影响。由于溶胶 – 凝胶法制备的 CHAP（R_0 为 2.3 属钙盈系列）是最佳的 Ca/P 摩尔比，且其结构可使 CO_3^{2-} 达到最大值，对最佳吸附滤料的研究至关重要。

根据 Kroger-Vink 缺陷化学理论，本小节重点总结 AB 混合型替换模型（图 2-45）：AB 混合型替换中的 A 型替换方式为 $[CO_3]$ 三角形配位体替换通道位置的 OH^-，C 原子属 sp^2 杂化，替换后为了保持电价平衡，每一个 CO_3^{2-} 进入通道必然导致一个 OH^- 的位置缺陷，因此，其缺陷结构式为

$$Ca_{10}(PO_4)_6\{(OH)_{2-2x}(OH)_x(CO_3)_x\}$$

表 2-11 CHAP 的不同基团的 FTIR 振动峰频率

（单位：cm⁻¹）

项目	ψ	ψ_3 (ψ_{3-1}、ψ_{3-2}、ν_{3F}、ψ_{3-3}、ψ_{3-4})					ψ_4	ρ	υ	ν_{3-1}	
										ν_{3-1-1}	ν_{3-1-2}
自由的 CO_3^{2-}（▲ White）	879 ▲	1415 ▲					680 ▲				
A 型中的 CO_3^{2-}（△ Roy and Elliot）	884 △ / 880	1534 △ / 1551	1465 △ / 1459				Hided △ / Hided				
B 型中的 CO_3^{2-}（▼ Roy and Elliot）	864 △ / 876			1455 △ / 1458	1430 △ / 1420		Hided △ / Hided				
AB 混合型中的 CO_3^{2-}	871 ~ 880	1547 ~ 1550		1457 ~ 1465	1417 ~ 1427		hided				
CHAP 中的 OH-								3567 ~ 3580	630 ~ 637		
CHAP 中的 PO_4^{3-}										1093 ~ 1104	
TCP 中的 PO_4^{3-}										1120	1094

注：未标识文献来源者为本书所做实验数据。

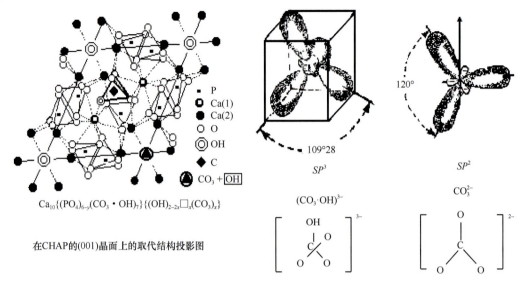

$$Ca_{10}\{(PO_4)_{6-y}(CO_3 \cdot OH)_7\}\{(OH)_{2-2x}\square_x(CO_3)_x\}$$

在CHAP的(001)晶面上的取代结构投影图

图 2-45　CHAP 结构中 CO_3^{2-} 的 AB 混合型替换模型

AB 混合型替换中的 B 型替换方式为 $[CO_3 \cdot OH]$ 四面配位体替换 $[PO_4]$ 四面体，C 原子属 sp^3 杂化，由于替换后电价平衡，不产生位置缺陷，替换后的结构式为

$$Ca_{10}\{(PO_4)_{6-y}(CO_3OH)_y\}(OH)_2$$

则 AB 混合型替换后缺陷结构式为

$$Ca_{10}\{(PO_4)_{6-y}(CO_3OH)_y\}\{(OH)_{2-2x}OH_x(CO_3)_x\}$$

2.5.4　不同 CO_3^{2-} 掺量的 CHAP 的相变

磷灰石吸附滤料热稳定性的好坏关系到滤料的使用范围和使用寿命，特别是在热处理成型阶段的热稳定性尤为重要，因此，其在不同温度下的相变研究具有重要的意义。

1. CHAP 相变的 FTIR 和 DTA/TGA 表征

图 2-46 中，样品 5～样品 10 在 800℃煅烧 4h 后，CO_3^{2-} 的 Ψ_{3-1}、Ψ_{3-2}、Ψ_{3F} 几乎消失（只有样品 9 和样品 10 中有很少的 A 型替换的 CO_3^{2-} 未消失），说明晶格中产生了脱 CO_3^{2-} 相变。

AB 混合型替换结构 $Ca_{10}\{(PO_4)_{6-y}(CO_3OH)_y\}\{(OH)_{2-2x}\square_x(CO_3)_x\}$ 中的属 B 型替换的 $(CO_3OH)_y$ 和属 A 型替换的 $(CO_3)_x$ 与 Ca 从晶体中析出生成 CO_2 气体和 CaO。样品 9 在 400℃、600℃、900℃煅烧后，经气体检测和 XRD 物相鉴定证明均有 CO_2 和 CaO 相的存在，但没有 H_2O 的存在。作者认为，$(CO_3OH)_y$ 中的 OH^- 转移进入通道位置填补 $\square_x$ 空位缺陷，这导致了图 2-46 中样品 7～样品 10 的羟基伸缩振动峰 ρ 和摆动峰 υ 随 CO_3^{2-} 掺量的增大峰强增大。

图 2-46 与图 2-41 对比可以发现：当 CO_3^{2-} 掺量低于 3.34% 时，800℃煅烧后出现了脱羟相变，表现为样品 5 和样品 6 的羟基 ρ 和 υ 消失，PO_4^{3-} 的 υ_{3-1} 分裂为 υ_{3-1-1} 和 υ_{3-1-2}，这符合 TCP 的特征（表 2-11），XRD 测定也证实是 TCP 相，同时有 CaO 出现；当 CO_3^{2-} 掺量≥3.34% 时，800℃煅烧后，表现为样品 7～样品 10 的羟基 ρ 和 υ 峰加强，而 PO_4^{3-} 的 υ_{3-1} 没有分裂，即没有出现脱羟相变，XRD 测定证实为 HAP 相。

DTA 和 TGA 表明（图 2-47），不同 CO_3^{2-} 掺量的 CHAP 在 50～150℃出现较宽吸热峰，该峰对应吸附水脱除过程；在 150～776℃范围内也有一很宽的放热峰，同时 TGA 曲线有明显的失重，且失重量等于其 CO_3^{2-} 的掺量（$W_{CO_3^{2-}}$ 分别为 1.83%、3.32%、6.82%），这是脱 CO_3^{2-} 相变的结果，该过程是吸热的，但其结晶度增加，且晶粒重结晶长大（图 2-48），其过程又是放热的，吸热量小于放热量因而形成了宽的放热峰。

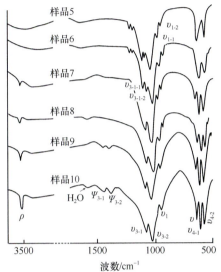

图 2-46　样品 5～样品 10 的 FTIR 谱
（$T_c=800℃$）

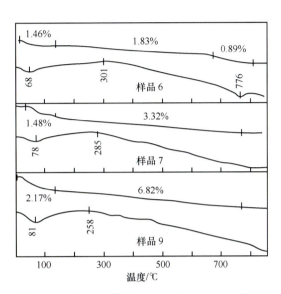

图 2-47　不同 CO_3^{2-} 掺量的 CHAP 的 DTA、TGA 曲线

（a）$T_c=105℃$

（b）$T_c=800℃$

图 2-48　样品 7（$W_{CO_3^{2-}}=3.34\%$）的 TEM 照片

当 CO_3^{2-} 掺量小于 3.34% 时（以样品 6 为例，图 2-47）在 776℃时有一明显很窄的吸热峰，其相应的失重量为 0.89%，对照图 2-46 可知，该峰应为 CHAP 的脱羟相变峰；当 CO_3^{2-} 掺量 ≥3.34% 时（以样品 7 和样品 9 为例，图 2-47），CHAP 在 700～800℃时没有吸热峰，说明没有发生脱羟相变，1100℃煅烧后仍然稳定，这与 FTIR 分析是一致的。

2. CHAP 相变的缺陷化学分析

（1）低 CO_3^{2-} 掺量的 CHAP（小于 3.34%）在 150～776℃范围内脱 CO_3^{2-} 相变时，B 型替换 $(CO_3OH)_y$ 中的 OH^- 转移进入通道位置并填补 $\square_x$ 空位缺陷位置后，仍然有 $\square_x$ 空位缺陷残存，由于电价平衡，同时形成了 Ca^{2+} 的 $\diamond_{x/2}$ 空位缺陷，表现出明显的钙亏 HAP 相的特征，其脱 CO_3^{2-} 相变反应式为

$$Ca_{10}\{(PO_4)_{6-y}(CO_3OH)_y\}\{(OH)_{2-2x}\square_x(CO_3)_x\} \xrightarrow{150\sim776℃} Ca_{10-z/2}(PO_4)_6(OH)_{2-z}\diamond_{z/2}\square_z + CaO + CO_2\uparrow$$

该钙亏 HAP 升温到 776℃出现脱羟相变，其脱羟相变反应式为

$$Ca_{10-z/2}(PO_4)_6(OH)_{2-z}\diamond_{z/2}\square_z \xrightarrow{776℃} Ca_3(PO)_2(TCP) + CaO + H_2O\uparrow$$

（2）当 CO_3^{2-} 掺量 =3.34% 的 CHAP 脱除 CO_3^{2-} 后，可能 $\square_x$ 空位缺陷恰好被填满，相变为正常配比 HAP；而高 CO_3^{2-} 掺量（> 3.34%）的 CHAP 脱除 CO_3^{2-} 后，$\square_x$ 空位缺陷被填满，剩余 OH^- 要进入填隙位置，相变为钙盈 HAP，这两种 HAP 在 776℃时不发生脱羟相变。

根据 Kroger-Vink 缺陷化学的研究方法，以上三种脱 CO_3^{2-} 相变后 HAP 的晶粒密度测定结果（表 2-12）与第 4 章的论证一致，从而可证明以上分析正确。

表 2-12　不同样品脱 CO_3^{2-} 相变后 HAP 的晶粒密度测定结果

参数	样品 5	样品 6	样品 7	样品 8	样品 9	样品 10
CO_3^{2-} 掺量 /%	0.66	1.82	3.34	4.83	6.22	7.52
脱 CO_3^{2-} 相变后 HAP 的晶粒密度 / (g/cm³)	2.94	3.02	3.11	3.14	3.19	3.18
脱 CO_3^{2-} 相变后 HAP 的 Ca/P 摩尔比（ $R_0 \approx R_p$ ）	钙亏	钙亏	正常配比	钙盈	钙盈	钙盈

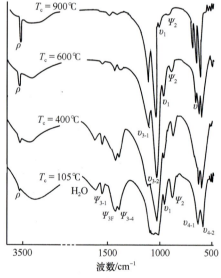

图 2-49　样品 10 在不同温度（T_c）下的 FTIR 谱

图 2-49 是样品 10 在不同温度（T_c）下煅烧 4h 后的 FTIR 谱，可以看出：CHAP 脱 CO_3^{2-} 相变时没有固定的相变温度，在 > 105℃的任意温度下该相变均能发生，DTA 和 TGA（参考图 2-47）图中的连续而宽的放热峰也表明了这一点，因此，可以判断 CO_3^{2-} 的脱除方式属非平衡的连续固溶体分解，在制备吸附滤料时，在保证其操作强度的同时，其成型温度要尽可能低。从同一煅烧时间、不同煅烧温度（105℃→400℃→600℃→900℃）的对比看，一方面，CO_3^{2-} 的 Ψ_3 和 Ψ_2 峰强显著减小，说明不同煅烧温度下脱 CO_3^{2-} 速率是不一样的，温度越高，越易脱除；另一方面，脱 CO_3^{2-} 后羟基的 ρ 和 v 峰强显著增大，这一现象与 2.5.3 节所分析的情况相似，这是由于煅烧前 OH^- 存在于两种不同位置（[CO_3OH] 四面体位和通道位），二者有序化过程不同，产生了简并振动干扰，而使 ρ 和 v 峰被掩盖，而煅烧后 OH^- 仅存在于一种位置（通道位），未被掩盖，显然，CO_3^{2-} 脱除越多，其 ρ、v 峰强越大，这一现象的重复出现更进一步证明了 2.5.3 节所述的 B 型替换方式的正确性。

3. CHAP 相变的晶体化学参数分析

根据图 2-49 中的 [PO₄] 四面体基团的非对称伸缩振动 v_{3-1} 和 v_{3-2} 的分裂特征及 XRD 谱的（211）、（300）、（310）、（112）峰面积之和，按前述 [PO₄] 四面体畸变指数 DI 的 FTIR 表征方法、结晶度 C_D 的 XRD 表征方法（以 900℃为标准样品）、比表面积 A_s 的测定方法，得到如表 2-13、图 2-50、图 2-51 所示结果。结果表明：随煅烧温度增加，[PO₄] 四面体畸变指数 DI 减小，结晶度 C_D 增大，比表面积 A_s 减小，即 [PO₄] 四面体畸变程度降低，结晶程度增高，晶粒尺寸减小，这与 TEM 分析是一致的（图 2-48）。这进一步证明了 [PO₄] 四面体畸变指数 DI、结晶度 C_D 的 FTIR 表征方法是正确而有效的。

表 2-13　样品 10 在不同温度（T_c）下的 DI、C_D、A_s 测定结果

煅烧温度 T_c/℃	105	150	400	600	900
DI	10.00	7.68	5.91	2.29	2.15
C_D/%	42.1	49.8	56.6	68.2	100.0
A_s/（m²/g）	541	333	147	63	21

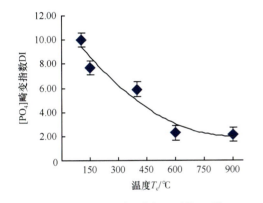

图 2-50　样品 10 在不同 T_c 下的 DI 值

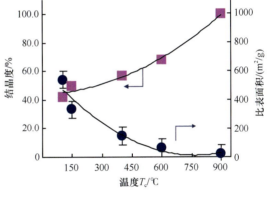

图 2-51　样品 10 在不同 T_c 下的 C_D、A_s 值

参 考 文 献

[1] Hazen R M, Finger L W. Comparative Crystal Chemistry. 沈今川，束天赋，译. 武汉：中国地质大学出版社，1988: 133-141

[2] Vegard L, Dale H. Untersuchungen ueber mischkristalle und ledierungen. Zeitschrift fur Kristallographie-Crystalline Materials, 1928, 67: 148-162

[3] Wones D R. Physical properties of synthetic biotites on the join phlogopite annite. American Mineralogist, 1963, 48: 1300-1321

[4] Newton R C, Wood B J. Volume behavior of silicate solid solutions. American Mineralogist, 1980, 65: 733-745

[5] Pauling L. The Nature of the Chemical Bond. 3rd ed. New York: Cornell University Press, 1960: 644

[6] 郑辙. 结构矿物学导论. 北京：北京大学出版社，1992: 140-190

[7] Smith J V, Bailey S W. Second review of Al-O Si-O tetrahedral distances. Acta Crystallographica, 1963, 16: 801-803

[8] 山口乔，柳田博明，牧岛男，等. 生物陶瓷. 窦筠，窦庆春，张志毅，译. 北京：化学工业出版社，1992: 24-26

[9] Fowler B O, Infrared studies of aptites. II. Prepeation of normal and isotopically substituted calcium, strontium, and barium hydroxyapatites and spectra-structure-composition correlations. Inorganic Chemistry, 1974, 13(1): 207-214

[10] Gadaleta S J, Paschalis E P, Betts F, et al. Fourier transform infrared spectroscopy of the solution-mediated conversion of amorphous calcium phosphate to hydroxyapatite: new correlations between X-ray diffraction and

infrared data. Calcified Tissue International, 1996, 58: 6-16

[11] Amli R. Mineralogy and rare earth geochemistry of apatitie and xenotime from the Gloserheia granite pegmatite, Froland, Southern Norway. American Mineralogist, 1975, 60: 607-620

[12] Apfelbaum F, Mayer I, Rey C, et al. Magnesium in maturing synthetic apatite: a Fourier transform infrared analysis. Journal of Crystal Growth, 1994, 144: 304-310

[13] DeLoach L D, Payne S A, Kway W L, et al. Vibrational structure in the emission spectra of Yb^{3+}-doped apatite crystals. Journal of Luminescence, 1994, 62: 85-94

[14] Edgar A D. Barium-and strontium-enriched apatites in lamproites from West Kimberley, Western Australia. American Mineralogist, 1989, 74: 889-895

[15] Fleet M E, Pan Y. Site preference of Nd in fluorapatite $[Ca_{10}(PO_4)_6F_2]$. Journal of Solid State Chemistry, 1994, 112: 78-81

[16] Fleet M E, Pan Y. Crystal chemistry of rare earth elements in fluorapatite and some calc-silicates. European Journal of Mineralogy, 1995, 7: 591-605

[17] Fleet M E, Pan Y. Site preference of rare earth elements in fluorapatite: binary(LREE+HREE)-substituted crystals. American Mineralogist, 1997, 82: 870-877

[18] Fleischer M, Alteshuler Z S. The lanthanides and yttriium in minerals of the apatite group-an analysis of the available data. Neues Jahrbuch für Mineralogie Monatshefte, 1986, H10: 467-480

[19] Jagannathan R. Kottaisamy, Eu^{3+} luminescence: a spectral probe in $M_5(PO_4)_3X$ aaptites (M=Ca or Sr; X=F^-, Cl^-, Br^- or OH^-). Journal of Physics:Condensed Matter, 1995, 7: 8453-8466

[20] Jolliff B L, Papike J J, Shearer C K, et al. Inter-and intra-crystal REE variations in apatite from the Bob Ingersoll pegmatite, Black Hills, South Dakota. Geochimica Et Cosmochimica Acta, 1989, 53: 429-441

[21] Kalsbeek N, Larsen S, Ronsbo J G. Crystal structures of rare earth elements rich apatite analogues. Zeitschrift fur Kristallographie-Crystalline Materials, 1990, 191: 249-263

[22] Knutson C, Peacor D R, Kelly W. Luminescence, color and fission track zoning in apatite crystals of the Panasqueira tin-tungsten deposits, Beira-Baixa, Portugal. American Mineralogist, 1985, 70: 829-837

[23] Landa E A, Krasnova N I, Tarnovskaya A N, et al. The distribution of rare earths and yttrium in apatite from alkali-ultrabasic and carbonatite intrusions and the origin of apatite mineralization. Geochemistry International, 1983, 20(1): 77-87

[24] Hogarth D D, Hartree R, Loop J, et al. Rare-earth element minerals in four carbonatites near Gatinau, Quebec. American Mineralogist, 1985, 70: 1135-1142

[25] Hughes J M, Fransolet A M, Schreyer W. The atomic arrangement of iron-bearing apatite. Neues Jahrbuch für Mineralogie-Monatshefte, 1993, H11: 504-510

[26] Hughes J M, Cameron M, Crowley K D. Ordering of divalent cations in the apatite structure: crystal structure refinement of natural Mn-and Sr-bearing apatite. American Mineralogist, 1991, 76: 1857-1862

[27] Hughes J M, Cameron M, Mariano A N. Rare-earth elemnet ordering and structural variations in natural rare-earth bearing apatite. American Mineralogist, 1991, 76: 1165-1173

[28] Payne S A, DeLoach L D, Smith L K, et al. Ytterbium-doped apatite-structure crystals: a new class of laser materials. Journal of Applied Physics, 1994, 76: 497-503

[29] Pujari M, Patel P. Strontium-copper-calcium hydroxyapatite solid solutions: preparation, infrared, and lattice constant measurements. Journal of Solid State Chemistry, 1989, 83: 100-104

[30] Rakovan J, Reeder R J. Intercrytalline rare element distributions in apatite: surface structural influences on incorporation during growth. Geochimica Et Cosmochimica Acta, 1996, 60(22): 4435-4445

[31] Reisfeld R, Gaft M, Boulon G, et al. Laser induced luminescence of rare earth elements in natural fluor-apatites. Journal of Luminescence, 1996, 69: 343-353

[32] Roeder P L, MacArthur D, Ma X P, et al. Cathodoluminescence and microprobe study of rare-earth elements in

apatite. American Mineralogist, 1987, 72: 801-811

[33] Rouse R C, Dunn P J, Peacor D R. Hedyphane from Franklin, New Jersey and Langban, Sweden: cation ordering in arsenate apatite. American Mineralogist, 1984, 69: 920-927

[34] Ronsbo J G. courpled substitutions involving REEs and Na and Si in apatites in alkaline rocks from the Ilimaussaq intrusion, South Greenland, and the petrological implications. American Mineralogist, 1989, 74: 896-910

[35] Simpson D R. Substitutions in apatite: I potassium-bearing apatite. American Mineralogist, 1968, 53: 432-444

[36] Suitch P R, LaCout J L, Hewat A, et al. The structural location and role of Mn^{2+} partially substituted for Ca^{2+} in fluorapatite. Acta Crystallographica Section B, 1985, B41: 173-179

[37] Tanlzawa Y, Sawamura K. Reaction characteristics of dental and synthetic apatites with Fe^{2+} and Fe^{3+}. Journal of the Chemical Society, Faraday Transactions, 1990, 86(7): 1071-1075

[38] Wright A O, Seltzer M D, Gruber J B, et al. Site-selective spectroscopy and determination of energy leverls in Eu^{3+}-doped strontium fluorapatite. Journal of Applied Physics, 1995, 78(4): 2456-2467

[39] Zhang X X, Bass M, Chai B H, et al. Lamp-pumped laser performance of Nd^{3+}: $Sr_5(PO_4)_3F$ operating both separately and simultaneously at 1.059 and 1.328 μm. Journal of Applied Physics, 1996, 80(3): 1280-1286

[40] Smith J P, Lehrt J R. X-ray investigation of carbonate apatites. Journal of Agricultural and Food Chemistry, 1966, 14: 342

[41] Nims L F J. Preparatiove techniques based on the dissciation constants of phosphoric acid. American Chemical Society, 1934, 56: 1110-1115

[42] Wright A O, Seltzer M D, Gruber J B, et al. Site-selective spectroscopy and determination of energy leverls in Eu^{3+}-doped strontium fluorapatite. Journal of Applied Physics, 1995, 78(4): 2456-2467

[43] Hughes J M, Cameron M, Crowley K D. Structure variations in natural F, OH, and Cl apatites. American Mineralogist, 1989, 74: 870-876

[44] Narasaraju T S B, Phebe D E. Review Some phisico-chemical aspects of hydroxyapatite. Journal of Materials Science, 1996, 31: 1-21

[45] Stormer J C, Pierson M L, Tacker R C. Variation of F and Cl X-ray intensity due to anisotropic diffusion in apatite during electron microprobe analysis. American Mineralogist, 1993, 78: 641-648

[46] Baumer A, Ganteaume M, Klee W. Determination of OH ions in hydroxyfluorapatites by infrared spectroscopy. Bulletin de Minéralogie, 1985, 108: 145-152

[47] Peeters A, Maeyer E, Alsenoy C, et al. Solid modeled by *ab initio* crystal-field methods. 12. Structure, orientation, and position of A-type carbonate in a hydroxyapatiten lattice. The Journal of Physical Chemistry B, 1997, 101: 3995-3998

[48] Pieters A, Maeyer E, Verbeeck R. Stoichiometry of K^+-and CO_3^{2-}-containign apatites prepared by the hydrolysis of octocalcium phosphate. Inorganic Chemistry, 1996, 35: 5791-5797

[49] Hao R R, Fang X Y, Niu S C. A Series of Inorganic Chemistry, Vol.3. Beijing: Science Press, 1998: 7

[50] Regnier P, Lasaga A C, Berner R A, et al. Mechanism of CO_3^{2-} substitution in carbonate-fluorapatite: evidence from FTIR spectroscopy, ^{13}C NMR, and quantum mechanical calculations. American Mineralogist, 1994, 79: 908-918

第 3 章
磷矿工艺矿物学

3.1 湖北磷矿工艺矿物学

3.1.1 地质概况

我国磷矿主要有岩浆岩型磷灰石矿、沉积型磷块岩、沉积变质岩型磷灰岩。前两类矿床易选，而第三类矿床难选。湖北磷矿属于第三类大型沉积型磷块岩矿床，其主要矿石矿物为隐晶质胶磷矿，脉石矿物主要为碳酸盐矿物、石英、黏土类矿物、含铁质矿物等。

湖北磷矿经长期开采，富矿储量日益减少，目前，中低品位磷矿的开采利用已成为磷资源开发的关键。前期大量的实验室研究和较多选矿厂选别流程研究均表明：湖北中低品位磷矿种类复杂，主要有硅质、镁质（碳酸盐）、黏土质等磷块岩种类。虽然小型矿厂能针对某一类型磷块岩进行降镁降硅或降铝生产，但是，随着大型矿厂的建立，配矿后的磷块岩的选矿仍存在着同时降镁、降硅、降铝等合理工艺流程较难确定等问题。

过去的选矿工作在磷块岩工艺流程和浮选药剂两个领域的研究取得了较多成果，为湖北磷矿的开发利用作出了重要贡献。但是，随着中低品位磷矿开发利用新时代的到来，要想解决好以上两个问题，必须对湖北磷矿进行工艺矿石学的详细研究，从而指导选矿。

很多年来，人们一直忽略了对湖北磷矿进行工艺矿石学的基础性研究，缺乏对本地磷矿矿石特征的真正了解和认识，导致当选矿发现问题的时候，产生了无从入手、无理论可依的不科学现象。因此，对湖北磷矿进行工艺矿石学的详细研究将具有重大的现实和理论意义。

本章将从碎矿粒度分布、化学组成、矿物种类、矿物含量、组分赋存状态、嵌布粒度、嵌布嵌镶关系、单体解离度等方面全面研究湖北磷矿的矿石工艺特征。着重研究以下几个方面：

（1）针对不同粒级下不同化学组分的分布状况、富集规律及相互关系，从降硅、镁、铁、铝角度考虑，为原矿的破碎工序和选矿方案的选择提供依据。

（2）查清原矿中主要考查组分在各矿物中的赋存状态，查明各元素的存在形式（单体、类质同象混入、机械混入、固溶体混入、物理吸附）。为选矿各流程阶段产物的主要被考查组分的走向提供关键数据，为选矿流程的选择提供方向。

（3）测定胶磷矿嵌布粒度及其主要分布的粒级范围，研究胶磷矿的嵌布均匀性，为确定磨矿流程方案服务，以及为能单体解离的磨矿粒度提供选择依据。通过显微镜观察与照相方法，按包裹嵌布嵌镶关系、等粒毗连嵌布嵌镶关系、不等粒毗连嵌布嵌镶关系、脉状嵌布嵌镶关系四种类型对宜昌磷矿胶磷矿嵌布嵌镶进行划分，分析颗粒连生体未解离的原因并提供解决对策。

（4）查清隐晶质胶磷矿在常见破碎条件下的单体解离状况，确定胶磷矿单体包裹的细粒脉石矿物（如石英、碳酸盐矿物、黏土矿物、铁-碳质矿物、其他脉石矿物）的最大极限粒度，划分胶磷矿单体种类，研究胶磷矿单体的矿物学特征，从而为分步磨矿工序、磨矿粒度和浮选药剂制度的确定提供依据。

本章采用的研究方法：用自制的可视化偏光显微镜测定矿物种类、矿物含量、嵌布粒度、嵌布嵌镶关系、单体解离度。

3.1.2　地质矿产特征

1. 区域地质

湖北省兴神磷矿位于扬子准地台北缘龙门—大巴台缘褶皱带的东端，北与东秦岭褶皱带的南端相连。北部与保康磷矿相邻，东南部为宜昌磷矿。兴神磷矿的西部有一条区域性的大断裂（新华断裂），该断裂总体走向北北东，断层面西倾，倾角一般为 $50° \sim 70°$，断距约 2000m 以上。由于新华断裂的影响和沟谷的深切侵蚀作用，新远古界震旦系陡山沱组中的磷矿层出露于龙口河东岸和鲜家河—拜台沟一带。

兴神磷矿的主要含矿层赋存于上震旦统陡山沱组中部，属沉积型磷块岩矿床。与保康磷矿及宜昌磷矿的磷矿层进行对比，本区具有工业性价值的磷矿层为下磷层上矿层；下磷层下矿层、中矿层仅在郑家河和湖北矿区局部地段富集成矿，虽然其厚度、品位均不稳定，但仍具有工业价值；上磷层在本区不发育，中磷层仅在郑家河矿区局部发育，具有工业价值。

兴神磷矿各矿区和各矿段的地质勘探程度不一，大致情况如下。

（1）湖北矿区矿Ⅰ段：已提交勘探报告，磷矿层平均厚度 8.21m，P_2O_5 含量 22.27%。控制磷矿层面积 $1.49km^2$，磷矿石表内储量 3518.49 万 t，表外储量 152.26 万 t。

（2）湖北Ⅱ、Ⅲ矿段：已结束勘探工作，为本次提交报告范围，其矿层特征待后详述。

（3）湖北矿区铁厂坪矿段：从已竣工的两个钻孔获取的资料来看，磷矿层厚度和品位向东南方向趋于减薄和降低，致密块状、白云质条带状及条纹状磷块岩尖灭，两钻孔磷矿层平均厚度 5.44m，P_2O_5 含量 20.62%。

（4）郑家河矿区唐家营矿段：已结束普查工作，磷矿层不发育，以白云质条带状磷块岩为主，按边界品位 $P_2O_5 \geqslant 8\%$、工业品位 $P_2O_5 \geqslant 12\%$ 的指标计算地表 11 个探槽工程的磷矿层平均厚度仅达 2.66m，含量只有 15.33%，深部厚度矿层品位更差。

（5）郑家河矿区郑家河矿段：已提交勘探报告，磷矿石表内储量 1822.10 万 t，矿石平均品位 22.81%；磷矿石表外储量 558.49 万 t。地表矿层露头以郑家河至蛇草坪一带发育。矿段内自下而上分布 Ph1、Ph2、Ph4 三层矿，其中 Ph1、Ph2 具有工业价值。

（6）白果坪矿区、高坪矿区：根据地表槽探工程揭露情况看，矿层厚度薄，品位较低，深部情况不明。

2. 矿区地质

湖北矿区为兴神磷矿中四个矿区之一，位于新华断裂带东部，菱角山背斜的东南翼，磷矿层沿鲜家河和拜台沟剥蚀的天窗两侧出露。按鲜家河和拜台沟两岸矿层露头线及杨家岭断层的分布组合关系将矿区划分为四个矿段，即Ⅰ矿段、Ⅱ矿段、Ⅲ矿段和铁厂坪矿段，Ⅱ、

Ⅲ矿段在鲜家河北部以断层为界，断层以西至拜台沟为Ⅱ矿段，断层以东为Ⅲ矿段。

1）地层

湖北矿区地层出露自下而上有：元古界神农架群，下震旦统南沱组，上震旦系统陡山沱组、灯影组，古生界寒武系及第四系。

2）构造

湖北矿区位于菱角山背斜的东南翼，基本为一单斜构造，地层走向北东50°～70°、南西230°～250°，倾向南东，倾角10°～25°；北部、西部位于背斜的西北翼，地层倾向北－北西，倾角8°～15°。矿区地质构造简单，以断层为主，岩浆活动仅限于前震旦纪，为一套海底火山喷发的绿泥石化钠长细碧岩—凝灰岩系列，为磷矿层的形成提供了丰富的物质来源，构成矿区的古老基底。

3）矿床物性特征

湖北矿区磷矿层系海相沉积的磷块岩，赋存于上震旦统陡山沱组第二段的含矿岩系，矿层顶底板及各自然类型在物性特征上存在着明显的差异。Ⅰ矿段勘探期间，曾对矿区电性、放射性及测井曲线特征进行了卓有成效的工作。Ⅱ、Ⅲ矿段沉积环境、沉积物质来源等均和Ⅰ矿段相近，同属生物—化学沉积矿床，在物性特征上也具有相同的特征。

4）矿层特征

四种自然类型的矿石在剖面上极有规律地分布（表3-1），基本上不上下窜层。

表3-1 矿层特征表

矿层	名称	矿石自然类型	厚度/m（最小～最大/平均）	品位/%（最小～最大/平均）
Ph1（3-2）	上富矿	致密块状磷块岩	0～4.35/1.95	26.71～35.65/32.67
	上贫矿	白云质条带状磷块岩	0～2.85/0.75	0～23.86/18.33
Ph1（3-1）	中富矿	致密条纹状磷块岩	0～6.23/2.34	24.41～34.13/26.92
Ph1（3-1）	下贫矿	泥质条带状磷块岩	0～2.25/1.03	18.04～25.08/22.45
全层矿			0～7.91/3.40	22.14～32.34/27.04

上富矿（致密块状磷块岩）：除在Ⅱ、Ⅲ矿段北部矿层尖灭外，在其他矿段较稳定地分布，其顶与上覆的含磷白云岩界线清楚，是区内分层的标志之一。

上贫矿（白云质条带状磷块岩）：分布比较稳定，在Ⅱ、Ⅲ矿段北部缺失，上富矿与中富矿直接相接；在南部较厚，将上富矿与中富矿明显分开；上贫矿品位变化较大，常在其中部（共25个工程）相变为厚度大于1m的含磷白云岩（可作为夹石剔除），厚度1.51～6.98m，品位5.97%～12.83%，在有夹石的部位，其顶部的白云质条带状磷块岩与上富矿组成一个矿层，其底部的白云质条带状磷块岩与中富矿及下贫矿组成一个矿层。

中富矿（致密条纹状磷块岩）：除了在Ⅱ矿段东部及Ⅱ、Ⅲ矿段北部矿层缺失地带无分布外，在其余地段均有分布。

下贫矿（泥质条带状磷块岩）的分布情况与中富矿基本相同。

3. 矿床特征

Ⅱ、Ⅲ矿段磷矿层沿拜台沟北东岸及鲜家河两岸出露地表，露头长度约4000m，矿层顺内延伸约3700m（TC24至ZK1601内插尖灭点）。从西北部工业矿体边界线至断层（F1）上盘，沿倾向延伸约1500m（ZK502—F1上盘）。磷矿层底板高程，在西北龃漪1330m，东南杨家岭附近约 1060m，相差 270m，为中型矿床。

磷矿石在矿段内呈线状连续产出，由于杨家岭断层的影响西北盘上升，磷矿层形成暴露的天窗。受区内宽缓背斜影响，矿层亦呈现缓背斜形态，走向由南西 – 北东（230°～50°）逐渐变为南东 – 北西（350°～170°），倾向东 – 南东，倾角 10°～20°，为单一缓倾斜矿层。

矿床成因类型：湖北矿区 Ⅱ、Ⅲ 矿段属生物化学沉积磷块岩矿床，矿床规模达到中型。

4. 矿石特征

本块段磷矿石结构有胶状结构，砂屑结构、团粒结构、核形石结构、假鲕结构、生物结构、新砂质泥状结构和晶粒结构。

矿石的构造有块状构造、条带状构造、条纹状构造和其他构造。

矿石的自然类型有致密块状磷块岩（占 55%）、白云质条带状磷块岩（占 15%）、致密条纹状磷块岩（占 20%）、泥质条带状磷块岩（占 10%）。

矿石矿物成分、矿石矿物及脉石矿物含量见表 3-2。

表 3-2　矿石矿物成分及有用矿物含量表

矿石自然类型	矿物种类			
	有用矿物	含量 /%	主要矿物	次要矿物
硅质白云岩或含磷硅质白云岩	碳氟磷灰石	1～9	白云石、玉髓、蛋白石、石英	方解石、菱铁矿、黄铁矿、褐铁矿、赤铁矿、锆石、独居石、榍石、金红石等
致密块状磷块岩	碳氟磷灰石	83	碳氟磷灰石	白云石、方解石、菱铁矿、石英、玉髓、蛋白石、水云母、绿泥石、石榴石、蓝晶石、电气石、钠长石、钾长石、黄铁矿、褐铁矿、赤铁矿、磁铁矿、磁黄铁矿、锆石、金红石、锐钛矿、高岭石等
白云质条带状磷块岩	碳氟磷灰石	25～81	碳氟磷灰石、白云石	方解石、菱铁矿、石英、高岭石、水云母、绿泥石、石榴石、蓝晶石、电气石、钠长石、钾长石、黄铁矿、褐铁矿、赤铁矿、磁铁矿、磁黄铁矿、锆石、金红石、锐钛矿、榍石等
致密条纹状磷块岩	碳氟磷灰石	77	碳氟磷灰石	白云石、方解石、菱铁矿、石英、玉髓、蛋白石、钠长石、钾长石、高岭石、水云母、绿泥石、石榴石、蓝晶石、电气石、黄铁矿、褐铁矿、赤铁矿、磁铁矿、磁黄铁矿、锆石、金红石、榍石、锐钛矿、有机碳等
泥质条带状磷块岩	碳氟磷灰石	52～68	碳氟磷灰石、高岭石、水云母、绿泥石、钾长石	钠长石、白云石、方解石、菱铁矿、石英、玉髓、蛋白石、石榴石、蓝晶石、电气石、黄铁矿、褐铁矿、赤铁矿、磁铁矿、磁黄铁矿、锆石、金红石、榍石、锐钛矿、有机碳等
含磷粉砂质泥岩	碳氟磷灰石	27	碳氟磷灰石、高岭石、水云母、钠长石、钾长石	石英、白云石、方解石、绿泥石、菱铁矿、绿帘石、石榴石、蓝晶石、电气石、黄铁矿、褐铁矿、赤铁矿、磁铁矿、磁黄铁矿、锆石、金红石、榍石、锐钛矿、有机碳、岩屑等

3.1.3　矿石的自然类型与工业类型

根据显微镜矿物分析与研究，本章所采得的宜昌磷矿石自然类型可分为以下四类，其工业类型可分为三类。

1. 矿石的自然类型

1）致密块状磷块岩

产于矿层顶部，称上富矿。以假鲕结构为主，有时可见胶状团块，块状结构。矿物成分以碳氟磷灰石为主，含少量白云石、石英和黏土等矿物。主要有益、有害组分：P_2O_5（31.27%）、MgO（2.08%）、SiO_2（8.21%）、Fe_2O_3（1.04%）、Al_2O_3（1.15%）。此类矿石占全层厚度的18%。

2）白云质条带状磷块岩

产于矿层上部，为上贫矿。以砂屑结构为主，核形石结构、胶状结构、假鲕结构次之，不规则或规则条带状构造。矿物成分以碳氟磷灰石和白云石为主。主要有益、有害组分：P_2O_5（18.09%）、MgO（8.43%）、SiO_2（8.95%）、Fe_2O_3（0.91%）、Al_2O_3（1.48%）。此类型矿石在矿段内品位变化比较大。在矿层剖面上厚度大，P_2O_5含量多低于边界品位。工业指标所圈定的结果表明，YM10—TC37—ZK1202一线东南部该层多相变为含磷白云岩（P_2O_5含量低于12%），平均厚度为3.25m。白云质条带状磷块岩占矿层总厚度的24%。

3）致密条纹状磷块岩

产于矿层中部，称中富矿，砂屑、团粒、壳粒及胶状结构同时生成磷质条带，并呈现韵律状粒序，致密条纹状构造，以磷块岩条带为主，间夹粉砂质泥岩条纹。矿物成分以碳氟磷灰石为主，其次为黏土矿物和粉砂质石英、长石，含少量白云石及其他矿物。在实际划分时，基本上P_2O_5含量大于24%的磷块岩划分为此类型。主要有益、有害组分：P_2O_5（27.60%）、MgO（1.96%）、SiO_2（11.16%）、Fe_2O_3（1.22%）、Al_2O_3（1.77%）。此类矿石占矿层总厚度的26%。

4）泥质条带状磷块岩

产于矿层下部，称下贫矿。其结构、构造等基本上与致密条纹状磷块岩一致，有所不同的是构成矿层的泥质条带相对增加，P_2O_5含量相对降低，一般P_2O_5含量小于24%的磷块岩划分为此类型。主要有益、有害组分：P_2O_5（19.80%）、MgO（1.94%）、SiO_2（26.64%）、Fe_2O_3（2.24%）、Al_2O_3（6.51%）。此类型矿石占矿层总厚度的32%。

2. 矿石的工业类型划分

湖北矿段磷矿石为磷块岩，按矿石矿物含量、脉石矿物含量和矿石的加工技术性能，将本区矿层划分为三类：硅质型、混合型、碳酸盐型。总之，本矿段矿石需经过选矿加工后才能利用。其划分标准如表3-3、表3-4所示。

表3-3　湖北磷矿矿石工业类型主要划分表（按脉石矿物含量分类）　　（单位：%）

磷块岩矿石工业类型	分类标准（碳酸盐矿物占脉石矿物总量的百分比）
硅质型	< 30
混合型	30 ~ 70
碳酸盐型	> 70

表3-4　湖北磷矿矿石工业类型参考划分表（按矿石矿物含量分类）　　（单位：%）

P_2O_5	硅质型		混合型		碳酸盐型	
	CaO/P_2O_5	酸不溶物	CaO/P_2O_5	酸不溶物	CaO/P_2O_5	酸不溶物
≥ 30	< 1.4	> 15	1.4 ~ 1.5	15 ~ 5	> 1.5	< 5
24 ~ 30	< 1.45	> 20	1.45 ~ 1.6	20 ~ 10	> 1.6	< 10

P$_2$O$_5$	硅质型		混合型		碳酸盐型	
	CaO/P$_2$O$_5$	酸不溶物	CaO/P$_2$O$_5$	酸不溶物	CaO/P$_2$O$_5$	酸不溶物
18 ~ 24	< 1.5	> 30	1.5 ~ 1.75	30 ~ 15	> 1.75	< 15
12 ~ 18	< 1.6	> 40	1.6 ~ 2.0	40 ~ 20	> 2.0	< 20

3.1.4 矿石的矿物成分

本矿区四大类型矿石的矿物组成在 3.1.3 节已经述及，根据岩矿鉴定，主要工业矿物为磷酸盐类矿物（碳氟磷灰石），主要脉石矿物有碳酸盐类矿物（白云石、方解石）、石英、长石类（正长石、斜长石、钾长石、钠长石）、黏土云母类矿物（水云母、高岭石、钾长石、钠长石、石英、玉髓）、铁 – 碳质矿物（黄铁矿、褐铁矿、有机碳）。

1. 碳氟磷灰石（本小节以下简称胶磷矿）

偏光显微镜下观察（图 3-1），主要工业含磷矿物呈浅棕—深棕色，中突起，凝胶状集合体 [形成团块状、不规则球粒状、椭圆状、假鲕状（粒径 0.2 ~ 0.5mm）等]，聚集成磷块岩条带，集合体中包裹有微细的钠长石、黏土、石英、玉髓、黄铁矿、褐铁矿、白云石、方解石等矿物。具有典型的沉积胶磷矿特征。

2. 主要脉石矿物

1）碳酸盐类矿物

碳酸盐类矿物主要是白云石和方解石，出现在白云质条带状磷块岩中，以泥晶—粉晶状

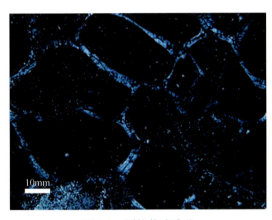

10mm

图 3-1　团粒状胶磷矿

组成白云岩条带，有微量的磷酸盐类矿物被胶磷矿包裹。在致密条纹状磷块岩中可见微量的细晶或微晶状白云石颗粒散于胶磷矿颗粒间或被包裹。在页岩条带状磷块岩中很少见白云石微粒与黏土矿物胶结一起。

A. 白云石

显微镜下，为不均匀的深灰色、浅土黄色，不规则粒状集合体。玻璃光泽，硬度低，性脆。闪突起，干涉色高级白，一轴晶。粒径一般在 0.01 ~ 0.05mm。其空间分布形式有三种：其一，主要呈细晶、微晶结构组成白云岩条带；其二，少量呈细脉状穿插于块状磷块岩条带中；其三，约有 1% 的微量白云石在磷矿物集合体中呈微细包裹体，粒径为 0.002 ~ 0.004mm。

白云石是矿石中主要的脉石矿物，其成分、物相、基团特征可参见以下的能谱分析、XRD 分析、FTIR 分析。

a. 白云石化学成分能谱分析

能谱分析结果（图 3-2）表明：白云石除了含 Mg 和 Ca 外，还混杂有 Al、Si、Y 等微量矿物或机械混入物。

b. 白云石 XRD 分析

XRD 分析（图 3-3）表明：主要物相为白云石晶相。

c. 白云石 FTIR 谱

FTIR 分析（图 3-4）表明：1445cm^{-1} 振动峰属典型的碳酸盐。

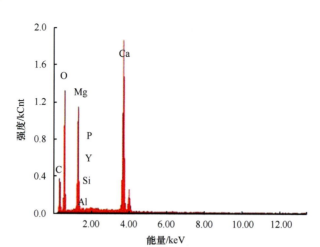

图 3-2 白云石化学成分能谱分析

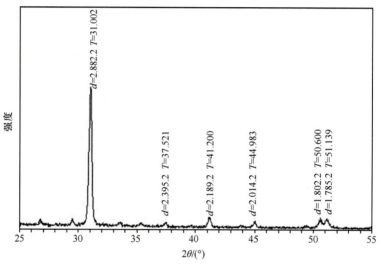

图 3-3 白云石的 XRD 分析

θ- 衍射角；d- 晶面间距；$T=2\theta$

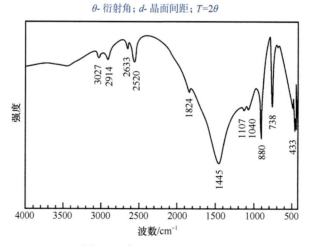

图 3-4 白云石的 FTIR 分析

B. 方解石

无色或白色，很少见到方解石的自形晶，多呈粒状产出。粒径为 0.01～0.04mm，干涉色高级白，一轴晶，有完全解理。

2）石英矿物

石英呈无色透明，不规则粒状，粒径最大为 2mm，最小为 0.01 ～ 0.006mm，一般为 0.1 ～ 0.3mm。最高干涉色为一级黄白色，一般为一级灰白色。一轴晶。无解理，有时有裂纹。石英是地壳中除长石外分布最广的矿物（图 3-5）。

3）黏土云母类矿物

A. 水云母

薄片中水云母无色透明或微带淡绿色调，细叶片状或细针状，平行消光，干涉色二级橙黄—绿（图 3-6）。主要分布于页岩或页岩条带中，微量呈磷酸盐矿物集合体的包裹体形式产出。

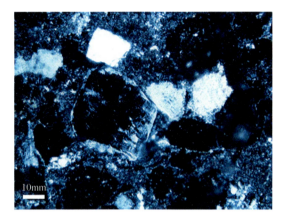

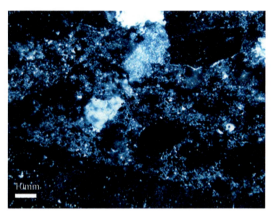

图 3-5　团粒状胶磷矿、石英
白色部分为石英

图 3-6　黏土、云母矿物

B. 高岭石

系钾、钠长石的风化产物。

4）长石类矿物

A. 正长石

无色透明，自形—半自形板状晶体，粒径为 0.01 ～ 0.04mm，干涉色一级灰白，二轴晶，但仍保持钠长石外形。该矿物主要在磷酸盐矿物集合体中呈包裹体形式存在。

B. 斜长石

该矿物不呈包裹体形式存在，而主要分布于磷质砂屑和页岩中。部分已风化为高岭石和绢云母等黏土类矿物。薄片中为无色透明，不规则粒状，粒径约 0.16mm（图 3-7）。负低突起，干涉色一级灰—灰白，二轴晶。钾长石易风化为高岭石。

5）铁 – 碳质矿物

在偏光显微镜和 SEM 中观察到含铁矿物和含碳（有机碳）物质常混杂在一起，因此，对选矿来说，可以将二者作为一个整体来处理（以下简称铁 – 碳质矿物）。

A. 黄铁矿

立方自形—半自形晶，粒径变化较大，自 0.001mm 至 0.4mm。反射色黄白，反射率高，均质。部分已氧化为褐铁矿，但具黄铁矿假象或保留黄铁矿残余。

利用能谱分析（图 3-8）所观测到的黄铁矿含 S 35.61%，组成黄铁矿的理论含 Fe 31.01%，而实际含 Fe 35.72%，表明有部分黄铁矿氧化为褐铁矿（$Fe_2O_3 \cdot nH_2O$）。另外，黄铁矿周围还混杂有大量的有机碳（9.03%）和少量的石英、磷灰石矿物。

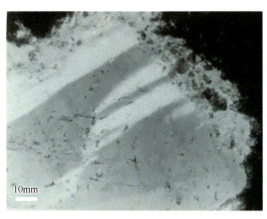

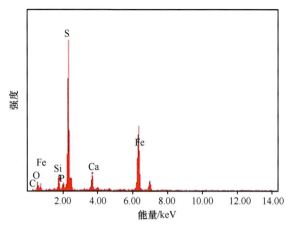

图 3-7　斜长石矿物 　　　　　　　　　　图 3-8　黄铁矿成分能谱分析

B. 褐铁矿

薄片中呈红褐色，不透明或半透明。反射光下为灰白色，呈黄铁矿假象或不规则粒状、细丝状集合体（图 3-9）。

C. 有机碳

薄片中呈黑色，不透明。与呈黄铁矿和褐铁矿伴生，可见粒状集合体（图 3-10）。

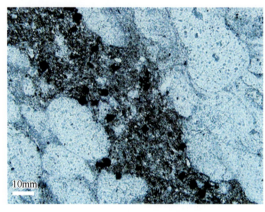

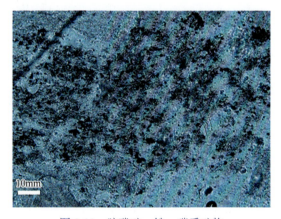

图 3-9　流纹状黏土云母、铁－碳质矿物 　　　图 3-10　胶磷矿、铁－碳质矿物
图中方形黑色小点为铁质矿物

3.1.5　矿石的化学成分

湖北磷矿石全层矿及各自然类型矿石化学组分见表 3-5、表 3-6。

表 3-5　湖北磷矿石全层矿化学组分表　　　　　　　　（单位：wt%）

采样部位	代号	P_2O_5	Cl*	Al_2O_3	Fe_2O_3	SiO_2	MgO	CaO	CO_2	F	烧失量
全层采样	W	22.91	301	4.12	1.68	18.74	2.90	35.65	7.12	1.98	9.22
综合采样（本次入选原矿）	X	25.60	314	1.48	0.89	7.48	4.65	42.00	6.90	2.04	12.50

注：wt 表示质量分数。
*Cl 的单位为 μg/g。

表 3-6　湖北磷矿石各自然类型化学组分表　　　　　　（单位：wt%）

矿石自然类型	部位	代号	P_2O_5	Cl^*	Al_2O_3	Fe_2O_3	SiO_2	MgO	CaO	CO_2	F	烧失量
致密块状磷块岩	上富矿	W1	30.45	280	1.15	1.04	8.21	2.08	45.94	6.33	2.81	7.30
白云质条带状磷块岩	上贫矿	W2	18.14	247	1.48	0.91	8.95	8.43	37.73	19.92	1.66	21.98
致密条纹状磷块岩	中富矿	W3	29.44	325	1.77	1.22	11.16	1.96	43.36	5.36	2.79	6.18
泥质条带磷矿岩	下贫矿	W4	19.79	341	6.51	2.24	26.64	1.94	29.39	3.98	1.68	4.65

注：wt 表示质量分数。

*Cl 的单位为 ppm。

3.1.6　湖北上富矿主要考查组分在矿物中的赋存状态、嵌布粒度及单体解离研究

1. 湖北上富矿中主要考查组分在各矿物中的赋存状态研究

1）矿物单体成分测定

把能被单体解离出的矿物看成单体，即被包裹物的最小粒度确定为 0.0392mm。胶磷矿、石英矿物、碳酸盐类矿物、黏土云母类矿物通过挑样选择单体，用化学方法分析各成分含量；铁－碳质矿物、长石类矿物较难挑样，用 SEM 微区能谱成分分析。结果如下所述。

（1）胶磷矿（化学分析）：P_2O_5 含量为 36.41%；MgO 含量为 0.28%；CaO 含量为 47.87%；SiO_2 含量为 1.60%；Fe_2O_3 含量为 0.12%；Al_2O_3 含量为 0.17%；F 含量为 1.23%。

（2）碳酸盐类矿物（化学分析）：MgO 含量为 23.35%；CaO 含量为 34.31%；Fe_2O_3 含量为 0.41%；SiO_2 含量为 6.43%；Al_2O_3 含量为 0.69%。

（3）石英矿物（化学分析）：SiO_2 含量为 99.58%。

（4）黏土云母类矿物（SEM 分析）：SiO_2 含量为 45.45%；Al_2O_3 含量为 9.60%；MgO 含量为 0.64%。

（5）铁－碳质矿物（SEM 分析）：Fe_2O_3 含量为 85.74%。

（6）长石类矿物（SEM 分析）：SiO_2 含量为 44.71%；Al_2O_3 含量为 33.11%；MgO 含量为 0.77%。

2）湖北上富矿中主要考查组分在各矿物中的赋存状态查定

通过单体成分测定数据，结合矿物在矿石中的平均含量，首次查清原矿中主要考查组分在各矿物中的赋存状态（表 3-7），查明了各元素的存在形式。为选矿流程各阶段产物主要考查组分的走向提供了数据。

3）结论

（1）如果把被包裹物的最小粒度确定为 0.0392mm，则胶磷矿单体中各主要考查组分的品位是：P_2O_5 含量为 36.41%；MgO 含量为 0.28%；CaO 含量为 47.87%；SiO_2 含量为 1.60%；Fe_2O_3 含量为 0.12%；Al_2O_3 含量为 0.17%。因此，P_2O_5、MgO、SiO_2、R_2O_3 等组分理论上达到了选矿要求。

（2）对 MgO 组分来说，86.60% 的 MgO 赋存在碳酸盐类矿物中，11.86% 的 MgO 赋存在胶磷矿单体中，因此，只要能选去大部分的碳酸盐类矿物，就能满足 MgO 指标（＜1%）要求。因此，从总体上看，降镁较易。

（3）对 R_2O_3 组分来说，12.96% 的 Al_2O_3 赋存在胶磷矿单体中，82.41% 的 Al_2O_3 赋存在长石—黏土云母类矿物中。10.31% 的 Fe_2O_3 赋存在胶磷矿单体中，86.60% 的 Fe_2O_3 赋存在铁－碳质矿物中。因此，只要选去较多的长石—黏土云母类矿物和铁－碳质矿物，就能满足 R_2O_3 指标要求（＜2%），但由于长石—黏土云母类矿物和铁－碳质矿物的嵌布粒度较小，很难单体解离，总体上该矿降 R_2O_3 较难。

表 3-7   湖北上富矿 W1：主要考查组分在各矿物中的赋存状态测定结果表   （单位：%）

矿物	矿物质量百分比	矿物 P_2O_5 含量百分比 / 占有率	矿物 CaO 含量百分比 / 占有率	矿物 MgO 含量百分比 / 占有率	矿物 SiO_2 含量百分比 / 占有率	矿物 Fe_2O_3 含量百分比 / 占有率	矿物 Al_2O_3 含量百分比 / 占有率	矿物 F 含量百分比 / 占有率
胶磷矿	83.63	30.45/100.00	40.03/87.15	0.23/11.86	1.34/16.32	0.10/10.31	0.14/12.96	2.81/100.00
碳酸盐类矿物	7.21		2.47/5.38	1.68/86.60	0.46/5.60	0.03/3.09	0.05/4.63	
石英矿物	3.45				3.44/41.90			
黏土云母类矿物	2.90		2.03/4.42	0.03/1.55	1.77/21.56		0.28/25.93	
长石类矿物	1.83		1.40/3.05		1.20/14.62		0.61/56.48	
铁–碳质矿物	0.98					0.84/86.60		
合计	100.00	30.45	45.93	1.94	8.21	0.97	1.08	2.81
原矿品位		30.45	45.95	2.08	8.21	1.04	1.15	2.81
平衡		100.00	99.96	93.27	100	93.27	93.91	100.00

（4）对 SiO_2 组分来说，其在矿物中的分布较广，16.32% 的 SiO_2 赋存在胶磷矿单体中，41.90% 的 SiO_2 赋存在石英矿物中，21.56% 的 SiO_2 赋存在黏土云母类矿物中，因此，只要能选去大部分的石英和黏土云母类矿物，就能满足 SiO_2 指标要求。因此，从总体上看，降硅也较易。

（5）由湖北矿段矿石工业类型参考划分表得出的结论为：上富矿 CaO/P_2O_5 为 1.51，属于碳酸盐型。

2. 湖北上富矿嵌布粒度

1）湖北上富矿胶磷矿的嵌布粒度

采用过尺线测法在显微镜下对上富矿原矿石中胶磷矿的嵌布粒度进行统计（表 3-8），其结果如图 3-11 所示：胶磷矿嵌布粒度大于 0.0392mm，属中粒嵌布。

表 3-8   湖北上富矿 W1 中胶磷矿的嵌布粒度统计结果表（过尺线测法）

粒级	刻度格数	粒度范围 /mm	比粒径 d	线测颗粒数 n''	含量比 $n''d$	含量分布 /%	累计含量 $\Sigma n''d$/%
IV	16～32	0.1568～0.3136	8	1	8	4.08	4.08
V	8～16	0.0784～0.1568	4	6	24	12.25	16.33
VI	4～8	0.0392～0.0784	2	28	56	28.57	44.90
VII	2～4	0.0196～0.0392	1	108	108	55.10	100.00
合计				143	196	100.00	

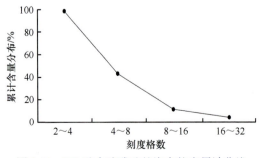

图 3-11   W1 矿中胶磷矿的嵌布粒度累计曲线

2）湖北上富矿石英矿物的嵌布粒度

采用过尺线测法在显微镜下对上富矿原矿石中石英矿的嵌布粒度进行统计（表 3-9），其结果如图 3-12 所示：石英矿物嵌布粒度小于 0.0392mm，属细粒嵌布。

表 3-9 湖北上富矿 W1 中石英矿物的嵌布粒度统计结果表（过尺线测法）

粒级	刻度格数	粒度范围 /mm	比粒径 d	线测颗粒数 n''	含量比 $n''d$	含量分布 /%	累计含量 $\Sigma n''d$/%
Ⅳ	16 ～ 32	0.1568 ～ 0.3136	8	0	0	0	0
Ⅴ	8 ～ 16	0.0784 ～ 0.1568	4	0	0	0	0
Ⅵ	4 ～ 8	0.0392 ～ 0.0784	2	0	0	0	0
Ⅶ	2 ～ 4	0.0196 ～ 0.0392	1	12	12	100	100
合计				12	12	100	

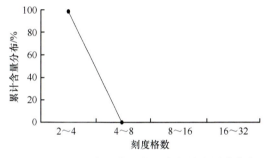

图 3-12 W1 矿中石英矿物的嵌布粒度累计曲线

3）湖北上富矿铁 – 碳质矿物的嵌布粒度

采用过尺线测法在显微镜下对上富矿原矿石中铁 – 碳质矿物的嵌布粒度进行统计（表 3-10），其结果如图 3-13 所示：铁 – 碳质矿物的嵌布粒度小于 0.0784mm，属细粒嵌布。

表 3-10 湖北上富矿 W1 中铁 – 碳质矿物的嵌布粒度统计结果表（过尺线测法）

粒级	刻度格数	粒度范围 /mm	比粒径 d	线测颗粒数 n''	含量比 $n''d$	含量分布 /%	累计含量 $\Sigma n''d$/%
Ⅳ	16 ～ 32	0.1568 ～ 0.3136	8	0	0	0	0
Ⅴ	8 ～ 16	0.0784 ～ 0.1568	4	0	0	0	0
Ⅵ	4 ～ 8	0.0392 ～ 0.0784	2	2	4	30.77	30.77
Ⅶ	2 ～ 4	0.0196 ～ 0.0392	1	9	9	69.23	100.00
合计				11	13	100.00	

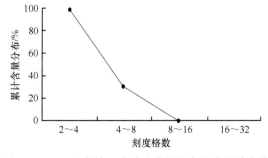

图 3-13 W1 矿中铁 – 碳质矿物的嵌布粒度累计曲线

3. 矿物的单体解离度分析

根据磨矿粒度的产率测定结果和嵌布粒度与嵌镶特征分析，测定单体解离度时，由于胶磷矿在形成过程中包裹有细粒脉石矿物（如石英、碳酸盐类矿物、黏土矿物、铁–碳质矿物、长石类矿物），本节确定胶磷矿单体被包裹脉石矿物的最大极限粒度为 0.0392mm。所选粒度范围为：150～200 目、200～325 目两个粒级。

压模成光块后采用偏光显微镜照相法，利用计算机图像识别，测定各矿物的单体解离度，如下所述。

1）湖北上富矿 W1 胶磷矿的单体解离度测定

胶磷矿的单体解离度测定结果如表 3-11 所示，结果表明：胶磷矿的单体解离度在 150～200 目、200～325 目两个粒级均大于 60%。

表 3-11　湖北上富矿 W1 中胶磷矿单体解离度测定结果表

粒度范围 / 目	单体 / 个	连生体					解离度 /%
		连生比为 1/2	连生比为 1/3	连生比为 1/5	连生比为 3/5	连生比为 4/5	
150～200	135	27	60	130	19	3	64.87
200～325	236	57	123	53	8	23	69.64

2）湖北上富矿 W1 石英矿物的单体解离度测定

石英矿物的单体解离度测定结果如表 3-12 所示，结果表明：石英矿物的单体解离度在 150～200 目、200～325 目两个粒级均大于 50%。

表 3-12　湖北上富矿 W1 中石英矿物单体解离度测定结果表

粒度范围 / 目	单体 / 个	连生体 / 个					解离度 /%
		连生比为 1/2	连生比为 1/3	连生比为 1/5	连生比为 3/5	连生比为 4/5	
150～200	15	0	8	9	0	0	77.16
200～325	49	11	6	13	3	0	80.49

3）湖北上富矿 W1 铁–碳质矿物的单体解离度测定

铁–碳质矿物的单体解离度测定结果如表 3-13 所示，结果表明：铁–碳质矿物的单体解离度在 150～200 目、200～325 目两个粒级均大于 40%。

表 3-13　湖北上富矿 W1 中铁–碳质矿物单体解离度测定结果表

粒度范围 / 目	单体 / 个	连生体 / 个					解离度 /%
		连生比为 1/2	连生比为 1/3	连生比为 1/5	连生比为 3/5	连生比为 4/5	
150～200	5	1	4	8	3	0	48.92
200～325	11	5	6	4	2	1	60.18

3.1.7　湖北上贫矿主要考查组分在矿物中的赋存状态、嵌布粒度及单体解离研究

1. 湖北上贫矿主要考查组分在各矿物中的赋存状态研究

1）矿物单体成分测定

把能被单体解离出的矿物被看成单体，即被包裹物的最小粒度确定为 0.0392mm。胶磷矿、

石英矿物、碳酸盐类矿物、黏土云母类矿物通过挑样选择单体，用化学方法分析各成分含量；铁－碳质矿物、长石类矿物较难挑样，用 SEM 微区能谱成分分析。结果如下所述。

（1）胶磷矿（化学分析）：P_2O_5 含量为 36.41%；MgO 含量为 0.28%；CaO 含量为 47.87%；SiO_2 含量为 1.60%；Fe_2O_3 含量为 0.12%；Al_2O_3 含量为 0.17%；F 含量为 1.23%。

（2）碳酸盐类矿物（化学分析）：MgO 含量为 23.35%；CaO 含量为 34.31%；Fe_2O_3 含量为 0.09%；SiO_2 含量为 6.43%；Al_2O_3 含量为 0.69%。

（3）石英矿物（化学分析）：SiO_2 含量为 99.58%。

（4）黏土云母类矿物（SEM 分析）：SiO_2 含量为 45.45%；Al_2O_3 含量为 9.60%；MgO 含量为 0.64%。

（5）铁－碳质矿物（SEM 分析）：Fe_2O_3 含量为 75.74%。

（6）长石类矿物（SEM 分析）：SiO_2 含量为 44.71%；Al_2O_3 含量为 33.11%；MgO 含量为 0.77%。

2）湖北上贫矿中主要考查组分在各矿物中的赋存状态查定

通过单体成分测定数据，结合矿物在矿石中的平均含量，首次查清原矿中主要考查组分在各矿物中的赋存状态（表 3-14），查明了各元素的存在形式。为选矿流程各阶段产物主要考查组分的走向提供了数据。

表 3-14　湖北上贫矿 W2：主要考查组分在各矿物中的赋存状态测定结果表　（单位：%）

矿物	矿物质量百分比	矿物 P_2O_5 含量百分比/占有率	矿物 CaO 含量百分比/占有率	矿物 MgO 含量百分比/占有率	矿物 SiO_2 含量百分比/占有率	矿物 Fe_2O_3 含量百分比/占有率	矿物 Al_2O_3 含量百分比/占有率	矿物 F 含量百分比/占有率
胶磷矿	49.82	18.14/100.00	23.85/63.89	0.14/1.46	0.71/7.69	0.06/5.61	0.08/4.71	1.66/100.00
碳酸盐类矿物	39.28		13.48/36.11	9.17/95.92	2.52/27.30	0.04/3.74	0.27/15.88	
石英矿物	4.25				4.23/45.83			
黏土云母类矿物	1.81			0.09/0.94	0.82/8.88		0.17/10.00	
长石类矿物	3.56			0.16/1.67	0.95/10.29		1.18/69.41	
铁－碳质矿物	1.28					0.97/90.65		
合计	100.00	18.14	37.33	9.56	9.23	1.07	1.70	1.66
原矿品位		18.14	37.73	8.43	8.95	0.91	1.48	1.66
平衡		100.00	98.94	113.40	103.13	117.58	114.86	100.00

3）结论

（1）如果把被包裹物的最小粒度确定为 0.0392mm，则胶磷矿单体中各主要考查组分的品位是：P_2O_5 含量为 36.41%；MgO 含量为 0.28%；CaO 含量为 47.87%；SiO_2 含量为 1.60%；Fe_2O_3 含量为 0.12%；Al_2O_3 含量为 0.17%。因此，P_2O_5、MgO、SiO_2、R_2O_3 等组分理论上达到了选矿要求。

（2）对 MgO 组分来说，95.92% 的 MgO 赋存在碳酸盐类矿物中，1.46% 的 MgO 赋存在胶磷矿单体中，因此，只要能选去大部分的碳酸盐类矿物，就能满足 MgO 指标（＜1%）要求。因此，从总体上看，降镁较易。

（3）对 R_2O_3 组分来说，4.71% 的 Al_2O_3 赋存在胶磷矿单体中，79.41% 的 Al_2O_3 赋存在长石—黏土云母类矿物中。5.61% 的 Fe_2O_3 赋存在胶磷矿单体中，90.65% 的 Fe_2O_3 赋存在铁－碳质矿物中。因此，只有选去较多的长石—黏土云母类矿物和铁－碳质矿物，才能满足 R_2O_3 指标要求（＜2%），但由于长石—黏土云母类矿物和铁–碳质矿物的嵌布粒度较小，很难单体解离，总体上该矿降 R_2O_3 较难。

（4）对 SiO_2 组分来说，其在矿物中的分布较广，7.69% 的 SiO_2 赋存在胶磷矿单体中，45.83% 的 SiO_2 赋存在石英矿物中，8.88% 的 SiO_2 赋存在黏土云母类矿物中，因此，只要能选去大部分的石英和黏土云母类矿物，就能满足 SiO_2 指标要求。因此，从总体上看，降硅也较易。

（5）由湖北矿矿石工业类型参考划分表得出的结论为：上贫矿 CaO/P_2O_5 为 2.06，属于碳酸盐型。

2. 湖北上贫矿嵌布粒度

1）湖北上贫矿胶磷矿的嵌布粒度

采用过尺线测法在显微镜下对上贫矿原矿石中胶磷矿的嵌布粒度进行统计（表 3-15），其结果如图 3-14 所示：胶磷矿嵌布粒度大于 0.0392mm，属中粒嵌布。

表 3-15　湖北上贫矿 W2 中胶磷矿的嵌布粒度统计结果表（过尺线测法）

粒级	刻度格数	粒度范围 /mm	比粒径 d	线测颗粒数 n''	含量比 $n''d$	含量分布 /%	累计含量 $\Sigma n''d$/%
IV	16～32	0.1568～0.3136	8	2	16	9.04	9.04
V	8～16	0.0784～0.1568	4	7	28	15.82	24.86
VI	4～8	0.0392～0.0784	2	14	28	15.82	40.68
VII	2～4	0.0196～0.0392	1	105	105	59.32	100.00
合计				128	177	100.00	

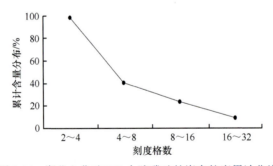

图 3-14　湖北上贫矿 W2 中胶磷矿的嵌布粒度累计曲线

2）湖北上贫矿石英矿物的嵌布粒度

采用过尺线测法在显微镜下对上贫矿原矿石中石英矿物的嵌布粒度进行统计（表 3-16），其结果如图 3-15 所示：石英矿物的嵌布粒度小于 0.0784mm，属细粒嵌布。

表 3-16　湖北上贫矿 W2 中石英矿物的嵌布粒度统计结果表（过尺线测法）

粒级	刻度格数	粒度范围 /mm	比粒径 d	线测颗粒数 n''	含量比 $n''d$	含量分布 /%	累计含量 $\Sigma n''d$/%
IV	16～32	0.1568～0.3136	8	0	0	0	0
V	8～16	0.0784～0.1568	4	0	0	0	0
VI	4～8	0.0392～0.0784	2	3	6	40	40
VII	2～4	0.0196～0.0392	1	9	9	60	100
合计				12	15	100	

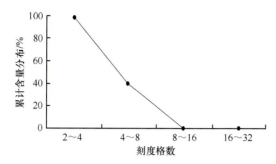

图 3-15　湖北上贫矿 W2 中石英矿物的嵌布粒度累计曲线

3）湖北上贫矿铁－碳质矿物的嵌布粒度

采用过尺线测法在显微镜下对上贫矿原矿石中铁－碳质矿物的嵌布粒度进行统计（表 3-17），其结果如图 3-16 所示：铁－碳质矿物的嵌布粒度小于 0.0784mm，属细粒嵌布。

表 3-17　湖北上贫矿 W2 中铁－碳质矿物的嵌布粒度统计结果表（过尺线测法）

粒级	刻度格数	粒度范围 /mm	比粒径 d	线测颗粒数 n''	含量比 $n''d$	含量分布 /%	累计含量 $\Sigma n''d$/%
Ⅳ	16～32	0.1568～0.3136	8	0	0	0	0
Ⅴ	8～16	0.0784～0.1568	4	0	0	0	0
Ⅵ	4～8	0.0392～0.0784	2	4	8	53.33	53.33
Ⅶ	2～4	0.0196～0.0392	1	7	7	46.67	100.00
合计				12	15	100.00	

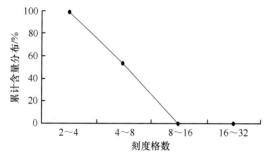

图 3-16　湖北上贫矿 W2 中铁－碳质矿物的嵌布粒度累计曲线

3. 矿物的单体解离度分析

1）湖北上贫矿 W2 胶磷矿的单体解离度测定

胶磷矿单体解离度测定结果如表 3-18 所示，结果表明：胶磷矿的单体解离度在 150～200 目、200～325 目两个粒级均大于 60%。

表 3-18　湖北上贫矿 W2 中胶磷矿单体解离度测定结果表

粒度范围	单体 /个	连生体 /个					解离度 /%
		连生比为 1/2	连生比为 1/3	连生比为 1/5	连生比为 3/5	连生比为 4/5	
150～200	118	9	97	79	24	8	61.74
200～325	235	96	78	69	17	8	69.29

2）湖北上贫矿 W2 石英矿物的单体解离度测定

石英矿物的单体解离度测定结果如表 3-19 所示，结果表明：石英矿物的单体解离度在 150～200 目、200～325 目两个粒级均大于 60%。

表 3-19　湖北上贫矿 W2 中石英矿物单体解离度测定结果表

粒度范围 / 目	单体 / 个	连生体 / 个					解离度 /%
		连生比为 1/2	连生比为 1/3	连生比为 1/5	连生比为 3/5	连生比为 4/5	
150～200	11	2	4	7	0	0	74.73
200～325	38	8	7	12	2	0	79.32

3）湖北上贫矿 W2 铁 – 碳质矿物的单体解离度测定

铁 – 碳质矿物的单体解离度测定结果如表 3-20 所示，结果表明：铁 – 碳质矿物的单体解离度在 150～200 目、200～325 目两个粒级均大于 40%。

表 3-20　湖北上贫矿 W2 中铁 – 碳质矿物单体解离度测定结果表

粒度范围 / 目	单体 / 个	连生体 / 个					解离度 /%
		连生比为 1/2	连生比为 1/3	连生比为 1/5	连生比为 3/5	连生比为 4/5	
150～200	6	1	4	9	5	0	47.54
200～325	13	3	9	8	4	1	58.37

3.1.8　湖北中富矿主要考查组分在矿物中的赋存状态、嵌布粒度及单体解离研究

1. 湖北中富矿中主要考查组分在各矿物中的赋存状态研究

1）矿物单体成分测定

把能被单体解离出的矿物看成单体，即被包裹物的最小粒度确定为 0.0392mm。胶磷矿、石英矿物、碳酸盐类矿物、黏土云母类矿物通过挑样选择单体，用化学方法分析各成分含量；铁 – 碳质矿物、长石类矿物较难挑样，用 SEM 微区能谱成分分析。结果如下所述。

（1）胶磷矿（化学分析）：P_2O_5 含量为 36.41%；MgO 含量为 0.28%；CaO 含量为 47.87%；SiO_2 含量为 1.60%；Fe_2O_3 含量为 0.12%；Al_2O_3 含量为 0.17%；F 含量为 1.23%。

（2）碳酸盐类矿物（化学分析）：MgO 含量为 23.35%；CaO 含量为 34.31%；Fe_2O_3 含量为 0.41%；SiO_2 含量为 6.43%；Al_2O_3 含量为 0.69%。

（3）石英矿物（化学分析）：SiO_2 含量为 99.58%。

（4）黏土云母类矿物（SEM 分析）：SiO_2 含量为 45.45%；Al_2O_3 含量为 15.60%；MgO 含量为 0.64%。

（5）铁 – 碳质矿物（SEM 分析）：Fe_2O_3 含量为 85.74%。

（6）长石类矿物（SEM 分析）：SiO_2 含量为 44.71%；Al_2O_3 含量为 48.11%；MgO 含量为 0.77%。

2）湖北中富矿中主要考查组分在各矿物中的赋存状态查定

通过单体成分测定数据，结合矿物在矿石中的平均含量，首次查清原矿中主要考查组分在各矿物中的赋存状态（表 3-21），查明了各元素的存在形式。为选矿流程各阶段产物主要考查组分的走向提供了数据。

表 3-21　湖北中富矿 W3 主要考查组分在各矿物中的赋存状态测定结果表　（单位：%）

矿物	矿物质量百分比	矿物 P_2O_5 含量百分比/占有率	矿物 CaO 含量百分比/占有率	矿物 MgO 含量百分比/占有率	矿物 SiO_2 含量百分比/占有率	矿物 Fe_2O_3 含量百分比/占有率	矿物 Al_2O_3 含量百分比/占有率	矿物 F 含量百分比/占有率
胶磷矿	80.86	29.44/100.00	38.71/89.30	0.23/12.57	1.29/11.56	0.10/8.47	0.14/8.75	2.79/100.00
碳酸盐类矿物	6.74		2.31/5.33	1.57/85.79	0.47/4.21	0.03/2.54	0.05/3.13	
石英矿物	7.43				7.40/66.31			
黏土云母类矿物	2.24		2.33/5.37	0.03/1.64	1.01/9.05		0.35/21.88	
长石类矿物	2.21				0.99/8.87		1.06/66.25	
铁-碳质矿物	0.52					1.05/88.98		
合计	100.00	29.44	43.35	1.83	11.16	1.18	1.60	2.79
原矿品位		29.44	43.36	1.96	11.16	1.22	1.77	2.79
平衡		100.00	99.98	93.37	100	96.72	90.40	100.00

3）结论

（1）如果把被包裹物的最小粒度确定为 0.0392mm，则胶磷矿单体中各主要考查组分的品位是：P_2O_5 含量为 36.41%；MgO 含量为 0.28%；CaO 含量为 47.87%；SiO_2 含量为 1.60%；Fe_2O_3 含量为 0.12%；Al_2O_3 含量为 0.17%。因此，P_2O_5、MgO、SiO_2、R_2O_3 等组分理论上达到了选矿要求。

（2）对 MgO 组分来说，85.79% 的 MgO 赋存在碳酸盐类矿物中，12.57% 的 MgO 赋存在胶磷矿单体中，因此，只要能选去大部分的碳酸盐类矿物，就能满足 MgO 指标（＜1%）要求。因此，从总体上看，降镁较易。

（3）对 R_2O_3 组分来说，8.75% 的 Al_2O_3 赋存在胶磷矿单体中，88.13% 的 Al_2O_3 赋存在长石—黏土云母类矿物中。8.47% 的 Fe_2O_3 赋存在胶磷矿单体中，88.98% 的 Fe_2O_3 赋存在铁-碳质矿物中，因此，只要能选去较多的长石—黏土云母类矿物和铁-碳质矿物，才能满足 R_2O_3 指标要求（＜2%），但由于长石—黏土云母类矿物和铁-碳质矿物的嵌布粒度较小，很难单体解离。因此，总体上该矿降 R_2O_3 较难。

（4）对 SiO_2 组分来说，其在矿物中的分布较广，11.56% 的 SiO_2 赋存在胶磷矿单体中，66.31% 的 SiO_2 赋存在石英矿物中，9.05% 的 SiO_2 赋存在黏土云母类矿物中，因此，只要能选去大部分的石英和黏土云母类矿物，就能满足 SiO_2 指标要求。因此，从总体上看，降硅也较易。

（5）由湖北矿矿石工业类型参考划分表得出如下结论：中富矿 CaO/P_2O_5 为 1.47，属于混合型。

2. 湖北中富矿嵌布粒度

1）湖北中富矿胶磷矿的嵌布粒度

采用过尺线测法在显微镜下对中富矿原矿石中胶磷矿的嵌布粒度进行统计（表 3-22），其结果如图 3-17 所示：胶磷矿嵌布粒度大于 0.0392mm，属中粒嵌布。

表 3-22　湖北中富矿 W3 中胶磷矿的嵌布粒度统计结果表（过尺线测法）

粒级	刻度格数	粒度范围/mm	比粒径 d	线测颗粒数 n''	含量比 $n''d$	含量分布/%	累计含量 $\Sigma n''d$/%
IV	16～32	0.1568～0.3136	8	3	24	9.45	9.45
V	8～16	0.0784～0.1568	4	7	28	11.02	20.47
VI	4～8	0.0392～0.0784	2	39	78	30.71	51.18
VII	2～4	0.0196～0.0392	1	124	124	48.82	100.00
合计				173	254	100.00	

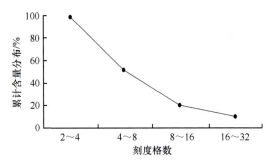

图 3-17 湖北中富矿 W3 中胶磷矿的嵌布粒度累计曲线

2）湖北中富矿中石英矿物的嵌布粒度

采用过尺线测法在显微镜下对中富矿原矿石中石英矿物的嵌布粒度进行统计（表 3-23），其结果如图 3-18 所示：石英矿物嵌布粒度小于 0.0784mm，属细粒嵌布。

表 3-23 湖北中富矿 W3 中石英矿物的嵌布粒度统计结果表（过尺线测法）

粒级	刻度格数	粒度范围 /mm	比粒径 d	线测颗粒数 n''	含量比 $n''d$	含量分布 /%	累计含量 $\Sigma n''d$/%
Ⅳ	16 ～ 32	0.1568 ～ 0.3136	8	0	0	0	0
Ⅴ	8 ～ 16	0.0784 ～ 0.1568	4	0	0	0	0
Ⅵ	4 ～ 8	0.0392 ～ 0.0784	2	4	8	57.14	57.14
Ⅶ	2 ～ 4	0.0196 ～ 0.0392	1	6	6	42.86	100.00
合计				10	14	100.00	

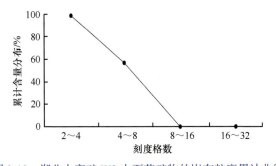

图 3-18 湖北中富矿 W3 中石英矿物的嵌布粒度累计曲线

3）湖北中富矿铁 – 碳质矿物的嵌布粒度

采用过尺线测法在显微镜下对中富矿原矿石中铁 – 碳质矿物的嵌布粒度进行统计（表 3-24），其结果如图 3-19 所示：铁 – 碳质矿物的嵌布粒度小于 0.1568mm，属细粒嵌布。

表 3-24 湖北中富矿 W3 中铁 – 碳质矿物的嵌布粒度统计结果表（过尺线测法）

粒级	刻度格数	粒度范围 /mm	比粒径 d	线测颗粒数 n''	含量比 $n''d$	含量分布 /%	累计含量 $\Sigma n''d$/%
Ⅳ	16 ～ 32	0.1568 ～ 0.3136	8	0	0	0	0
Ⅴ	8 ～ 16	0.0784 ～ 0.1568	4	1	4	18.18	18.18
Ⅵ	4 ～ 8	0.0392 ～ 0.0784	2	5	10	45.45	63.63
Ⅶ	2 ～ 4	0.0196 ～ 0.0392	1	8	8	36.37	100.00
合计				14	22	100.00	

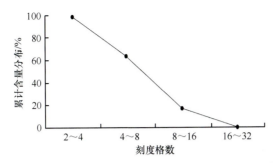

图 3-19　湖北中富矿 W3 中铁 – 碳质矿物的嵌布粒度累计曲线

3. 矿物的单体解离度分析

1）湖北中富矿 W3 胶磷矿的单体解离度测定

胶磷矿的单体解离度测定结果如表 3-25 所示，结果表明：胶磷矿的单体解离度在 150 ～ 200 目、200 ～ 325 目两个粒级均大于 50%。

表 3-25　湖北中富矿 W3 中胶磷矿单体解离度测定结果表

粒度范围 / 目	单体 / 个	连生体 / 个					解离度 /%
		连生比为 1/2	连生比为 1/3	连生比为 1/5	连生比为 3/5	连生比为 4/5	
150 ～ 200	130	24	105	87	3	0	66.45
200 ～ 325	289	108	97	57	18	21	69.81

2）湖北中富矿 W3 石英矿物的单体解离度测定

石英矿物的单体解离度测定结果如表 3-26 所示，结果表明：石英矿物的单体解离度在 150 ～ 200 目、200 ～ 325 目两个粒级均大于 60%。

表 3-26　湖北中富矿 W3 中石英矿物单体解离度测定结果表

粒度范围 / 目	单体 / 个	连生体 / 个					解离度 /%
		连生比为 1/2	连生比为 1/3	连生比为 1/5	连生比为 3/5	连生比为 4/5	
150 ～ 200	9	4	1	11	0	0	66.67
200 ～ 325	34	10	17	3	0	2	72.63

3）湖北中富矿 W3 铁 – 碳质矿物的单体解离度测定

铁 – 碳质矿物的单体解离度测定结果如表 3-27 所示，结果表明：铁 – 碳质矿物的单体解离度在 150 ～ 200 目、200 ～ 325 目两个粒级均大于 40%。

表 3-27　湖北中富矿 W3 中铁 – 碳质矿物单体解离度测定结果表

粒度范围 / 目	单体 / 个	连生体 / 个					解离度 /%
		连生比为 1/2	连生比为 1/3	连生比为 1/5	连生比为 3/5	连生比为 4/5	
150 ～ 200	9	2	7	6	9	0	47.59
200 ～ 325	13	6	4	11	3	1	58.77

3.1.9　湖北下贫矿主要考查组分在矿物中的赋存状态、嵌布粒度及单体解离研究

1. 湖北下贫矿主要考查组分在各矿物中的赋存状态研究

1）矿物单体成分测定

把能被单体解离出的矿物被看成单体，即被包裹物的最小粒度确定为 0.0392mm。胶磷矿、

石英矿物、碳酸盐类矿物、黏土云母类矿物通过挑样选择单体，用化学方法分析各成分含量；铁－碳质矿物、长石类矿物较难挑样，用 SEM 微区能谱成分分析。结果如下所述。

（1）胶磷矿（化学分析）：P_2O_5 含量为 36.41%；MgO 含量为 0.28%；CaO 含量为 47.87%；SiO_2 含量为 1.60%；Fe_2O_3 含量为 0.12%；Al_2O_3 含量为 0.17%；F 含量为 1.23%。

（2）碳酸盐类矿物（化学分析）：MgO 含量为 23.35%；CaO 含量为 34.31%；Fe_2O_3 含量为 0.41%；SiO_2 含量为 6.43%；Al_2O_3 含量为 0.69%。

（3）石英矿物（化学分析）：SiO_2 含量为 99.58%。

（4）黏土云母类矿物（SEM 分析）：SiO_2 含量为 45.45%；Al_2O_3 含量为 15.60%；MgO 含量为 0.64%。

（5）铁－碳质矿物（SEM 分析）：Fe_2O_3 含量为 85.74%。

（6）长石类矿物（SEM 分析）：SiO_2 含量为 44.71%；Al_2O_3 含量为 48.11%；MgO 含量为 0.77%。

2）湖北下贫矿中主要考查组分在各矿物中的赋存状态查定

通过单体成分测定数据，结合矿物在矿石中的平均含量，首次查清原矿中主要考查组分在各矿物中的赋存状态（表 3-28），查明了各元素的存在形式。为选矿流程各阶段产物主要考查组分的走向提供了数据。

表 3-28　湖北下贫矿 W4：主要考查组分在各矿物中的赋存状态测定结果表　　（单位：%）

矿物	矿物质量百分比	矿物 P_2O_5 含量百分比/占有率	矿物 CaO 含量百分比/占有率	矿物 MgO 含量百分比/占有率	矿物 SiO_2 含量百分比/占有率	矿物 Fe_2O_3 含量百分比/占有率	矿物 Al_2O_3 含量百分比/占有率	矿物 F 含量百分比/占有率
胶磷矿	54.35	19.79/100.00	26.02/88.53	0.15/8.29	0.78/2.92	0.07/3.37	0.09/1.45	1.68/100.00
碳酸盐矿物	7.04		3.37/11.47	1.64/90.61	0.45/1.69	0.03/1.44	0.05/0.80	
石英矿物	12.79				11.99/44.92			
黏土云母类矿物	16.07			0.02/1.10	11.35/42.53		2.51/40.35	
长石类矿物	7.43				2.12/7.94		3.57/57.40	
铁－碳质矿物	2.32					1.98/95.19		
合计	100.00	19.79	29.39	1.81	26.69	2.08	6.22	1.68
原矿品位		19.79	29.39	1.94	26.64	2.24	6.51	1.68
平衡		100.00	100.00	93.30	100.19	92.86	95.55	100.00

3）结论

（1）如果把被包裹物的最小粒度确定为 0.0392mm，则胶磷矿单体中各主要考查组分的品位是：P_2O_5 含量为 36.41%；MgO 含量为 0.28%；CaO 含量为 47.87%；SiO_2 含量为 1.60%；Fe_2O_3 含量为 0.12%；Al_2O_3 含量为 0.17%。因此，P_2O_5、MgO、SiO_2、R_2O_3 等组分理论上达到了选矿要求。

（2）对 MgO 组分来说，90.61% 的 MgO 赋存在碳酸盐类矿物中，8.29% 的 MgO 赋存在胶磷矿单体中，因此，只要能选去大部分的碳酸盐类矿物，就能满足 MgO 指标（＜1%）要求。因此，从总体上看，降镁较易。

（3）对 R_2O_3 组分来说，1.45% 的 Al_2O_3 赋存在胶磷矿单体中，97.75% 的 Al_2O_3 赋存在长石—黏土云母类矿物中。3.37% 的 Fe_2O_3 赋存在胶磷矿单体中，95.19% 的 Fe_2O_3 赋存在铁－碳质矿物中。因此，只要选去较多的长石—黏土云母类矿物和铁－碳质矿物，就能满足 R_2O_3

指标要求（＜2%），但由于长石—黏土云母类矿物和铁－碳质矿物的嵌布粒度较小，很难单体解离。因此，总体上该矿降 R_2O_3 较难。

（4）对 SiO_2 组分来说，其在矿物中的分布较广，2.92% 的 SiO_2 赋存在胶磷矿单体中，44.92% 的 SiO_2 赋存石英矿物中，42.53% 的 SiO_2 赋存在黏土云母类矿物中，因此，只要能选去大部分的石英和黏土云母类矿物，就能满足 SiO_2 指标要求。因此，从总体上看，降硅也较易。

（5）由湖北矿矿石工业类型参考划分表得出以下结论：下贫矿 CaO/P_2O_5 为 1.49，属于硅质型。

2. 湖北下贫矿的嵌布粒度

1）湖北下贫矿胶磷矿的嵌布粒度

采用过尺线测法在显微镜下对下贫矿原矿石中胶磷矿的嵌布粒度进行统计（表 3-29），其结果如图 3-20 所示：胶磷矿嵌布粒度小于 0.0784mm，属细粒嵌布。

表 3-29　湖北下贫矿 W4 中胶磷矿的嵌布粒度统计结果表（过尺线测法）

粒级	刻度格数	粒度范围 /mm	比粒径 d	线测颗粒数 n''	含量比 $n''d$	含量分布 /%	累计含量 $\Sigma n''d$/%
IV	16～32	0.1568～0.3136	8	0	0	0	0
V	8～16	0.0784～0.1568	4	0	0	0	0
VI	4～8	0.0392～0.0784	2	20	40	63.49	63.49
VII	2～4	0.0196～0.0392	1	23	23	36.51	100.00
合计				43	63	100.00	

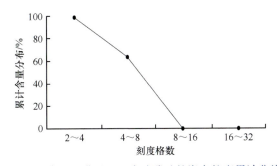

图 3-20　湖北下贫矿 W4 中胶磷矿的嵌布粒度累计曲线

2）湖北下贫矿石英矿物的嵌布粒度

采用过尺线测法在显微镜下对下贫矿原矿石中石英矿物的嵌布粒度进行统计（表 3-30），其结果如图 3-21 所示：石英矿物嵌布粒度小于 0.0784mm，属细粒嵌布。

表 3-30　湖北下贫矿 W4 中石英矿物的嵌布粒度统计结果表（过尺线测法）

粒级	刻度格数	粒度范围 /mm	比粒径 d	线测颗粒数 n''	含量比 $n''d$	含量分布 /%	累计含量 $\Sigma n''d$/%
IV	16～32	0.1568～0.3136	8	0	0	0	0
V	8～16	0.0784～0.1568	4	0	0	0	0
VI	4～8	0.0392～0.0784	2	3	6	37.5	37.5
VII	2～4	0.0196～0.0392	1	10	10	62.5	100.00
合计				13	16	100.00	

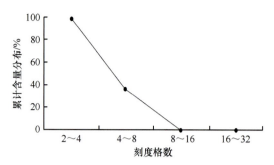

图 3-21　湖北下贫矿 W4 中石英矿物的嵌布粒度累计曲线

3）湖北下贫矿铁 – 碳质矿物的嵌布粒度

采用过尺线测法在显微镜下对下贫矿原矿石中铁 – 碳质矿物的嵌布粒度进行统计（表 3-31），其结果如图 3-22 所示：铁 – 碳质矿物的嵌布粒度小于 0.1568mm，属细粒嵌布。

表 3-31　湖北下贫矿 W4 中铁 – 碳质矿物的嵌布粒度统计结果表（过尺线测法）

粒级	刻度格数	粒度范围 /mm	比粒径 d	线测颗粒数 n"	含量比 n"d	含量分布 /%	累计含量 Σn"d/%
IV	16 ~ 32	0.1568 ~ 0.3136	8	0	0	0	0
V	8 ~ 16	0.0784 ~ 0.1568	4	1	4	14.28	14.28
VI	4 ~ 8	0.0392 ~ 0.0784	2	3	6	21.43	35.71
VII	2 ~ 4	0.0196 ~ 0.0392	1	18	18	64.29	100.00
合计				22	28	100.00	

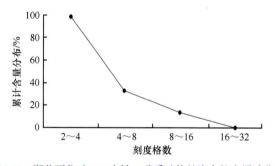

图 3-22　湖北下贫矿 W4 中铁 – 碳质矿物的嵌布粒度累计曲线

3. 矿物的单体解离度分析

1）湖北下贫矿 W4 胶磷矿的单体解离度测定

胶磷矿的单体解离度测定结果如表 3-32 所示，结果表明：胶磷矿的单体解离度在 150 ~ 200 目、200 ~ 325 目两个粒级均大于 70%。

表 3-32　湖北下贫矿 W4 胶磷矿单体解离度测定结果表

粒度范围 / 目	单体 / 个	连生体 / 个					解离度 /%
		连生比为 1/2	连生比为 1/3	连生比为 1/5	连生比为 3/5	连生比为 4/5	
150 ~ 200	65	7	18	51	2	1	75.02
200 ~ 325	146	14	48	37	17	4	76.99

2）湖北下贫矿 W4 石英矿物的单体解离度测定

石英矿物的单体解离度测定结果如表 3-33 所示，结果表明：石英矿物的单体解离度在 150～200 目、200～325 目两个粒级均大于 60%。

表 3-33　湖北下贫矿 W4 中石英矿物单体解离度测定结果表

粒度范围 / 目	单体 / 个	连生体 / 个					解离度 /%
		连生比为 1/2	连生比为 1/3	连生比为 1/5	连生比为 3/5	连生比为 4/5	
150～200	8	3	7	4	1	0	64.46
200～325	17	6	6	11	2	0	66.98

3）湖北下贫矿 W4 铁－碳质矿的单体解离度测定

铁－碳质矿物的单体解离度测定结果如表 3-34 所示，结果表明：铁－碳质矿物的单体解离度在 150～200 目、200～325 目两个粒级均大于 40%。

表 3-34　湖北下贫矿 W4 中铁－碳质矿物单体解离度测定结果表

粒度范围 / 目	单体 / 个	连生体 / 个					解离度 /%
		连生比为 1/2	连生比为 1/3	连生比为 1/5	连生比为 3/5	连生比为 4/5	
150～200	8	3	7	11	2	1	49.97
200～325	19	2	13	5	7	6	55.41

3.1.10　综合入选原矿主要考查组分在矿物中的赋存状态、嵌布粒度及单体解离研究

1. 湖北综合入选原矿主要考查组分在各矿物中的赋存状态研究

1）矿物单体成分测定

把能被单体解离出的矿物看成单体，即被包裹物的最小粒度确定为 0.0392mm。胶磷矿、石英矿物、碳酸盐类矿物、黏土云母类矿物通过挑样选择单体，用化学方法分析各成分含量；铁－碳质矿物、长石类矿物较难挑样，用 SEM 微区能谱成分分析。结果如下所述。

（1）胶磷矿（化学分析）：P_2O_5 含量为 36.41%；MgO 含量为 0.28%；CaO 含量为 47.87%；SiO_2 含量为 1.60%；Fe_2O_3 含量为 0.12%；Al_2O_3 含量为 0.17%；F 含量为 1.23%。

（2）碳酸盐类矿物（化学分析）：MgO 含量为 23.35%；CaO 含量为 34.31%；Fe_2O_3 含量为 0.41%；SiO_2 含量为 6.43%；Al_2O_3 含量为 0.69%。

（3）石英矿物（化学分析）：SiO_2 含量为 99.58%。

（4）黏土云母类矿物（SEM 分析）：SiO_2 含量为 45.45%；Al_2O_3 含量为 9.60%；MgO 含量为 0.64%。

（5）铁－碳质矿物（SEM 分析）：Fe_2O_3 含量为 85.74%。

（6）长石类矿物（SEM 分析）：SiO_2 含量为 44.71%；Al_2O_3 含量为 33.11%；MgO 含量为 0.77%。

2）湖北全层矿中主要考查组分在各矿物中的赋存状态查定

通过单体成分测定数据，结合矿物在矿石中的平均含量，首次查清湖北综合入选原矿中主要考查组分在各矿物中的赋存状态（表 3-35），查明了各元素的存在形式。为选矿流程各阶段产物主要考查组分的走向提供了数据。

3）结论

（1）如果把被包裹物的最小粒度确定为 0.0392mm，则胶磷矿单体中各主要考查组分的品位是：P_2O_5 含量为 36.41%；MgO 含量为 0.28%；CaO 含量为 47.87%；SiO_2 含量为 1.60%；

Fe_2O_3 含量为 0.12%；Al_2O_3 含量为 0.17%。因此，P_2O_5、MgO、SiO_2、R_2O_3 等组分理论上达到了选矿要求。

表 3-35 综合入选原矿 W：主要考查组分在各矿物中的赋存状态测定结果表 （单位：%）

矿物	矿物质量百分比	矿物 P_2O_5 含量百分比 / 占有率	矿物 CaO 含量百分比 / 占有率	矿物 MgO 含量百分比 / 占有率	矿物 SiO_2 含量百分比 / 占有率	矿物 Fe_2O_3 含量百分比 / 占有率	矿物 Al_2O_3 含量百分比 / 占有率	矿物 F 含量百分比 / 占有率
胶磷矿	70.31	25.60/100.00	33.66/80.14	0.20/4.18	0.65/8.84	0.08/9.20	0.12/8.00	2.04/100.00
碳酸盐类矿物	17.42		5.98/14.24	4.07/84.97	1.12/15.24	0.07/8.05	0.12/8.00	
石英矿物	5.13				5.11/69.52			
黏土云母类矿物	5.46		2.36/5.62	0.52/10.86	0.23/3.13		0.82/54.67	
长石类矿物	0.74				0.24/3.27		0.44/29.33	
铁 – 碳质矿物	0.84					0.72/82.76		
合计	99.90	25.60	42.00	4.79	7.35	0.87	1.50	2.04
综合入选原矿品位		25.60	42.00	4.65	7.48	0.89	1.48	2.04
平衡		100.00	100.00	103.01	98.26	97.75	101.35	100.00

（2）对 MgO 组分来说，84.97% 的 MgO 赋存在碳酸盐类矿物中，4.18% 的 MgO 赋存在胶磷矿单体中，因此，只要能选去大部分的碳酸盐类矿物，就能满足 MgO 指标（＜1%）要求。因此，从总体上看，降镁较易。

（3）对 R_2O_3 组分来说，8.00% 的 Al_2O_3 赋存在胶磷矿单体中，8.00% 的 Al_2O_3 赋存在碳酸盐类矿物中，84.00% 的 Al_2O_3 赋存在长石—黏土云母类矿物中。9.20% 的 Fe_2O_3 赋存在胶磷矿单体中，8.05% 的 Fe_2O_3 赋存在碳酸盐类矿物中，82.76% 的 Fe_2O_3 赋存在铁 – 碳质矿物中。因此，只要选去较多的长石—黏土云母类矿物和铁 – 碳质矿物，就能满足 R_2O_3 指标要求（＜2%），但由于长石—黏土云母类矿物和铁 – 碳质矿物的嵌布粒度较小，很难单体解离。因此，总体上该矿降 R_2O_3 较难。

（4）对 SiO_2 组分来说，其在矿物中的分布较广，8.84% 的 SiO_2 赋存在胶磷矿单体中，69.52% 的 SiO_2 赋存在石英矿物中，3.13% 的 SiO_2 赋存在黏土云母类矿物中，因此，只要能选去大部分的石英和黏土云母类矿物，就能满足 SiO_2 指标要求。因此，从总体上看，降硅也较易。

（5）由湖北矿矿石工业类型参考划分表得出的结论为：全层矿 CaO/P_2O_5 为 1.64，属于碳酸盐型。

2. 湖北综合入选原矿矿物嵌布粒度

1）湖北综合入选原矿中胶磷矿的嵌布粒度

采用过尺线测法在显微镜下对全层原矿石中胶磷矿的嵌布粒度进行统计（表 3-36），其结果如图 3-23 所示：胶磷矿嵌布粒度大于 0.0196mm，属中粒嵌布。

表 3-36 湖北综合入选原矿 W 中胶磷矿的嵌布粒度统计结果表（过尺线测法）

粒级	刻度格数	粒度范围 /mm	比粒径 d	线测颗粒数 n''	含量比 $n''d$	含量分布 /%	累计含量 $\sum n''d$/%
IV	16～32	0.1568～0.3136	8	6	48	6.96	6.96
V	8～16	0.0784～0.1568	4	20	80	11.59	18.55
VI	4～8	0.0392～0.0784	2	101	202	29.28	47.83
VII	2～4	0.0196～0.0392	1	360	360	52.17	100.00
合计				487	690	100.00	

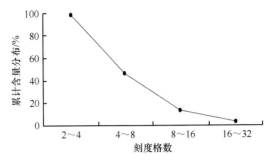

图 3-23　湖北综合入选原矿 W 中胶磷矿的嵌布粒度累计曲线

2）湖北综合入选原矿中石英矿物的嵌布粒度

采用过尺线测法在显微镜下对全层原矿石中石英矿物的嵌布粒度进行统计（表 3-37），其结果如图 3-24 所示：石英矿物嵌布粒度小于 0.0784mm，属细粒嵌布。

表 3-37　湖北综合入选原矿 W 中石英矿物的嵌布粒度统计结果表（过尺线测法）

粒级	刻度格数	粒度范围 /mm	比粒径 d	线测颗粒数 n''	含量比 $n''d$	含量分布 /%	累计含量 $\Sigma n''d$/%
Ⅳ	16～32	0.1568～0.3136	8	0	0	0	0
Ⅴ	8～16	0.0784～0.1568	4	0	0	0	0
Ⅵ	4～8	0.0392～0.0784	2	10	20	35.08	35.08
Ⅶ	2～4	0.0196～0.0392	1	37	37	64.92	100.00
合计				47	57	100.00	

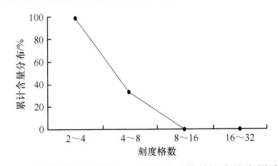

图 3-24　湖北综合入选原矿 W 中石英矿物的嵌布粒度累计曲线

3）湖北综合入选原矿中铁 – 碳质矿物的嵌布粒度

采用过尺线测法在显微镜下对全层原矿石中铁 – 碳质矿物的嵌布粒度进行统计（表 3-38），其结果如图 3-25 所示：铁 – 碳质矿物的嵌布粒度小于 0.1568mm，属细粒嵌布。

表 3-38　湖北综合入选原矿 W 中铁 – 碳质矿物的嵌布粒度统计结果表（过尺线测法）

粒级	刻度格数	粒度范围 /mm	比粒径 d	线测颗粒数 n''	含量比 $n''d$	含量分布 /%	累计含量 $\Sigma n''d$/%
Ⅳ	16～32	0.1568～0.3136	8	0	0		0
Ⅴ	8～16	0.0784～0.1568	4	2	8	10.26	10.26
Ⅵ	4～8	0.0392～0.0784	2	14	28	35.89	46.15
Ⅶ	2～4	0.0196～0.0392	1	42	42	53.85	100.00
合计				58	78	100.00	

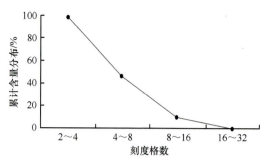

图 3-25　湖北综合入选原矿 W 中铁–碳质矿物的嵌布粒度累计曲线

3. 矿物的单体解离度分析

1）湖北综合入选原矿 W 胶磷矿的单体解离度测定

胶磷矿的单体解离度测定结果如表 3-39 所示，结果表明：胶磷矿的单体解离度在 150 ～ 200 目、200 ～ 325 目两个粒级均大于 60%。

表 3-39　湖北综合入选原矿 W 胶磷矿单体解离度测定结果表

粒度范围 / 目	单体 / 个	连生体 / 个					解离度 /%
		连生比为 1/2	连生比为 1/3	连生比为 1/5	连生比为 3/5	连生比为 4/5	
150 ～ 200	420	67	280	347	48	12	64.31
200 ～ 325	923	175	296	216	60	56	74.91

2）湖北综合入选原矿 W 石英矿物的单体解离度测定

石英矿物的单体解离度测定结果如表 3-40 所示，结果表明：石英矿物的单体解离度在 150 ～ 200 目、200 ～ 325 目两个粒级均大于 60%。

表 3-40　湖北综合入选原矿 W 石英矿物单体解离度测定结果表

粒度范围 / 目	单体 / 个	连生体 / 个					解离度 /%
		连生比为 1/2	连生比为 1/3	连生比为 1/5	连生比为 3/5	连生比为 4/5	
150 ～ 200	29	9	20	31	1	0	61.83
200 ～ 325	98	35	36	39	7	2	69.51

3）湖北综合入选原矿 W 铁–碳质矿物的单体解离度测定

铁–碳质矿物的单体解离度测定结果如表 3-41 所示，结果表明：铁–碳质矿物的单体解离度在 150 ～ 200 目、200 ～ 325 目两个粒级均大于 40%。

表 3-41　湖北综合入选原矿 W 铁–碳质矿物单体解离度测定结果表

粒度范围 / 目	单体 / 个	连生体 / 个					解离度 /%
		连生比为 1/2	连生比为 1/3	连生比为 1/5	连生比为 3/5	连生比为 4/5	
150 ～ 200	28	7	22	34	19	1	48.47
200 ～ 325	56	16	32	28	16	9	57.76

4. 湖北综合入选原矿 W 不同破碎粒级主要被考查组分（P₂O₅、MgO、SiO₂、Fe₂O₃、Al₂O₃）富集规律

不同破碎粒级主要被考查组分（P_2O_5、MgO、SiO_2、Fe_2O_3、Al_2O_3）的化学成分分析结果见表 3-42。

表 3-42　综合入选原矿不同粒径主要被考查化学成分分析　　　（单位：%）

粒度及参数	占有率		P₂O₅		MgO		SiO₂		Fe₂O₃		Al₂O₃	
	单个	累计	品位	分布率	品位	分布率	品位	分布率	品位	分布率	品位	分布率
粒度 < 0.15mm	8.78	8.78	28.26	9.70	4.05	7.75	7.23	8.43	0.42	4.24	1.27	7.49
粒度为 0.076 ~ 0.15mm	31.67	40.45	27.76	34.37	4.12	28.45	6.93	29.15	0.55	20.02	1.02	21.71
粒度为 0.045 ~ 0.076mm	13.89	54.34	25.45	13.82	4.43	13.42	6.43	11.86	0.95	15.17	1.15	10.73
粒度为 0.038 ~ 0.045mm	11.11	65.45	25.28	10.98	4.75	11.51	6.53	9.64	0.84	10.73	1.01	7.54
粒度为 0.025 ~ 0.038mm	4.76	70.21	24.85	4.62	5.03	5.22	6.70	4.24	1.16	6.35	1.27	4.06
粒度 < 0.025mm	29.79	100	22.75	26.50	5.18	33.65	9.27	36.68	1.27	43.49	2.42	48.47
合计占有率				99.99		100.00		100.00		100.00		100.00
平均品位			25.73		4.59		7.18		0.87		1.36	
综合入选原矿品位			25.60		4.65		7.48		0.89		1.48	
平衡			100.49		98.78		96.01		97.19		91.67	

不同破碎粒级下不同化学组分的分布状况、富集规律如下所述。

（1）P_2O_5 含量随磨矿粒度的减小而减小。当粒度在 0.038 ~ 0.076mm 时，其含量基本无变化（图 3-26）。

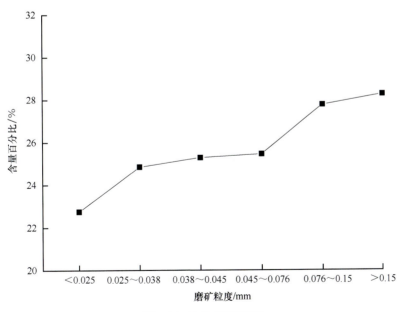

图 3-26　P₂O₅ 富集规律

（2）MgO 含量随磨矿粒度的变化总体上与 P_2O_5 相反，随磨矿粒度的减小而增大（图 3-27）。

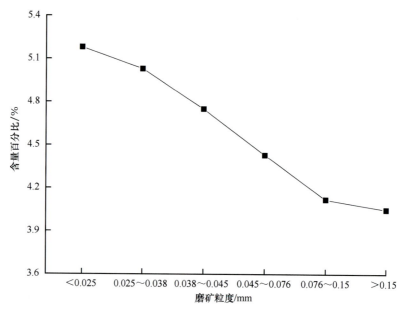

图 3-27　MgO 富集规律

（3）SiO$_2$ 含量总体上随磨矿粒度的减小而增大，当磨矿粒度大于 0.045mm 时，SiO$_2$ 含量随磨矿粒度的减小而减小（图 3-28）。

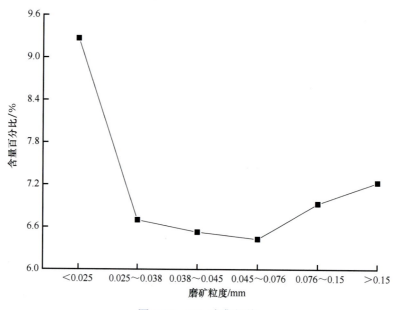

图 3-28　SiO$_2$ 富集规律

（4）Fe$_2$O$_3$ 含量总体上随磨矿粒度的减小而增大，但在粒度为 0.045 ～ 0.076mm 时，随磨矿粒度增大其含量反而升高。Al$_2$O$_3$ 含量和 SiO$_2$ 含量随磨矿粒度的变化规律基本上是一致的，随磨矿粒度的减小而增大，但当粒度大于 0.15mm 时，其含量反而增大。倍半氧化物 R$_2$O$_3$ 含量总体上随磨矿粒度的减小而增大，但在粒度为 0.045 ～ 0.076mm 时，其含量随磨矿粒度的增大而增大（图 3-29）。

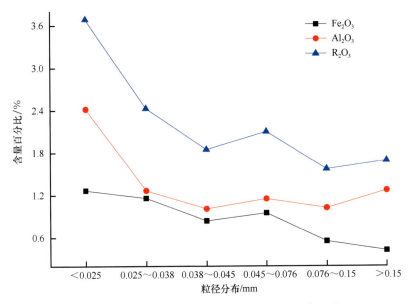

图 3-29　倍半氧化物（$R_2O_3 = Fe_2O_3 + Al_2O_3$）富集规律

不同破碎粒级下的矿物含量分布见表 3-43。

表 3-43　综合入选原矿不同磨矿粒度矿物含量分析（过尺线测法）　　　（单位：%）

粒度及参数	占有率		胶磷矿	碳酸盐类矿物	石英矿物	黏土云母类矿物	长石类矿物	铁–碳质矿物
	单个	累计						
粒度 > 0.15mm	8.78	8.78	77.62	15.06	2.89	3.73	0.35	0.35
粒度为 0.076～0.15mm	31.67	40.45	76.24	15.93	3.12	3.84	0.42	0.45
粒度为 0.045～0.076mm	13.89	54.34	70.14	19.48	4.59	4.36	0.68	0.75
粒度为 0.038～0.045mm	11.11	65.45	69.58	19.47	5.02	4.48	0.73	0.72
粒度为 0.025～0.038mm	4.76	70.21	67.45	18.28	6.21	6.22	0.88	0.96
粒度 > 0.025mm	29.79	100	63.58	20.05	7.56	6.58	1.18	1.05
综合矿矿物含量			70.77	18.05	4.90	4.87	0.71	0.71

由表 3-43 可知：随着磨矿粒度的减小，胶磷矿的含量逐渐减小。而碳酸盐类矿物、石英矿物、黏土云母类矿物、长石类矿物、铁–碳质矿物等脉石矿物的含量随着磨矿粒度的减小而增加。

5. 湖北磷矿综合入选原矿选矿工艺流程矿相跟踪考察

1）选矿工艺流程

从综合入选原矿开始，首先反浮粗选，得到粗选精矿和粗选尾矿；粗选尾矿经反浮扫选后，得到扫选尾矿（最终尾矿）和扫选精矿；扫选精矿再与粗选精矿合并得到最终精矿。

选矿工艺质量流程图见图 3-30。

2）选矿工艺流程化学成分分析

湖北磷矿选矿工艺流程化学成分分析见表 3-44。

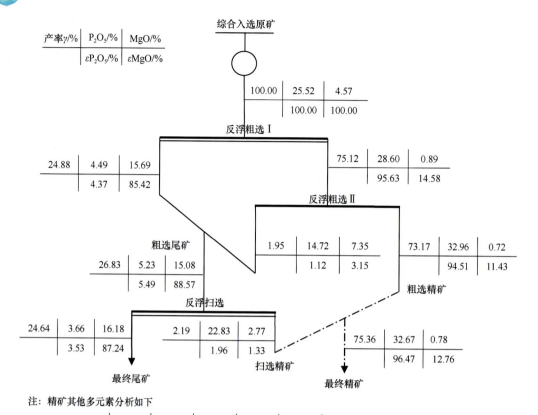

图 3-30　湖北综合入选原矿反浮选工艺质量流程图

ε- 回收率

表 3-44　湖北磷矿选矿工艺流程各产物化学成分分析及产率　　（单位：%）

样品	代号	P_2O_5	MgO	SiO_2	Fe_2O_3	Al_2O_3	产率
综合入选原矿	W	25.52	4.57	7.48	0.89	1.48	100.00
粗选尾矿	X1	5.23	15.08	3.29	0.95	0.88	26.83
粗选精矿	K	32.96	0.72	9.09	0.76	1.77	73.17
扫选精矿	π	22.83	2.77	13.16	2.12	2.15	2.19
最终精矿（粗选精矿＋扫选精矿）	Q	32.67	0.78	9.21	0.80	1.78	75.36
扫选尾矿（最终尾矿）	X2	3.66	16.18	2.41	0.85	0.77	24.64

3）选矿工艺流程单体解离及矿物成分分析

A. 从矿物单体解离测试结果看（表 3-45）

粗选精矿中胶磷矿的单体解离度较大，达到 87.89%。

结果表明：反浮粗选流程使得近 90% 的胶磷矿单体进入粗选精矿中（最终精矿单体解离度为 86.66%）；其他流程产物的单体解离度均在 62% ～ 66%。

B. 从矿物含量测试结果看（表 3-45）

反浮粗选流程的矿物走向如下所述。

（1）胶磷矿：90.52% 进入粗选精矿中，14.36% 进入粗选尾矿中。

表 3-45　湖北磷矿选矿工艺流程各矿物含量及单体解离度测试结果（过尺线测法）（单位：%）

综合入选	胶磷矿	碳酸盐类矿物	石英矿物	黏土云母类矿物	铁－碳质矿物	长石类矿物	胶磷矿单体解离度150～200目	胶磷矿单体解离度200～325目
综合入选原矿 W	70.31	17.42	5.13	5.46	0.84	0.74	64.31	74.91
粗选尾矿 X1	14.36	61.46	2.23	20.29	0.92	0.74		62.57
粗选精矿 K	90.52	0.32	6.35	0.92	0.73	1.27		87.89
扫选精矿 π	62.70	11.31	9.21	11.67	2.04	3.07		65.36
最终精矿 Q	89.73	0.73	6.48	1.49	0.78	1.29		86.66
扫选尾矿 X2	9.70	65.95	1.69	22.81	0.86	0.68		64.18

（2）碳酸盐矿物：61.46% 进入粗选尾矿中，0.32% 进入粗选精矿中。

（3）石英矿物：6.35% 进入粗选精矿中，2.23% 进入粗选尾矿中。

（4）黏土云母类矿物：20.29% 进入粗选尾矿中，0.92% 进入粗选精矿中。

（5）长石类矿物：1.27% 进入粗选精矿中，0.74% 进入粗选尾矿中。

（6）铁－碳质矿物：0.73% 进入粗选精矿中，0.92% 进入粗选尾矿中。

反浮扫选流程的矿物走向：

（1）胶磷矿：9.70% 进入扫选尾矿中，62.70% 进入扫选精矿中。

（2）碳酸盐类矿物：65.95% 进入扫选尾矿中，11.31% 进入扫选精矿中。

（3）石英矿物：1.69% 进入扫选尾矿中，9.21% 进入扫选精矿中。

（4）黏土云母类矿物：22.81% 进入扫选尾矿中，11.67% 进入扫选精矿中。

（5）长石类矿物：0.68% 进入扫选尾矿中，3.07% 进入扫选精矿中。

（6）铁－碳质矿物：0.86% 进入扫选尾矿中，2.04% 进入扫选精矿中。

3.1.11　矿物的嵌布嵌镶特征分析

1. 矿物的嵌布特征

本矿区胶磷矿的嵌布特征有主要呈条带状嵌布，有少许的杂乱状嵌布（附图 1～附图 4）。

1）条带状嵌布

条带状嵌布在本区上贫矿、中富矿、下贫矿三大类矿石中均普遍出现。在泥质条带磷块岩中磷块岩条带占 90% 左右，磷块岩条带宽 0.5～5cm。组成磷块岩条带的主要是块状胶磷矿；另外有少量碳酸盐—石英—黏土类矿物和石英—黏土—铁－碳质矿物组成的微条纹，条带占 10% 左右，磷块岩条带宽 0.01～0.05cm。

在白云质条带状磷块岩中，磷块岩条带以不同宽度（一般宽 0.5～2cm，个别宽 5～10cm）和比例（占 45% 左右）嵌布于微晶白云岩中。磷块岩条带有块状胶磷矿和团粒状胶磷矿两种。

在致密条带状磷块岩中，磷块岩条带嵌布于页岩中，致密磷块岩条带占 30%～70%，条带宽 0.5～2cm，胶磷矿有块状、团粒状两种，块状胶磷矿往往单独组成条带，而团粒状胶磷矿多与少量黏土—石英—铁－碳质矿物一起组成条带。

2）杂乱状嵌布

在泥质条带状磷块岩和白云质条带状磷块岩矿石中，在石英—黏土类矿物和白云石组成的条带中，尤其是较宽的条带中，往往星散嵌布有团粒状或碎屑状胶磷矿颗粒。

2. 矿物的嵌镶特征

胶磷矿同脉石矿物的嵌镶关系主要有两种：一是毗连嵌镶关系，二是包裹嵌镶关系。

1）毗连嵌镶

块状胶磷矿颗粒同周边脉石矿物、石英、黏土类矿物、铁－碳质矿物一般呈平直、波浪状或港湾状毗连嵌镶。

团粒状胶磷矿颗粒周边主要与碳酸盐、石英类矿物呈波浪状或港湾状毗连嵌镶，但接触界面平整。

2）包裹嵌镶

无论是哪一类型的矿石，胶磷矿的嵌布颗粒中或多或少总是包裹有脉石矿物的微粒（小于 9.8mm，即粒度测量时目镜微尺一格的格值）。

在致密条带状磷块岩中，胶磷矿颗粒中往往包裹有石英—长石—黏土类矿物微粒和铁－碳质不透明矿物微粒，同时还有少量的碳酸盐类矿物微粒。

在白云质条带状磷块岩中，胶磷矿颗粒包裹物有碳酸盐－矿物微粒 [附图 2（d）、（i）]、石英—长石—黏土类矿物微粒及铁－碳质不透明矿物微粒 [附图 2（j）]。

3.1.12 结论与建议

1. 自然类型与工业类型

根据显微镜矿物分析与研究，湖北磷矿石自然类型可分以下四类：致密块状磷块岩、白云质条带状磷块岩、致密条纹状磷块岩、泥质条带状磷块岩。

工业类型可分以下三类：硅质型、混合型、碳酸盐型。通过对上富矿、上贫矿、中富矿、下贫矿和综合入选原矿相的研究，根据工业类型划分标准（表 3-1，表 3-2），以及表 3-46 中矿物含量分布特征，湖北磷矿石工业类型如下：上富矿为混合型、上贫矿为碳酸盐型、中富矿为混合型、下贫矿为硅质型、综合入选原矿为混合型。

表 3-46　各矿石类型矿物含量分布特征　　　　　　　　　　（单位：%）

矿物种类	胶磷矿	碳酸盐类矿物	石英矿物	黏土云母类矿物	长石类矿物	铁－碳质矿物	碳酸盐类矿物 /（碳酸盐类矿物＋石英矿物＋黏土云母类矿物＋长石类矿物＋铁－碳质矿物）
上富矿	83.63	7.21	3.45	2.90	1.83	0.98	44.04 混合型
上贫矿	49.82	39.28	4.25	1.81	3.56	1.28	78.28 碳酸盐型
中富矿	80.86	6.74	7.43	2.24	2.21	0.52	35.21 混合型
下贫矿	54.35	7.04	12.79	16.07	7.43	2.32	15.42 硅质型
综合入选原矿	70.31	17.42	5.13	5.46	0.74	0.84	58.87 混合型

2. 矿石的矿物成分与含量

根据岩矿鉴定，湖北磷矿石主要工业矿物为磷酸盐类矿物（碳氟磷灰石），主要脉石矿物有三类:碳酸盐类矿物（白云石，方解石）、石英—长石—黏土云母类矿物（水云母、高岭石、钾长石、钠长石、石英、玉髓）、铁－碳质矿物（黄铁矿、褐铁矿、有机碳）。

在综合入选矿矿石中，胶磷矿占 70.31%，碳酸盐矿物占 17.42%，石英矿物占 6.13%，黏土类矿物占 3.76，长石类矿物占 1.74，铁－碳质矿物占 0.64%。

3. 综合入选原矿 W 主要考查组分在各矿物中的赋存状态

1）矿物单体成分

（1）胶磷矿（化学分析）: P_2O_5 含量为 36.41%; MgO 含量为 0.28%; CaO 含量为 47.87%; SiO_2 含量为 1.60%; Fe_2O_3 含量为 0.12%; Al_2O_3 含量为 0.17%; F 含量为 1.23%。

（2）碳酸盐类矿物（化学分析）: MgO 含量为 23.35%; CaO 含量为 34.31%; Fe_2O_3 含量为 0.41%; SiO_2 含量为 6.43%; Al_2O_3 含量为 0.69%。

（3）石英矿物（化学分析）: SiO_2 含量为 99.58%。

（4）黏土云母类矿物（SEM 分析）: SiO_2 含量为 45.45%; Al_2O_3 含量为 9.60%; MgO 含量为 0.64%。

（5）铁－碳质矿物（SEM 分析）: Fe_2O_3 含量为 85.74%。

（6）长石类矿物（SEM 分析）: SiO_2 含量为 44.71%; Al_2O_3 含量为 33.11%; MgO 含量为 0.77%。

2）赋存状态

（1）如果把被包裹物的最小粒度确定为 0.0392mm，则胶磷矿单体中各主要考查组分的品位是: P_2O_5 含量为 36.41%; MgO 含量为 0.28%; CaO 含量为 47.87%; SiO_2 含量为 1.60%; Fe_2O_3 含量为 0.12%; Al_2O_3 含量为 0.17%。因此，P_2O_5、MgO、SiO_2、R_2O_3 等组分理论上达到了选矿要求。

（2）对 MgO 组分来说，84.97% 的 MgO 赋存在碳酸盐类矿物中，4.18% 的 MgO 赋存在胶磷矿单体中，因此，只要能选去大部分的碳酸盐类矿物，就能满足 MgO 指标（＜1%）要求。因此，从总体上看，降镁较易。

（3）对 R_2O_3 组分来说，16.00% 的 Al_2O_3 赋存在胶磷矿单体和碳酸盐类矿物中，84.00% 的 Al_2O_3 赋存在长石—黏土云母类矿物中。17.25% 的 Fe_2O_3 赋存在胶磷矿单体和碳酸盐类矿物中，82.76% 的 Fe_2O_3 赋存在铁－碳质矿物中。因此，只要选去较多的长石—黏土云母类矿物和铁－碳质矿物，就能满足 R_2O_3 指标要求（＜2%），但由于长石—黏土云母类矿物和铁－碳质矿物的嵌布粒度较小，很难单体解离。因此，总体上该矿降 R_2O_3 较难。

（4）对 SiO_2 组分来说，其在矿物中的分布较广，8.84% 的 SiO_2 赋存在胶磷矿单体中，69.52% 的 SiO_2 赋存在石英矿物中，3.13% 的 SiO_2 赋存在黏土云母类矿物中，因此，只要能选去大部分的石英和黏土云母类矿物，就能满足 SiO_2 指标要求。因此，从总体上看，降硅也较易。

4. 综合入选原矿中各类矿物的嵌布粒度分析结果

（1）总的来看，嵌布粒度大小顺序是: 胶磷矿＞铁－碳质矿物＞石英矿物。

（2）胶磷矿嵌布粒度大于 0.0196mm，属中粒嵌布。

（3）石英矿物嵌布粒度小于 0.0784，属细粒嵌布。

（4）铁 – 碳质矿物的嵌布粒度小于 0.1568mm，属细粒嵌布。主要原因是铁 – 碳质矿物大量被包裹于黏土和胶磷矿中，单体解离较困难。

5. 矿物的嵌布嵌镶特征分析结果

本矿区胶磷矿的嵌布特征有主要是呈条带状嵌布，有少许的杂乱状嵌布。胶磷矿同脉石矿物的嵌镶关系主要是毗连嵌镶关系，其次为包裹嵌镶关系。

6. 综合入选原矿矿物的单体解离度分析结果

（1）胶磷矿单体解离度在 150 ～ 200 目、200 ～ 325 目两个粒级均大于 60%。
（2）石英矿物单体解离度在 150 ～ 200 目、200 ～ 325 目两个粒级均大于 60%。
（3）铁 – 碳质矿物单体解离度在 150 ～ 200 目、200 ～ 325 目两个粒级均大于 40%。
（4）反浮粗选流程使得近 90% 的胶磷矿单体进入粗选精矿中（最终精矿单体解离度为 86.66%）；其他流程产物的单体解离度均在 62% ～ 66%。

7. 综合入选原矿不同磨矿粒度的各矿物含量分析结果

随着磨矿粒度的减小，胶磷矿的含量逐渐减小。而碳酸盐类矿物、石英矿物、黏土云母类矿物、长石类矿物、铁 – 碳质矿物等脉石矿物的含量随着磨矿粒度的减小而增加。

3.2 云南磷矿原矿工艺矿物学

3.2.1 地质概况

昆阳磷矿位于康滇地轴东缘，昆明凹陷西侧，香条村背斜的南翼，隔背斜轴与海口磷矿遥相对应。该矿的地质概述如下。

区内地层发育齐全，在垂直方向上相变迅速，分界标志明显，接触关系清楚，磷矿分布在下寒武统（下寒武统出露不全），上覆中泥盆统海口组（D_2h）分别与下寒武统筇竹寺组（ϵ_1q）、沧浪铺组（ϵ_1c）呈假整合接触。

中泥盆统海口组（D_2h）：灰白色厚至块状细粒石英砂岩夹黄色页岩，底部有石英质砾岩。

沧浪铺组（ϵ_1c）：上段（红井哨段）下部主要为灰黑色中厚层及厚层状砂岩，上部是浅灰色厚层状砂岩夹紫色及灰绿色页岩。下段（乌龙箐段）主要为绿灰色泥质粉砂岩、砂岩夹页岩。

筇竹寺组（ϵ_1q）：下部为黄绿、灰绿色粉砂岩、细砂岩和黑色页岩，上部为黄绿色页岩。

渔户村组（ϵ_1y）：灰色、蓝灰色磷块岩，夹页岩或含磷白云质灰岩、白云岩。为矿区主要含磷地层，由上至下分为四层。

（1）灰色、灰白色含磷硅质白云岩（ϵ_1y^4)：呈中厚—厚层状、微—细粒结构，致密块状构造。矿物成分为白云岩及少量石英。

（2）上层磷块岩（ϵ_1y^3)：上部是砂质磷块岩；中部是灰色条带状磷块岩和白云质磷块岩；下部是灰色、蓝灰色鲕状或假鲕状磷块岩。

（3）中层含磷砂质白云岩及表外级磷块岩（ϵ_1y^2)：白云岩呈中厚层状，细粒结构，块状构造。矿物成分为白云岩及少量石英。

（4）下层磷块岩（ϵ_1y^1)：上部是灰色、灰黑色生物碎屑磷块岩。下部是黄灰色、蓝灰色鲕状或假鲕状磷块岩，含硅质成分高。夹燧石条带，条带宽 5 ～ 10cm。底部是深灰色中厚层状、砾状磷块岩。

上震旦统灯影组（Z_2d）：与渔户村组呈整合至假整合接触。为浅灰、灰白色中厚层泥质白云岩、硅质白云岩，灰岩含燧石结核与燧石条带。

3.2.2 矿石的自然类型与工业类型

根据显微镜矿物分析与研究，本节所采的昆阳磷矿石自然类型可分六类：①鲕状、假鲕状磷块岩；②条带状白云质磷块岩或条带状磷块岩；③含磷白云岩；④砾状磷块岩；⑤砂质磷块岩；⑥生物碎屑磷块岩。其工业类型相应分为三类：①磷酸盐型磷块岩。主要是鲕状、假鲕状磷块岩。②碳酸盐型磷块岩。主要是条带状白云质磷块岩或条带状磷块岩，生物碎屑磷块岩。③硅酸盐型磷块岩。主要是砂质磷块岩、砾状磷块岩。

1. 鲕状、假鲕状磷块岩

主要产于上、下矿层下部。是本区主要矿石类型，也是本区主要的含磷最富矿石类型。该类型磷块岩呈灰色、瓦灰色中厚层状、假鲕粒结构，致密块状构造。矿石矿物组成以胶磷矿为主（有少量结晶为微晶的磷灰石），含量可达 80% ～ 95%，风化后其空洞较多，脉石矿物有石英、玉髓、长石、水云母等黏土类矿物，以及白云石和少量铁 – 碳质不透明矿物。P_2O_5 含量一般为 25% ～ 30%，风化后其含量可达 30% 以上。

矿石多为蓝灰色，致密、风化后多空洞为其主要特征。胶磷矿多呈块状，主要有假鲕粒状或团粒及胶状的胶磷矿，团粒状胶磷矿颗粒周边有重结晶好的针状微晶磷灰石，鲕粒粒径大的可达 0.2mm。

2. 条带状白云质磷块岩或条带状磷块岩

产于上层矿鲕状、假鲕状磷块岩上，即上层矿中上部，矿量仅次于鲕状、假鲕状磷块岩。呈灰色薄至中厚层状、粒状、假鲕粒结构，条带状构造。微晶白云岩和致密状磷块岩条带以不同宽度比例产出。磷块岩条带由瓦灰色粒状、假鲕状的胶磷矿和灰色、灰白色含磷白云岩相间组成。条带宽比大于 1 : 1 为带状磷块岩，P_2O_5 含量平均为 20% ～ 25%，风化后其含量可达 25% ～ 30%，该类磷块岩相当于 Ⅱ 级品矿石；条带宽比小于 1 : 3 或更大些为条带状白云质磷块岩，P_2O_5 含量平均为 15% ～ 20%，为矿区非主要矿石类型，该类磷块岩相当 Ⅲ 级品矿石。

该类矿石类型组成矿物中胶磷矿含量为 22% ～ 60%，平均为 50% 左右。胶磷矿有块状和团粒状两种，呈灰色至灰褐色，胶磷矿颗粒包裹少量白云石、黏土，其矿物颗粒周边往往是白云石、玉髓或黏土，脉石矿物主要是粉晶状的白云石，其含量为 10% ～ 50%，平均为 25% 左右。有少量的石英、黏土类矿物和铁 – 碳质不透明矿物（总含量在 5% 左右）。该类矿石 MgO 含量在 5% 左右。

3. 含磷白云岩

主要产于上矿层上部，是顶板和白云质条带状磷块岩或条带状磷块岩之间的过渡矿石类型，也是本区中—贫矿的主要矿石类型。其特点是致密块状磷块岩呈条纹状出现在白云岩中，以及含有少量粒径为 0.02 ～ 0.06 mm 的鲕状胶磷矿。

4. 砾状磷块岩

砾状磷块岩产于下层矿，主要由硅质角粒磷块岩和硅质鲕粒状磷块岩组成，灰色、致密、性脆，薄至中厚层状、砾状结构。硅质角粒磷块岩产于下层矿中部或中下部，是下层矿主要矿石，厚度一般在 1.5m 左右，硅质角粒粒径一般在 0.5～2cm，含有大量石英含量在 25% 左右及 65% 左右的鲕粒状胶磷矿。硅质鲕粒状磷块岩厚度一般 1m 左右，硅质多以玉髓形式胶结鲕粒状胶磷矿出现，其次以石英形式出现，硅质含量 20% 左右，鲕粒状胶磷矿含量高达 80%。

5. 砂质磷块岩

灰绿色、杂色薄至中厚层状、砂状结构，块状构造。矿石主要由石英、胶磷矿组成，含少量长石、云母、海绿石等。多分布在上层矿的顶部，P_2O_5 含量一般在 15%～20%。

6. 生物碎屑磷块岩

灰色、深灰黑色，薄至中厚层状，生物碎屑结构，块状构造。

全层按不同的矿石类型采得矿石样分别磨碎分粒径进行化学组分分析，用于原矿工艺矿相研究。将原矿样品的块体制成：①可视化偏光显微镜用薄片；②胶磷矿 SEM 形貌及能谱分析样。将混合矿石样的粉体制成：①压模光片；②化学成分分析样；③ FTIR 分析样；④荧光成分分析样。

3.2.3 矿石的矿物成分

1. 原矿的矿物种类分析

本矿区两大工业类型矿石的矿物组成在 3.2.2 节已经述及，根据岩矿鉴定，主要工业矿物为磷酸盐类矿物（氟磷灰石），主要脉石矿物有碳酸盐类矿物（白云石、方解石）、石英—长石—黏土类矿物（水云母、高岭石、钾长石、钠长石、石英、玉髓）、铁 - 碳质矿物（黄铁矿、褐铁矿、有机碳）（表 3-47）。

1）本矿区磷酸盐类矿物主要是氟磷灰石，微晶、胶状结构。氟磷灰石有致密块状、碎块（屑）状和团粒（或假鲕状）三种。单偏光镜下呈褐色、黄褐色和黄色，少量呈黑褐色，与黏土类矿物和铁 - 碳质不透明矿物微粒绞合在一起，呈云雾状，透明度变差，正交偏光镜下基本上显均质性，部分显微弱的非均质性，但颗粒界线显示不清。团粒状和碎块（屑）状氟磷灰石周边往往有放射状或纤维状磷灰石微晶，无色透明。

2）碳酸盐类矿物主要是白云石和方解石，出现在白云质条带状磷块岩中，以泥晶—粉晶状组成白云岩条带，有微量的磷酸盐类矿物被氟磷灰石包裹。在致密条带状磷块岩中可见微量的细晶或微晶状白云石颗粒散于氟磷灰石颗粒间或被其包裹。

3）石英—长石—黏土类矿物

在白云质条带状磷块岩中细粒—微粒状石英—长石—黏土类矿物（主要为水云母）与少量的铁 - 碳质不透明矿物微粒胶合一起与氟磷灰石互为条带状产出，有少量呈石英—黏土类矿物团粒掺杂于氟磷灰石条带中。在白云质条带状磷块岩和致密条带状磷块岩中也有一些石英—黏土细小条带或团粒出现，且在白云质条带状磷块岩中石英—黏土类矿物经常和泥—粉晶白云石胶合在一起。

4）铁 - 碳质矿物

在石英—黏土条带或石英—黏土团粒中往往包裹有黑色和深褐色不透明矿物的微粒，并且在石英—黏土条带中又形成更次一级的黑色条带。在碳氟磷灰石中，尤其是在团粒状碳氟磷灰石中往往包裹有黑色不透明矿物的星散颗粒。

表 3-47　矿物种类

矿层	矿石自然类型	矿物种类		
		有用矿物	主要矿物	次要矿物
顶板	含磷白云岩	氟磷灰石	白云石	石英、玉髓
上层矿	砂质磷块岩，条带状白云质磷块岩，致密条带状磷块岩，鲕状、假鲕状磷块岩	氟磷灰石	氟磷灰石、白云石	方解石、高岭石、水云母、黄铁矿、褐铁矿、玉髓、钠长石、钾长石、有机碳等及岩屑
下层矿	含磷白云岩、条带状磷块岩、假鲕状磷块岩	氟磷灰石	氟磷灰石、石英、钾长石、钠长石	高岭石、钾长石、钠长石、褐铁矿、方解石、有机碳等及岩屑
下层矿底部	含磷白云岩	氟磷灰石	白云石、高岭石、石英、钾长石、钠长石	褐铁矿、方解石、有机碳等及岩屑

2. 氟磷灰石

（1）偏光显微镜下观察，主要工业含磷矿物呈浅褐浅棕—深棕色，中突起，凝胶状集合体 [形成团块状、不规则球粒状、椭圆状、假鲕状（粒径 0.2 ～ 1mm）等]，聚集成磷块岩条带，集合体中包裹有黏土、石英、玉髓、黄铁矿、褐铁矿、白云石、方解石等矿物。具有典型的沉积胶磷矿特征。

（2）氟磷灰石化学成分能谱分析见图 3-31。

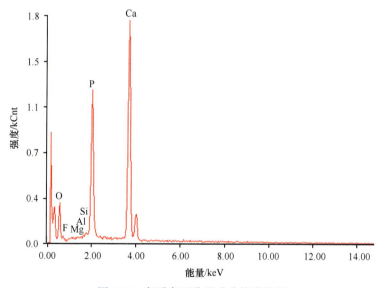

图 3-31　氟磷灰石化学成分能谱分析

图 3-31 化学成分分析表明：除主要成分 P 和 Ca 以外，还含有 F、Mg 和 Al。

SEM 分析表明（图 3-32）：磷灰石的结晶柱形主要为云雾胶状，属微晶质胶磷矿，磷灰石微晶间有细小的包裹矿物。

以上总的分析结果表明：矿石中主要工业含磷矿物为微晶质胶状氟磷灰石（以下简称胶磷矿）。

3. 白云石

显微镜下，为不均匀的深灰色、浅土黄色，不规则粒状集合体。玻璃光泽，硬度低，性脆。

图 3-32　氟磷灰石的 SEM 分析

闪突起，干涉色高级白、黄，一轴晶。粒径一般在 0.01～0.05mm。其空间分布形式有三种：其一，主要呈细晶、微晶结构组成白云岩条带；其二，呈斑状分布于胶磷矿条带中；其三，约有 1% 的微量白云石在磷矿物集合体中呈微细包裹体，粒度为 0.002～0.004mm。

白云石是矿石中主要的脉石矿物，其成分、物相、基团特征详见以下的能谱分析等。

白云石化学成分能谱分析如图 3-33 所示。

能谱分析结果表明：白云石除了含 Mg 和 Ca 外，还混杂有 Al、Si、Y 等微量矿物或机械混入物。

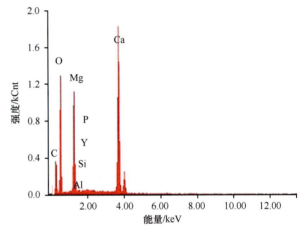

图 3-33　白云石化学成分能谱分析

4. 钠长石

无色透明，自形—半自形板状晶体，粒径为 0.01～0.04mm，干涉色一级灰白，二轴晶，部分已风化为高岭石和绢云母等黏土类矿物，但仍保持钠长石外形。该矿物主要在磷酸盐类矿物集合体中呈包裹体形式存在。

5. 钾长石

该矿物不呈包裹体形式存在，而主要分布于磷质砂屑和页岩中。薄片中为无色透明，不规则粒状，粒径约 0.16mm。负低突起，干涉色一级灰—灰白，二轴晶。钾长石易风化为高岭石。

6. 黏土矿物

1）水云母

薄片中，水云母为无色透明或微带淡绿色调，细叶片状或细针状，平行消光，干涉色二级橙黄—绿。主要分布于页岩或页岩条带中，微量呈磷酸盐类矿物集合体的包裹体形式产出。

2）高岭石

系钾长石、钠长石的风化产物。

7. 硅质矿物

1）石英

无色透明，不规则粒状，粒径最大为 2mm，最小为 0.01～0.006mm，一般为 0.1～0.3mm。

2）玉髓

薄片中呈无色透明，为隐晶质或非晶质微粒集合体，玉髓一般呈球粒状，放射状消光，折光率低于树胶。

硅质矿物的空间分布如下：

（1）在硅质磷块岩中，玉髓呈晶质胶质集合体胶结鲕状胶磷矿，石英呈不规则角粒状与胶磷矿紧密镶嵌。

（2）在白云岩条带中，玉髓呈椭球状，石英呈不规则粒状，与白云石紧密镶嵌。

（3）细粒微粒石英呈磷酸盐矿物集合体的包裹体产出。

（4）两种硅质矿物同时存在，是组成岩屑的主要成分之一。

8. 铁 – 碳质矿物

在偏光显微镜中观察到含铁矿物和含碳（有机碳）物质常混杂一起，因此，对选矿来说，可以将两者作为一个一个整体来处理（简称铁 – 碳质矿物）。

1）黄铁矿

立方自形—半自形晶，粒径变化较大，为 0.00l ～ 0.4mm。反射色黄白，反射率高，均质。部分已氧化为褐铁矿，但具黄铁矿假象或保留黄铁矿残余。

2）褐铁矿

薄片中呈红褐色，不透明或半透明。反射光下为灰白色，呈黄铁矿假象或不规则粒状、细丝状集合体。

3）有机碳

薄片中呈黑色，不透明。与呈黄铁矿和褐铁矿伴生，粒状集合体。

3.2.4　致密条带状磷块岩和脉石条带的矿石工艺性质

由矿石的矿物成分和结构构造可知，矿石中磷酸盐类矿物和脉石矿物在空间上呈均匀分布。磷酸盐类矿物主要以假鲕状、鲕状、泥晶胶状氟磷灰石形式存在，聚集成致密条带状磷块岩，以及鲕状、假鲕状磷块岩；碳酸盐类矿物主要以白云石形式存在，聚集成含磷白云岩；硅铝酸盐类矿物以水云母、高岭土、长石、石英等矿物形式存在。上述磷块岩含磷较富集，有很大价值。

3.2.5　全层样品多元素分析及不同粒级成分分析

1. 原矿全层多元素分析

原矿全层多元素分析见表 3-48。

表 3-48　原矿全层多元素分析　　　　　　（单位：%）

项目	P_2O_5	MgO	CaO	MnO	SiO_2	Fe_2O_3	Al_2O_3
含量	24.03	4.43	40.0	0.08	21.80	0.78	1.25

项目	K_2O	Na_2O	F	Cl	总 S	挥发组分	酸不溶物
含量	0.39	0.166	2.29	0.056	0.40	10.07	23.05

2. 原矿磨矿粒度分析

原矿全层磨矿粒度分析结果见表 3-49。

表 3-49　原矿全层磨矿粒度分析表

粒度 / 目	产率 /%	累计产率 /%
＜ 80	64.23	64.23
80 ～ 100	3.98	68.21
100 ～ 200	16.42	84.63
200 ～ 300	10.16	94.79
＞ 300	5.21	100.00

3. 全层矿不同粒级主要被考查组分的成分分析

原矿不同粒级主要被考查组分（P_2O_5、CaO、MgO、SiO_2、Fe_2O_3、Al_2O_3）的成分分析结果见图 3-34 和表 3-50。

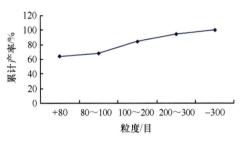

图 3-34　不同粒级的累计产率

表 3-50　成分分析结果　　　　　　　　　　（单位：%）

粒度及参数	P_2O_5		CaO		MgO		SiO_2		Fe_2O_3		Al_2O_3	
	品位	占有率	品位	占有率	品位	占有率	品位	占有率	品位	占有率	品位	占有率
+80 目	24.20	62.75	40.30	63.33	4.43	61.28	21.10	62.67	0.90	58.71	1.26	59.67
80 ～ 100 目	25.00	3.93	39.60	3.77	3.52	3.02	23.00	4.10	0.93	3.68	1.14	3.27
100 ～ 200 目	24.40	14.74	39.20	14.35	4.83	15.89	20.10	13.77	1.06	16.12	1.54	16.99
200 ～ 300 目	24.10	11.60	38.80	11.32	4.19	11.02	22.80	12.45	1.02	12.35	1.40	12.31
−300 目	23.30	6.98	39.80	7.23	4.53	7.39	22.40	7.61	1.21	9.14	1.42	7.76
合计占有率		100		100		98.6		100.6		100		100
全层平均品位	24.2		39.54		4.3		21.88		1.02		1.35	
原矿品位	24.03		40.0		4.43		21.8		0.98		1.25	
平衡	100.71		99.85		97.07		102.37		104.49		108.16	

图 3-35 ～图 3-39 分析结果表明：

（1）全层矿主要被考查组分 P_2O_5 含量为 24.03%，CaO 含量为 40.0%，MgO 含量为 4.43%，SiO_2 含量为 21.80%，Fe_2O_3 含量为 0.98%，Al_2O_3 含量为 1.25%。

（2）全层矿磨矿粒度的分布主要集中在大于 200 目范围内，占 84.63%，大于 300 目的占 94.79%，小于 300 目的占 5.21%。

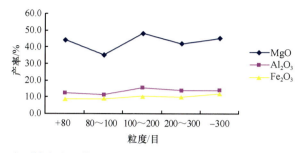

图 3-35　主要被考查组分（MgO、Fe_2O_3、Al_2O_3）成分分析图（昆阳矿区）

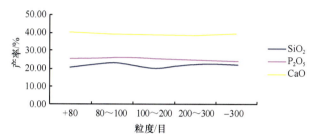

图 3-36　主要被考查组分（P_2O_5、CaO、SiO_2）成分分析（昆阳矿区）

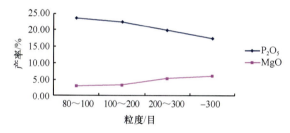

图 3-37　主要被考查组分（P_2O_5、MgO）成分分析（K2-1）

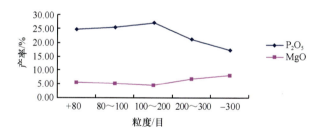

图 3-38　主要被考查组分（P_2O_5、MgO）成分分析（K2-2）

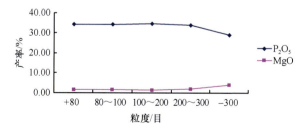

图 3-39　主要被考查组分（P_2O_5、MgO）成分分析（K1-3）

（3）P_2O_5、CaO、MgO、SiO_2、Fe_2O_3、Al_2O_3 等主要被考查组分在不同粒级范围的富集状况和规律如下：① P_2O_5 含量随磨矿粒度减小而减小。这是由于含磷矿物（胶磷矿）可磨性最差，P_2O_5 含量向 200 ～ 300 目颗粒富集。但当粒度小到 200 目后，其含量明显减小。② CaO 含量总体上与 P_2O_5 含量变化一致，也是随磨矿粒度减小而减小，也是含磷矿物（胶磷矿）可磨性最差而导致的。在 100 ～ 200 目范围内，CaO 含量弱有增大趋势，这是部分碳酸盐矿物可磨性好造成的。③ MgO 含量总体上与 P_2O_5 含量相反，随磨矿粒度减小而增大，这是由含有 MgO 组分的白云石矿物可磨性较好而导致 MgO 含量向小颗粒富集。同样地，当粒度小到 200 ～ 300 目后，其含量明显增大。④ SiO_2 含量和 Al_2O_3 含量随磨矿粒度的变化规律是一致的，总体上是随磨矿粒度的减小而增大。这是 SiO_2 和 Al_2O_3 组分的存在形式多样造成的，含 SiO_2 组分的矿物有可磨性差的石英、玉髓、长石等及可磨性好的黏土类矿物，含 Al_2O_3 组分的矿物有可磨性差的长石和可磨性好的黏土类矿物。⑤ Fe_2O_3 含量总体上随磨矿粒度的减小而增大，这是含有 Fe_2O_3 组分的主要矿物褐铁矿矿物可磨性较好而导致 Fe_2O_3 含量向小颗粒富集。

以上分析表明：无论是从富 P 和降 Si、Mg、Fe、Al 角度考虑，还是从产率角度考虑，磨矿粒度减小到一定程度后不利于选矿，应选择 200 ～ 300 目作为最佳磨矿粒度。

3.2.6 全层矿主要考查组分在矿物中的赋存状态研究

1. 各矿物在全层矿中的含量测定

利用可视化偏光显微镜（自制设备）和过尺线测法，首先测定矿石中各矿物平均体积含量，其次依据密度计算矿石中各矿物平均质量百分比，测定结果如表 3-51 所示。在全层矿石中，胶磷矿体积含量为 64.11%，碳酸盐类矿物体积含量为 15.71%，石英矿物体积含量为 14.62%，黏土类矿物体积含量为 4.77%，铁 – 碳质矿物体积含量为 0.79%。

表 3-51 各矿物在全层矿中的含量测定

矿物	线测长度 L/cm	体积 V/cm³	体积含量 H/%	密度 d/（g/cm³）	质量百分比 T/%
胶磷矿	120.51	1750203	64.11	2.98	66.46
碳酸盐矿物	75.41	428883	15.71	2.70	14.75
石英矿物	73.62	399126	14.62	2.65	13.48
黏土类矿物	5067	130221	4.77	2.54	4.21
铁 – 碳质矿物	27.84	21567	0.79	4.00	1.10
合计			100.00		100.00

注：矿物平均体积含量计算公式为 $H = \dfrac{L_i^3}{L_1^3 + L_2^3 + \cdots + L_i^3 + \cdots + L_n^3}$；矿物平均质量百分比含量计算公式为

$$T = \dfrac{V_i d_i}{V_1 d_1 + V_2 d_2 + \cdots + V_i d_i + \cdots + V_n d_n}。$$

2. 主要考查组分在各矿物中的赋存状态研究

1）矿物单体成分测定

根据以上各粒级的成分分析及矿物种类分析结果，把能被单体解离出的矿物看成单体，即被包裹物的最大粒度确定为 0.074mm。胶磷矿、石英矿物、碳酸盐类矿物、黏土类矿物通过挑样选择单体，用化学方法分析各成分含量；铁 – 碳质矿物、长石类矿物较难挑样，用 SEM 微区能谱成分分析。结果如下：

（1）胶磷矿（化学分析）：P_2O_5 含量为 36.38%；MgO 含量为 0.48%；CaO 含量为 52.81%；

SiO_2 含量为 26.74%；Fe_2O_3 含量为 2.26%；Al_2O_3 含量为 0.48%。

（2）碳酸盐类脉石矿物（化学分析）: MgO 含量为 19.80%；CaO 含量为 28.20%；Fe_2O_3 含量为 1.76%；SiO_2 含量为 25.76%；Al_2O_3 含量为 0.88%。

2）全层矿中主要考查组分在各矿物中的赋存状态查定

通过单体成分测定数据，结合矿物在矿石中的平均含量，首次查清原矿中主要考查组分在各矿物中的赋存状态（表 3-52），查明了各元素的存在形式。为选矿流程各阶段产物主要考查组分的走向提供了数据。

表 3-52　全层矿中主要考查组分在各矿物中的赋存状态测定结果表

矿物	矿物质量百分比	矿物 P_2O_5 含量百分比/占有率	矿物 CaO 含量百分比/占有率	矿物 MgO 含量百分比/占有率	矿物 SiO_2 含量百分比/占有率	矿物 Fe_2O_3 含量百分比/占有率	矿物 Al_2O_3 含量百分比/占有率
胶磷矿	66.46	24.18/100	35.16/88.79	0.32/8.91	4.48/21.23	0.15/18.75	0.32/26.45
碳酸盐类矿物	14.75		4.44/11.21	2.92/81.34	1.27/6.02	0.26/32.50	0.13/10.74
石英矿物	13.48				13.48/63.89		
黏土类矿物	4.21			0.35/9.75	1.87/8.86		0.76/62.81
铁-碳质矿物	1.10					0.39/48.75	
合计	100.00	24.18	39.60	3.59	21.10	0.80	1.21
原矿品位		24.03	40.00	3.99	21.80	0.78	1.25
平衡		100.62	99.00	89.97	96.79	102.56	96.80

3）结论

（1）如果把被包裹物的最小粒度确定为 0.074mm，则胶磷矿单体中各主要考查组分的品位是：P_2O_5 含量为 36.38%；MgO 含量为 0.48%；CaO 含量为 52.81%；SiO_2 含量为 26.74%；Fe_2O_3 含量为 2.26%；Al_2O_3 含量为 0.48%。因此，P_2O_5、MgO、SiO_2、R_2O_3 等组分理论上达到了选矿要求。

（2）对 MgO 组分来说，81.34% 的 MgO 赋存在碳酸盐类矿物中，8.91% 的 MgO 赋存在胶磷矿单体中，因此，只要能选去大部分的碳酸盐类矿物，就能满足 MgO 指标（＜1%）要求。因此，从总体上看，降镁较易。

（3）对 R_2O_3 组分来说，26.45% 的 Al_2O_3 和 18.75% 的 Fe_2O_3 赋存在胶磷矿单体中，62.81% 的 Al_2O_3 赋存在黏土类矿物中，48.75% 的 Fe_2O_3 赋存在铁-碳质矿物中，因为 R_2O_3 组分含量由化学分析可知较低，选去较多碳酸盐类矿物，就能满足 R_2O_3 指标要求（＜2%）。

（4）对 SiO_2 组分来说，其在矿物中的分布较广，21.23% 的 SiO_2 赋存在胶磷矿单体中，63.89% 的 SiO_2 赋存在石英矿物中，8.86% 的 SiO_2 赋存在黏土类矿物中，因此，只要能选去大部分的石英和黏土类矿物，就能满足 SiO_2 指标要求。因此，从总体上看，降硅也较易。

3.2.7　全层矿中各类矿物的嵌布粒度分析

采用过尺线测法在显微镜下对全层原矿石中胶磷矿、碳酸盐类矿物、石英—黏土类矿物、铁-碳质矿物的嵌布粒度进行统计，其结果（表 3-53，表 3-54 及图 3-40）表明：

（1）总的来看，嵌布粒度的大小顺序是：胶磷矿＞碳酸盐类矿物＞石英—黏土类矿物＞铁-碳质矿物；

（2）70.3% 的胶磷矿矿物嵌布粒度大于 0.16mm，属中—细粒嵌布；

（3）86.5%的胶磷矿矿物嵌布粒度大于0.08mm，属细粒嵌布；

（4）95.6%的胶磷矿矿物嵌布粒度大于0.04mm，属细粒嵌布。

表3-53　昆阳矿区磷矿层厚度统计表

样品	厚度/m	I	II	III	IV
k1-1	1.08	201			
k1-2	1.63	14	50	96	38
k1-3	0.46	142	39	17	5
k1-4	2.25	11	23	56	94
k2-1	0.46	69	73	98	100
k2-2	1.35		22	65	116
k2-3	1.65	161	18	9	6
k2-4	1.85	190	100	86	71
k2-5	0.76	65	68	61	49
k_x-1	0.75	80	67	50	23
k_x-2	1.36	138	38	12	10
k_x-3	0.68	73	35	16	8
k_x-4	0.54	104	58	17	14
厚度加权	14.82	93.23	43.04	48.40	47.28

表3-54　昆阳矿区磷矿石中的胶磷矿嵌布粒度测量计算记录（过尺线测法）

粒级	刻度格数	粒度范围/mm	比粒径 d	线测颗粒数 n''	含量比 $n''d$	含量分布 /%	累计含量 $\sum n''d$/%
I	−32+16	−0.32+0.16	8	93	744	70.3	70.3
II	−16+8	−0.16+0.8	4	43	172	16.2	86.5
III	−8+4	−0.8+0.4	2	48	96	9.1	95.6
IV	−4+2	−0.4+0.2	1	47	47	4.4	100.0
共计	−32+2	−0.32+0.2			1059	100.0	

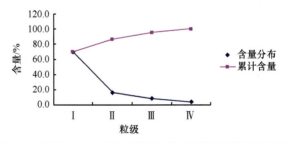

图3-40　全层矿中胶磷矿矿物嵌布粒度累计曲线及含量分布

3.2.8　矿物的嵌布嵌镶特征分析

1.矿物的嵌布特征

本矿区胶磷矿的嵌布特征为：主要呈条带状嵌布，有少许呈杂乱状嵌布，见附图5～附图15。

1）条带状嵌布

条带状嵌布在本区上矿层矿石类型中均普遍出现。在致密条带状磷块岩中磷块岩条带占 50% 左右，磷块岩条带宽 0.5 ～ 5cm，组成磷块岩条带的主要是块状胶磷矿。另外，有少量碳酸盐—石英—黏土类矿物和石英—黏土—铁–碳质矿物组成的微条纹，条带占 10% 左右，磷块岩条带宽 0.01 ～ 0.05cm。

在白云质条带状磷块岩中，磷块岩条带以不同宽度（一般宽 0.5 ～ 2cm，个别宽 5 ～ 10cm）和比例（占 35% 左右）嵌布于微晶白云岩中。磷块岩条带有块状胶磷矿和团粒状胶磷矿两种。

2）杂乱状嵌布

白云质条带磷矿石中，在由石英—黏土类矿物和白云石组成的条带中，尤其是较宽的条带中，往往星散嵌布有团粒状胶磷矿。

2. 矿物的嵌镶特征

胶磷矿同脉石矿物的嵌镶关系主要有两种：一是包裹嵌镶，二是毗连嵌镶，见附图 16 ～附图 42。

1）毗连嵌镶

块状胶磷矿颗粒同周边脉石矿物（碳酸盐、石英）呈波浪状或港湾状毗连嵌镶，但接触界面均不平整。

2）包裹嵌镶

无论是哪一类型的矿石，胶磷矿的嵌布颗粒中或多或少总是包裹有脉石矿物的微粒（即粒径小于粒度测量时目镜微尺一格的格值）。

在鲕状磷块岩中，胶磷矿颗粒中往往包裹有石英—长石—黏土类矿物微粒和铁–碳质不透明矿物微粒；在白云质条带状磷块岩矿石中，胶磷矿颗粒包裹物有碳酸盐类矿物微粒；在条带状磷块岩矿石中，胶磷矿颗粒中往往包裹有铁–碳质不透明矿物。

3.2.9 矿物的单体解离度分析

根据磨矿粒度的产率测定结果和嵌布粒度与嵌镶特征分析，测定单体解离度时，由于胶磷矿在形成过程中包裹有细粒脉石矿物（如石英、碳酸盐类矿物、黏土矿物、铁–碳质矿物、长石矿物），本小节将胶磷矿单体的被包裹脉石矿物的最大极限粒度确定为 0.074mm。所选粒度范围为：将原矿样品研磨后的粉体筛析为 100 ～ 200 目粒级范围。

压模成光块后采用偏光显微镜照相法测定胶磷矿的单体解离度，如表 3-55 所示。结果表明：胶磷矿的单体解离度在 100 ～ 200 目粒级范围为 79.65%。

表 3-55　昆阳矿区磷矿石中的胶磷矿单体解离分析数据表

样品	厚度 /m	单体 /个	连生体 /个			解离度 /%
			连生比为 3/4	连生比为 2/4	连生比为 1/4	
k1-1	1.08	338	80	61	8	78.51
k1-2	1.63	122	54	48	21	63.62
k1-3（鲕状）	0.46	481	12	15	3	96.54
k1-4	2.25	209	11	16	8	91.97

样品	厚度 /m	单体 / 个	连生体 / 个			解离度 /%
			连生比为 3/4	连生比为 2/4	连生比为 1/4	
k2-1	0.46	173	97	89	49	57.19
k2-2	1.35	24	76	68	75	17.94
k2-3	1.65	479	48	48	24	87.89
k2-4	1.85	242	97	68	48	67.08
k2-5	0.76	230	61	58	25	73.95
k$_x$-1	0.75	333	68	53	42	79.10
k$_x$-2	1.36	412	32	14	12	92.38
k$_x$-3	0.68	268	33	40	11	84.94
k$_x$-4	0.54	485	37	27	25	91.08
厚度加权	14.82	272.23	53.57	45.17	27.14	79.65

3.2.10 结论与建议

1）自然类型与工业类型

根据显微镜矿物分析与研究，本节所采的昆阳磷矿石自然类型可分六类：①鲕状、假鲕状磷块岩；②条带状白云质磷块岩或条带状磷块岩；③含磷白云岩；④砾状磷块岩；⑤砂质磷块岩；⑥生物碎屑磷块岩。其工业类型相应分为三类：①磷酸盐型磷块岩。主要是鲕状、假鲕状磷块岩。②碳酸盐型磷块岩。主要是条带状白云质磷块岩或条带状磷块岩,生物碎屑磷块岩。③硅酸盐型磷块岩。主要是砂质磷块岩、砾状磷块岩。

2）矿石的矿物成分与含量

根据岩矿鉴定，主要工业矿物为磷酸盐类矿物（氟磷灰石）；主要脉石矿物有碳酸盐类矿物（白云石、方解石）、石英—长石—黏土类矿物（水云母、高岭石、钾长石，钠长石、石英、玉髓）、铁 – 碳质矿物（黄铁矿、褐铁矿、有机碳）。

在全层矿石中，胶磷矿占 66.46%，碳酸盐类矿物占 14.75%，石英矿物占 13.48%，黏土类矿物占 4.21%，铁 – 碳质矿物占 1.10%。

3）磷块岩条带和脉石条带的矿石工艺性质

矿石中磷酸盐矿物和脉石矿物在空间上呈不均匀分布，主要形成三类矿石条带：①磷酸盐类矿物主要以假鲕状、泥晶状磷灰石形式存在，聚集成磷块岩条带或致密条带状磷块岩及鲕状、假鲕状磷块岩。②碳酸盐类矿物主要以白云石形式存在，聚集成白云岩条带。③硅铝酸盐类矿物以水云母、高岭土、长石、石英等矿物形式存在。

磷块岩条带中，P_2O_5 分布率占 99.04%，P_2O_5 平均含量为 32.52%，MgO 平均含量为 0.55%，R_2O_3 平均含量为 2.23%，其中，$P_2O_5 > 31.5\%$、MgO ≤ 1.0% 能满足优质磷精矿的工业要求，且理论回收率较高，但 $R_2O_3 > 2.0\%$。因此，建议可先选别出矿石中的磷块岩条带，然后再处理 R_2O_3，即可获得合乎要求的优质磷精矿。

MgO 主要分布在碳酸盐类矿物中（81.34%），Al_2O_3 约有 62.81% 分布在黏土类矿物中，Fe_2O_3 约有 48.75% 分布在铁 – 碳质矿物中，丢弃白云岩和黏土，就可以丢弃掉矿石中大部分的 MgO 和 R_2O_3。

磷块岩条带和脉石条带宽度较大，磷块岩条带宽度大于 2mm 者占 83.73%，大于 4mm 者占 67.60%，脉石条带宽度大于 2mm 者占 68.62%，大于 4mm 者占 60.60%。因此，从条带宽度来看，矿石已具备了解离性。

4）全层样品多元素分析及不同粒级成分分析结果

全层矿主要被考查组分 P_2O_5 含量为 24.03%，CaO 含量为 40.00%，MgO 含量为 3.99%，SiO_2 含量为 21.80%，Fe_2O_3 含量为 0.78%，Al_2O_3 含量为 1.25%。

全层矿磨矿粒度的产率分布主要集中在 80 ~ 200 目范围内，占 84.63%，80 ~ 300 目的占 94.79%。

P_2O_5、CaO、MgO、SiO_2、Fe_2O_3、Al_2O_3 等主要被考查组分在不同粒级范围的富集状况和规律如下：

（1）P_2O_5 含量随磨矿粒度减小而减小。这是由于含磷矿物（胶磷矿）可磨性最差，P_2O_5 含量向大颗粒富集。但当粒度小到 200 目后，其含量明显减小。

（2）CaO 含量总体上与 P_2O_5 含量一致，也是随磨矿粒度减小而减小，也是由含磷矿物（胶磷矿）可磨性最差而导致的。不同的是在 100 ~ 200 目范围内，CaO 含量弱有增大趋势，这是由部分碳酸盐类矿物可磨性好造成的。

（3）MgO 含量总体上与 P_2O_5 含量相反，随磨矿粒度减小而增大，这是由含有 MgO 组分的白云石矿物可磨性较好而导致 MgO 含量向小颗粒富集。同样地，当粒度小到 200 ~ 300 目后，其含量基本不变化。

（4）SiO_2 含量和 Al_2O_3 含量随磨矿粒度的变化规律是一致的，总体上是随磨矿粒度的减小而增大。这是 SiO_2 和 Al_2O_3 组分的存在形式多样造成的，含 SiO_2 组分的矿物有可磨性差的石英、玉髓、长石等及可磨性好的黏土类矿物，含 Al_2O_3 组分的矿物有可磨性差的长石和可磨性好的黏土类矿物。

（5）Fe_2O_3 含量总体上随磨矿粒度的减小而增大，这是含有 Fe_2O_3 组分的主要矿物褐铁矿矿物可磨性较好而导致 Fe_2O_3 含量向小颗粒富集。但在小于 200 目范围内时，随磨矿粒度的减小其含量是减小的，这是由含有 Fe_2O_3 组分的次要矿物黄铁矿可磨性较差而导致的。

无论是从富 P 和降 Si、Mg、Fe、Al 角度考虑，还是从产率角度考虑，磨矿粒度减小到一定程度后不利于选矿，应选择 200 ~ 300 目作为最佳磨矿粒度。

5）主要考查组分在各矿物中的赋存状态研究结果

A. 矿物单体成分

（1）胶磷矿：P_2O_5 含量为 36.38%；MgO 含量为 0.48%；CaO 含量为 52.81%；SiO_2 含量为 26.74%；Fe_2O_3 含量为 2.26%；Al_2O_3 含量为 0.48%。

（2）碳酸盐类脉石矿物：MgO 含量为 19.80%；CaO 含量为 28.20%；Fe_2O_3 含量为 1.76%；SiO_2 含量为 25.76%；Al_2O_3 含量为 0.88%。

（3）石英矿物（化学分析）：SiO_2 含量为 13.48%。

B. 赋存状态

如果把被包裹物的最小粒度确定为 0.074mm，则胶磷矿单体中各主要考查组分的品位是：P_2O_5 为 36.38%；MgO 为 0.48%；CaO 为 52.89%；SiO_2 为 6.74%；Fe_2O_3 为 0.23%。因此，P_2O_5、MgO、SiO_2、R_2O_3 等组分理论上达到了选矿要求。

对 MgO 组分来说，81.34% 的 MgO 赋存在碳酸盐类矿物中，8.91% 的 MgO 赋存在胶磷矿单体中，因此，只要能选去大部分的碳酸盐类矿物，就能满足 MgO 指标（<1%）要求。

因此，从总体上看，降镁较易。

对 R_2O_3 组分来说，26.45% 的 Al_2O_3 和 18.75% 的 Fe_2O_3 赋存在胶磷矿单体中，因此，选去较多的长石—黏土类矿物和铁－碳质矿物，就能满足 R_2O_3 指标要求（＜2%），但由于长石—黏土类矿物和铁－碳质矿物的嵌布粒度较小，很难单体解离。

对 SiO_2 组分来说，其在矿物中的分布较广，21.23% 的 SiO_2 赋存在胶磷矿单体中，63.89% 的 SiO_2 赋存在石英矿物中，8.86% 的 SiO_2 赋存在黏土类矿物中，因此，只要能选去大部分的石英和黏土类矿物，就能满足 SiO_2 指标要求。因此，从总体上看，降硅也较易。

6）全层矿中各类矿物的嵌布粒度分析结果

总的来看，嵌布粒度大小顺序是：胶磷矿＞碳酸盐类矿物＞石英—黏土类矿物＞铁－碳质矿物。

79.65% 的胶磷矿嵌布粒度大于 0.074mm，属细粒嵌布。

7）矿物的嵌布嵌镶特征分析结果

本矿区胶磷矿的嵌布特征有主要是条带状嵌布，有少许的杂乱状嵌布。

胶磷矿同脉石矿物的嵌镶关系主要有两种：一是包裹嵌镶，二是毗连嵌镶关系。

8）矿物的单体解离度分析结果

胶磷矿的单体解离度在 100～200 目粒级范围内为 79.65%。

3.3　贵州磷矿 a 层矿工艺矿物学

3.3.1　地质概况

新桥磷矿山是白岩矿区最南端一个矿层较稳定、矿体规模大、矿石质量好的矿区，矿体赋存于上震旦统陡山沱组，属海相沉积磷块岩矿产。矿体南北长 2.82km，东西宽 0.15～0.67km，展布面积 1km²，除 F_{370} 断层以南地段 a 矿层出现相变尖灭，其余地段无落空工程。东、西翼工程控制最低点标高分别为 696.24m 和 774.56m。

陡山沱组是一套由磷块岩、白云岩及硅质岩等组成的含磷岩组，由 a、b 两层矿与三层含磷白云岩（顶板、夹层、底板白云岩）组成，较稳定易对比（图 3-41）。全组厚度为 17.36～69.76m，平均为 38.83m，总的变化趋势是北厚南薄，东厚西薄。

陡山沱组岩（矿）石依层序自上而下如下所述。

顶板白云岩：为浅灰色薄层状含磷白云岩，18 勘探线以北因磷质富集或磷质条带较多可形成碎屑状或条带状白云质磷块岩且稳定，为 b 层矿直接顶板；18 勘探线以南相变尖灭，只在局部地段存在，不稳定。

b 层矿：由碎屑状白云质磷块岩（包括条带、团块、假鲕、碎屑状）和致密块状及泥质磷块岩组成，后者 18 勘探线以南相变尖灭，厚度较稳定，北厚南薄。

夹层（G_1）白云岩：浅灰色中厚层状含磷微粒白云岩,顶部具不稳定的硅质团块或硅质岩，并赋存不稳定白云质磷块岩透镜体。厚度 0.16～13.17m，厚度变化是北薄南厚，东薄西厚，平均厚度 6.20m。P_2O_5 含量为 2.04%～16.63%，平均 7.68%。

a 层矿：为灰黑色薄板状磷块岩，顶底赋存不稳定的条带状白云质磷块岩，厚度变化是北厚南薄、东厚西薄，至 F_{370} 断层以南相变变薄尖灭，并呈透镜体产出。

新桥磷矿山含磷岩组柱状图

代号 地层	代号 矿层	柱状图 1:200	岩矿名称		厚度/m 最小	厚度/m 最大	厚度/m 平均	厚度/m 合计	P₂O₅/% 最小	P₂O₅/% 最大	P₂O₅/% 平均	P₂O₅/% 合计
顶板白云岩	顶板白云岩	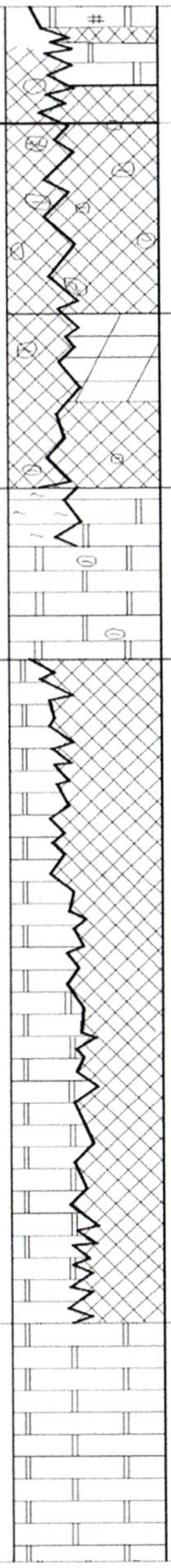	顶板	含磷条带白云岩、含磷白云岩。18勘探线以北中上部具条带状白云质磷块岩，18勘探线以南相变尖灭。	0	7.30	4.21		4.96	14.41	9.44	
Z_1ds^4	b		b^2~b^4	18勘探线以北为碎屑状白云质磷块岩，上部具条带状或条纹状。18勘探线以南变相为：上部为团块状白云质磷块岩，下部为碎屑状(砂砾屑)白云质磷块岩。	5.53	14.67	7.92	3.88~18.17 12.64	23.32	24.59	28.12	16.48~32.18 26.52
			b^1 黑色磷块岩	致密磷块岩，18勘探线以南变相尖灭	0	5.76	2.50	3.50~6.62 5.23	28.38	36.70	33.78	24.08~33.98 28.49
				泥质磷块岩，18勘探线以南变相尖灭	0	4.17	3.75		22.23	33.98	24.20	
Z_1ds^3	夹层 (G_1) 白云岩			含磷白云岩，局部为含磷团块硅质岩，中上部磷质富集可形成白云质磷块岩透镜体。	0.16	13.17	6.20		2.04	13.63	7.68	
Z_1ds^2	a			薄板状砂泥质磷块岩，顶底为条带状白云质磷块岩，18勘探线以南变相尖灭。	10.72	30.90	24.03		17.58	26.49	25.74	
Z_1ds^1	底板白云岩			微—细粒白云岩，顶部局部含磷	1.08	15.44	8.70		0.64	4.64	2.12	

图 3-41　新桥磷矿山含磷岩组柱状图

　　底板白云岩：浅灰、浅肉红色中厚层状细粒白云岩，夹不稳定水云母黏土岩，顶部具不稳定磷质条纹。

　　a 层矿：赋存于陡山沱组中下部，分布于矿山 F_{370} 断层以北（南部尖灭），东厚西薄，呈层状稳定产出，主要为灰色薄板状砂泥质磷块岩。矿层厚度为 10.72～30.90m，平均为 24.03m，厚度变化系数为 58.34%，P_2O_5 含量为 17.58%～26.49%，平均为 27.74%，品位变化系数为 5.02%。a 层矿主要由灰黑色薄板状砂泥质磷块岩组层。矿石自然类型单一，其顶、底部具有不稳定的条带状白云质磷块岩（厚度为 0.34～3.47m）。a 层矿不论是厚度还是品位都具有明显的变化规律：纵向上是北厚南薄，横向上是东厚西薄。在 F_{370} 断层以南地段 a 层矿相变变薄尖灭或呈透镜状产出，不具工业价值。在平面上显示出随矿层变薄，P_2O_5 含量变低，垂直方向，由下至上随砂质、黏土质含量的减少，P_2O_5 含量有规律地由低到高。矿层顶底界面平直、稳定，清楚易辨，内无夹石。

3.3.2　矿石的自然类型与工业类型

1. 矿石自然类型

根据显微镜矿物分析与研究，本次所采得的 a 层矿自然类型可分为以下两类。

1）纹层状砂屑磷块岩

产于含磷岩系下部（a 层矿），显黑色、棕褐色，其纹层构造或由粒径 0.3～0.6mm 的中粒砂屑磷块岩层与 0.1～0.25mm 的细砂屑磷质层呈毫米级纹层相间，或由砂屑磷颗粒层与晶质凝胶状磷灰石基质层呈 0.05～2mm 的纹层互层，或由砂屑磷颗粒层与铁质、水云母、石英粉砂及磷砂屑等组成的磷质陆源砂屑层呈 0.1～2mm 的纹层互层。P_2O_5 含量在 25.74% 左右，属硅钙镁质富—中矿。

2）白云质条带状磷块岩

产于 a 层矿顶、底部，厚度为 0.34～3.47m。磷块岩条纹的厚度和数量一般较白云岩（或黏土岩）厚而多。中上部则趋于以白云岩条带为主。由灰黑色薄层状磷块岩与深灰色粉砂、黏土质相间组成，具条纹状、条带状构造，层理清晰，单层厚度为 1～6mm，显微层理，主要矿物胶磷矿为非晶质—隐晶质体，其集合体呈圆形、椭圆形砂屑，磷酸盐呈细砂屑颗粒，具塑性砂屑结构，粒度均一，多在 0.1～0.25mm，彼此紧密接触，其孔隙中多充填以无定形胶磷矿，局部则充填以白云石和石英等。该类矿石 P_2O_5 含量平均在 20% 左右，属镁钙质中—贫矿。

2. 矿石工业类型

根据矿石的成分和矿物组合，其工业类型为硅镁质磷矿石。

3.3.3　矿石的矿物成分

1. 原矿的矿物种类分析

a 层矿两大类型矿石的矿物组成在 3.3.2 节已经述及，根据岩矿鉴定，主要矿物为磷酸盐类矿物（碳氟磷灰石），主要脉石矿物有碳酸盐类矿物（白云石、方解石）、石英—长石—黏土类矿物（白云母、绢云母、高岭石、钾长石、钠长石、石英、玉髓）、铁–碳质矿物（黄铁矿、有机碳）（表 3-56）。

（1）磷酸盐类矿物：主要是碳氟磷灰石，微晶结构。氟磷灰石有致密块状、碎块（屑）状和团粒（或假鲕状）三种。单偏光镜下呈褐色、黄褐色和黄色，少量呈黑褐色，与黏土类矿物和铁–碳质不透明矿物微粒绞合在一起，呈云雾状，透明度变差，正交偏光镜下基本上显均质性，部分显微弱的非均质性，但颗粒界线显示不清。团粒状和碎块（屑）状碳氟磷灰石周边往往有纤维状磷灰石微晶，无色透明。

（2）碳酸盐类矿物：主要是白云石和方解石，出现在白云质条带状磷块岩中，以泥晶—粉晶状组成白云岩条带，有微量的白云岩条带被氟磷灰石包裹。在纹层状砂屑磷块岩中可见微量的细晶或微晶状白云石颗粒散于氟磷灰石颗粒间或被包裹。在页岩条带状磷块岩中很少见白云石微粒与黏土类矿物胶合一起。

（3）石英—长石—黏土类矿物：在纹层状砂屑磷块岩中细粒—微粒状石英—长石—黏土类矿物（主要为白云母）与少量的铁–碳质不透明矿物微粒胶合一起与氟磷灰石互为条带状产出，有少量呈石英—长石—黏土类矿物团粒掺杂于氟磷灰石条带中。在白云质条带状磷块岩中也有一些石英—黏土细小条带或团粒出现，且在白云质条带状磷块岩中石英—长石—黏土类矿物经常和泥晶—粉晶白云石胶合在一起。除此之外，在白云质条带状磷块岩和纹层状砂屑磷块岩这两类矿石的薄片中，能见到少量陆源碎屑状的石英颗粒出现。

（4）铁–碳质矿物：在石英—黏土条带或石英—黏土团粒中往往包裹有黑色和深褐色不透明矿物的微粒，并且在石英—黏土条带中又形成更次一级的黑色条带。在氟磷灰石中，尤其是在团粒状氟磷灰石中往往包裹有黑色不透明矿物的星散颗粒。

表 3-56　矿物种类

矿层	矿石自然类型	矿物种类		
		有用矿物	主要矿物	次要矿物
顶板	含磷白云岩	氟磷灰石	白云石	石英、玉髓
上贫矿	白云质条带状磷块岩	氟磷灰石	氟磷灰石、白云石	钠长石、方解石、高岭石、石英、黄铁矿、有机碳等
中富矿（上层矿中下部、下层矿上部）	纹层状砂屑磷块岩	氟磷灰石	氟磷灰石	白云石、方解石、高岭石、云母、黄铁矿、玉髓、长石、有机碳等及岩屑
下贫矿	白云质条带状磷块岩	氟磷灰石	氟磷灰石、白云石	钠长石、石英、高岭石、黄铁矿、方解石、有机碳等及岩屑、云母
底板	含磷白云岩	氟磷灰石	白云石、氟磷灰石	黄铁矿、方解石、有机碳、岩屑、石英、高岭石

2. 碳氟磷灰石

（1）偏光显微镜下观察，主要工业含磷矿物呈浅棕—深棕色，中突起，凝胶状集合体 [形成团块状、不规则球粒状、椭圆状、假鲕状（粒径 0.2 ～ 0.5mm）等]，聚集成磷块岩条带，集合体中包裹有微细的钠长石、黏土、石英、玉髓、黄铁矿、白云石、方解石等矿物，具有典型的沉积胶磷矿特征。

（2）氟磷灰石成分分析表明（图 3-42）：除主要成分 P 和 Ca 以外，还含有 F、Na、Mg、Si、O 等元素。

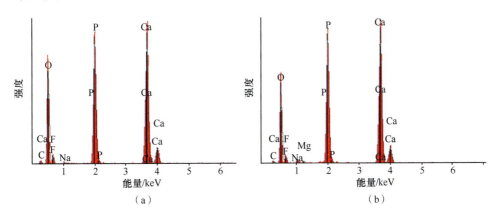

（a）　　　　　　　　　　　　（b）

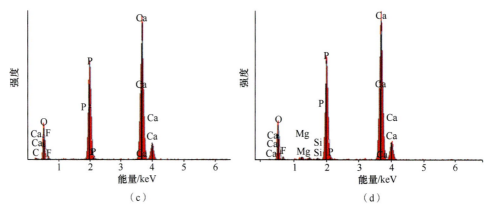

（c）　　　　　　　　　　　（d）

图 3-42　氟磷灰石化学成分能谱分析

（3）碳氟磷灰石 SEM 形貌分析

图 3-43 SEM 分析表明：磷灰石的结晶形貌为六方双锥与六方柱的复形，结晶粒度为 50～100μm，属微晶质，磷灰石微晶间有细小的包裹矿物。

以上总的分析结果表明：矿石中主要工业含磷矿物为微晶质碳氟磷灰石（以下简称胶磷矿）。

3. 白云石

如图 3-44 所示，显微镜下，白云石为不均匀的深灰色，浅土黄色，不规则粒状集合体。玻璃光泽，硬度低，性脆。闪突起，干涉色高级白，一轴晶。粒径一般在 0.01～0.05mm。其空间分布形式有两种：其一，主要呈细晶、微晶结构组成白云岩条带；其二，约有 1% 的微量白云石在磷矿物集合体中呈微细包裹体，粒度为 0.002～0.004mm。

图 3-43　碳氟磷灰石 SEM 分析

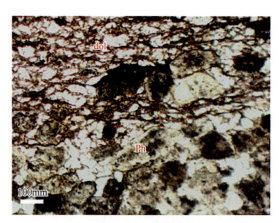

图 3-44　白云石照片

dol- 白云石；Ph- 胶磷矿

白云石是矿石中主要的脉石矿物，其成分、物相、基团特征详见以下的能谱分析、SEM 分析。

1）白云石化学成分分析

能谱分析（图 3-45）结果表明：白云石除了含 Mg 和 Ca 以外，还混杂有 Al、Si 等微量矿物或机械混入物。

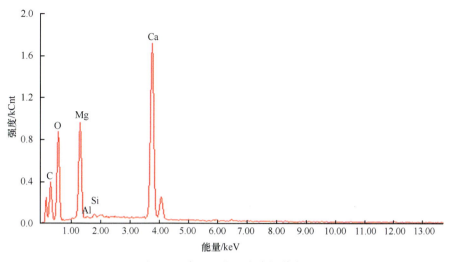

图 3-45　白云石化学成分能谱分析

2）白云石扫描电镜分析

扫描电镜（图 3-46）分析结果表明：白云石呈粒状集合体分布。

4. 钠长石

无色透明，自形—半自形板状晶体，粒径为 0.01 ～ 0.03mm，干涉色一级灰白，二轴晶，部分已风化为高岭石和绢云母等黏土类矿物，但仍保持钠长石外形。该矿物主要在磷酸盐类矿物集合体中呈包裹体形式存在。

5. 钾长石

如图 3-47 所示，该矿物不呈包裹体形式存在，而主要分布于磷质砂屑和页岩中。薄片中为无色透明，不规则粒状，粒径约 0.15mm。负低突起，干涉色一级灰—灰白，具有卡斯巴双晶，二轴晶，钾长石易风化为高岭石。

图 3-46　白云石扫描电镜分析

图 3-47　钾长石照片

6. 黏土类矿物

1）白云母

薄片中，白云母为无色透明或微带淡绿色调，细叶片状或细针状，平行消光，干涉色二级橙黄—绿，主要分布于页岩或页岩条带中，微量呈磷酸盐类矿物集合体的包裹体形式产出（图 3-48）。

2）高岭石

系钾长石、钠长石的风化产物。

7. 硅质矿物

1）石英

一般为无色，不规则粒状，有时因含杂质呈灰黑色，干涉色为一级黄白，粒径最大 2mm，最小 0.01～0.006mm，一般为 0.1～0.3mm。石英矿物偏光显微镜照片如图 3-49 所示。

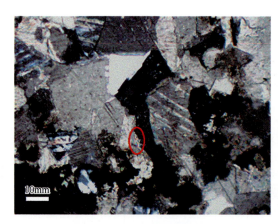 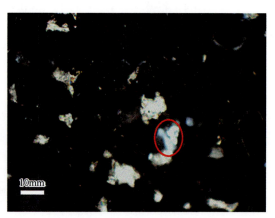

图 3-48　白云母矿物照片　　　　　　图 3-49　石英矿物偏光显微镜照片

2）玉髓

薄片中无色透明，为隐晶质或非晶质微粒集合体，玉髓一般呈球粒状，放射状消光，折光率低于树胶。玉髓矿物偏光显微镜照片如图 3-50 所示。

硅质矿物的空间分布如下：

（1）在白云岩条带中，玉髓呈纤维状集合体组成的球状或椭球状，石英呈不规则粒状，与白云石紧密镶嵌。

（2）较大颗粒的石英是砂磷质条带状磷块岩的主要组成矿物之一，另外还与碳氟磷灰石颗粒紧密镶嵌。

（3）细粒微粒石英呈磷酸盐类矿物集合体的包裹体形式产出。

（4）两种硅质矿物同时存在，是组成岩屑的主要成分之一。

8. 铁 – 碳质矿物

在偏光显微镜中观察到含铁矿物和含碳（有机碳）物质常混杂一起，并包裹少量的石英、黏土。因此，对选矿来说，可以将两者作为一个整体来处理（以下简称铁 – 碳质矿物）。

1）黄铁矿

立方自形—半自形晶，粒径变化较大，一般为 0.001～0.4mm。反射色黄白，反射率高，均质。

2）有机碳

薄片中呈黑色，不透明。常与黄铁矿伴生，粒状集合体。铁 – 碳质矿物偏光显微镜照片如图 3-51 所示。

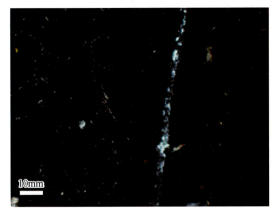

图 3-50　玉髓矿物偏光显微镜照片　　　　　图 3-51　铁－碳质矿物偏光显微镜照片

3.3.4　全层样品化学成分及矿物组成

1. 原矿全层多元素分析（X 射线荧光分析）

原矿全层多元素分析见表 3-57。

表 3-57　贵州磷矿 a 层矿原矿样品多元素分析　　　　（单位：%）

项目	P_2O_5	CaO	MgO	SiO_2	Fe_2O_3	Al_2O_3
含量	28.54	42.93	2.19	12.58	1.18	2.12
项目	K_2O	Na_2O	F	SO_3	烧失量	
含量	0.37	0.368	2.33	3.11	6.6	

2. 原矿全层矿物组成测算

利用可视化偏光显微镜（自制设备），采用过尺线测法，首先测定矿石中各矿物平均体积含量，其次依据密度计算矿石中各矿物平均质量百分比含量，其测定结果如表 3-58 所示。在全层矿石中，胶磷矿占 76.04%，碳酸盐类矿物占 9.84%，石英矿物占 7.55%，黏土—长石类矿物占 3.96%，铁－碳质矿物占 2.61%。

表 3-58　贵州磷矿 a 层矿各矿物在原矿中的含量测定

矿物	线测长度 L/cm	体积 V/cm³	体积含量 H/%	密度 d/（g/cm³）	质量百分比 T/%
胶磷矿	42.10	74603.30	74.60	2.98	76.04
碳酸盐类矿物	22.00	10655.20	10.66	2.70	9.84
石英矿物	20.27	8329.80	8.33	2.65	7.55
黏土—长石类矿物	16.52	4505.00	4.50	2.57	3.96
铁－碳质矿物	12.40	1907.70	1.91	4.00	2.61
合计	113.29	100001.00	100.00		100.00

注：矿物平均体积含量计算公式为 $H = \dfrac{L_i^3}{L_1^3 + L_2^3 + \cdots + L_i^3 + \cdots + L_n^3}$；

矿物平均质量百分比含量计算公式为 $T = \dfrac{V_i d_i}{V_1 d_1 + V_2 d_2 + \cdots + V_i d_i + \cdots + V_n d_n}$。

3.3.5 全层矿主要考查组分在矿物中的赋存状态研究

1. 矿物单体成分测定

根据以上各粒级的成分分析及矿物种类分析结果，把能被单体解离出的矿物看成单体，即被包裹物的最小粒度确定为0.0392mm。胶磷矿、石英矿物、碳酸盐类矿物、黏土类矿物通过挑样选择单体，用化学方法分析各成分含量；铁－碳质矿物、长石类矿物较难挑样，用SEM微区能谱成分分析。结果如下所述。

（1）胶磷矿（SEM分析）：P_2O_5含量为35.75%，MgO含量为0.19%，CaO含量为48.86%，SiO_2含量为2.70%，Al_2O_3含量为0.88%，Fe_2O_3含量为0.54%，SO_3含量为0.11%，F含量为2.78%，Na_2O含量为0.37%，K_2O含量为0.23%。

（2）碳酸盐类矿物（化学分析）：MgO含量为20.21%，CaO含量为38.52%，Fe_2O_3含量为0.41%，SiO_2含量为6.54%，Al_2O_3含量为0.39%。

（3）石英矿物（化学分析）：SiO_2含量为99.58%。

（4）长石—黏土类矿物（SEM分析）：SiO_2含量为44.71%，Al_2O_3含量为33.11%，MgO含量为0.77%，Na_2O含量为1.84%，K_2O含量为4.49%。

（5）铁－碳质矿物（SEM分析）：Fe_2O_3含量为25.74%、SO_3含量为67.90%。

2. 全层矿中主要考查组分在各矿物中的赋存状态

通过单体成分测定数据，结合矿物在矿石中的平均含量，首次查清原矿中主要考查组分在各矿物中的赋存状态（表3-59），查明了各元素的存在形式。为选矿流程各阶段产物主要考查组分的走向提供了数据。

3. 结论

（1）如果把被包裹物的最小粒度确定为0.0392mm，则a层矿中各主要考查组分的品位是：P_2O_5为28.54%、MgO为2.19%、CaO为42.93%、SiO_2为12.58%、Fe_2O_3为1.18%、Al_2O_3为2.12%、Na_2O为0.368%、K_2O为0.37%。

（2）对MgO组分来说，91.99%的MgO赋存在碳酸盐类矿物中，6.60%的MgO赋存在胶磷矿单体中，因此，只要能选去大部分的碳酸盐类矿物，就能满足MgO指标（＜1%）要求。因此，从总体上看降镁较易。

（3）对R_2O_3组分来说，36.44%的Fe_2O_3和33.02%的Al_2O_3赋存在胶磷矿单体中，65.09%的Al_2O_3赋存在长石—黏土类矿物中，60.17%的Fe_2O_3赋存在铁－碳质矿物中，因此，只有选去较多的长石—黏土类矿物和铁－碳质矿物，才能满足R_2O_3指标要求（＜2%），但由于长石—黏土类矿物和铁－碳质矿物的嵌布粒度较小，很难单体解离。因此，总体上该矿降R_2O_3较难，应该在选矿过程中尽量排除长石—黏土类矿物和铁－碳质矿物。

（4）对SiO_2组分来说，其在矿物中的分布较广，17.16%的SiO_2赋存在胶磷矿单体中，62.67%的SiO_2赋存在石英矿物中，14.77%的SiO_2赋存在长石—黏土类矿物中，5.40%的SiO_2赋存在碳酸盐类矿物中，因此，只要能选去大部分的石英、碳酸盐类矿物和黏土类矿物，就能满足SiO_2指标要求。因此，从总体上看降硅也较易。

（5）对R_2O组分来说，79.23%的Na_2O和48.65%的K_2O赋存在胶磷矿单体中，剩下的基本赋存在黏土类矿物中，因此，从总体上看降Na和K较难。

表 3-59 贵州磷矿 a 层矿 全层矿中主要考查组分在各矿物中的赋存状态测定结果表

矿物	矿物质量 百分比	矿物 P_2O_5 含量 百分比/占有率	矿物 CaO 含量 百分比/占有率	矿物 MgO 含量 百分比/占有率	矿物 SiO_2 含量 百分比/占有率	矿物 Fe_2O_3 含量 百分比/占有率	矿物 Al_2O_3 含量 百分比/占有率	矿物 F 含量 百分比/占有率	矿物 Na_2O 含量 百分比/占有率	矿物 K_2O 含量 百分比/占有率
胶磷矿	79.84	28.54/100	39.01/90.74	0.15/6.60	2.16/17.16	0.43/36.44	0.70/33.02	2.22/100	0.29/79.23	0.18/48.65
碳酸盐类矿物	10.33		3.98/9.26	2.09/91.99	0.68/5.40	0.04/3.39	0.04/1.89			
石英矿物	7.92				7.89/62.67					
长石—黏土类矿物	4.15			0.032/1.41	1.86/14.77		1.38/65.09			
铁—碳质矿物	2.74					0.71/60.17			0.076/20.77	0.19/51.35
合计	105.00	28.54	42.99	2.272	12.59	1.18	2.12	2.22	0.366	0.37
原矿品位		28.54	42.93	2.19	12.58	1.18	2.12	2.33	0.368	0.37
平衡		100.00	100.14	103.74	100.08	100.00	100.00	95.28	99.46	100.00

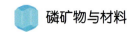

3.3.6 全层矿中各类矿物的嵌布粒度分析

采用过尺线测法在显微镜下对全层原矿石中胶磷矿、碳酸盐类矿物、石英—长石—黏土类矿物、铁－碳质矿物的嵌布粒度进行统计，其结果如表 3-60 ～表 3-63 及图 3-52 所示。

表 3-60　贵州磷矿 a 层矿胶磷矿的嵌布粒度表

粒级	刻度格数	粒度范围 /mm	比粒径 d	线测颗粒数 n''	含量比 $n''d$	含量分布 /%	累计含量 $\sum n''d$/%
I	＞ 32	32	32	724	23168	52.29	52.29
II	16 ～ 32	0.16 ～ 0.32	16	704	11264	25.42	77.71
III	8 ～ 16	0.08 ～ 0.16	8	841	6728	15.18	92.89
IV	4 ～ 8	0.04 ～ 0.08	4	610	2440	5.51	98.40
V	2 ～ 4	0.02 ～ 0.04	2	304	608	1.37	99.77
VI	1 ～ 2	0.01 ～ 0.02	1	94	94	0.21	99.98
VII	＜ 1		1	5	5	0.01	99.99
合计				3282	44307	99.99	

表 3-61　贵州磷矿 a 层矿碳酸盐类矿物的嵌布粒度表

粒级	刻度格数	粒度范围 /mm	比粒径 d	线测颗粒数 n''	含量比 $n''d$	含量分布 /%	累计含量 $\sum n''d$/%
I	＞ 32		32	68	2176	21.84	21.84
II	16 ～ 32	0.16 ～ 0.32	16	97	1552	15.58	37.42
III	8 ～ 16	0.08 ～ 0.16	8	288	2304	23.13	60.55
IV	4 ～ 8	0.04 ～ 0.08	4	554	2216	22.24	82.79
V	2 ～ 4	0.02 ～ 0.04	2	609	1218	12.23	95.02
VI	1 ～ 2	0.01 ～ 0.02	1	318	318	3.19	98.21
VII	＜ 1		1	178	178	1.79	100.00
合计				2112	9962	100.00	

表 3-62　贵州磷矿 a 层矿石英—长石—黏土类矿物的嵌布粒度表

粒级	刻度格数	粒度范围 /mm	比粒径 d	线测颗粒数 n''	含量比 $n''d$	含量分布 /%	累计含量 $\sum n''d$/%
I	＞ 32		32	2	64	5.44	5.44
II	16 ～ 32	0.16 ～ 0.32	16	12	192	16.31	21.75
III	8 ～ 16	0.08 ～ 0.16	8	43	344	29.23	50.98
IV	4 ～ 8	0.04 ～ 0.08	4	82	328	27.87	78.85
V	2 ～ 4	0.02 ～ 0.04	2	98	196	16.65	95.50
VI	1 ～ 2	0.01 ～ 0.02	1	47	47	3.99	99.49
VII	＜ 1		1	6	6	0.51	100.00
合计				290	1177	100.00	

表 3-63　贵州磷矿 a 层矿铁－碳质矿物的嵌布粒度表

粒级	刻度格数	粒度范围 /mm	比粒径 d	线测颗粒数 n''	含量比 $n''d$	含量分布 /%	累计含量 $\sum n''d$/%
I	＞ 32		32	0	0	0.00	0.00
II	16 ～ 32	0.16 ～ 0.32	16	10	160	4.10	4.10
III	8 ～ 16	0.08 ～ 0.16	8	130	1040	26.65	30.75

粒级	刻度格数	粒度范围 /mm	比粒径 d	线测颗粒数 n''	含量比 $n''d$	含量分布 /%	累计含量 $\sum n''d$/%
IV	4～8	0.04～0.08	4	330	1320	33.83	64.58
V	2～4	0.02～0.04	2	491	982	25.17	89.75
VI	1～2	0.01～0.02	1	313	313	8.02	97.77
VII	<1		1	87	87	2.23	100.00
合计				1361	3902	100.00	

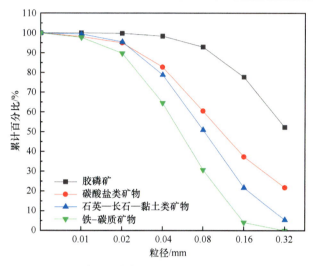

图 3-52　全层矿中各类矿物的嵌布粒度累计曲线

总体来看，该矿区混合型胶磷矿嵌布粒度大小顺序是：胶磷矿＞碳酸盐类矿物＞石英—长石—黏土类矿物＞铁 – 碳质矿物；92.90% 的胶磷矿嵌布粒度大于 0.0784mm，属于中粒嵌布。78.84% 的石英—长石—黏土类矿物大于 0.04mm，属于细粒嵌布；30.75% 的铁 – 碳质矿物小于 0.04mm，属于微细粒级嵌布。

3.3.7　矿物的嵌布嵌镶特征分析

1. 矿物的嵌布特征

本矿区胶磷矿的嵌布特征有主要是呈条带状嵌布，有少许的杂乱状嵌布。

1）条带状嵌布

条带状嵌布在 a 层矿两大类矿石类型中均普遍出现。在纹层状砂屑磷块岩中磷块岩条带占 80% 左右，磷块岩条带宽 0.5～2cm，组成磷块岩条带的主要是块状胶磷矿。另外，有少量碳酸盐类—石英—黏土类矿物和石英—黏土—铁 – 碳质矿物组成的微条纹，条带占 10% 左右，条带宽 0.1～0.5cm。

在白云质条带状磷块岩中，磷块岩条带以不同宽度（一般宽度为 0.5～10cm，个别宽度为 4～6cm）和比例（占 45% 左右）嵌布于微晶白云岩中。磷块岩条带有块状胶磷矿和团粒状胶磷矿两种。

2）杂乱嵌布

在白云质条带状磷块岩矿石（图 3-53）中，在以少量石英—黏土类矿物和大量白云石组成的条带中，尤其是较宽的条带中，往往星散嵌布有团粒状或碎屑状胶磷矿颗粒。

2. 矿物的嵌镶特征

胶磷矿同脉石矿物的嵌镶关系主要有两种：一是毗连嵌镶，二是包裹嵌镶关系。

1）毗连嵌镶

块状胶磷矿颗粒同周边脉石矿物、石英矿物、黏土类矿物、铁－碳质矿物一般呈平直、波浪状或港湾状毗连嵌镶。

团粒状胶磷矿颗粒与石英呈波浪状或港湾状毗连嵌镶，但接触界面均不平整。碎屑状胶磷矿颗粒与碳酸盐类矿物颗粒呈平直或港湾状毗连嵌镶（图3-54）。

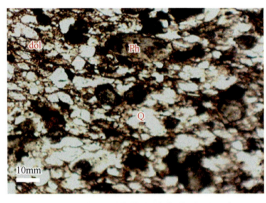

图 3-53　白云质条带状磷块岩矿石照片

Q-石英；Ph-胶磷矿；dol-白云石

图 3-54　团粒状胶磷矿颗粒照片

Q-石英；Ph-胶磷矿；dol-白云石

2）包裹嵌镶

无论是哪一类型的矿石，胶磷矿的嵌布颗粒中或多或少总是包裹有脉石矿物的微粒（即小于9.8mm粒度测量时目镜微尺一格的格值）。

在致密条带状磷块岩（图3-55）中，胶磷矿颗粒中往往包裹有石英—长石—黏土类矿物微粒和铁－碳质不透明矿物微粒。

铁－碳质矿物（图3-56）在胶磷矿边缘呈皮壳状，胶磷矿内部包裹物为石英、铁－碳质。

在白云质条带状磷块岩矿石（图3-57）中，胶磷矿颗粒包裹物有碳酸盐类矿物微粒，石英—黏土类矿物及铁－碳质不透明矿物微粒多见。

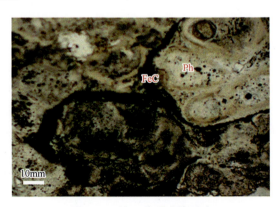

图 3-55　致密条带状磷块岩照片

FeC-铁－碳质矿物；Q-石英；Ph-胶磷矿

图 3-56　铁－碳质矿物照片

FeC-铁－碳质矿物；Ph-胶磷矿

3.3.8　矿物的单体解离度分析

根据磨矿粒度的产率测定结果和嵌布粒度与嵌镶特征分析，测定单体解离度时，由于胶磷矿在形成过程中包裹有细粒脉石矿物（如石英、碳酸盐类矿物、黏土矿物、铁－碳质矿物、长石矿物），本节将被看成胶磷矿单体的被包裹脉石矿物的最大极限粒度确定为 0.0392mm。所选粒度范围为：将原矿样品磨后的粉体筛析为 –400 目、300 ~ 400 目、200 ~ 300 目三个粒级。

压模成光块后采用偏光显微镜照相法，利用计算机图像识别，测定各矿物的单体解离度。

图 3-57　白云质条带状磷块岩照片

Q- 石英；Ph- 胶磷矿；dol- 白云石

1. 胶磷矿的单体解离度测定

胶磷矿的单体解离度测定结果如表 3-64 所示，结果表明：胶磷矿的单体解离度在 –400 目、300 ~ 400 目、200 ~ 300 目三个粒级均大于 90%。

表 3-64　贵州磷矿 a 层矿胶磷矿单体解离度测定结果表

粒度范围 / 目	单体 / 个	连生体 / 个					解离度 /%
		连生比为 1/2	连生比为 1/3	连生比为 1/5	连生比为 3/5	连生比为 4/5	
–400	1587	45	30	23	48	63	93.17
300 ~ 400	1487	58	32	28	53	72	91.70
200 ~ 300	1508	66	37	18	78	83	90.29

2. 碳酸盐类矿物的单体解离度测定

碳酸盐类矿物的单体解离度测定结果如表 3-65 所示，结果表明：碳酸盐类矿物的单体解离度与胶磷矿相似，在 –400 目、300 ~ 400 目、200 ~ 300 目三个粒级均大于 90%。

表 3-65　贵州磷矿 a 层矿碳酸盐类矿物单体解离度测定结果表

粒度范围 / 目	单体 / 个	连生体 / 个					解离度 /%
		连生比为 1/2	连生比为 1/3	连生比为 1/5	连生比为 3/5	连生比为 4/5	
–400	501	14	10	3	20	15	93.48
300 ~ 400	546	16	12	2	22	23	92.54
200 ~ 300	478	16	9	2	19	29	91.22

3. 石英—长石—黏土类矿物的单体解离度测定

石英—长石—黏土类矿物的单体解离度测定结果如表 3-66 所示，结果表明：石英—长石—黏土类矿物的单体解离度在 –400 目、300 ~ 400 目、200 ~ 300 目三个粒级均小于 70%。

表 3-66　贵州磷矿 a 层矿石英—长石—黏土类单体解离度测定结果表

粒度范围 / 目	单体 / 个	连生体 / 个					解离度 /%
		连生比为 1/2	连生比为 1/3	连生比为 1/5	连生比为 3/5	连生比为 4/5	
–400	302	40	26	20	62	87	68.41
300 ~ 400	245	31	20	16	56	72	67.76
200 ~ 300	253	46	34	28	65	82	63.64

4. 铁－碳质矿物的单体解离度测定

铁－碳质矿物的单体解离度测定结果如表 3-67 所示，结果表明：铁－碳质矿物的单体解离度在 –400 目、300 ～ 400 目、200 ～ 300 目三个粒级均小于 60%。

表 3-67　贵州磷矿 a 层矿铁－碳质矿物单体解离度测定结果表

粒度范围 / 目	单体 / 个	连生体 / 个					解离度 /%
		连生比为 1/2	连生比为 1/3	连生比为 1/5	连生比为 3/5	连生比为 4/5	
–400	225	78	55	39	75	97	54.51
300 ～ 400	230	89	73	48	84	103	52.13
200 ～ 300	227	111	86	57	97	104	48.93

3.3.9　结论与建议

1. 自然类型与工业类型

根据显微镜矿物分析与研究，新桥磷矿 a 层矿自然类型可分为以下两类：纹层状砂屑磷块岩、白云质条带状磷块岩；工业类型为硅镁质磷矿石。

2. 矿石的矿物成分与含量

根据岩矿鉴定，主要工业矿物为磷酸盐类矿物（碳氟磷灰石）。主要脉石矿物有三类：碳酸盐类矿物（白云石、方解石）、石英—长石—黏土类矿物（白云母、绢云母、高岭石、钾长石、钠长石、石英、玉髓）、铁－碳质矿物（黄铁矿、有机碳）。

在全层矿石中，胶磷矿占 76.04%，碳酸盐类矿物占 9.84%，石英矿物占 7.55%，黏土—长石类矿物占 3.96%，铁－碳质矿物占 2.61%。

3. 磷块岩条带和脉石条带的矿石工艺性质

矿石中磷酸盐类矿物和脉石矿物在空间上呈不均匀分布。主要形成两类矿石条带：①磷酸盐类矿物主要以假鲕状、泥晶状氟磷灰石形式存在，聚集成磷块岩条带；②碳酸盐类矿物主要以白云石形式存在，聚集成白云岩条带。

磷块岩条带和脉石条带宽度较大，磷块岩条带宽度范围为 10 ～ 100mm，脉石条带宽度为 1 ～ 10mm。因此，从条带宽度来看，矿石已具备了解离的可能性。

4. 主要考查组分在各矿物中的赋存状态研究结果

1）矿物单体成分

（1）胶磷矿（SEM 分析）：P_2O_5 含量为 35.75%，MgO 含量为 0.19%，CaO 含量为 48.86%，SiO_2 含量为 2.70%，Al_2O_3 含量为 0.88%，Fe_2O_3 含量为 0.54%，SO_3 含量为 0.11%，F 含量为 2.78%，Na_2O 含量为 0.37%，K_2O 含量为 0.23%。

（2）碳酸盐类矿物（化学分析）：MgO 含量为 20.21%，CaO 含量为 38.52%，Fe_2O_3 含量为 0.41%，SiO_2 含量为 6.54%，Al_2O_3 含量为 0.39%。

（3）石英矿物（化学分析）：SiO_2 含量为 99.58%。

（4）长石—黏土类矿物（SEM 分析）：SiO_2 含量为 44.71%，Al_2O_3 含量为 33.11%，MgO 含量为 0.77%，Na_2O 含量为 1.84%，K_2O 含量为 4.49%。

（5）铁－碳质矿物（SEM 分析）：Fe_2O_3 含量为 25.74%，SO_3 含量为 67.90%。

2）赋存状态

如果把被包裹物的最小粒度确定为 0.0392mm，则 a 层矿中各主要考查组分的品位是：P_2O_5 为 28.54%、MgO 为 2.19%、CaO 为 42.93%、SiO_2 为 12.58%、Fe_2O_3 为 1.18%、Al_2O_3 为 2.12%、Na_2O 为 0.368%、K_2O 为 0.37%。

对 MgO 组分来说，91.99% 的 MgO 赋存在碳酸盐矿物中，6.60% 的 MgO 赋存在胶磷矿单体中，因此，只要能选去大部分的碳酸盐类矿物，就能满足 MgO 指标（＜1%）要求。因此，从总体上看降镁较易。

对 R_2O_3 组分来说，36.44% 的 Fe_2O_3 和 33.02% 的 Al_2O_3 赋存在胶磷矿单体中，65.09% 的 Al_2O_3 赋存在长石—黏土类矿物中，60.17% 的 Fe_2O_3 赋存在铁－碳质矿物中，因此，只有选去较多的长石—黏土类矿物和铁－碳质矿物，才能满足 R_2O_3 指标要求（＜2%），但由于长石—黏土类矿物和铁－碳质矿物的嵌布粒度较小，很难单体解离。因此，总体上该矿降 R_2O_3 较难，应该在选矿过程中尽量排除长石—黏土类矿物和铁－碳质矿物。

对 SiO_2 组分来说，其在矿物中的分布较广，17.16% 的 SiO_2 赋存在胶磷矿单体中，62.67% 的 SiO_2 赋存在石英矿物中，14.77% 的 SiO_2 赋存在长石—黏土类矿物中，5.40% 的 SiO_2 赋存在碳酸盐类矿物中，因此，只要能选去大部分的石英、碳酸盐类矿物和黏土类矿物，就能满足 SiO_2 指标要求。因此，从总体上看降硅也较易。

对 R_2O 组分来说，79.23% 的 Na_2O 和 48.65% 的 K_2O 赋存在胶磷矿单体中，剩下的基本赋存在黏土类矿物中，因此，从总体上看降 Na 和 K 较难。

5. 全层矿中各类矿物的嵌布粒度分析结果

总的来看，该矿区混合型胶磷矿嵌布粒度大小顺序是：胶磷矿＞碳酸盐类矿物＞石英—长石—黏土类矿物＞铁－碳质矿物；92.90% 的胶磷矿嵌布粒度大于 0.0784mm，属于中粒嵌布。

6. 矿物的嵌布嵌镶特征分析结果

本矿区胶磷矿的嵌布特征有主要是呈条带状嵌布，有少许的杂乱状嵌布。

胶磷矿同脉石矿物的嵌镶关系主要有两种：一是毗连嵌镶，二是包裹嵌镶。

7. 矿物的单体解离度分析结果

胶磷矿的单体解离度在 –400 目、300～400 目、200～300 目三个粒级均大于 90%。

碳酸盐类矿物的单体解离度与胶磷矿相似，在 –400 目、300～400 目、200～300 目三个粒级均大于 90%。

石英—长石—黏土类矿物的单体解离度在 –400 目、300～400 目、200～300 目三个粒级均小于 70%。

铁－碳质矿物的单体解离度在 –400 目、300～400 目、200～300 目三个粒级均小于 60%。

4.1 试剂材料制备及研究方法

4.1.1 锶羟基磷灰石的制备方法

硝酸锶溶液的配制：准确称取 211.6300g $Sr(NO_3)_2$，在烧杯中加入 100mL 去离子水搅拌溶解，然后转移到 500mL 容量瓶中定容，振荡均匀，$Sr(NO_3)_2$ 溶液浓度为 2mol/L。

磷酸二氢钠溶液的配制：准确称取 78.0050g $NaH_2PO_4 \cdot 2H_2O$，在烧杯中加入 50mL 去离子水搅拌溶解，然后转移到 250mL 容量瓶中定容，振荡均匀，NaH_2PO_4 溶液浓度为 2mol/L。

模板诱导 / 均相沉淀法制备不同形貌锶羟基磷灰石 [$Sr_5(PO_4)_3OH$，简称 SrHAP] 的步骤：准确称取一定量模板剂（分析纯），在烧杯中加入 150mL 或 200mL 蒸馏水搅拌溶解，在磁力搅拌过程中，用移液管依次加入上述 $Sr(NO_3)_2$ 溶液 2.92mL、NaH_2PO_4 溶液 1.75mL，磁力搅拌 10min，再向溶液中加入一定量的 CH_4N_2O（分析纯，pH 调控剂），调控不同水浴温度和不同反应时间，得到白色沉淀。待产物静置、陈化和冷却（室温），过滤，用无水乙醇洗涤 2 次，蒸馏水交替洗涤 3 次，得到粉末滤饼，在 100 ~ 120℃下恒温鼓风干燥 12 ~ 24h，即得到所需的实验样品。具体实验技术路线如图 4-1 所示。

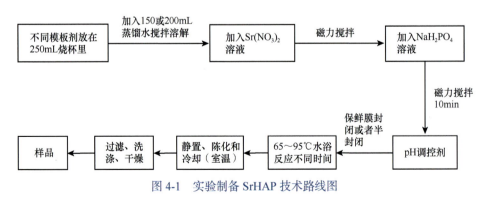

图 4-1　实验制备 SrHAP 技术路线图

模板诱导 / 均相沉淀法采取的是 pH 调控剂水解反应逐渐控制溶液碱性，pH 调控剂水解反应是二级反应，第一级缓慢反应生成氨基甲酸铵，第二级迅速反应生成氨分子和二氧化碳分子，氨分子极易溶于水，提供了 OH^-，如式（4-1）~式（4-3）所示。pH 调控剂水解反应速率是由第一级反应控制，整体反应缓慢[1, 2]，使反应体系的 pH 缓慢上升。pH 调控剂水解反应平衡、氨分子溶解平衡、溶液酸碱平衡及 SrHAP 反应平衡等缓冲作用，有利于溶液中 Sr^{2+}、$H_2PO_4^-$ 和 OH^- 反应的逐步进行，且晶核纯正，结晶均匀，结晶度高。

$$NH_2CONH_2 + H_2O \xrightarrow{\text{加热}} NH_2COONH_4 \qquad (4-1)$$

$$NH_2COONH_4 \xrightarrow{\text{加热}} 2NH_3\uparrow + CO_2\uparrow \qquad (4-2)$$

$$NH_3 + H_2O \longrightarrow NH_4^+ + OH^- \qquad (4-3)$$

4.1.2 样品物相、形貌表征方法

1. 样品物相分析方法

采用日本岛津公司生产的 XRD-6100 型 X 射线衍射仪（X 射线源为 CuKa，扫描范围为 20°～60°，扫描速度为 4°/min）对产物进行表征，通过与 Jade 6.5 中粉末衍射标准联合委员会（JCPDS）数据库中报告的数据进行比较，分析样品的物相。

2. 样品形貌分析方法

采用日本日立公司生产的 SU3500 型扫描电镜分析仪进行样品形貌分析。SrHAP 样品不具备导电性，在进行电镜测试前，要将样品进行导电胶固定，喷金处理，然后分析样品的形貌。

3. 样品形貌高分辨分析方法

采用日本电子株式会社生产的 JSM-7500F 型场发射扫描电镜，二次电子分辨率为 1.0nm（15kV）、1.4nm（1kV）；电镜放大倍数为 25～1000000；放大倍率误差小于 10%。将样品在乙醇中超声波分散 5min，然后将样品均匀分散在多孔铜网格上，干燥后对样品进行观察。

4. 样品微观形貌高分辨分析方法

采用日本电子株式会社生产的 JEM-2100F 型场发射高分辨透射电子显微镜（HRTEM），在 200kV 下使用日立 H-600 STEM/EDX PV9100 显微镜，点分辨为 0.23nm，晶格分辨率为 0.102nm，扫描透射像晶格分辨率为 0.20nm。将测试样品在乙醇中超声分散，然后均匀分散在多孔铜网格上，干燥后对样品进行观察。

5. 溶液表面张力分析方法

采用 DCAT 21 全自动表面张力仪（Shanghai Solon Tech. A201），配套高低温恒温液浴循环两用装置（XT5218-B8-R25C），测试不同温度下溶液的表面张力。

6. 孔径分析方法

采用美国康塔仪器有限公司生产的 PoreMaster 33 型全自动压汞仪，最大压强 33000Pa，可测量孔径 5nm～1080μm，利用汞的非浸润性，可连续或步进加压，自动控制系统，用以针对样品注入/排出特性调节压力改变速率，测定样品孔径。

7. 样品表面形貌分析方法

采用美国 Veeco 公司生产的 Nanoscope Ⅳ 型扫描探针显微镜（最大平面扫描范围为 125μm×125μm，最大垂直扫描范围为 2.5μm，最高水平分辨率为 0.1nm，最高垂直分辨率为 0.01nm），分析样品表面形貌。

4.2 模板诱导 / 均相沉淀法制备六方柱 SrHAP 及其形貌控制机理

4.2.1 引言

通过调控"干法"和"湿法"的反应参数（原料、压力和酸碱调控剂等）制备不同形貌的 SrHAP，目前有少量的关于利用无机、有机和人工合成物等为模板辅助控制 SrHAP 形貌和尺寸的报道。在溶液中添加少量模板剂可起到润湿、分散和调控界面表面张力等作用，从而调控 SrHAP 晶体成核及特定晶面动力学生长过程，进而控制晶体的形貌。从周期性键链（periodic bond chain，PBC）理论、热力学 [乌尔夫（Wulff）定律]、界面稳定性理论、几何结晶学（晶面淘汰定律）和生长动力学等方面分析了微观晶体生长机理 [3-5]。在晶体形成机制和形态控制方面，弗兰克（Frank）考虑晶体结构的不完整性，提出了晶体生长的螺形位错理论，该位错生长理论能很好地解释"干法"的非均相体系且在无有机物质作用下控制晶须生长，而"湿法"的均相体系，晶体形态（片状、粒状和柱状）的控制生长机理完全不一样 [6-11]。

鉴于此，本章设置模板剂 [十六烷基三甲基溴化铵（CTAB）、胶原蛋白（CP）、聚乙烯吡咯烷酮 K-30（PVP-30）、聚乙二醇（PEG）、山梨醇（D-ST）] 种类、模板剂的量、pH 调控剂的量和均相沉淀温度等工艺参数为变量，采用 XRD、SEM 和原子力显微镜（AFM）等方法进行表征分析，研究模板诱导 / 均相沉淀法制备六方柱 SrHAP 过程中产物的物相和形貌差异，进而在优化的工艺参数下探讨制备六方柱 SrHAP 时的物相转变过程；根据 SrHAP 晶结构单元、CTAB 表面活性片段 $C_{19}H_{42}N^+$ 与晶面界面能（γ_{hkl}）的关系、浓度梯度相变推动力理论、有机 / 无机杂化理论和界面热力学驱动力理论分别探讨模板诱导 / 均相沉淀法诱导控制六方柱 SrHAP 形成机制、诱导晶向定向生长机理和（001）晶面台阶生长机理。

4.2.2 模板诱导 / 均相沉淀法制备六方柱 SrHAP

1. 实验 1

不同均相沉淀温度下，模板剂（CTAB、CP、PVP-30、PEG 和 D-ST）对制备六方柱 SrHAP 的物相和形貌的影响见表 4-1。表 4-1 按照 4.2.2 节的实验过程制备最终产物。

表 4-1 不同均相沉淀温度和模板剂对制备六方柱 SrHAP 的影响

序号	模板剂 /（mol/L）					pH 调控剂 /（mol/L）	时间 /h	温度 /℃
	CTAB	CP	PVP-30	PEG	D-ST			
E1	0.0055	0.0055	0.0055	0.0055	0.0055	5.55	24	65
E2	0.0055	0.0055	0.0055	0.0055	0.0055	5.55	24	70
E3	0.0055	0.0055	0.0055	0.0055	0.0055	5.55	24	75
E4	0.0055	0.0055	0.0055	0.0055	0.0055	5.55	24	80
E5	0.0055	0.0055	0.0055	0.0055	0.0055	5.55	24	85
E6	0.0055	0.0055	0.0055	0.0055	0.0055	5.55	24	90

2. 实验 2

设置不同 pH 调控剂的量和均相沉淀时间，在相同模板剂（CTAB）下，模板诱导 / 均相沉淀法对制备六方柱 SrHAP 的物相和形貌的影响见表 4-2。表 4-2 按照 4.1 节的实验过程制备最终产物。

表 4-2　不同 pH 调控剂的量和均相沉淀时间对制备六方柱 SrHAP 的影响

序号	CTAB/（mol/L）	pH 调控剂 /（mol/L）	时间 /h	温度 /℃
E7	0.0018	2.22	24	85
E8	0.0018	4.44	24	85
E9	0.0018	5.55	24	85
E10	0.0055	2.22	24	85
E11	0.0055	4.44	24	85
E12	0.0055	5.55	24	85
E13	0.0055	5.55	0.17	85
E14	0.0055	5.55	0.5	85
E15	0.0055	5.55	1	85
E16	0.0055	5.55	2	85
E17	0.0055	5.55	3	85
E18	0.0055	5.55	4	85
E19	0.0055	5.55	6	85
E20	0.0055	5.55	8	85
E21	0.0055	5.55	16	85

4.2.3　模板剂种类、均相沉淀温度对产物的影响

模板诱导 / 均相沉淀法制备不同形貌 SrHAP 的影响因素较多，如模板剂种类、pH 调控剂的量、均相沉淀时间和温度等。本小节将采用不同模板剂（CTAB、CP、PEG、PVP-30 和 D-ST）在不同均相沉淀温度（65℃、70℃、75℃、80℃、85℃和 90℃）下，分析对制备 SrHAP 产物的物相和形貌的影响，并对不同模板剂和不同均相沉淀温度制备的 SrHAP 产物进行比较、分析和筛选，为下面分析 pH 调控剂和模板剂的量对制备六方柱 SrHAP 的产物物相和形貌的影响提供支撑。

1. 六方柱 SrHAP 产物的物相 XRD 分析

观察图 4-2 中不同模板剂（CTAB、CP、PEG、PVP-30 和 D-ST）分别在不同均相沉淀温度下（E1 为 65℃，E2 为 70℃，E3 为 75℃，E4 为 80℃，E5 为 85℃，E6 为 90℃）经过 24h 均相反应后制备产物的 XRD 图。通过与 Jade 6.5 中的 PDF 标准卡片对照，SrHAP 对应的晶型为 JCPDS card No. 33-1348，衍射峰曲线平整光滑、衍射峰光滑尖锐、峰宽很窄，表明产物结晶度高。

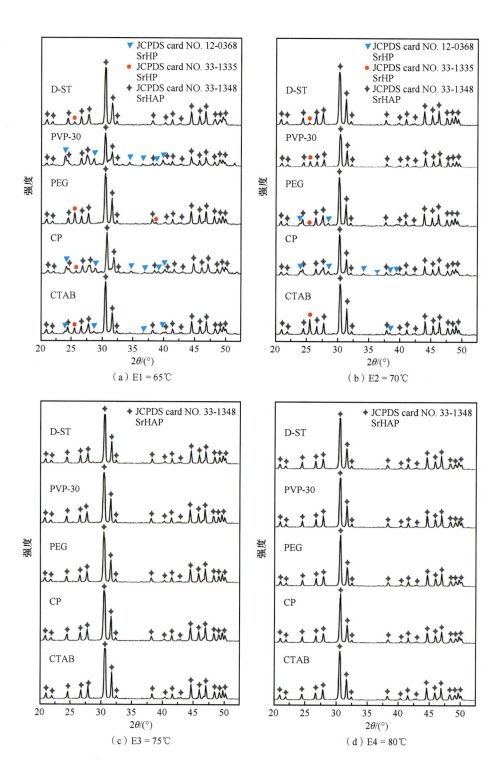

（a）E1 = 65℃

（b）E2 = 70℃

（c）E3 = 75℃

（d）E4 = 80℃

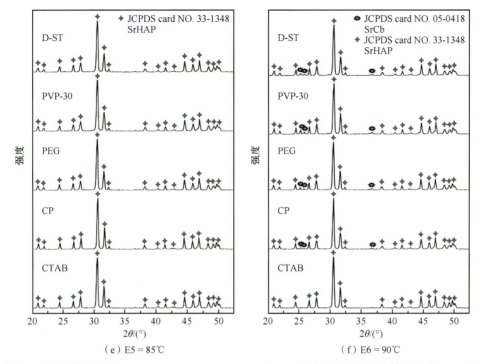

（e）E5 = 85℃　　　　　　　　（f）E6 = 90℃

图 4-2　不同模板剂（CTAB、CP、PEG、PVP-30 和 D-ST）在不同温度下制备产物的 XRD 图

　　E1 的 pH 调控剂在 65℃下水解反应 [式（4-1）～式（4-3）] 不充分，控制溶液的碱性较弱，CTAB、CP、PEG、PVP-30 和 D-ST 制备的样品既有磷酸氢锶（SrHP）的特征晶面衍射峰，又有 SrHAP 的特征晶面衍射峰，表明该产物同时含有 SrHAP 和 SrHP；但是，产物中 SrHP 的晶型有明显区别，在 CTAB 和 CP 的产物中同时含有两种不同晶型的 SrHP（JCPDS card NO. 12-0368 和 JCPDS card NO. 33-1335）；在 PEG 和 D-ST 的产物中都只含有一种晶型的 SrHP（JCPDS card NO. 33-1335）；在 PVP-30 的产物中却只含有另外一种晶型的 SrHP（JCPDS card NO. 12-0368）。

　　结果表明：在 65℃下，这些模板剂诱导杂质 SrHP 的能力不同，产物的 SrHP 晶型不同；诱导 SrHAP 的能力较强，晶型稳定。

　　均相沉淀温度升高到 70℃，pH 调控剂的调控溶液碱性能力增强。E2 中显示所有模板剂制备的产物中杂质 SrHP 整体含量都降低了，SrHAP 的含量都增加了。但是，在 CTAB、PEG 和 PVP-30 的产物中 SrHP 的晶型都发生了转变，CTAB 的产物中部分 SrHP 的晶型由 JCPDS card NO. 12-0368 转变成 NO. 33-1335，JCPDS card NO. 33-1335 对应晶面衍射峰的数量未变，峰高升高，JCPDS card NO. 12-0368 对应晶面衍射峰的数量减少，高度降低；CP 的产物中只剩下 JCPDS card NO. 12-0368 型 SrHP 晶相，相应的晶面衍射峰高度也降低，产物 SrHP 杂质减少；PEG 的产物中 SrHP 晶型由 NO. 33-1335 转变成 JCPDS card NO. 12-0368，相应的晶面衍射峰高度也降低，产物 SrHP 杂质减少，然而，D-ST 的产物中仍然只存在 JCPDS card NO. 33-1335 型 SrHP 晶相，相应的晶面衍射峰高度也降低；PVP-30 的产物中 SrHP 的晶型由 JCPDS card NO. 12-0368 转变成 JCPDS card NO. 33-1335。

　　结果表明：在不同模板剂的作用下，SrHP 晶型发生变化，说明均相沉淀温度对该模板剂产生了影响，在高温（E2）下，CTAB 和 PVP-30 诱导 SrHP，其诱导控制 JCPDS card NO. 33-1335 晶型的能力比 JCPDS card NO. 12-0368 晶型强；相反，CP 和 PEG 诱导 SrHP，其诱导控制 JCPDS card NO. 33-1335 晶型的能力比 JCPDS card NO. 12-0368 晶型弱；D-ST 诱导 SrHP，其只控制单一型 JCPDS card NO. 33-1335 晶型，这些都为制备 SrHP 晶型提供了依据。CTAB、CP、PVP-30、PEG 和 D-ST 诱导制备 SrHAP 晶型的控制能力强，一直保持 JCPDS card NO. 33-1348 晶型。

E3（75℃）、E4（80℃）和 E5（85℃）的产物只含有 SrHAP（特征衍射峰与 JCPDS card No. 33-1348 完全吻合），主要特征衍射峰越来越高，峰宽变得越来越窄，SrHAP 晶体的结晶度越来越高。E6（90℃）样品中，除了 CTAB 的产物只含有 SrHAP（特征衍射峰与 JCPDS card No. 33-1348 完全吻合），CP、PEG、PVP-30 和 D-ST 的产物既有 SrHAP 的特征晶面衍射峰，又有碳酸锶（SrCb）特征晶面衍射峰（JCPDS card No. 05-0418），表明该产物含有 SrHAP 和 SrCb。

结果表明：均相沉淀温度很高时，pH 调控剂水解反应加剧，溶液碱性很强，生成的 CO_2 无法逃逸，与 Sr^{2+} 结合成 SrCb；模板剂 CTAB、CP、PEG、PVP-30 和 D-ST 的分子结构对溶液中的 SrHP、SrHAP 和 SrCb 具有不同的诱导作用，在不同均相沉淀温度下，模板剂 CTAB 对制备 SrHAP 表现出更好的诱导选择性和控制性。

2. 六方柱 SrHAP 产物的形貌 SEM 分析

观察图 4-3 中不同模板剂（CTAB、CP、PEG、PVP-30 和 D-ST）分别在不同均相沉淀温度下（E1 为 65℃，E2 为 70℃，E3 为 75℃）经过 24 h 均相反应后制备产物的 SEM 图像。观察 E1（65℃）红色虚线方框的图像，六方柱 SrHAP 数量较少，完整性较差，都含有不同厚度的板片状晶体。CTAB 和 CP 中都含有厚的片状和厚的板状晶体，可能为不同晶型的 SrHP 晶体，与 XRD 的物相分析一致，CP 中晶体的团聚现象较为严重；PEG、PVP-30 和 D-ST 的产物 SEM 图像比较，PEG 中为较厚的板状晶体，PVP-30 和 D-ST 中含有众多较小的六方柱 SrHAP 和片状晶体。观察 E2（70℃）绿色虚线方框的图像，六方柱 SrHAP 数量增多，形貌变得更加完整。CTAB 中厚的片状和厚的板状晶体比 E1 中的厚度变薄、数量变少，符合 XRD 的物相分析；CP 中厚的板状晶体消失，只剩下大的片状晶体；PEG 中板状晶体比 E1 中变薄了，聚集在一起；PVP-30 和 D-ST 中片状晶体体积和数量都变小了。观察 E3（75℃）青色虚线方框的图像，5 个模板剂（CTAB、CP、PEG、PVP-30 和 D-ST）产物中都只含六方柱 SrHAP，CP、PEG 和 D-ST 的产物聚集程度比较高，六方柱 SrHAP 的完整性和长径比差异都较大。

结果表明：随着均相沉淀温度升高，模板剂（CTAB、CP、PEG、PVP-30 和 D-ST）经过 24h 均相反应后制备产物中不同厚度板片状晶体逐渐减少，六方柱 SrHAP 晶形大小和完整性有所提高。

观察图 4-4 中不同模板剂（CTAB、CP、PEG、PVP-30 和 D-ST）分别在不同均相沉淀温度下（E4 为 80℃，E5 为 85℃，E6 为 90℃）经过 24h 均相反应后制备产物的 SEM 图像。随着均相沉淀温度的提高，E4（80℃）蓝色虚线方框、E5（85℃）黄色虚线方框和 E6（90℃）红色虚线方框中的 SEM 图像显示，六方柱 SrHAP 的形貌完整性和长径比都有很大的提高，CTAB 和 PVP-30 的产物分散性和长径比都比其他几个模板剂的产物要好一些；随着均相沉淀温度的升高，85℃时 CTAB 的产物中六方柱 SrHAP 的完整性、晶体大小和长径比是最好的。

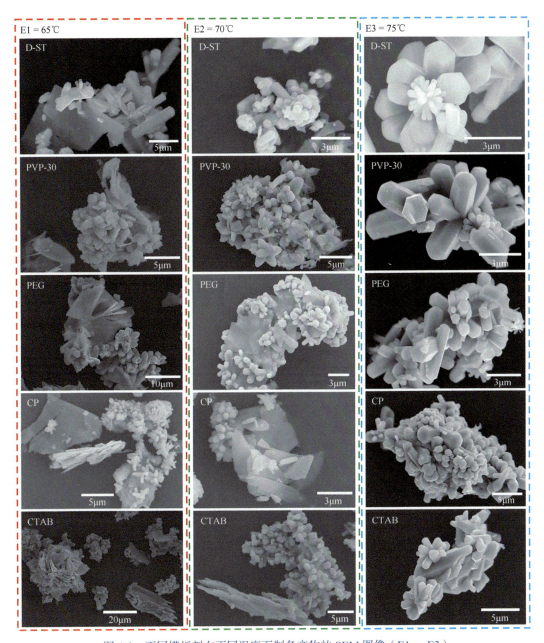

图 4-3 不同模板剂在不同温度下制备产物的 SEM 图像（E1 ～ E3）

E1 红色虚线方框为不同模板在 65℃下制备产物的 SEM 图像；E2 绿色虚线方框为不同模板剂在 70℃下制备产物的 SEM 图像；
E3 青色虚线方框为不同模板剂在 75℃下制备产物的 SEM 图像

图 4-4 不同模板剂在不同温度下制备产物的 SEM 图像（E4 ～ E6）

E4 蓝色虚线方框为不同模板剂在 80℃下制备产物的 SEM 图像；E5 黄色虚线方框为不同模板剂在 85℃下制备产物的 SEM 图像；
E6 紫色虚线方框为不同模板剂在 90℃下制备产物的 SEM 图像

对图 4-3 和图 4-4 的分析表明：均相沉淀温度较低时，溶液中 OH⁻ 浓度较低，六方柱 SrHAP 晶体的生长受到限制，晶形生长不充分，形貌大小差异较大，并且伴随有厚板状和片状杂质晶体生成；CP、PEG 和 D-ST 是大分子有机化合物或者聚合物，物质的表面活性差，将会聚集溶液中的 Sr^{2+} 或者 PO_4^{3-}，产物中六方柱 SrHAP 的分散性和长径比较差；CTAB 和 PVP-30 为表面活性剂，具有较好的分散效果。在 85℃均相沉淀 24 h 时，CTAB 制备的产物中六方柱 SrHAP 完整性、晶体大小和长径比是最好的。

4.2.4 pH 调控剂、模板剂（CTAB）的量对产物的影响

根据 4.2.3 节不同模板剂种类和均相沉淀温度分别对制备产物的物相 XRD 和形貌 SEM 图像进行了分析。本节将选用最佳有机模板剂 CTAB，分析 pH 调控剂和模板剂的量对制备 SrHAP 的产物物相和形貌的影响。为 4.2.5 节模板诱导制备六方柱 SrHAP 的物相转化和结晶 历程提供支撑。

1. 六方柱 SrHAP 产物的物相 XRD 分析

图 4-5 为使用不同 pH 调控剂的量在 0.0018mol/LCTAB 诱导下，在 85℃均相沉淀 24h 制备产物的 XRD 图像。与 Jade 6.5 中 PDF 标准卡片对照和分析可以发现，衍射峰曲线平 整光滑，衍射峰光滑尖锐、峰宽很窄，表明产 物结晶度高。在 pH 调控剂的量为 2.22mol/L 和 4.44mol/L 时（E7 和 E8），样品既含有 SrHP 的 特征晶面衍射峰（JCPDS card NO. 33-1335）， 又含有 SrHAP 的特征晶面衍射峰（JCPDS card No. 33-1348），表明该产物同时含有 SrHAP 和 SrHP，E8 中 SrHP 的特征晶面衍射峰数量减 少，衍射峰高度降低，表明杂质 SrHP 变少。 在 pH 调控剂的量为 5.55mol/L（E9）时，样品 既含有 SrHAP 的特征晶面衍射峰（JCPDS card NO. 33-1348），又含有 SrCb 的特征晶面衍射峰 （JCPDS card No. 05-0418），表明该产物含同时 有 SrHAP 和 SrCb。

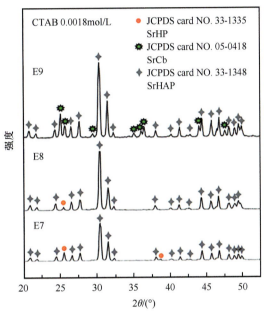

图 4-5 不同 pH 调控剂的量在 0.0018mol/L CTAB 诱导下制备产物的 XRD 图像

E7 为 2.22mol/L；E8 为 4.44mol/L；E9 为 5.55mol/L

结果表明：随着 pH 调控剂的量的增加，pH 调控剂水解反应 [式（4-1）～式（4-3）] 产生的 OH⁻ 和 CO₂ 逐渐增多，溶液碱性增强，减少了杂质 SrHP 的生成 [式（4-4）、式（4-5）]，CTAB 能控制 CO₂ 从溶液中散发出去，得到纯的 SrHAP[式（4-6）]。当 pH 调控剂的量为 5.55mol/L 时，0.0018mol/L CTAB 控制能力不足，产物有新的杂质 SrCb 产生 [式（4-7）、式（4-8）]。

$$(NH_2)_2CO + 3H_2O \xrightarrow{\text{加热}} NH_4^+ + 2OH^- + CO_2 \uparrow \tag{4-4}$$

$$Sr^{2+} + H_2PO_4^- + OH^- \longrightarrow SrHPO_4 \downarrow + H_2O \tag{4-5}$$

$$5Sr^{2+} + 3H_2PO_4^- + 7OH^- \longrightarrow Sr_5(PO_4)_3OH \downarrow + 6H_2O \tag{4-6}$$

$$CO_2 + 3H_2O \longrightarrow CO_3^{2-} + 2H_3O^+ \tag{4-7}$$

$$Sr^{2+} + CO_3^{2-} \longrightarrow SrCO_3 \downarrow \tag{4-8}$$

根据图 4-5 的分析结果，继续调整 CTAB 和 pH 调控剂的量，图 4-6 为 0.0055mol/L CTAB 在 不同 pH 调控剂的量下制备产物的 XRD 图像。与 Jade 6.5 中 PDF 标准卡片对照和分析可以发现， 衍射峰曲线平整光滑，衍射峰光滑尖锐、峰宽很窄，表明产物结晶度高。在 pH 调控剂的量

为 2.22mol/L（E10）时，样品既含有 SrHP 的特征晶面衍射峰（JCPDS card NO. 33-1335），又含有 SrHAP 的特征晶面衍射峰（JCPDS card No. 33-1348），表明该产物同时含有 SrHAP 和 SrHP；E11 和 E12 的产物只含有 SrHAP 的特征晶面衍射峰（JCPDS card No. 33-1348），表明该产物是 SrHAP，E12 比 E11 的 SrHAP 的特征晶面衍射峰更加尖锐，衍射峰更加高。

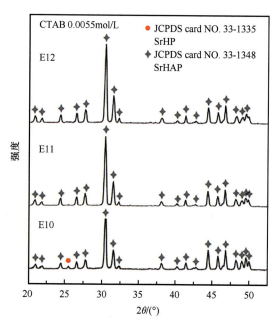

图 4-6　不同 pH 调控剂的量在 0.0055mol/L CTAB 诱导下制备产物的 XRD 图像

E10 为 2.22mol/L；E11 为 4.44mol/L；E12 为 5.55mol/L

结果表明：在 0.0055mol/L CTAB 的诱导下，CTAB 控制晶体的能力增强，随着 pH 调控剂的量增加有利于提高 SrHAP 的纯度，pH 调控剂的量到达 5.55mol/L 时仍然没有杂质 SrCb 产生，通过衍射峰高度判断，E12 的 SrHAP 结晶度更高。

2. 六方柱 SrHAP 产物的形貌 SEM 分析

观察图 4-7 可以发现，在相同量的 CTAB（0.0018mol/L）模板诱导下，图 4-7（a）（E7）、（b）（E8）和（c）（E9）中产物形貌变化较大，相同的地方是都含有六方柱 SrHAP，不同的地方是图 4-7（a）中含有大量的薄片状晶体，随着 pH 调控剂的量增加，薄片状晶体变少，图 4-7（c）中没有薄片状晶体，此时，出现了厚厚的块状晶体。在相同量的 CTAB（0.0055mol/L）模板诱导下，图 4-7（d）（E10）、（e）（E11）和（f）（E12）中产物形貌变化较小，只有图 4-7（d）中出现薄片状晶体，图 4-7（e）中六方柱 SrHAP 大小差异较大，并且有很多六方柱 SrHAP 形貌没有生长完整，图 4-7（f）中六方柱 SrHAP 形貌几乎一样，形貌完整性好。

结果表明：图 4-7（a）、（b）、（d）中薄片状晶体为杂质 SrHP，与图 4-5（E7 和 E8）和图 4-6（E10）的 XRD 分析一致；图 4-17（c）中厚的块状晶体为杂质 SrCb，与图 4-5（E9）的 XRD 分析一致；在相同量的 pH 调控剂下，增加 CTAB 模板剂的量 [图 4-7（d）与（a）相比，（e）与（b）相比，（f）与（c）相比]，模板剂 CTAB 不仅控制六方柱 SrHAP 的生成，而且形貌的完整性也得到了提高，同时，还抑制了 Sr^{2+} 生成杂质 SrHP 和 SrCb。因此，最佳模板剂 CTAB 的量为 0.0055mol/L，最佳 pH 调控剂的量为 5.55mol/L。

图 4-7　不同 pH 调控剂的量分别在 0.0018mol/L 和 0.0055mol/L CTAB 诱导下制备产物的 SEM

（a）（E7）、（b）（E8）和（c）（E9）均为 0.0018mol/L CTAB；（d）（E10）、（e）（E11）和（f）（E12）均为 0.0055mol/L CTAB

4.2.5　CTAB 模板诱导制备六方柱 SrHAP 的物相转化和结晶历程

根据 4.2.4 节用不同的 pH 调控剂和最佳模板剂（CTAB）的量制备 SrHAP 产物的物相 XRD 和形貌 SEM 的比较分析结果，本节将采用最佳模板剂 CTAB（0.0055mol/L）、最佳 pH 调控剂的量（5.55mol/L）、最佳均相沉淀温度（85℃），在不同均相沉淀时间下制备六方柱 SrHAP，进一步分析其产物的物相转化、形貌变化和结晶历程。

1. 六方柱 SrHAP 的物相转化和结晶历程划分

在 0.17h、0.5h、1h、2h、3h、4h、6h、8h、16h 和 24h 的不同均相沉淀时间下（表 4-1 和表 4-2 中 E6、E13 ～ E21），通过溶液的 pH 变化（图 4-8）和产物 XRD 图谱（图 4-9 ～ 图 4-12），发现在 0 ～ 0.17h（E13）时生成的产物只有 SrHP；在 0.17 ～ 4h（E13 ～ E18）时

生成的产物有 SrHP 和 SrHAP，SrHP 逐步减少，SrHAP 逐步增多，到 4h 时只有 SrHAP；在 4～8h（E18～E20）时产物有 Sr$_3$(PO$_4$)$_2$（TSrP）和 SrHAP，TSrP 的量在逐步增加；在 8～24h（E20～E21，E6）时生成的产物有 SrHAP 和 TSrP，TSrP 的量在逐步减少，SrHAP 的量在逐步增多，到 24h 时只有 SrHAP。具体的 pH 变化和产物见表 4-3。

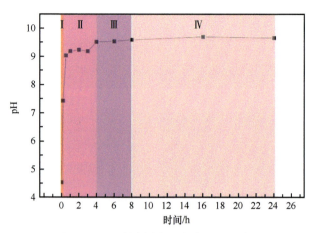

图 4-8　pH 调控剂水解时间与 pH 的关系

表 4-3　pH 调控剂水解时间与 pH 和物相的关系

阶段	时间 /h	pH 最终	物相
Ⅰ	0～0.17	4.53～7.42	SrHP
Ⅱ	0.17～4	7.42～9.51	SrHP 和 SrHAP
Ⅲ	4 4～8	9.51 9.51～9.59	SrHAP TSrP 和 SrHAP
Ⅳ	8～24 24	9.59～9.65 9.65	SrHAP 和 TSrP SrHAP

　　通过对以上实验现象的分析，可以把 SrHAP 的结晶历程分成四个阶段，第一阶段（Ⅰ）为 0～0.17h，是 SrHP 生成阶段；第二阶段（Ⅱ）为 0.17～4h，是 SrHP 转化为 SrHAP 阶段；第三阶段（Ⅲ）为 4～8h，是 TSrP 生成阶段；第四阶段（Ⅳ）为 8～24h，是 TSrP 转化为 SrHAP 阶段。

　　2. 六方柱 SrHAP 的物相转化和结晶历程分析

　　1）SrHP 生成阶段（Ⅰ）的结晶过程

　　当反应刚开始时，初始澄清溶液的 pH=4.53，溶液中未产生 OH$^-$，没有任何沉淀。

　　当反应进行到 0.17h 时，在 85℃时，pH 调控剂发生水解反应 [式（4-4）]，此时溶液产生大量 OH$^-$，溶液 pH 上升到 7.42，根据产物的 XRD[图 4-9（a）] 可以发现，SrHP 特征衍射峰晶面（$\bar{1}02$）、（200）、（120）、（$\bar{2}02$）、（102）、（$\bar{1}\bar{1}3$）和（$\bar{1}04$）与 JCPDS card No. 33-1335 的 SrHP 衍射峰非常一致，没有其他杂质的峰，产物为高纯度的 SrHP 晶体。

　　由于溶液处于中性条件下，加之 H$_2$PO$_4^-$ 初始浓度大，在热力学和动力学上 SrHP 比 SrHAP 的诱导成核时间短，得到的沉淀物质为纯的 SrHP：

$$(NH_2)_2CO + 3H_2O \xrightarrow{加热} NH_4^+ + 2OH^- + CO_2\uparrow$$

$$Sr^{2+} + H_2PO_4^- + OH^- \longrightarrow SrHPO_4 \downarrow + H_2O$$

$$\begin{array}{cccc} 1 & 1 & & 1 \\ 3.5\text{mmol} & 3.5\text{mmol} & & 3.5\text{mmol} \end{array}$$

溶液中 Sr^{2+} 的初始物质的量为 5.84mmol，在生成 SrHP 阶段，3.5mmol $H_2PO_4^-$ 全部反应，此时，Sr^{2+} 剩余 2.34mmol[式（4-5）]。

观察第 I 阶段得到的产物 SEM 图像 [图 4-9（b）]，pH 调控剂水解 0.17 h 时，得到的 SrHP 形貌为板片晶。

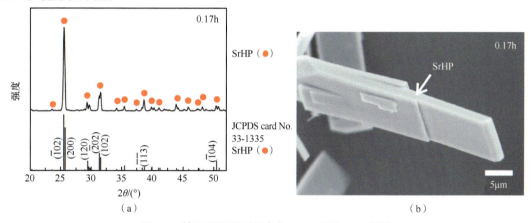

图 4-9　第 I 阶段得到的产物 XRD 图和 SEM 图像

（a）下方的标记为 SrHP（JCPDS card No. 33-1335）的标准数据，可作为参考；（b）第 I 阶段得到的产物 SEM 图像

2）SrHP 转化为 SrHAP 阶段（II）的结晶过程

在 0.17h 到 0.5h 时，随着 pH 调控剂的水解 [式（4-4）]，溶液 pH 从 7.42 升高到 9.03，此时开始出现 SrHAP 特征衍射峰 [图 4-10（a）]。在 0.5h 到 4h 时，随着 pH 调控剂继续水解，溶液 pH 从 9.03 升高到 9.51，SrHAP 特征衍射峰晶面（211）、（112）和（300）逐渐增强，而 SrHP 的特征衍射峰晶面（$\bar{1}$02）、（200）、（120）、（$\bar{2}$02）、（102）和（1$\bar{1}$3）的强度与锐度逐渐减弱，表明 SrHP 的量在减少，而 SrHAP 的量在增加；当反应进行到 4h 时，溶液的 pH 升高到 9.51，图 4-10（a）的 XRD 与 Jade 6.5 中 JCPDS card No. 33-1348 衍射峰非常一致，没有其他杂质的峰，产物为高纯度的 SrHAP 晶体。

从以上可以看出，第 II 阶段主要反应是 pH 调控剂继续水解 [式（4-4）] 和 SrHP 转化为 SrHAP：

$$5SrHPO_4 + 6OH^- \longrightarrow Sr_5(PO_4)_3OH \downarrow + 2PO_4^{3-} + 5H_2O$$

$$\begin{array}{cccc} 5 & & 1 & 2 \\ 3.5\text{mmol} & & 0.7\text{mmol} & 1.4\text{mmol} \end{array} \qquad (4\text{-}9)$$

而根据式（4-5），在生成 SrHP 的同时，Sr^{2+} 剩余 2.34mmol。在 SrHP 转化为 SrHAP 时，得到 0.7mmol SrHAP，同时，又产生 1.4mmol 的 PO_4^{3-}[式（4-9）]。此阶段溶液有剩余的 PO_4^{3-} 和 Sr^{2+}。但是，在 XRD 图 [图 4-10（a）] 中未发现 TSrP 的特征衍射峰，表明溶液的 pH 在 7.42～9.51 时，不能得到 TSrP，PO_4^{3-} 和 Sr^{2+} 均以离子状态存在。

观察第 II 阶段得到的产物 SEM 图像 [图 4-10（b）]，在 0.5h 时，在 SrHP 板片晶表面出现 SrHAP 微晶 [图 4-10（b）B]；在 1h 时，SrHP 板片晶表面上的 SrHAP 微晶变多 [图 4-10（b）C]；在 2h 时，SrHP 板片晶出现了溶蚀现象，SrHAP 微晶继续增多 [图 4-10（b）D]；在 3h 时，

SrHP 板片晶逐渐减少、变薄 [图 4-10（b）E]，SrHAP 微晶继续增多；在 4h 时，SrHP 板片晶消失，得到纯而完整的微米六方柱状 SrHAP 晶体。

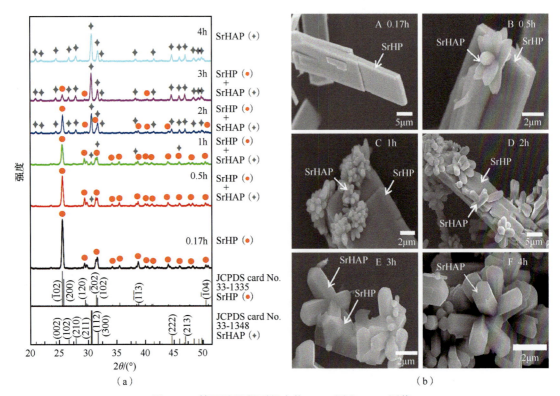

图 4-10　第 Ⅱ 阶段得到的产物 XRD 图和 SEM 图像

（a）下方的标记为 SrHP（JCPDS card No. 33-1335）和 SrHAP（JCPDS card No. 33-1348）的标准数据，可作为参考；（b）第 Ⅱ 阶段得到的产物 SEM 图像

3）TSrP 生成阶段（Ⅲ）的结晶过程

随着反应时间的延长，pH 调控剂水解使溶液的碱性继续增强 [式（4-4）]，在 6h 时，pH 为 9.53，开始出现 TSrP 的特征衍射峰 [图 4-11（a）]，表明有 TSrP 沉淀；反应到 8h 时，pH 升高到 9.59，由产物 XRD 图 [图 4-11（a）] 可以发现，TSrP 特征衍射峰晶面（015）、（110）和（205）与 Jade 6.5 中 JCPDS card No. 24-1008 衍射峰非常一致，达到最强，表明 TSrP 生成量达到最大值。从图 4-11（a）可以看出，SrHAP 的特征衍射峰晶面（211）、（112）和（300）依然存在，此时 SrHAP 为第 Ⅱ 阶段反应得到的 [图 4-10（a）]，因此，在 8h 时反应体系中 TSrP 和 SrHAP 共存 [图 4-11（a）]。

从以上可以看出，第 Ⅰ 阶段 SrHP 形成时所剩余的 Sr^{2+}[式（4-5）] 与第 Ⅱ 阶段 SrHP 转化为 SrHAP 时生成的 PO_4^{3-}[式（4-9）] 发生反应，得到 TSrP 沉淀 [式（4-10）]。表明 pH 在 9.51 ～ 9.59 时，TSrP 能稳定存在。

$$3Sr^{2+} + 2PO_4^{3-} \longrightarrow Sr_3(PO_4)_2 \downarrow$$

$$\begin{array}{ccc} 3 & 2 & 1 \\ 2.1mmol & 1.4mmol & 0.7mmol \end{array}$$

（4-10）

对比式（4-9）和式（4-10），在反应式（4-9）中生成的 1.4mmol PO_4^{3-} 在反应式（4-10）中全部反应完全，没有剩余。

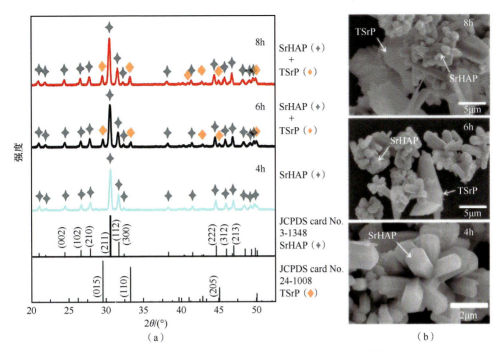

图 4-11　第 III 阶段得到的产物 XRD 图和 SEM 图像

（a）下方的标记为 SrHAP（JCPDS card No. 33-1348）和 TSrP（JCPDS card No. 24-1008）的标准数据，可作为参考；（b）第 III 阶段得到的产物 SEM 图像

对比反应式（4-9）和式（4-10），在反应式（4-5）结束后，溶液还剩余 2.34mmol Sr^{2+}，在反应式（4-10）中只需要 2.1mmol Sr^{2+}，因此，第 III 阶段结束后，溶液中 Sr^{2+} 还剩余 0.24mmol。

观察 pH 调控剂不同水解时间时得到的第 III 阶段不同形貌的产物 SEM 图像 [图 4-11（b）] 可以发现，在 6h 时，开始出现了少量的 TSrP 薄晶片；到 8h 时，TSrP 薄晶片增多，并且与 SrHAP 的六方柱晶体共存，此时的 SrHAP 晶体为第 II 阶段生成的。

4）TSrP 转化为 SrHAP 阶段（IV）的结晶过程

由第 IV 阶段得到的产物 XRD 图 [图 4-12（a）] 可以发现，8h 出现 TSrP 的特征衍射峰晶面（015）、（110）和（205）的衍射强度到 16h 时逐渐减弱，SrHAP 的特征衍射峰晶面（211）、（112）和（300）的衍射强度逐渐增强，表明 TSrP 在逐步转化为 SrHAP。24h 时，TSrP 的特征衍射峰全部消失，只剩下 SrHAP 的特征衍射峰，表明 TSrP 晶体消失，最终 TSrP 全部转化为 SrHAP。

第 IV 阶段溶液产生的 OH^-[式（4-4）] 和第 III 阶段剩余的 Sr^{2+}[式（4-10）] 共同作用下，将第 III 阶段生成的 TSrP[式（4-10）] 全部转化为更加稳定的配位化合物 SrHAP[式（4-11）]：

$$3Sr_3(PO_4)_2 + Sr^{2+} + 2OH^- \longrightarrow 2Sr_5(PO_4)_3OH$$

$$\quad 3 \qquad\qquad 1$$

$$\text{0.7mmol}\quad\text{0.23mmol} \tag{4-11}$$

反应到 24h 时，得到的 SrHAP 是第 II 阶段和第 IV 阶段的总和 [式（4-9）和式（4-11）]，初始溶液中加入的 5.84mmol Sr^{2+} 和 3.50mmol $H_2PO_4^-$ 分两次全部生成 SrHAP 晶体，最终反应体系的物料反应达到平衡（Sr/P=1.67）。

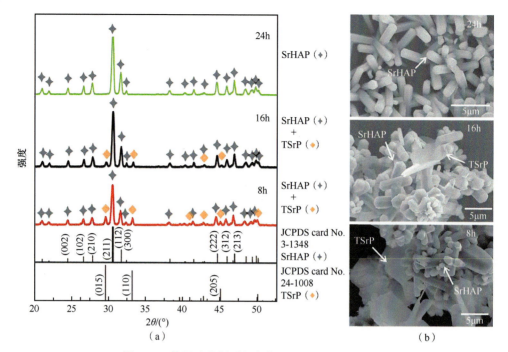

图 4-12　第 IV 阶段得到的产物 XRD 图和 SEM 图像

（a）下方的标记为 SrHAP（JCPDS card No. 33-1348）和 TSrP（JCPDS card No. 24-1008）的标准数据，可作为参考；（b）第 IV 阶段得到的产物 SEM 图像

观察第 IV 阶段得到的产物 SEM 图 [图 4-12（b）]，尿素水解到 16h 时，在 8h 得到的 TSrP 薄晶片逐渐减少；到达 24h 时，TSrP 薄晶片消失，得到高纯、结晶完整的微米级 SrHAP 六方柱晶体。

4.2.6　CTAB 模板诱导六方柱 SrHAP 形貌、晶向和晶面生长控制机理

综合 4.2.5 节的研究结果，本小节将以 pH 调控剂为 5.55mol/L、模板剂 CTAB 为 0.0055mol/L、均相沉淀温度为 85℃和均相沉淀时间为 24h 制备六方柱 SrHAP 为例，分析模板诱导 / 均相沉淀法制备六方柱 SrHAP 形貌控制机理、晶向定向生长控制机理和六方柱 SrHAP（001）晶面台阶生长机理。

1. CTAB 模板诱导溶液浓度梯度对六方柱 SrHAP 形貌控制机理

1）溶液浓度梯度控制六方柱 SrHAP 形貌的相变推动力

由热力学知识可知，在恒温可逆非体积功为零时：

$$dG = Vdp \tag{4-12}$$

式中，G 为功。

对于理想气体而言：

$$\Delta G = \int Vdp = \int \frac{RT}{p}dp = RT\ln\frac{p_2}{p_1} \tag{4-13}$$

式中，R 为热力学常数；T 为温度；p_1、p_2 为不同时段的压力。

当过饱和蒸气压力为 p 的气相凝聚成液相或固相其平衡蒸气压力为（p_0）时，有

$$\Delta G = RT\ln \frac{p_0}{p} \tag{4-14}$$

对于溶液而言，可以用浓度 C 代替压力 p，式（4-14）可写成：

$$\Delta G = RT\ln \frac{C_0}{C} \tag{4-15}$$

由于电解质溶液还需要考虑电离度 α，即一个摩尔电解质能离解出 αmol 离子，则：

$$\Delta G = \alpha RT\ln \frac{C_0}{C} = \alpha RT\ln\left(1 + \frac{\Delta C}{C}\right) \approx \alpha RT \cdot \frac{\Delta C}{C} \tag{4-16}$$

式中，C_0 为饱和溶液浓度；C 为过饱和溶液浓度。

要使相变过程自发进行，应使 $\Delta G < 0$，由于式（4-16）等式右边 α、R、T 和 C 都是正值，则必须使 $\Delta C < 0$，即 $C > C_0$，液相要有过饱和浓度，它们之间的差值（$C–C_0$）即六方柱 SrHAP 形貌控制的相变过程推动力。

2）溶液浓度梯度控制六方柱 SrHAP 形貌的生长机理

晶体结晶时会存在固液界面，假设该界面为一平面 [图 4-13（a）]，在固液界面的前沿溶液中，由于晶体生长的进行，距离界面晶核越近的地方，离子消耗最多，因此，距离界面晶核越远溶液离子浓度越高（$x_2 > x_1$，$C_2 > C_1$），溶液会形成正的浓度梯度。另外，由于 CTAB 为阳离子型表面活性剂，其表面活性片段 $C_{19}H_{42}N^+$ 为长链大分子结构，不仅能与 OH^- 和 PO_4^{3-} 结合，而且具有较大的空间位阻效应。而且表面活性片段 $C_{19}H_{42}N^+$ 能与晶体裸露的晶面阴离子结合，更加阻碍了溶液中离子向晶核聚集，这些都将加剧溶液的正浓度梯度。如图 4-13（a）所示，C_0 为生成 SrHAP 时所需的 Sr^{2+}、PO_4^{3+} 和 OH^- 的饱和溶液浓度，距离界面晶核较远的地方，离子浓度大于饱和浓度（称为过饱和浓度 C_1 和 C_2），将会形成 $C_2 > C_1 > C_0$，溶液将会出现浓度梯度差，为六方柱 SrHAP 形貌控制的相变过程提供推动力。

随着 pH 调控剂水解反应的进行，溶液中 OH^- 浓度升高，当形成饱和浓度 C_0 时 [图 4-13（a）]，晶核将会在固液界面上形成。由于过饱和溶液（C_1）的存在，在平的固液界面上晶核将生长成众多的凸缘，在溶液过饱和浓度梯度的影响下，凸缘向着更高的浓度方向生长，同时，晶体将在横向和纵向的三维空间扩大生长，当达到过饱和浓度 C_1 时，越往前端生长，聚集的表面活性片段 $C_{19}H_{42}N^+$ 越多，溶液中位阻效应越强，凸缘尖端的生长速率被后面的固液界面所追及，凸缘尖端界面变得平坦 [图 4-13（b）中晶体的凸缘尖端红色区域，（d）中红色虚线方框]，晶体生长成圆柱形。在正的过饱和浓度梯度下，凸缘的平界面将是稳定的。在凸缘平界面稳定条件下，朝着溶液浓度梯度的正方向（x 轴方向），晶体三维空间稳定增长 [图 4-13（c）]，但是晶体不可能无限制地生长下去，到达最大过饱和浓度（C_2）时，晶体的三维空间方向生长速率达到平衡，形成稳定的六方柱 SrHAP 形貌。由此，探讨了在 CTAB 诱导下浓度梯度控制六方柱 SrHAP 形貌的形成机理。

2. CTAB 模板诱导六方柱 SrHAP 晶向定向生长控制机理

晶体的气固生长机理是通过"气 – 固"反应成核成长，其中，Frank[12] 提出的晶体生长 V-S 机理中，位错理论被用来解释晶体生长的气固机理。Klapper 螺形位错露头点是晶体生长的台阶源，对 Wulff 奇异面（光滑面）的生长起催化作用，随着晶相的不断增加，台阶以有限的速率向前运动，由于台阶的一端固定在位错线的露头点，台阶运动后在露头点附近必然弯曲。并且越靠近露头点曲率半径越小，台阶的速率越小，在露头点台阶速率为零，曲率半径为临界半径，

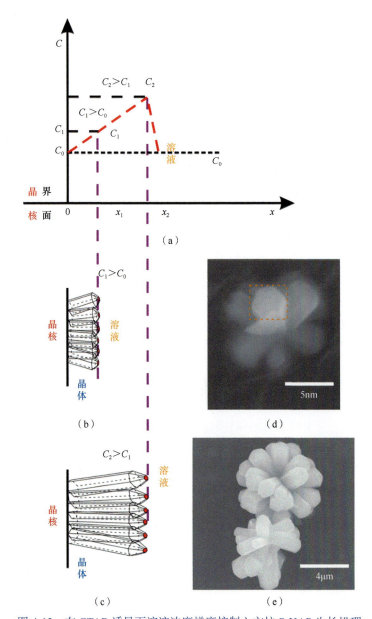

图 4-13　在 CTAB 诱导下溶液浓度梯度控制六方柱 SrHAP 生长机理

（a）溶液中离子浓度与距离界面饱和浓度的关系；（b）$C_1 > C_0$ 时的晶体生长趋势；（c）$C_2 > C_1$ 时的晶体生长趋势；（d）和（e）分别为不同时期生长的六方柱 SrHAP

这样台阶便以位错露头点为中心绕着位错线的露头点在晶面上扫动和螺旋式扩展，随即台阶运动很快形成螺蜷线，并且越卷越紧，最后形成一系列圆台阶，达到了稳定形状。此后的晶体生长是整个形状稳定的蜷线台阶以等角速度旋转，纯螺形位错垂直于晶面延伸，晶体晶面生长本质上就是晶体在位错方向上延伸的结果。

　　Frank 位错理论认为，晶体生长所遵循的规则是晶面的轴必须与位错的伯格斯矢量平行。晶体生长的先决条件：一是活化的气氛，二是表面有小的凸出，三是存在位错（特别是螺旋位错）。在满足这些条件后，在合适的温度下活化气氛将吸附于凸出表面形成晶核，晶核将伴随体系中的热起伏继续生长或分解，当达到某一临界值时，晶核稳定沿着位错的伯格斯矢量方向生长形成晶体。

本小节根据有机/无机杂化理论，以及六方晶系的晶面间距与晶面指数和点阵常数之间的关系，选取 SrHAP 六方柱晶体的特征衍射峰晶面（102）、（300）、（210）、（211）和（112），计算出了 SrHAP 晶体结构单元中的晶胞参数，并选用所测数据的平均值，其中 $a_0=0.9837$nm，$c_0=0.7278$nm。

图 4-14 为 24h 制备的 SrHAP 六方柱晶体晶面族示意图，从图中可以看出当 CTAB 作为模板剂时生成的 SrHAP 形貌为完整六方柱，主要的晶面族为 $c\{001\}$ 和 $m\{100\}$，长约 6.7μm，宽约 1.4μm。

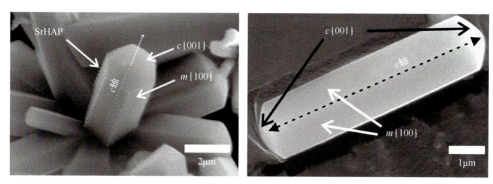

图 4-14   SrHAP 六方柱晶体晶面族示意图

选取图 4-14 SrHAP 晶体的平行双面族 $c\{001\}$ 和六方柱面族 $m\{100\}$ 的一个最小结构单元来分析 CTAB 的诱导机理[13]（图 4-15）。

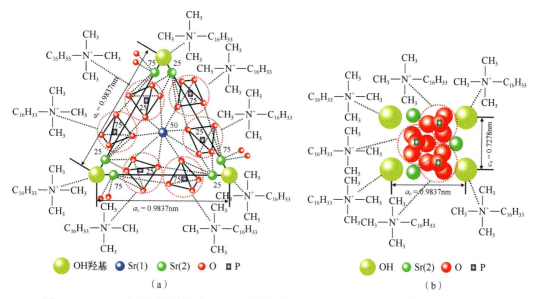

图 4-15   CTAB 表面活性片段（$C_{19}H_{42}N^+$）分别与 $c\{001\}$ 和 $m\{100\}$ 面族的离子相互作用
（a）和（b）表示 $C_{19}H_{42}N^+$ 分别与 $c\{001\}$ 和 $m\{100\}$ 面族的阴离子（OH^-、PO_4^{3-}）结合

CTAB 的表面活性片段 $C_{19}H_{42}N^+$ 能与 SrHAP $c\{001\}$ 和 $m\{100\}$ 面族的阴离子（OH^-、PO_4^{3-}）离子键合（图 4-15）。由于 $C_{19}H_{42}N^+$ 以离子键合占据了晶体表面的不同生长点，SrHAP 六方柱是沿着 c 轴进行一维定向生长，这与以往的许多研究一致[14-16]。因此，不同的晶面形成了不同的界面能，进而形成不同的法向生长速率，控制晶向定向生长。

传统的晶体生长模型如 BFDH（Bravais-Fridel，Donnay-Harker）模型和 PBC 理论[17]，

不能很好地解释极性晶体的生长习性及不同结晶条件下晶体形貌的变化。作者根据本课题组的前期研究结果[18-20]发现：晶体的形貌最终取决于 a 晶面和 c 晶面的竞争生长，六方柱是沿 c 轴一维方向[（001）面]生长。因此，作者探讨了 CTAB 模板诱导晶向定向生长机理（图 4-16）。

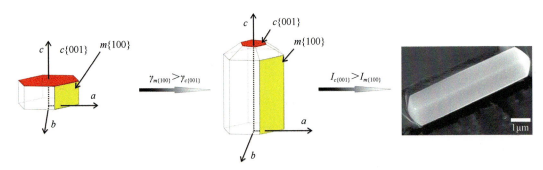

图 4-16　在 CTAB 诱导下模板诱导晶向定向生长机理

当界面能 $\gamma_{c\{001\}} < \gamma_{m\{100\}}$、晶面的法向生长速率 $I_{c\{001\}} > I_{m\{100\}}$ 时，晶体沿 c 轴一维生长，SrHAP 形貌为六方柱

根据晶面的形成自由能，吉布斯–汤姆逊关系式如式（4-17）所示[18]：

$$\Delta G^*_{(hkl)} = \pi\, \gamma_{(hkl)}^2 / |\Delta g| \qquad (4\text{-}17)$$

式中，$\Delta G^*_{(hkl)}$ 为某晶面（hkl）的形成自由能；Δg 为过饱和结晶相变驱动力；$\gamma_{(hkl)}$ 为溶液与晶体间的界面能。

根据式（4-17）可以得到该晶面（hkl）的法向生长速率表达式[20, 21]：

$$I_{(hkl)} = I_0 \exp\left(-\pi\, \gamma_{(hkl)}^2 / K^2\, T_0^2\, |\Delta g|\right) \qquad (4\text{-}18)$$

式中，$I_{(hkl)}$ 为某晶面（hkl）的法向生长速率；I_0 为速率常数；T_0 为结晶温度，取 363.15K；K 为平衡常数。pH 调控剂水解过程是在恒推动力体系中进行的，不同晶面所处的环境对 I_0、T_0、Δg 来说是相同的，因此，只有不同晶面的 $\gamma_{(hkl)}$ 是决定 $I_{(hkl)}$ 大小的关键因素。

$\gamma_{(hkl)}$ 的理论计算可以根据玻恩–朗德（Born-Landé）晶格能（U_0）和晶格配位数来进行，其表达式[22]：

$$\gamma_{(hkl)} = (U_0 L_s)(1 - N_{is}/N_{ib})/N_A \qquad (4\text{-}19)$$

式中，U_0 为晶格能，可以通过赫斯（Hess）定律计算；N_A 为阿伏伽德罗常数；L_s 为晶体表面 $1m^2$ 中的离子电荷数；N_{ib} 为晶胞内结构单元内部质点的配位数加权平均值；N_{is} 为晶胞内结构单元外部质点的配位数加权平均值。

在上述基础上，可以根据式（4-19）对平行双面族 $c\{001\}$ 和六方柱面族 $m\{100\}$ 的 $\gamma_{(hkl)}$ 进行分析与计算，计算过程与结果见表 4-4。

从表 4-4 可以看出：在 CTAB 的 $C_{19}H_{42}N^+$ 诱导下，平行双面族 $c\{001\}$ 的 $\gamma_{c\{001\}}$ 为 $1.57 \times 10^{-6} U_0$，六方柱面族 $m\{100\}$ 的 $\gamma_{m\{100\}}$ 为 $3.98 \times 10^{-6} U_0$，$\gamma_{c\{001\}} < \gamma_{m\{100\}}$；根据式（4-18），$C_{19}H_{42}N^+$ 结合了 SrHAP $c\{001\}$ 和 $m\{100\}$ 面族的不同生长点，改变了晶面的界面能（$\gamma_{(hkl)}$），从而控制了晶面的法向生长速率（$I_{(hkl)}$）。

结果表明：在 CTAB 的 $C_{19}H_{42}N^+$ 诱导下，$I_{c\{001\}} > I_{m\{100\}}$，晶体沿 c 轴一维生长，SrHAP 形貌为六方柱（图 4-14）。

表 4-4　在 CTAB 诱导下计算 SrHAP 不同晶面族的 $\gamma_{\{hkl\}}$

C₁₉H₄₂N⁺（CTAB）分别与 $c\{001\}$ 面族 OH^- 和 $m\{100\}$ 面族 PO_4^{3-} 结合

名称	平行双面族 $c\{001\}$		六方柱面族 $m\{100\}$	
SrHAP 单位面积 /m²	4.19×10^{-19}		7.16×10^{-19}	
SrHAP 单位面积内的离子电荷数	$6\times1/2\ Sr(2)^{2+}$	6	$(1+2\times1/2)\ Sr(2)^{2+}$	4
	$0\times1/6\ [OH^-]$	0	$0\times1/4\ [OH^-]$	0
	$0\times1/2\ [PO_4^{3-}]$	0	$(0+0\times1/2)\ [PO_4^{3-}]$	0
	$1\times1\ Sr(1)^{2+}$	2	$0\times0\ Sr(1)^{2+}$	0
合计		8		4
SrHAP 单位表面 1m² 内离子的电荷数	1.91×10^{19}		5.59×10^{18}	
单元格中的结构单元内部 $Sr(1)^{2+}$ 和 $Sr(2)^{2+}$ 配位数加权平均值	$N_{ib}=\{6\times1/2\times7\ [Sr(2)^{2+}]+1\times9\ [Sr(1)^{2+}]\}/$ $(6\times1/2+1)=7.5$		$N_{ib}=\{(1+2\times1/2)\times7\ [Sr(2)^{2+}]$ $+0\times9\ [Sr(1)^{2+}]\}/(1+2\times1/2+0)=7$	
单元格中的结构单元外部 $Sr(1)^{2+}$ 和 $Sr(2)^{2+}$ 配位数加权平均值	对于 $Sr(1)^{2+}$：在 75 配位平面上没有悬空键 对于 $Sr(2)^{2+}$：在 75 配位平面上有 0.5 悬空键 $N_{is}=\{1\times(9-0)\ [Sr(1)^{2+}]+6\times1/2\times(7-0.5)$ $[Sr(2)^{2+}]\}/(1+6\times1/2)=7.13$		对于 $Sr(2)^{2+}$：这里有 6 悬空键 $N_{is}=\{0\times9\ [Sr(1)^{2+}]+(1\times7+$ $2\times1/2\times(7-6))\ [Sr(2)^{2+}]\}/$ $(0+1+2\times1/2)=4$	
SrHAP 的界面能 /（J/m²）	$\gamma_{c\{001\}}=(U_0\times1.91\times10^{19})(1-7.13/7.5)/$ $6.02\times10^{23}=1.57\times10^{-6}U_0$		$\gamma_{m\{100\}}=(U_0\times5.59\times10^{18})(1-4/7)/$ $6.02\times10^{23}=3.98\times10^{-6}U_0$	

3. CTAB 模板诱导六方柱 SrHAP（001）晶面台阶生长机理

国内外有关模板诱导 / 均相沉淀制备六方柱 SrHAP（001）晶面形貌生长机理的研究报道不是很多，Shyne 和 Milewski 在 20 世纪 60 年代提出了气 – 固 – 液（VSL）生长机理。气体原料通过气 – 液界面输入液滴媒介中，含有晶体气体原料的液滴达到一定的过饱和度时析出晶体并沉积在液滴与基体的界面上，最后小液滴残留在晶体的顶端，构成 VSL 机制的晶体形貌特征 [23]。Wagner 和 Ellis[24] 应用 VSL 生长机理合成 β-SiC 晶体。还有研究者对硼酸铝晶体的生长机理做过研究，提出液 – 固（L-S）机理和相应的生长模型 [25]。传质载体不断将液体反应物输送到基质处，随着温度的升高及恒温时间的延长，晶核生长成晶体 [26]。

对六方柱 SrHAP（001）晶面形貌的 AFM 观察（图 4-17）看出：图 4-17 中黑色方框为晶面表面的界面，黄色方框为台阶，蓝色方框为界面与台阶形成的扭折。在图 4-17（a）中可以发现六方柱 SrHAP（001）晶面凸凹不平，分布众多大小不等的晶核。晶核在晶面的界面处形成后，逐渐长大形成台阶，界面与台阶将产生扭折，晶核将在扭折处吸附于晶体逐渐横向生长成为大晶体。此时，在台阶的纵向凸出（001）晶面的表面（界面）又产生新的台阶，晶核在新台阶的扭折处又横向生长，如此循环重复地在（001）晶面的表面进行一层一层的台阶叠加生长形成晶体。图 4-17（b）中标记 1 的位置明显能看到晶核在（001）晶面界面处成长为小晶核，同时能观察到形成新的台阶；标记 2 的位置晶核长大后，扭折程度加剧，更加有利于晶核在此处吸附于晶体生长成为标记 3。

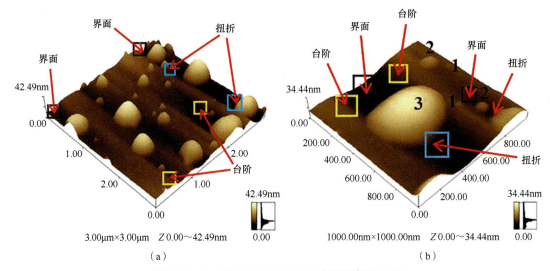

图 4-17　六方柱 SrHAP（001）晶面形貌的 AFM
（a）六方柱 SrHAP（001）晶面区域的 AFM；（b）六方柱 SrHAP（001）晶面晶核放大图

根据图 4-17 和晶体界面热力学驱动力理论，作者初步提出六方柱 SrHAP（001）晶面的台阶生长机理（图 4-18）。如果定义最近邻分子的相互作用能为 $2\Phi_1$，次邻近分子的相互作用能分为平行能 $2\Phi_2$ 和垂直能 $2\Phi_2'$（$\Phi_2 \gg \Phi_2'$）[27, 28]，晶核在过饱和溶液中形成，SrHAP 晶核会到达界面（图 4-18 晶核和界面），此时，由于形成 1 个最近邻键和 4 个垂直次近邻键，这一过程中释放的能量为 $2\Phi_1 + 8\Phi_2'$（图 4-19 W_1）。

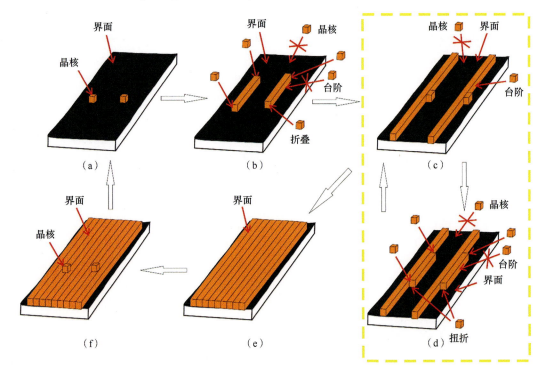

图 4-18　六方柱 SrHAP（001）晶的台阶生长机理

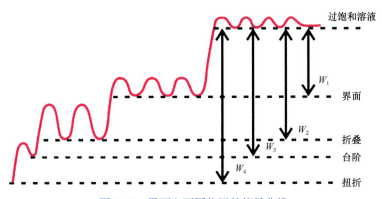

图 4-19　界面上不同位置的能量曲线

W- 热力学驱动力

图 4-18（b）新出现了折叠和台阶，晶核将有可能去界面、去折叠或者去台阶，如果去界面时，将释放的能量为 $2\varPhi_1+8\varPhi_2'$；如果去折叠时，将形成了 2 个最近邻键、3 个平行次近邻键和 3 个垂直次近邻键，这一过程中释放的能量为 $4\varPhi_1+6\varPhi_2+6\varPhi_2'$（图 4-19 W_2）；如果去台阶时，将形成了 2 个最近邻键、1 个平行次近邻键和 5 个垂直次近邻键，这一过程中释放的能量为 $4\varPhi_1+2\varPhi_2+10\varPhi_2'$（图 4-19 W_3），晶核将在势能低的折叠处生长。

图 4-18（c）中晶核将沿着折叠处生长，直到晶脊生长完整后，折叠消失，此时，只剩下界面和台阶。晶核将有可能去界面或者台阶，这两个过程中释放的能量分别为 $2\varPhi_1+8\varPhi_2'$ 和 $4\varPhi_1+2\varPhi_2+10\varPhi_2'$（图 4-29 W_1 和 W_3），晶核将在势能低的台阶处生长，形成新的晶脊。

图 4-18（d）中新的晶脊将会出现扭折，晶核将有可能去界面、去台阶或者去扭折，如果去界面或者去台阶，这两个过程中释放的能量分别为 $2\varPhi_1+8\varPhi_2'$ 和 $4\varPhi_1+2\varPhi_2+10\varPhi_2'$（图 4-19 W_1 和 W_3）；如果晶核到达扭折处，将形成了 3 个最近邻键、3 个平行次近邻键和 3 个垂直次近邻键，这一过程中释放的能量为 $6\varPhi_1+6\varPhi_2+6\varPhi_2'$（图 4-19 W_4），晶核将在势能最低的扭折处生长，延续新的晶脊形成。

图 4-18（d）中新的晶脊生长完整后，扭折消失，此时又只剩下界面和台阶。将重复图 4-18（c）～（d）的过程，直到（001）晶面一层生长完整 [图 4-18（e）]，然后晶核将会再次到达新的界面 [图 4-18（f）]，接着按照图 4-18 指示标志循环进行。

由此可见，在这些过程中晶核到达扭折位置所释放的能量最大，故该位置的势能最低，折叠和台阶所释放的能量次之，界面所释放的能量最小，该位置的势能最大。也就是说，在不同时期，晶核都是到达界面上最稳定的位置。图 4-18（b）中折叠位置的势能最低，晶核到达折叠位置，沿着晶脊生长直到完整，此时折叠消失。图 4-18（c）中台阶位置的势能最低，晶核到达台阶位置，将会出现扭折 [图 4-18（d）]。图 4-18（d）中扭折位置的势能最低，晶核到达扭折位置，贴着旁边的晶脊生长新的晶脊，直到晶脊生长完整，此时扭折消失。接着，新的晶核到达新晶脊的台阶位置 [图 4-18（c）]，晶核开始在新的扭折位置生长，形成新的晶脊 [图 4-18（d）]，直到晶脊生长完整、扭折消失 [图 4-18（e）]，然后又形成新的扭折位置 [图 4-18（c）]，图 4-18（c）→（d）一直循环往复进行（图 4-18 黄色虚线方框内循环），将（001）晶面的一层长完整 [图 4-18（e）]，此时该层的台阶消失。晶核到达图 4-18（e）的界面上形成图 4-18（f），然后，循环一层一层地生长叠加 [图 4-18（f）→（a）→（b）→黄色虚线方框→（e）→（f）→（a）]，沿着台阶垂直方向生长的晶体，台阶增长直到变成圆顶六方锥柱形（图 4-14）。由此，探讨了在 CTAB 诱导下，六方柱 SrHAP（001）晶面的台阶生长机理。

4.3 模板诱导 / 均相沉淀法制备片状 SrHAP 及其形貌控制机理

根据 4.2 节的讨论结果，本节设置阴离子表活性剂（十二烷基苯磺酸钠 DDBS）为模板剂，模板剂的量（0.0055mol/L）和 pH 调控剂（5.55mol/L）的量为定值，设置均相沉淀温度和时间为变量，利用模板诱导 / 均相沉淀法制备片状 SrHAP。采用 XRD、SEM 和 HRTEM 分析产物的物相和形貌，优选模板诱导 / 均相沉淀法制备片状 SrHAP 的工艺参数；根据 SrHAP 晶面结构单元、DDBS 的表面活性片段 $C_{18}H_{29}SO_3^-$ 与晶面界面能（$\gamma_{(hkl)}$）的关系，利用有机 / 无机杂化理论，探讨模板诱导 / 均相沉淀法控制片状 SrHAP 晶体晶向定向生长机理。

4.3.1 模板诱导 / 均相沉淀法制备片状 SrHAP

在不同均相沉淀参数（时间、温度）下，模板剂（DDBS）对制备片状 SrHAP 的物相和形貌的影响见表 4-5。表 4-5 按照 4.1.1 节的实验过程制备最终产物。

表 4-5 均相沉淀参数下模板剂（DDBS）对制备片状 SrHAP 的物相和形貌的影响的系列实验

序号	DDBS/（mol/L）	pH 调控剂 /（mol/L）	时间 /h	温度 /℃
E22	0.0055	5.55	24	65
E23	0.0055	5.55	24	70
E24	0.0055	5.55	24	75
E25	0.0055	5.55	24	80
E26	0.0055	5.55	24	85
E27	0.0055	5.55	24	90
E28	0.0055	5.55	0.25	90
E29	0.0055	5.55	2	90
E30	0.0055	5.55	4	90
E31	0.0055	5.55	8	90
E32	0.0055	5.55	16	90
E33	0.0055	5.55	24	90

4.3.2 均相沉淀温度对制备片状 SrHAP 产物的影响

1. 片状 SrHAP 产物的物相 XRD 分析

观察图 4-20 不同均相沉淀温度、在 DDBS 诱导下制备产物的 XRD 可知，E22 低温时，产物的特征晶面衍射峰曲线粗糙不光滑，衍射峰宽不尖锐，说明产物结晶度不高，随着均相沉淀温度升高，特征晶面衍射峰曲线逐渐平整光滑，衍射峰光滑且变尖锐、峰宽变窄，杂质的特征晶面衍射峰逐渐减少和消失，表明产物结晶度和纯度都得到了提高。

与 Jade 6.5 中 PDF 标准卡片对照可以发现，E22（65℃）和 E25（80℃）下制备的产物既含有 SrHP（JCPDS card No. 12-0368）的特征晶面衍射峰，又含有 SrHAP（JCPDS card No. 33-1348）的特征晶面衍射峰，表明该产物同时含有 SrHAP 和 SrHP；E23（70℃）和 E24（75℃）制备的产物既含有 SrHAP（JCPDS card No. 33-1348）的特征晶面衍射峰，同时又含有两种不同晶型的 SrHP 的特征晶面衍射峰，分别为 JCPDS card No. 12-0368 和 JCPDS card NO. 33-

1335；E26（85℃）和 E27（90℃）下制备的产物只含有 SrHAP（JCPDS card No. 33-1348）的特征晶面衍射峰，表明该产物为纯的 SrHAP。

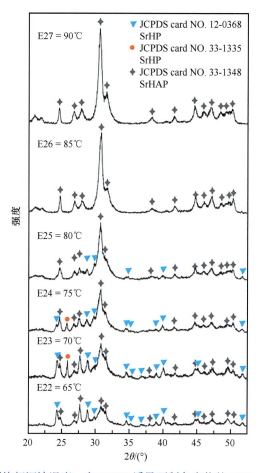

图 4-20　不同均相沉淀温度、在 DDBS 诱导下制备产物的 XRD（E22～E27）

结果表明：温度低时（85℃以下），pH 调控剂水解反应不剧烈，溶液的碱性较弱，DDBS 诱导控制 SrHAP 的能力不强，仍然有杂质 SrHP 产生（图 4-20 XRD 显示阳离子表面活性剂 CTAB，在 75℃时制备的产物为纯的 SrHAP）；均相沉淀温度对 DDBS 诱导控制 SrHP 的能力产生了影响，不同温度下，SrHP 晶型发生了变化，然而 DDBS 诱导控制 SrHAP 保持 JCPDS card No. 33-1348 晶型不变，DDBS 诱导制备 SrHAP 的均相沉淀温度为 85℃和 90℃。

2. 片状 SrHAP 产物的形貌 SEM 分析

观察图 4-21 中模板剂 DDBS 分别在不同均相沉淀温度下（E22 为 65℃，E23 为 70℃，E24 为 75℃，E25 为 80℃，E26 为 85℃，E27 为 90℃）经过 24 h 均相反应后制备产物的 SEM 图像。E22（65℃）的图像中片状晶体薄厚和大小都差异较大，产物中还存在厚的块状晶体（红色虚线方框），可能为 SrHP 晶体（与 XRD 分析一致）；绿线虚线方框为厚的块状晶体一层层变薄的残留形貌，能清晰看到有转变成薄片的痕迹；蓝色虚线方框为未长完整的片状晶体。

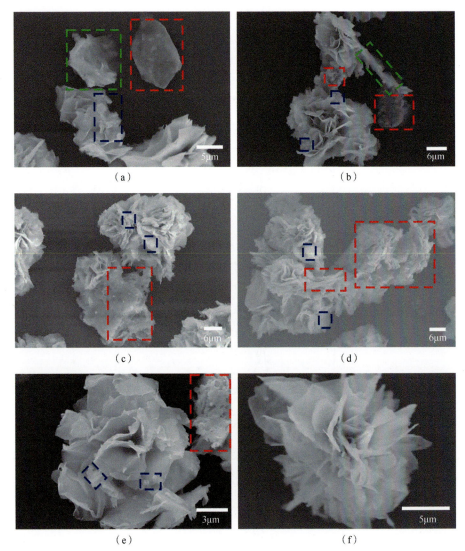

图 4-21　不同均相沉淀温度，在 DDBS 诱导下制备产物的 SEM 图像（E22 ～ E27）

（a）E22=65℃；（b）E23=70℃；（c）E24=75℃；（d）E25=80℃；（e）E26=85℃；（f）E27=90℃

E23（70℃）的红色虚线方框为厚的块状晶体，表面凸凹不平，并且有空隙，有晶相溶解腐蚀发生相转变的痕迹；绿色虚线方框为长条形块状晶体溶解腐蚀发生相转变不完全的残留部分，片状花朵的花片上吸附着松散的颗粒也能证明这一点（蓝色虚线方框）。这两种不同形貌的晶体有可能是两种不同晶型的 SrHP 晶体（与 XRD 分析一致）。

E24（75℃）、E25（80℃）和 E26（85℃）的红色虚线方框同样为溶解腐蚀发生相转变不完全的残留部分，蓝色虚线方框为相变后残留的松散颗粒或者有大小不一空隙的小片晶吸附在片状花片上；E26（85℃）的片状 SrHAP 花朵较为完整，表面光滑整洁。E27（90℃）中片状 SrHAP 花朵完整性好，表面光滑，部分片晶比较薄，有透光性。

结果表明：均相沉淀温度升高，有利于片状 SrHAP 的生长和结晶度的提高，以及减少其他形貌的杂质 SrHP 晶体生长，SrHP 晶体形貌有可能是厚的块状和板状；均相沉淀温度高于90℃后，pH 调控剂水解反应太剧烈，并且溶液中水分挥发较快，都不利于均相体系的维持，结合 4.3.2 节对 XRD 的讨论结果，DDBS 诱导制备 SrHAP 的最佳均相沉淀温度为 90℃。

CTAB 和 DDBS 同为常见的表面活性剂，CTAB 诱导生成的是六方柱 SrHAP，而 DDBS 诱导生成的是片状 SrHAP，由于 DDBS 为阴离子型表面活性剂，其大分子长链结构阴离子表面活性片段为 $C_{18}H_{29}SO_3^-$，不仅能与 Sr^{2+} 直接结合，还具有较大的空间位阻效应，阻碍其他阴离子与 Sr^{2+} 结合。表面活性片段 $C_{18}H_{29}SO_3^-$ 与晶体裸露的（100）晶面结合，阻碍了 SrHAP 在（100）面的生长，使其扩大成为 SrHAP 晶体裸露面，是得到片状 SrHAP 的原因，具体分析见 4.3.4 节。

4.3.3　均相沉淀时间对制备片状 SrHAP 产物的影响

1. 片状 SrHAP 产物的物相 XRD 分析

通过观察图 4-22 不同均相沉淀时间、在 DDBS 诱导下制备产物的 XRD 图像（E28 为 0.25h，E29 为 2h，E30 为 4h，E31 为 8h，E32 为 16h，E33 为 24h），在 0.25h（E28）时，产物的特征晶面衍射峰曲线粗糙不光滑，衍射峰宽不尖锐，说明产物结晶度不高，随着均相沉淀时间的增加，特征晶面衍射峰曲线逐渐平整光滑，衍射峰光滑且变尖锐、峰宽变窄，杂质的特征衍射峰逐渐减少和消失，表明产物结晶度和纯度都得到了提高。

与 Jade 6.5 中 PDF 标准卡片对照可以发现，在 0.25h（E28）、2h（E29）和 4h（E30）下制备的产物既含有 SrHP（JCPDS card No. 12-0368）的特征晶面衍射峰，又含有 SrHAP（JCPDS card No. 33-1348）的特征晶面衍射峰，表明该产物同时含有 SrHAP 和 SrHP；在 8h（E31）、16h（E32）和 24h（E33）下制备的产物只含有 SrHAP（JCPDS card No. 33-1348）的特征晶面衍射峰，表明该产物为纯的 SrHAP。

结果表明：随着均相沉淀时间增加，pH 调控剂水解反应越来越充分，DDBS 诱导控制 SrHAP 的能力逐渐增强，SrHAP 的纯度和结晶度都越来越高，杂质 SrHP 逐渐减少和消失；然而，在相同温度下，DDBS 诱导控制杂质 SrHP 晶型的能力保持不变。

比较均相沉淀温度对制备片状 SrHAP 的产物物相 XRD 分析结果可知，均相沉淀温度和时间变化，有机模板剂 DDBS 制备 SrHAP 的晶型都未发生变化，但是杂质 SrHP 的晶型变化不一样，在不同均相沉淀温度下，杂质 SrHP 的两种不同晶型有时同时生成，有时只生成其中一种；而在相同均相沉淀温度下，杂质 SrHP 的晶型不随均相沉淀时间变化而变化，始终保持不变。

结果表明：DDBS 有机结构分子与 SrHAP 晶面裸露离子的结合方式牢固，不受均相沉淀温度和时间的影响；而 DDBS 与 SrHP 的结合方式受到均相沉淀温度的影响，均相沉淀温度变化会改变其结合方式，从而得到不同晶型的 SrHP，这些进一步说明了有机模板剂与无机晶体会形成有机 / 无机杂化结构，进而影响晶体结晶过程，为制备不同无机晶体晶型和形貌提供参考。

2. 片状 SrHAP 产物的形貌 SEM 分析

观察图 4-23 中模板剂 DDBS 分别在不同均相

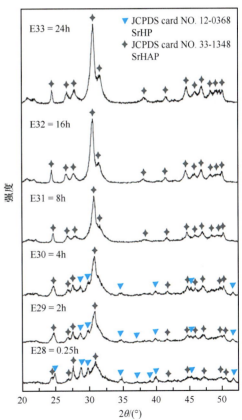

图 4-22　不同均相沉淀时间、在 DDBS 诱导下制备产物的 XRD（E28 ～ E33）

沉淀时间下（E28 为 0.25h，E29 为 2h，E30 为 4h，E31 为 8h，E32 为 16h，E33 为 24h）经过 90℃均相反应制备产物的 SEM 图像。E28（0.25h）的图像中红色方框处的厚板状晶体腐蚀溶解，变成小的薄板状，并且在厚板状两端和边沿优先相转变为片状 SrHAP，有花朵状雏形（绿色虚线方框）。

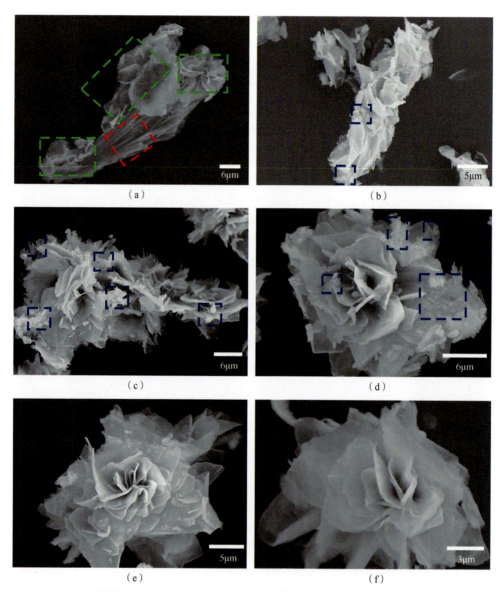

图 4-23　不同均相沉淀时间、在 DDBS 诱导下制备产物的 SEM 图像（E28 ～ E33）
（a）E28=0.25h；（b）E29=2h；（c）E30=4h；（d）E31=8h；（e）E32=16h；（f）E33=24h

随着均相沉淀时间的增加，E29（2h）、E30（4h）和 E31（8h）的 SEM 图像显示，厚的板状晶体被腐蚀溶解相转变为片状 SrHAP，E29（2h）和 E30（4h）依然保持着厚板状长条形，E31（8h）的形状已经转变成片状 SrHAP 花朵，并且相变不完全的残留松散颗粒或者含有不同空隙的小片晶都吸附在片状 SrHAP 上（蓝色虚线方框）。

E32（16h）的图像显示，片状 SrHAP 花朵较为完整，只是均相沉淀时间不足，还有些片状晶体没有生长完成，一些小的片状晶体吸附在片状 SrHAP 花朵表面。E33（24h）的片状

SrHAP 花朵形状整齐，表面光滑，片状结构清晰，部分片状晶体有透光性。

结果表明：在 90℃均相沉淀温度下，清晰地显示了不同时间下杂质 SrHP 相转变成 SrHAP 的形貌变化过程，与 4.3.3 节物相 XRD 的分析结果一致，在此均相沉淀温度下，模板剂 DDBS 诱导制备片状 SrHAP 最佳均相沉淀时间为 24h。

4.3.4 DDBS 模板诱导片状 SrHAP 晶向定向生长控制机理

通过模板诱导 / 均相沉淀法的反应参数优化的试验结果，采用 DDBS 在最佳工艺参数下制备纯的片状 SrHAP 晶体（图 4-23 E33）。根据 SEM 和 HRTEM 分析片状 SrHAP 的形貌和晶面生长；根据 SrHAP 晶面结构单元性质，利用有机 / 无机杂化理论分析 DDBS 的表面活性片段 $C_{18}H_{29}SO_3^-$ 对晶面界面能（$\gamma_{(hkl)}$）的影响，计算晶面的法向生长速率（$I_{(hkl)}$），分析 DDBS 模板诱导片状 SrHAP 晶向定向生长机理。

1. 片状 SrHAP 晶体形貌和晶面定向生长的分析

当 DDBS 作为模板剂时诱导生成的 SrHAP 形貌为片状，且晶体宽度增大 [图 4-24（a）]。图 4-24（b）、（c）和（d）所选区域的 HRTEM 图像和快速傅里叶变换（FFT）图像表明，得到的 SrHAP 晶体为单晶。图 4-24（d）（所选区域的 FFT 图像）的单晶电子衍射（SAED）清晰，呈现六边形，该单晶是由六个晶面族组成的六角形结构单晶。通过 Digital Micrograph（DM）软件对 SAED 的间距进行测量，晶格条纹间距分别为 $d=0.284$nm 和 $d=0.304$nm，条纹之间的夹角为

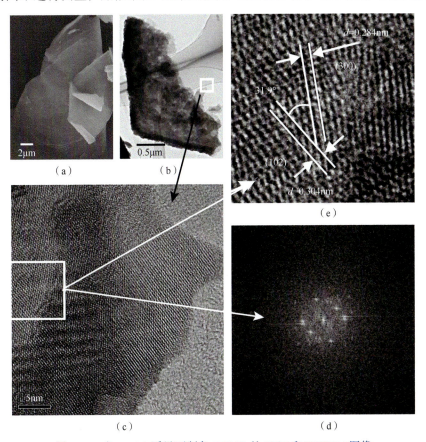

图 4-24 在 DDBS 诱导下制备 SrHAP 的 SEM 和 HRTEM 图像

（a）DDBS 诱导下制备的 SrHAP 形貌；（b）图（a）中的晶片；（c）图（b）所选区域的 HRTEM 图像；（d）和（e）分别为图（c）中所选区域的 FFT 图像和反 FFT 图像

31.9°。观察图 4-24（c）中所选区域的反 FFT 图像 [图 4-24（e）]，晶格条纹清晰，结构明显，存在相互交叉角，图像与 SAED 保持一致。与 Jade6.5 标准卡片 JCPDS card NO. 33-1348 数据对照，发现晶格条纹间距 d=0.284nm 和 d=0.304nm 分别与（300）晶面和（102）晶面的间距数据保持一致，且两个晶面之间的夹角也为 31.9°。结果表明：可以将片状晶体的表面认为是晶面（001），也就是说，片状晶体的厚度方向与 c 轴一致，晶体沿 a、b 轴二维定向生长。

2. DDBS 模板诱导片状 SrHAP 晶向定向生长机理

根据六方晶系晶面间距与晶面指数和点阵常数之间的关系，选取 SrHAP 六方柱晶体的特征衍射峰晶面（102）、（300）、（210）、（211）和（112），计算出了 SrHAP 晶体结构单元中的晶胞参数，并选用所测数据的平均值，其中 a_0=0.9837nm，c_0=0.7278nm。

选取 SrHAP 晶体的平行双面族 $c\{001\}$[图 4-25（a）] 和六方柱面族 $m\{100\}$[图 4-25（b）] 的一个最小结构单元来分析不同表面活性剂的诱导机理。图 4-25 显示：DDBS 的表面活性片段 $C_{18}H_{29}SO_3^-$ 可以与 SrHAP 中 $c\{001\}$ 和 $m\{100\}$ 面族的阳离子（Sr^{2+}）键合。由于 DDBS 以离子键合的方式占据了晶体表面的不同生长点，不同晶面形成了不同的界面能，进而形成不同的法向生长速率，控制晶体晶向定向生长。

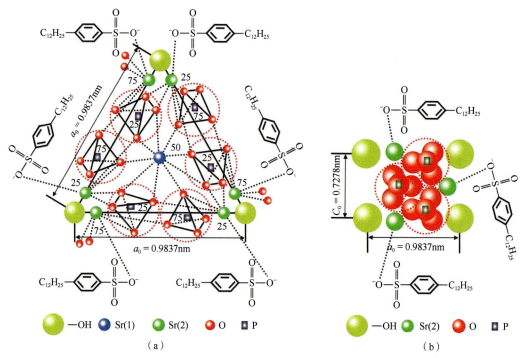

图 4-25　DDBS 表面活性片段（$C_{18}H_{29}SO_3^-$）分别与 $c\{001\}$ 和 $m\{100\}$ 面族的离子相互作用

（a）和（b）表示 $C_{18}H_{29}SO_3^-$ 分别与 $c\{001\}$ 和 $m\{100\}$ 面族的阳离子（$Sr(2)^{2+}$）结合

传统的晶体生长模型如 BFDH 模型和 PBC 理论 [17]，不能很好地解释极性晶体的生长习性及不同结晶条件下晶体形貌的变化。作者根据本课题组的前期研究结果 [18-20] 发现：晶体的形貌最终取决于 a 晶面和 c 晶面的竞争生长，片状晶体是沿 a、b 轴二维方向（（100）面、（010）面）生长的。因此，作者探讨了 DDBS 模板诱导晶向定向生长机理（图 4-26）。

根据晶面的形成自由能，吉布斯 – 汤姆逊关系式如式（4-20）所示 [18]：

$$\Delta G^*_{(hkl)}=\pi \gamma_{(hkl)}^2/|\Delta g| \tag{4-20}$$

式中，$\Delta G^*_{(hkl)}$ 为某晶面（hkl）的形成自由能；Δg 为过饱和结晶相变驱动力；$\gamma_{(hkl)}$ 为溶液与晶体间的界面能。

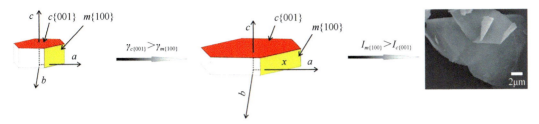

图 4-26　在 DDBS 诱导下、模板诱导晶向定向生长机理

当 $\gamma_{c\{001\}} > \gamma_{m\{100\}}$，$I_{m\{100\}} > I_{c\{001\}}$ 时，晶体沿 a、b 轴二维生长，SrHAP 形貌为片状

根据式（4-20）可以得到该晶面（hkl）的法向生长速率表达式[20, 21]：

$$I_{(hkl)} = I_0 \exp\left(-\pi \gamma_{(hkl)}^2 / K^2 T_0^2 |\Delta g|\right) \tag{4-21}$$

式中，$I_{(hkl)}$ 为某晶面（hkl）的法向生长速率；I_0 为速率常数；T_0 为结晶温度，取 363.15K；K 为平衡常数。由于尿素水解过程是在恒推动力体系中进行的，不同晶面所处的环境对 I_0、T_0、Δg 来说是相同的，只有不同晶面的 $\gamma_{(hkl)}$ 是决定 $I_{(hkl)}$ 大小的关键因素。

$\gamma_{(hkl)}$ 的理论计算可以根据 Born-Landé 晶格能（U_0）和晶格配位数来进行，其表达式[22]：

$$\gamma_{(hkl)} = (U_0 L_s)(1 - N_{is}/N_{ib})/N_A \tag{4-22}$$

式中，U_0 为晶格能，可以通过 Hess 定律计算；N_A 为阿伏伽德罗常数；L_s 为晶体表面 $1m^2$ 中的离子电荷数；N_{ib} 为晶胞内结构单元内部质点的配位数加权平均值；N_{is} 为晶胞内结构单元外部质点的配位数加权平均值。

在上述基础上，可以根据式（4-22）对平行双面族 $c\{001\}$ 和六方柱面族 $m\{100\}$ 的 $\gamma_{(hkl)}$ 进行分析与计算，计算过程与结果见表 4-6。

表 4-6　在 DDBS 诱导下计算 SrHAP 不同晶面族的 $\gamma_{\{hkl\}}$

$C_{18}H_{29}SO_3^-$（DDBS）分别与 $c\{001\}$ 和 $m\{100\}$ 面族 $Sr(2)^{2+}$ 结合				
名称	平行双面族 $c\{001\}$		六方柱面族 $m\{100\}$	
单位面积 $/m^2$	4.19×10^{-19}		7.16×10^{-19}	
SrHAP 单位面积内的离子电荷量	$0 \times 1/2\ Sr(2)^{2+}$	0	$0 \times 1/2\ Sr(2)^{2+}$	0
	$3 \times 1/6\ [OH^-]$	0.5	$4 \times 1/4\ [OH^-]$	1
	$6 \times 1/2\ [PO_4^{3-}]$	9	$(1 + 2 \times 1/2)\ [PO_4^{3-}]$	6
	$1 \times Sr(1)^{2+}$	2	$0 \times Sr(1)^{2+}$	0
合计		11.5		7
SrHAP 单位表面 $1m^2$ 内离子的电荷数	2.74×10^{19}		9.78×10^{18}	
单元格中的结构单元内部 $Sr(1)^{2+}$、$[OH^-]$ 和 $[PO_4^{3-}]$ 配位数的加权平均值	$N_{ib}=\{3 \times 1/6 \times 6[OH^-] + 6 \times 1/2 \times 6[PO_4^{3-}] + 1 \times 9[Sr(1)^{2+}]\}/(3 \times 1/6 + 6 \times 1/2 + 1) = 6.67$		$N_{ib}=\{4 \times 1/4 \times 6[OH^-] + (1 + 2 \times 1/2) \times 6[PO_4^{3-}]\}/(4 \times 1/4 + 1 + 2 \times 1/2) = 6$	
单元格中的结构单元外部 $Sr(1)^{2+}$、$[OH^-]$ 和 $[PO_4^{3-}]$ 配位数的加权平均值	对于 $Sr(1)^{2+}$：在 75 配位平面上没有悬空键 对于 $[OH^-]$：在晶体表面有 4 悬空键 对于 $[PO_4^{3-}]$：在晶体表面有 4 悬空键 $N_{is}=\{1 \times (9-0)[Sr(1)^{2+}] + 3 \times 1/6 \times (6-4)[OH^-] + 6 \times 1/2 \times (6-4)[PO_4^{3-}]\}/(1 + 3 \times 1/6 + 6 \times 1/2) = 3.56$		对于 $[OH^-]$：在晶体表面有 5 悬空键 对于 $[PO_4^{3-}]$：在晶体表面有 4 悬空键 $N_{is}=\{4 \times 1/4 \times (6-5)[OH^-] + (1 \times 6 + 2 \times 1/2 \times (6-4))[PO_4^{3-}]\}/(4 \times 1/4 + 1 + 2 \times 1/2) = 3$	
$\gamma_{\{hkl\}}$：SrHAP 的界面能 $/(J/m^2)$	$\gamma_{c\{001\}} = (U_0 \times 2.74 \times 10^{19})(1-3.56/6.67)/6.02 \times 10^{23} = 2.12 \times 10^{-5} U_0$		$\gamma_{m\{100\}} = (U_0 \times 9.78 \times 10^{18})(1-3/6)/6.02 \times 10^{23} = 8.12 \times 10^{-6} U_0$	

从表 4-6 可以看出：在 DDBS 的 $C_{18}H_{29}SO_3^-$ 诱导下，平行双面族 $c\{001\}$ 的 $\gamma_{c\{001\}}$ 为 $2.12\times10^{-5}U_0$，六方柱面族 $m\{100\}$ 的 $\gamma_{m\{100\}}$ 为 $8.12\times10^{-6}U_0$，$\gamma_{c\{001\}} > \gamma_{m\{100\}}$。

根据式（4-21），$C_{18}H_{29}SO_3^-$ 分别结合了 SrHAP $c\{001\}$ 和 $m\{100\}$ 面族的不同生长点，改变了晶面的界面能（$\gamma_{(hkl)}$），从而控制了晶面的法向生长速率（$I_{(hkl)}$）。结果表明：在 DDBS 的 $C_{18}H_{29}SO_3^-$ 诱导下，$I_{m\{100\}} > I_{c\{001\}}$，晶体沿 a、b 轴二维生长，SrHAP 形貌为片状（图 4-26）。

4.4 模板诱导/均相沉淀法制备 SrHAP 多孔微球及其泡界模板自组装生长机理

4.4.1 引言

有机螯合剂又名络合剂，是一种能和重金属离子发生螯合作用形成稳定的水溶性络合物而使重金属离子钝化的有机化合物。这种化合物的分子中含有能与重金属离子发生配位结合的电子给予基团，故有软化、去垢、防锈、稳定、增效等一系列特殊作用。EDTA、乙二醇双（2- 氨基乙基醚）四乙酸（EGTA）、N-β- 羟乙基乙二胺三乙酸（HEDTA）和氮三乙酸（NTA）是常见的氨基羧酸类螯合剂其分子结构如图 4-27 所示，其能与 Sr^{2+} 配位的基团是氮原子和带负电荷的羧酸根离子（COO^-），其配位基团数目越多，与金属离子的络合作用越强，因此，4 种有机 Sr^{2+} 螯合剂的螯合能力最强的是 EDTA，最弱的是 NTA，其次是 EGTA 和 HEDTA。

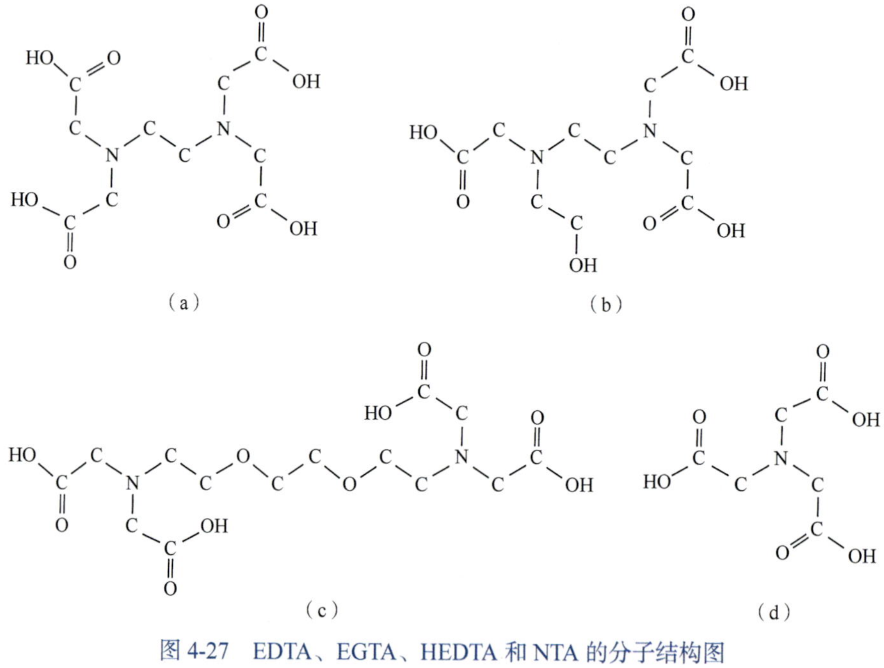

图 4-27 EDTA、EGTA、HEDTA 和 NTA 的分子结构图

（a）EDTA；（b）HEDTA；（c）EGTA；（d）NTA

本章设置螯合剂模板种类（EDTA、EGTA、HEDTA 和 NTA）、均相沉淀温度和时间为变量，利用模板诱导/均相沉淀法制备 SrHAP 多孔微球。通过 XRD 和 SEM 分析，观察不同模板剂

种类、均相沉淀温度和时间对产物物相与形貌的影响，分析这 4 种螯合剂模板的性能，优化模板诱导 / 均相沉淀法制备 SrHAP 多孔微球工艺参数；采用 SEM、表面张力、开尔文方程和拉普拉斯方程等探讨均相沉淀温度与 SrHAP 多孔微球孔径大小的关系，以及利用模板诱导 / 均相沉淀法制备 SrHAP 多孔微球泡界模板自组装生长机理。

4.4.2 模板诱导 / 均相沉淀制备 SrHAP 多孔微球

不同螯合剂模板（EDTA、EGTA、HEDTA 和 NTA）、不同均相沉淀参数（时间、温度）对制备 SrHAP 多孔微球的物相成分和形貌的影响见表 4-7。表 4-7 中除了 E45 采用浓氨水作为 pH 调控剂（pH=10），其他实验都采用尿素作为 pH 调控剂，按照 4.1.2 节的实验过程制备最终产物。

表 4-7　螯合剂模板和均相沉淀参数对制备 SrHAP 多孔微球影响的系列实验

序号	螯合剂模板 / （mol/L）				pH 调控剂 / （mol/L）	温度 /℃	时间 /h
	EDTA	EGTA	HEDTA	NTA			
E34	0.0034	0.0034	0.0034	0.0034	4.16	65	48
E35	0.0034	0.0034	0.0034	0.0034	4.16	70	48
E36	0.0034	0.0034	0.0034	0.0034	4.16	75	48
E37	0.0034	0.0034	0.0034	0.0034	4.16	80	48
E38	0.0034	0.0034	0.0034	0.0034	4.16	85	48
E39	0.0034	0.0034	0.0034	0.0034	4.16	90	48
E40	0.0034		0.0034		4.16	80	0.5
E41	0.0034		0.0034		4.16	80	3
E42	0.0034		0.0034		4.16	80	12
E43	0.0034		0.0034		4.16	80	24
E44	0.0034		0.0034		4.16	80	36
E45	0.0034				0	80	48
E46	0				4.16	80	48

4.4.3 螯合剂模板种类、均相沉淀温度对制备 SrHAP 多孔微球产物的影响

根据第 4.2 节的讨论结果，本节设置螯合剂模板（0.0034mol/L）的量和 pH 调控剂（4.16mol/L）的量为定值，对不同螯合剂模板（EDTA、EGTA、HEDTA 和 NTA）分别在不同均相沉淀温度下（65℃、70℃、75℃、80℃、85℃和 90℃）经过 48h 均相反应后制备产物的物相和形貌进行分析。

1. SrHAP 多孔微球产物的物相 XRD 分析

观察图 4-28 不同螯合剂模板（EDTA、EGTA、HEDTA 和 NTA），分别在不同均相沉淀温度下（E34 为 65℃，E35 为 70℃，E36 为 75℃，E37 为 80℃，E38 为 85℃，E39 为 90℃），经过 48h 均相反应后制备产物的 XRD 图像可知，在不同均相沉淀温度下，EDTA、EGTA 和 HEDTAE 制备产物的特征晶面衍射峰曲线逐渐平整光滑，衍射峰光滑变尖锐、峰宽变窄，表明产物结晶度都得到了提高，相比较而言，NTA 制备产物的特征晶面衍射峰曲线的平整光滑度和衍射峰尖锐度要差一些，表明其产物结晶度要稍逊一些。

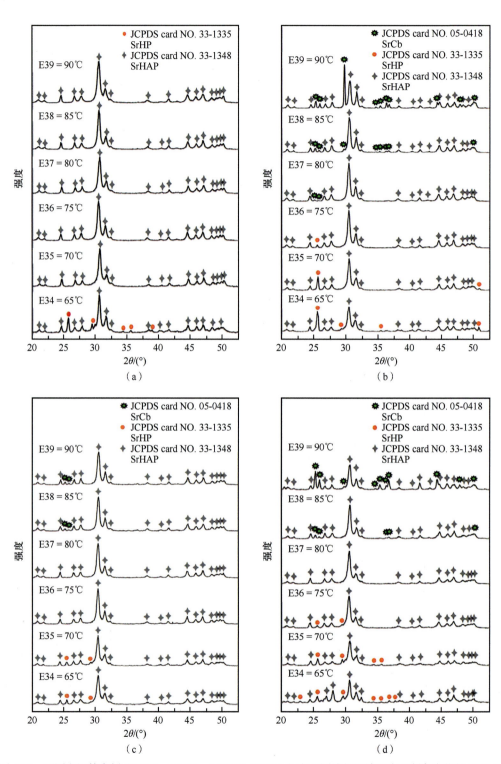

图 4-28　不同有机螯合剂（EDTA、EGTA、HEDTA 和 NTA）在不同均相沉淀温度下制备产物的 XRD 图
（a）EDTA；（b）EGTA；（c）HEDTA；（d）NTA

与 Jade 6.5 中 PDF 标准卡片对照可以发现，EDTA 制备的产物在 65℃ 反应时得到的样品既含有 SrHAP（JCPDS card No. 33-1348）的特征晶面衍射峰，又含有 SrHP（JCPDS card No. 33-1335）的特征晶面衍射峰，表明该产物同时含有 SrHAP 和 SrHP，而在其他温度下（70℃、75℃、80℃、85℃ 和 90℃）反应得到的产物只含有 SrHAP 的特征晶面衍射峰，表明这些产物都为纯的 SrHAP。

EGTA 在六种不同均相沉淀温度下制备的产物不仅含有 SrHAP（JCPDS card No. 33-1348）的特征晶面衍射峰，还含有其他杂质的特征晶面衍射峰，表明在这些均相沉淀温度下没有制备出纯的 SrHAP。其中，在较低温度 E34（65℃）、E35（70℃）和 E36（75℃）下，产物的杂质特征晶面衍射峰为 SrHP（JCPDS card No. 33-1335），表明产物还有杂质 SrHP。而在较高温度 E37（80℃）、E38（85℃）和 E39（90℃）下，产物的杂质特征晶面衍射峰为 SrCb（JCPDS card No. 05-0418），表明产物还有杂质 SrCb。

HEDTA 在 E34（65℃）和 E35（70℃）条件下，产物的特征晶面衍射峰为 SrHAP（JCPDS card No. 33-1348）和 SrHP（JCPDS card No. 33-1335），表明产物为 SrHAP 和杂质 SrHP；随着均相沉淀温度升高，E36（75℃）和 E37（80℃）产物的特征晶面衍射峰只含有 SrHAP（JCPDS card No. 33-1348），表明在该均相沉淀温度下制备产物为纯的 SrHAP；E38（85℃）和 E39（90℃）条件下，产物的特征晶面衍射峰为 SrHAP（JCPDS card No. 33-1348）和 SrCb（JCPDS card No.05-0418），表明产物为 SrHAP 和杂质 SrCb。

NTA 在六种不同均相沉淀温度下制备产物的特征晶面衍射峰情况与 HEDTA 相似，唯一的区别是，在 E37（80℃）制备的产物只含 SrHAP（JCPDS card No. 33-1348）特征晶面衍射峰。

结果表明：在不同的均相沉淀温度下，螯合剂模板（EDTA、EGTA、HEDTA 和 NTA）制备 SrHAP 时表现出不同的螯合控制能力，EDTA 螯合控制 Sr^{2+} 的能力最强，其次是 HEDTA 和 NTA，EGTA 最弱，但是根据能与 Sr^{2+} 配位的基团（氮原子和带负电荷的羧酸根离子）数量判断，4 种有机 Sr^{2+} 螯合剂的能力最强的是 EDTA，其次是 EGTA 和 HEDTA，最弱的是 NTA。这种区别更加说明了这些模板螯合剂与 Sr^{2+} 结合后在释放 Sr^{2+} 生成 SrHAP 时，螯合剂的分子结构与 SrHAP 无机晶面离子相互作用，对其制备 SrHAP 多孔微球产生了影响，为后期的泡界模板自组装成孔过程和机理提供了依据。

另外，结合前期均相沉淀温度对制备六方柱 SrHAP 和片状 SrHAP 影响的 XRD 研究结果进行比较分析。在相同的均相沉淀温度梯度下，对比模板剂 CTAB、CP、PVP-30、PEG、D-ST、DDBS 制备产物的 XRD 情况，可以发现 EDTA 在 65℃ 以上就能制备纯的 SrHAP，其他最好的模板剂 CTAB 也只能在 70℃ 以上制备纯的 SrHAP。

分析杂质 SrHP 的情况，随着均相沉淀温度的变化，D-ST、EDTA、EGTA、HEDTA 和 NTA 都只制备出 JCPDS card No. 33-1335 晶型的 SrHP，CTAB、CP、PVP-30、PEG 和 DDBS 都能在不同均相沉淀温度下制备出 JCPDS card No. 33-1335 和 JCPDS card No. 12-0368 两种晶型的 SrHP。

分析杂质 SrCb 的情况，在这些均相沉淀温度下，CTAB、DDBS 和 EDTA 制备产物中没有杂质 SrCb 生成，CP、PVP-30、PEG 和 D-ST 在 90℃ 时才能制备出杂质 SrCb，EGTA 在 80℃ 以上时能制备出杂质 SrCb，HEDTA 和 NTA 在 85℃ 以上时能制备出杂质 SrCb。

结果表明：当这些有机模板剂都能控制诱导制备 JCPDS card No. 33-1348 晶型 SrHAP 时，EDTA 的诱导控制能力最强，CTAB 次之。D-ST、EDTA、EGTA、HEDTA 和 NTA 能诱导控制 JCPDS card No. 33-1335 晶型的 SrHP，CTAB、DDBS 和 EDTA 对 pH 调控剂产生的 CO_2 表现出较强的抗干扰能力，这些都进一步说明了有机模板剂分子结构与无机 SrHAP 和 SrHP

晶面裸露离子产生了不同的结合作用，为其机理研究提供了依据。

2. SrHAP 多孔微球产物的形貌 SEM 分析

观察图 4-29 中 EDTA 和 EGTA 分别在不同均相沉淀温度下（E34 为 65℃，E35 为 70℃，E36 为 75℃，E37 为 80℃，E38 为 85℃，E39 为 90℃），经过 48h 均相反应后制备产物的 SEM 图像。

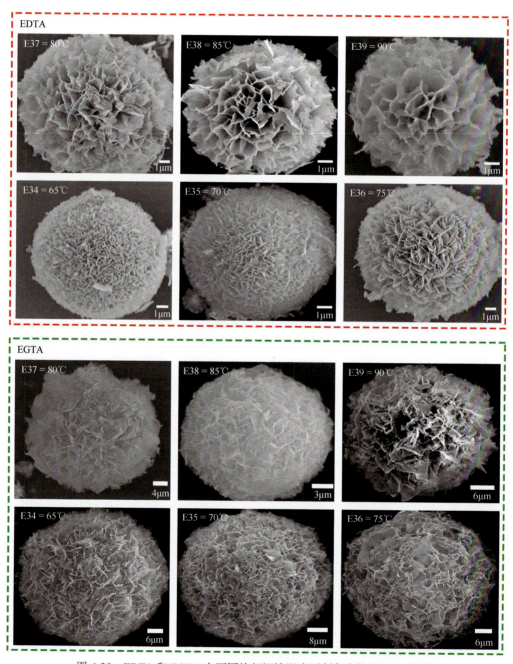

图 4-29　EDTA 和 EGTA 在不同均相沉淀温度下制备产物的 SEM 图像

红色虚线方框为 EDTA 在不同均相沉淀温度下制备 SrHAP 的 SEM 图像；绿色虚线方框为 EGTA 在不同均相沉淀温度下制备 SrHAP 的 SEM 图像

观察红色虚线方框（EDTA）的 SEM 图像，每个均相沉淀温度的 SrHAP 多孔微球整齐、完整和清晰，呈现规律性变化，在低温时，E34（65℃）和 E35（70℃）的 SrHAP 多孔微球表面多孔密集，孔径小，随着均相沉淀温度的升高，孔径逐渐增大，微球表面孔的数量减少。

绿色虚线方框（EGTA）的 SEM 图像显示，每个均相沉淀温度的 SrHAP 多孔微球表面有缺陷，孔径杂乱，变化混乱，在低温时 E34（65℃）和 E35（70℃）的 SrHAP 多孔微球表面虽然多孔密集，孔径小，但是孔径和密集度变化规律有点混乱，随着均相沉淀温度升高，SrHAP 多孔微球表面孔径增大，空隙混乱，微球完整性差，表面有塌陷和缺陷现象。

图 4-30 为 HEDTA 和 NTA 分别在不同均相沉淀温度下（E34 为 65℃，E35 为 70℃，E36 为 75℃，E37 为 80℃，E38 为 85℃，E39 为 90℃），经过 48h 均相反应后制备产物的 SEM 图像。观察黄色虚线方框（HEDTA）的 SEM 图像可知，不同均相沉淀温度的 SrHAP 多孔微球表面孔径大小和完整性有的好，有的差。E34（65℃）、E37（80℃）和 E38（90℃）的表面孔径大小和孔的密集性随着均相沉淀温度的升高呈现孔径变大和孔的数量减少的规律性变化。但是，E35（70℃）、E36（75℃）和 E38（85℃）的 SrHAP 多孔微球表面有众多的碎片晶体，表面完整性差。

青色虚线方框（NTA）的 SEM 图像显示，除了 E36（75℃）、E38（85℃）和 E39（90℃）的 SrHAP 多孔微球表面孔径和孔隙稍微完整一些，孔径大小无规律性变化，其他均相沉淀温度下的 SrHAP 多孔微球表面都有众多的碎片晶体，表面完整性差。

综合图 4-29 和图 4-30 的分析得到以下结论：虽然能根据与 Sr^{2+} 配位的基团 [氮原子和带负电荷的羧酸根离子（COO^-）] 数量判断这 4 种有机锶离子螯合剂的能力最强的是 EDTA，其次是 EGTA 和 HEDTA，最弱的是 NTA，但是在不同均相沉淀温度下，EDTA、EGTA、HEDTA 和 NTA 螯合 Sr^{2+} 后制备 SrHAP 多孔微球时表现出不同的调控结果。

这些区别有可能与模板螯合剂的分子结构（图 4-27）有关。EDTA 为非常完美的对称结构，分子结构整齐，能形成对称的六元配合物，规律性强，不会形成空间位阻。

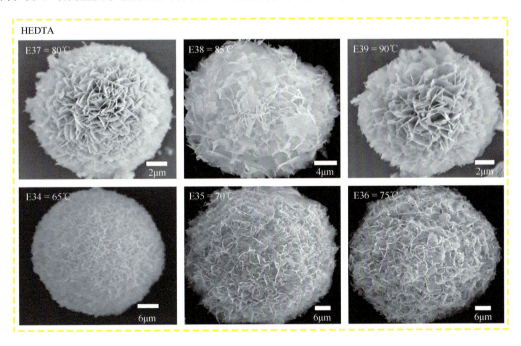

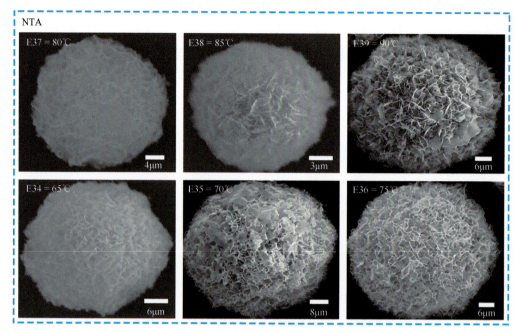

图 4-30　HEDTA 和 NTA 在不同均相沉淀温度下制备产物的 SEM 图像

黄色虚线方框为 HEDTA 在不同均相沉淀温度下制备产物的 SEM 图像；青色虚线方框为 NTA 在不同均相沉淀温度下制备产物的 SEM 图像

　　EGTA 虽然与 EDTA 一样分子对称性好，结构整齐，但是 EGTA 是长链大分子，中间还存在两个氧醚（—O—）活性基团，同样也能与 Sr^{2+} 配位，将会影响其配位结构的统一性和规律性，从而形成众多不同的配位结构。

　　HEDTA 分子结构与 EDTA 相近，唯一的区别是将 EDTA 的其中一个羧基换成羟基，HEDTA 末端的三个羧基的吸电子效应也会使羟基表现出 O—活性，能与锶离子形成类似 EDTA 的配位，但是其配合物的稳定性和结构的完整性与规律性比 EDTA 差。

　　NTA 是氮原子周围连接三个羧基的稳定对称结构，有 4 个配位活性基团，单分子与 Sr^{2+} 配位时分子内位阻较大，多分子与 Sr^{2+} 配位时，组成配合物的方式不统一，分子结构类型众多，规律性差。

　　通过分析 EDTA、EGTA、HEDTA 和 NTA 的分子结构特点及与 Sr^{2+} 形成配合物的特点，在释放 Sr^{2+} 生成 SrHAP 多孔微球时，EDTA 与 Sr^{2+} 配位的六元配合物，统一性强、规律性强、稳定性强的优势在调控 SrHAP 多孔微球时凸显出来，与图 4-29 中红色虚线方框中的 SEM 图像变化保持一致，进一步说明了螯合剂的分子与 SrHAP 无机晶面离子相互作用，对其制备 SrHAP 多孔微球产生了影响。具体的 EDTA 调控 SrHAP 多孔微球自组装成孔过程和机理将在 4.4.5 节分析。

4.4.4　螯合剂模板种类、均相沉淀时间对制备 SrHAP 多孔微球产物的影响

　　根据 4.4.3 节不同螯合剂模板（EDTA、EGTA、HEDTA 和 NTA）分别在不同均相沉淀温度下（65℃、70℃、75℃、80℃、85℃和90℃），经过 48h 均相反应后制备产物的物相 XRD 和形貌 SEM 的分析结果，本节优选出 EDTA 和 HEDTA，在均相沉淀温度为 80℃时，进一步分析 EDTA 和 HEDTA 在不同均相沉淀时间后对制备产物的物相和形貌的影响。

1. SrHAP 多孔微球产物的物相 XRD 分析

图 4-31 为螯合剂模板 EDTA 和 HEDTA 在 80℃时，不同均相沉淀时间（E40 为 0.5h，E41 为 3h，E42 为 12h，E43 为 24h，E44 为 36h，E37 为 48h）下制备产物的 XRD 图像。在 0.5h（E40）和 3h（E41）时，产物的特征晶面衍射峰曲线粗糙不光滑，衍射峰宽不尖锐，峰高低，说明产物结晶度不高，随着均相沉淀时间的增加，特征晶面衍射峰曲线逐渐平整光滑，衍射峰光滑且变尖锐、峰宽变窄，杂质的特征衍射峰逐渐减少和消失，表明产物结晶度和纯度都得到了提高。

与 Jade 6.5 中 PDF 标准卡片对照可以发现，在图 4-31 中 0.5h（E40）、3h（E41）、12h（E42）和 24h（E43）下制备的产物既含有 SrHP（JCPDS card No. 33-1335）的特征晶面衍射峰，又含有 SrHAP（JCPDS card No. 33-1348）的特征晶面衍射峰，表明该产物同时含有 SrHAP 和 SrHP，然而，图 4-31（a）中杂质 SrHP 的特征晶面衍射峰的数量比图 4-31（b）中的要多一些。

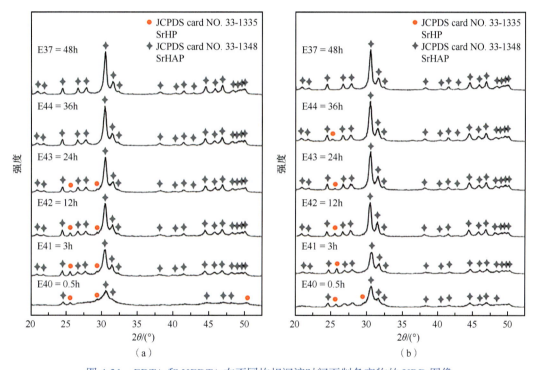

图 4-31　EDTA 和 HEDTA 在不同均相沉淀时间下制备产物的 XRD 图像
（a）EDTA；（b）HEDTA

螯合剂模板 EDTA 和 HEDTA 的剩下时间点（E44 的 36h 和 E37 的 48h），除了 HEDTA 中在 36h（E44）时仍然还含有杂质 SrHP（JCPDS card No. 33-1335）的特征晶面衍射峰，其他的均相沉淀时间下制备的产物只含有 SrHAP（JCPDS card No. 33-1348）的特征晶面衍射峰，表明该产物为纯的 SrHAP。

结果表明：由于 SrHAP 和 SrHP 的反应平衡、溶液酸碱平衡和氨气溶解平衡的制约，随着均相沉淀时间的增加，pH 调控剂水解反应是逐步进行的，进一步证明了均相反应体系的建立；大分子 HEDTA 释放的 Sr^{2+} 不容易生成多离子 SrHAP 配合物，而螯合 Sr^{2+} 能力强的 EDTA 却能在 36h 内制备纯的多离子 SrHAP 配合物，进一步说明了有机螯合剂的分子结构对无机 SrHAP 进行了有机 / 无机杂化，影响了晶体表面裸露离子的结晶生长，进而影响晶体结晶过程，为制备不同形貌无机晶体提供了参考。

2. SrHAP 多孔微球产物的形貌 SEM 分析

观察图 4-32 中螯合剂模板 EDTA 和 HEDTA 在 80℃时不同均相沉淀时间下制备产物 SrHAP 的 SEM 图像，产物 SrHAP 都为多孔微球。随着均相沉淀时间的增加，红色虚线方框的 SrHAP 多孔微球孔形清晰，球形完整，规律性较强，孔径基本保持不变，36h 后 SrHAP 多孔微球的直径保持不变；青色虚线方框的 SrHAP 多孔微球孔形清晰程度、球形完整性和直径大小规律都差异较大。

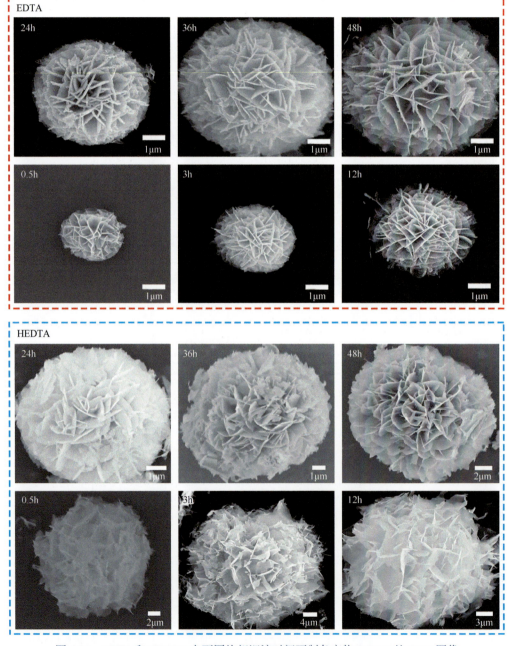

图 4-32　EDTA 和 HEDTA 在不同均相沉淀时间下制备产物 SrHAP 的 SEM 图像

结果表明：EDTA 和 HEDTA 的分子结构差异对 SrHAP 多孔微球的生长和形成产生了影响，螯合剂的分子与 SrHAP 无机离子相互作用，EDTA 调控 SrHAP 多孔微球的能力更强，另外，均相沉淀温度能起到控制孔径大小的作用。

4.4.5　EDTA 螯合剂模板 SrHAP 多孔微球泡界模板自组装成孔过程及其生长机理

综合 4.4.4 节的研究结果，本节将以螯合剂模板 EDTA 为 0.0034mol/L、pH 调控剂为 4.16mol/L、均相沉淀时间为 48h，不同均相沉淀温度下制备 SrHAP 多孔微球为例，分析均相沉淀温度对泡界模板调控 SrHAP 多孔微球孔径的影响，并进一步讨论模板诱导/均相沉淀法制备 SrHAP 多孔微球的泡界模板自组装成孔过程及控制机理。

1. 均相沉淀温度对 SrHAP 多孔微球孔径的控制作用

实验 E34 ～ E39 研究了均相沉淀温度（65℃、70℃、75℃、80℃、85℃和 90℃）对 SrHAP 多孔微球孔径的影响。利用压汞法测量了产品（E34 ～ E39）的平均直径，它们的平均直径分别为 147nm、289nm、423nm、565nm、785nm、892nm。可以发现，随着温度的升高，球孔的平均直径逐渐增大（图 4-32 红色虚线方框）。气泡与溶液的接触面存在表面张力，它会使气泡的液面自动收缩，气泡变小，在相同温度下两种相反的趋势平衡后，会形成大小相近的气泡。因此，均相沉淀温度越高，溶液内气泡的表面吉布斯自由能越大，表面张力越小，形成的气泡半径也会越大；反之，均相沉淀温度越低，气泡半径越小（表 4-8）。因此，均相沉淀温度可以控制 SrHAP 多孔微球的孔径大小。

表 4-8　不同均相沉淀温度下的表面张力

序号	温度/℃	表面张力/（N/m）
E34	65	0.03068
E35	70	0.02934
E36	75	0.02918
E37	80	0.02814
E38	85	0.02414
E39	90	0.01789

根据气泡在溶液中稳定存在的热力学条件，均相沉淀温度与气泡半径的关系可以用开尔文方程描述[29, 30]：

$$r = \frac{2\delta M / \rho R T}{\ln(P_r^* / P^*)} \tag{4-23}$$

式中，R 为摩尔气体常数，J/mol K；T 为温度，K；P_r^* 为气泡弯曲气液界面的饱和蒸气压；P^* 为液体表面的饱和蒸气压；δ 为液体的表面张力；r 为 CO_2 气泡的半径；M 为摩尔质量。

气泡在溶液中，气泡的半径与溶液表面张力的平衡关系可以用拉普拉斯方程来描述[31]：

$$P_{in} - P_{out} = \frac{2\delta}{r} \tag{4-24}$$

式中，P_{in} 和 P_{out} 分别为气泡内部的气体压力和外部的液体压力。

由于 CO_2 气体的半径为纳米级，可以直接采用理想气体状态方程，即克拉佩龙方程（clapeyron equation）[32]：

$$P_{gas}V=nRT \tag{4-25}$$

式中，V 为 CO_2 气泡的体积；n 为气泡中 CO_2 气体物质的量。

根据式（4-23）～式（4-25），P_r^*、P_{in} 和 P_{gas} 存在如下关系：

$$P_{gas}=P_{in}-P_r^* \tag{4-26}$$

$$\frac{nRT}{V}=P_{out}+\frac{2\delta}{r}-P^*\exp\left(-\frac{2\delta M}{\rho RTr}\right) \tag{4-27}$$

$$2\delta r^2+\left[P+\rho gh-P^*\exp\left(-\frac{2\delta M}{\rho RTr}\right)\right]r^3=\frac{3nR}{4\pi}T \tag{4-28}$$

式中，P 为标准大气压；ρgh 为 CO_2 在液面下 h 处受到的压力；孔径 $d=2r$。因此，式（4-28）可化简为

$$d^2+\left[P+\rho gh-P^*\exp\left(-\frac{4\delta M}{\rho RTd}\right)\right]\frac{1}{4\delta}d^3=\frac{3nR}{2\pi\delta}T \tag{4-29}$$

当 CO_2 气泡的孔径在纳米范围时，$P+\rho gh-P^*\exp(-4\delta M/\rho RTd)=0.0001\text{atm}$ ①，此时

$\dfrac{P+\rho gh-P^*\exp(-4\delta M/\rho RTd)}{4\delta}\cdot d^3$ 相比 d^2 可以忽略不计（$d^3\leqslant d^2$，$d<1$，误差小于 10^{-5}），

因此式（4-29）取自然对数后，可以化简为

$$\ln d=\frac{1}{2}\ln T+\frac{1}{2}\ln\frac{3nR}{2\pi\delta} \tag{4-30}$$

根据式（4-30）可以得到 $\ln T$ 与 $\ln d$ 的函数关系图（图 4-33），从图中可以看出，E34～E39 样品实验数据的函数值（$\ln T$，$\ln d$）与拟合函数线很接近，拟合度达到 0.97。并且随着均相沉淀温度的升高，微球孔径是逐渐增大的，规律与上述一致。另外，拟合函数线继续往低温方向延伸，虚线与横坐标的交点为 5.808（$d=0$），拟合函数对应的均相沉淀温度在 332.95K 左右，此拟合数据与实验数据基本保持一致（pH 调控剂水解最低温度为 60℃），从另一方面验证了均相沉淀温度能起到调控 SrHAP 多孔微球孔径大小的作用。

在常压下，通过调节均相沉淀温度可以控制制备 SrHAP 多孔微球孔径的大小，表明 CO_2 泡界模板在自组装过程中发挥了重要的作用。

2. EDTA 和 pH 调控剂对泡界模板形成的影响

1）对照 EDTA 和 pH 调控剂对制备 SrHAP 形貌的 SEM 分析

图 4-34（a）显示加 EDTA 不加 pH 调控剂制备的 SrHAP 形貌为超细粒状聚合体。结果表明：没有 pH 调控剂水解，溶液中没有 CO_2 气泡，即使有 EDTA 参与螯合 Sr^{2+}，也不能形成稳定的泡界模板，得不到 SrHAP 多孔微球。

---

① 1atm=1.01325×10⁵Pa。

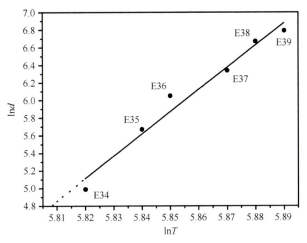

图 4-33　ln$T$ 与 ln$d$ 函数关系图

图中黑色圆点标记分别为 E34 ～ E39 在图中对应的位置；虚线是拟合函数线延长线

（a）　　　　　　　　　　　　（b）　　　　　　　　　　　　（c）

图 4-34　对照 EDTA 和 pH 调控剂对制备 SrHAP 形貌的 SEM 图像

（a）加 EDTA 不加 pH 调控剂制备的 SrHAP 形貌的 SEM（E45）图像；（b）加 pH 调控剂不加 EDTA 制备的 SrHAP 形貌的 SEM（E46）图像；（c）同时加 EDTA 和 pH 调控剂制备的 SrHAP 形貌的 SEM（E37）图像

图 4-34（b）显示加 pH 调控剂不加 EDTA 制备的 SrHAP 形貌为片晶聚合体。结果表明：在溶液中加入 pH 调控剂，其水解生成的 CO_2 分子 [式（4-2）] 吸收了热量，不仅使 CO_2 分子活动加剧，而且增加了其形成 CO_2 气泡的表面吉布斯自由能[32]，CO_2 气泡会吸收更多的 CO_2 分子或者相互融合逐渐变大。pH 调控剂参与反应，虽然有 CO_2 气泡产生，但是没有 EDTA 参与螯合，也不能形成稳定的泡界模板，同样不能形成 SrHAP 多孔微球。

图 4-34（c）显示只有同时加入 EDTA 和 pH 调控剂制备的 SrHAP 为多孔微球。

2）气泡和泡界模板的产生

在溶液中加入 pH 调控剂，发生水解反应生成 CO_2 分子，吸收了热量，不仅使 CO_2 分子活动加剧，而且增加了其形成气泡的表面吉布斯自由能[32]，气泡会吸收更多的 CO_2 分子或者相互融合逐渐变大。同时，气泡与溶液的接触面存在表面张力，它会使气泡的液面自动收缩，气泡变小，在相同温度下，两种相反的趋势平衡后，会形成大小相近的气泡。因此，反应温度越高，溶液内气泡的表面吉布斯自由能越大，表面张力越小，形成的气泡半径会越大；反之，反应温度越低，形成的气泡半径越小。

大量 CO_2 气泡聚集形成泡界模板，在三个以上气泡的交汇处的空隙即普拉托边界 [图 4-35（a）、（b）]，普拉托边界的气泡液面之间由很多近似平行于平面的薄液膜组成。

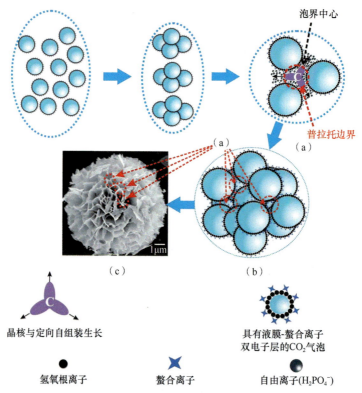

图 4-35　泡界模板的产生和形成
（a）普拉托边界的产生；（b）泡界模板的形成；（c）80℃时得到的产物 SEM 图像

如图 4-35（c）所示，SrHAP 多孔微球的表面由片晶组装而成，数量众多的片晶相互连接形成了一个开放的多孔结构。CO_2 气泡[33-36] 和 EDTA 构建的泡界模板对 SrHAP 多孔微球自组装成孔生长作用明显，因此，可以进一步详细讨论泡界模板自组装成孔生长过程和机理。

3）EDTA 的螯合作用及稳定的泡界模板形成

CO_2 分子能与 H_2O 分子生成 H_3O^+ 和 HCO_3^-[式（4-31）]，并且初始溶液的平均 pH 为酸性，于是在气泡与溶液之间的弯曲气液界面处存在大量的水合氢离子，形成了带 H_3O^+ 的液膜。EDTA 具有 4 个羧基和 2 个氨基基团，能螯合 Sr^{2+} 形成六配位化合体[37][图 4-36（a）]，大量螯合了 Sr^{2+} 的 EDTA（简称 EDTASr）能与气泡表面液膜的两个水合 H_3O^+ 结合，形成了液膜–螯合离子双电子层[图 4-36（b）绿色虚线椭圆形]。

$$CO_2 + 2H_2O \rightleftharpoons H_3O^+ + HCO_3^- \tag{4-31}$$

普拉托边界处的气泡存在内外压力差，会使气泡内的气体从液膜流向普拉托边界处（液膜排液现象），会引起液膜逐渐变薄，甚至破裂。然而，相邻的两个液膜–螯合离子单电子层形成双电子层，双电子层产生的静电排斥现象可以防止气泡因液膜排液现象而破裂，因此，形成了稳定的具有液膜的气泡，稳定的气泡聚集在一起形成了稳定的泡界模板。

3. 泡界模板自组装均相成核过程分析

pH 调控剂水解生成的 OH^- 启动了溶液内离子的自组装生长，由于正负离子的相互吸引作用，OH^- 逐步向 CO_2 气泡表面的液膜–螯合离子单电子层移动。由于气泡的密集聚集，OH^- 最容易进入气泡间的交汇处（普拉托边界），OH^- 从此处开始与 EDTASr 和液膜表面的

H_3O^+ 发生中和反应，使 EDTASr 在普拉托边界处定向释放 Sr^{2+}[38]。因此，在普拉托边界的气液界面空隙处，聚集着大量的 $H_2PO_4^-$，随着定向释放 Sr^{2+} 和 OH^- 浓度的增加，溶液中的 Sr^{2+}、$H_2PO_4^-$ 和 OH^- 达到过饱和时将均相成核 [图 4-37（a）]。

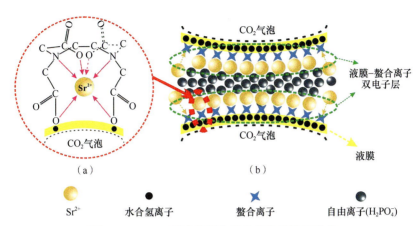

图 4-36　EDTA 螯合作用和稳定的泡界模板形成

（a）每个 EDTASr 与气泡表面液膜的两个水合氢离子结合；（b）液膜 – 螯合离子双电子层

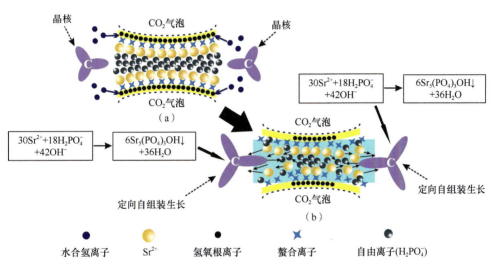

图 4-37　Sr^{2+} 定向释放和 SrHAP 均相成核、定向自组装生长

（a）OH^- 作用下 SrHAP 均相成核；（b）Sr^{2+} 定向同步释放、SrHAP 从普拉托边界处开始沿着气泡液膜自组装生长

另外，pH 调控剂水解持续产生的 OH^- 不断为自组装生长提供动力，OH^- 逐渐由近向远破坏 CO_2 气泡表面的液膜 – 螯合离子单电子层，同步定向释放 Sr^{2+}，晶核会沿着普拉托边界的气泡表面自组装有序生长 [图 4-37（b）]。

4. 泡界模板自组装生长机理

具有液膜 – 螯合离子单电子层的 CO_2 气泡聚集形成的泡界模板中三个 CO_2 气泡形成的普拉托边界 [图 4-38（a）]，为 Sr^{2+}、$H_2PO_4^-$ 和 OH^- 均相成核生长提供了有利的空间。OH^- 在普拉托边界优先中和 CO_2 气泡表面的液膜 – 螯合离子单电子层的 H_3O^+，在普拉托边界处 Sr^{2+} 优先定向释放，SrHAP 自组装均相成核，沿着相邻 CO_2 气泡表面自组装生长。随着 pH 调控剂水解持续产生的 OH⁻ 不断为自组装生长提供动力，液膜－螯合离子单电子层逐渐被破坏；从普拉托边界处，沿着气泡间隙向里面，SrHAP 定向自组装生长成片晶 [图 4-38（a）]。泡界模板上有众多相邻的普拉托边界，SrHAP 片晶不断生长，通过普拉托边界相互连接，由于气泡的表面是弯曲的球形，在相邻的普拉托边界之间，SrHAP 片晶相互连接组成众多球形，犹如形成了以气泡为中心的多孔结构 [图 4-38（b）]。当 OH⁻ 将气球表面的液膜－螯合离子单电子层完全破坏，Sr^{2+} 全部定向释放，气泡表面的液膜就会破碎，泡界模板就会消失，就形成了 SrHAP 多孔微球 [图 4-38（c）]，气泡的大小就是 SrHAP 多孔微球孔径的大小。据此，探讨了在 EDTA 和 CO_2 气泡作用下 SrHAP 多孔微球的泡界模板自组装生长机理。

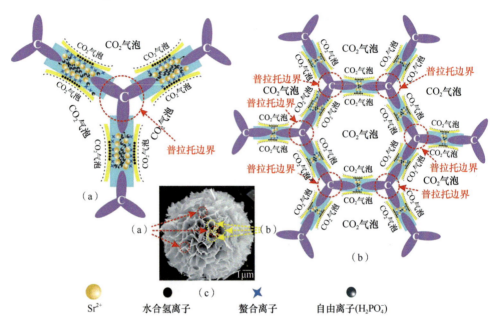

图 4-38　片晶的形成和 SrHAP 多孔微球泡界模板自组装生长机理
（a）片晶的形成；（b）片晶相互连接形成多孔微球；（c）80℃时得到的产物 SEM 图

参 考 文 献

[1] Benito P, Herrero M, Barriga C, et al. Microwave-assisted homogeneous precipitation of hydrotalcites by urea hydrolysis. Inorganic Chemistry, 2008, 47(12): 5453-5463

[2] Willard H H, Tang N K. A study of the precipitation of aluminumbasic sulfate by urea. Journal American Chemical Society, 1937, 59(7): 1190-1196

[3] Wang Y, Yu X L. Study on the morphology of lithium formate monohydrate crystal by the periodic bond chain theory. Crystal Researchand Technology, 2005, 40(8): 768-772

[4] Kohji T, Toshiya K, Hitoshi A. Structural analysis of polyoxymethylene whisker single crystal by electron diffraction. Macromolecules, 2004, 37: 826-830

[5] Weissbuch I, Lahav M, Leiserowitz L. Toward stereochemical control, monitoring, and understanding of crystal nucleation. Crystal Growth & Design, 2003, 3(2): 125-150

[6] 郭玉明, 张秀英, 蒋凯, 等. 高分子基质作用下碳酸钙的仿生合成. 化学学报, 2001, 50(5): 755-762

[7] Harumitsu N. A high active type of hydroxyapatite for photocatalytic decomposition of dimethyl sulfide under UV adiation. Journal of Molecular Catalysis A: Chemical, 2004, 207: l47-151

[8] Awade A C, Efstathiou T. Comparison of three liquid chromatographicmethods for egg-white protein analysis.

Journal of Chromotography B: Biomedical Sciences & Applications, 1999, 723: 69-74

[9] Xiong L, Yang L. Theoretical analysis of calcium phosphate precipitation in simulated body fluid. Biomaterials, 2005, 26: 1097-1108

[10] 黄志良, 刘羽, 王大伟, 等. 胶原蛋白模板诱导片状纳米羟基磷灰石 (HAP) 的仿生合成. 材料导报, 2002, 16(10): 69-71

[11] Hassna R R, Miqin Z. Preparation of porous hydroxyapatite scaffolds by combination of the gel-casting and polymer sponge methods. Biomaterials, 2003, 24: 3293-3302

[12] Frank F C. On spontaneous asymmetric synthesis. Biochimica et Biophysica Acta, 1953, 11(4): 459-463

[13] Chen C L, Li J Q, Huang Z L, et al. Phase transformation process and step growth mechanism of hydroxyapatite whiskers under constant impulsion system. Journal of Crystal Growth, 2011, 327(1): 154-160

[14] Zhang H Q, Yan Y H, Wang Y F, et al. Morphology and formation mechanism of hydroxyapatite whiskers from moderately acid solution. Journal of Materials Research, 2002, 6: 111-115

[15] Park Y M, Ryu S C, Yoon S Y, et al. Preparation of whisker-shaped hydroxyapatite/b-tricalcium phosphate composite. Materials Chemistry and Physics, 2008, 109: 440-447

[16] Ines S N, Francisco G T, Takaaki T, et al. Hydrothermal synthesis of hydroxyapatite whiskers with sharp faceted hexagonal morphology. Journal of Materials Science, 2008, 43: 2171-2178

[17] Hartman P, Perdok W G. On the relations between structure and morphology of crystals. Acta Crystallographica, 1955, 8: 49-52

[18] Chen C, Yuan W, Li J, et al. Characterization of carbonated hydroxyapatite whiskers prepared by hydrothermal synthesis. CrystEngComm, 2011, 13: 1632-1637

[19] He Q J, Huang Z L. Controlled synthesis and morphological evolution of dendritic porous microsphere of calcium phosphates. Journal of Porous Materials, 2009, 16(6): 683-689

[20] Cheng X K, Huang Z L, Li J Q, et al. Self-assembled growth and pore size control of the bubble-template porous carbonated hydroxyapatite microsphere. Crystal Growth & Design, 2010, 10(3): 1180-1188

[21] Chen J, Huang Z L, Chen C L, et al. Preparation and growth mechanism of plate-like basic magnesium carbonate by template-mediated/homogeneous precipitation method. Journal of Central South University, 2018, 25(4): 729-735

[22] Kang Y K. Theory of the chemical bond. Bond lonicities and bond energies of diatomic molecules. Bulletin of Korean Chemical Society, 1985, 6: 107-111

[23] 曾汉民. 高技术新材料要览. 北京: 中国科学技术出版社, 1993: 529-531

[24] Wagner R S, Ellis W C. Vapor-liquid-solid mechanism of single crystal growth. Applied Physics Letters, 1964, 4(5): 89-90

[25] Zhu C F, Liu W, Hu J K. The ultrasonic properties of Zn and Fe doping YBa/sub 2/Cu/sub 3/O/sub 7-Y/ceramic. International Conference on Science and Technology of Synthetic Metals, 1994

[26] Pamplin B R. 晶体生长. 刘如水, 译. 北京: 中国建筑工业出版社, 1981: 96-98

[27] Pang Y T, Meng G W, Zhang L D. Electrochemical synthesis of ordered alumina nanowire arrays. Journal of Solid State Electrochemistry, 2003, 7(6): 344-347

[28] Liu Q, Yang Q H, Zhao G G, et al. Titanium effect on the thermoluminescence and optically stimulated luminescence of Ti, Mg: α-Al$_2$O$_3$ transparent ceramics. Journal of Alloys and Compounds, 2014, 582: 754-758

[29] Wentzell R A. Van der Waals stabilization of bubbles. Physical Review Letters, 1986, 56: 732-733

[30] Matsumoto M, Tanaka K. Nano bubble-Size dependence of surface tension and inside pressure. Fluid Dynamics Research, 2008, 40: 546-553

[31] Cheng X K, He Q J, Li J Q, et al. Control of poresize of the bubble-template porous carbonated hydroxyapatite microsphere by adjustable pressure. Crystal Growth & Design, 2009, 9(6): 2770-2775

[32] Caroline F M, Francisco A, Rodrigues M H, et al. Understanding drug release data through thermodynamic

analysis. Materials, 2017, 10(6): 651-669

[33] Sun R, Lu Y, Chen K. Preparation and characterization of hollow hydroxyapatite microspheres by spray drying method. Materials Science and Engineering C, 2009, 29: 1088-1092

[34] Luo P, Nieh T G. Synthesis of ultrafine hydroxyapatite particles by a spray dry method. Materials Science and Engineering C, 1995, 3: 75-78

[35] Luo P, Nieh T G. Preparing hydroxyapatite powders with controlled morphology. Biomateriols, 1996, 17: 1959-1964

[36] Kim T K, Yoon J J, Lee D S, et al. Gas foamed open porous biodegradable polymeric microspheres. Biomaterials, 2006, 27: 152-159

[37] Volodkin D, Ralabushevich N G, de Guerenu A L, et al. Protein loading into porous $CaCO_3$ microspheres: adsorption equilibrium and bioactivity retention. Physical Chemistry Chemical Physics, 2015, 17(4): 2523-2530

[38] Zhang K, Liu F, Yang G C. Re-analysis of the critical nucleation work in the case of diffusive interface. Progress in Natural Science-Materials International, 2012, 22(2): 100-107

第 5 章

磷灰石矿物材料的功能开发

5.1 磷灰石固体碱催化功能材料

5.1.1 固体碱

固体碱主要是指可向反应物给出电子的固体，作为催化剂其活性中心具有极强的供电子或接受电子的能力，由一个表面阴离子空穴，即自由电子中心由表面 O^{2-} 或 O^{2-}—OH 组成[1]。与 Brønsted 和 Lewis 液体碱性催化剂相比，固体碱催化剂具有很多优势，如没有腐蚀性、环保、后处理方便、能重复使用、使用周期长、活性高、选择性好、反应条件温和、产物易分离等优点[2, 3]。随着人们环保意识的加强和绿色化学的发展，发展环保型或绿色催化剂成为化学工业实现可持续发展的关键因素。因此，固体碱催化剂在合成精细化学品[3-5]等环境友好新催化工艺中占据重要地位。但固体碱，尤其是超强固体碱大多制备复杂、成本昂贵、强度较差、极易被大气中的 CO_2 和 H_2O 等杂质污染，且比表面积小[6]。因此，众多学者正在积极地研究如何简单地制备成本低廉、强度高、不易被杂质污染的固体碱。

固体碱催化剂大体可分为氧化物本征固体碱和负载型固体碱。

1. 氧化物本征固体碱

氧化物本征固体碱包括碱金属和碱土金属氧化物型固体碱、稀土氧化物型固体碱和复合氧化物型固体碱。

1）碱金属和碱土金属氧化物型固体碱

这一类常用的固体碱有 BeO、Na_2O、K_2O、MgO、CaO 和 SrO 等，它们的碱性位主要来源于表面吸附水后产生的羟基和带负电的晶格氧。固体碱催化剂的性质与其表面碱性位的数量和强度相关，但它们并不能完全决定固体碱催化剂的性质[4]。一般地，碱金属和碱土金属氧化物催化剂的活性顺序及表面积随碱金属和碱土金属原子序数的增加而减少，其顺序为：$MgO > CaO > SrO > BaO$，$Na_2O > K_2O > Rb_2O > Cs_2O$；而碱强度的顺序则与之相反[7, 8]。

同一固体碱催化剂在不同反应中，可由不同的碱性位作为活性中心。例如，在丙酮的醇醛缩合反应中[9]，上述这些常用的固体碱催化剂尽管表面 O^{2-} 离子比表面羟基更强，但活性中心是表面碱性基团。表面活性由羟基基团或者是固体碱催化剂表面所持有，或者是在双丙酮醇脱水生成异丙叉丙酮时在表面形成。羟基基团的碱性反映了裸露表面的碱性。当水分子吸附在较强的碱性氧化物表面上时其羟基可能具有较强的碱性。而丁醛醇醛缩合的活性中心不是羟基基团而是 O^{2-}[10]。O^{2-} 比羟基基团对 CO_2 和 H_2O 有更强的相互作用,所以反应中催化剂易被 CO_2 和 H_2O 覆盖而失活,高温处理可减少 CO_2 和 H_2O 对它们的影响。

同样对不同的反应,同一固体碱催化剂受 CO_2 和 H_2O 的影响也不同。在硝基甲烷和丙醛的反应中,MgO 和 CaO 的活性就不受 CO_2 和 H_2O 的影响。这是因为硝基甲烷比 CO_2 和 H_2O 更优先吸附在固体碱催化剂表面[8],使催化剂表面上的碱性位 O^{2-} 或羟基基团不与 CO_2 和 H_2O 发生反应,从而使固体碱催化剂保持活性。在羟醛缩合反应中加入少量的水,是因为水可能和固体碱催化剂表面发生相互作用而生成碱性位羟基和 O^{2-},从而使 MgO 具有更高的催化活性[5]。

2)稀土氧化物型固体碱

稀土氧化物作为催化剂对一些反应有极好的催化活性和选择性。赵雷洪等[11]指出,在 600℃ 以下时,Y_2O_3、La_2O_3、CeO_2、Nd_2O_3、MgO、ZrO_2、Al_2O_3 表面上存在强弱两种碱中心。强碱中心的强度顺序为:La_2O_3 > Nd_2O_3 > Y_2O_3 > CeO_2 > MgO;弱碱中心的强度顺序为:Nd_2O_3 > ZrO_2 > Y_2O_3 > MgO > CeO_2 > La_2O_3 > Al_2O_3。稀土元素具有独特的 4f 电子结构、大的原子磁矩及很强的自旋轨道耦合特性,在正常状态下存在空的 5d 轨道,这些空的轨道在催化反应中可为电子转移提供通道,因此稀土元素及其化合物具有较高的催化活性。而稀土氧化物阳离子半径大,氧配位数较多和氧供电子能力较强使其碱性比碱土金属氧化物 MgO 强。稀土氧化物表面上存在具有反应能力的氧,其在某温度下热处理可同时出现不同的活性位,也可在同一活性位催化不同类型的反应。

稀土氧化物对不同反应类型的最高活性都出现在相同的预处理温度范围。这个温度是从表面上清除所有 CO_2 所必需的温度,它表明强碱中心与表面完全清除 CO_2 和 H_2O 后的倍半氧化物化学计量式是相联系的,而弱碱中心也许是存在于部分水合表面上的表面羟基基团[9]。对稀土氧化物在某温度下进行热处理可同时出现不同的活性位,也可在同一活性位催化不同类型的反应[12]。稀土氧化物表面存在具有反应能力的氧,其反应能力取决于氧化物表面层氧的键能;低温下,稀土氧化物氧的反应能力高,与氧化物表面存在局部活性中心有关。

3)复合氧化物型固体碱

复合氧化物型固体碱通常是由前驱体焙烧制得,其前驱体的结构式一般为 $[M(Ⅱ)_{1-x}M(Ⅲ)_X(OH)_2]^{x+}(A^{n-})_{x/n} \cdot mH_2O$,$M(Ⅱ)$ 和 $M(Ⅲ)$ 是金属阳离子,$X=M(Ⅲ)/\{M(Ⅱ)+M(Ⅲ)\}$,A^{n-} 为阴离子[13],其中二价阳离子部分被三价金属离子阳离子替代使层结构改变[14, 15],从而改变催化剂的碱强度等性质。具有水滑石结构的 Mg-Al 阴离子型层状化合物是以水滑石为前驱体焙烧而成的 Mg-Al 复合氧化物 [Mg(Al)O],它是一种中孔材料,具有强碱性、大比表面积、高稳定性以及结构和碱性的可调性[16],其活性取决于前驱体中 x 的值及烧结温度[17]。当 Al 含量增加时,整个碱性位数目下降,但单个位置的碱强度增加,对于不同的反应,该固体碱表现最大活性时,有不同的 x 的最佳值。在 Mg-Al 复合氧化物孔中加入其他阴离子可得到不同强度的固体碱。Mg(Al)O 是具有 MgO 结构的高比表面积的碱性氧化物,其碱性分布情况与 MgO 相似,但因部分 Mg^{2+} 被 Al^{3+} 取代,所以其碱性中心数目比 MgO 相应减少[18]。在 673K 时,复合氧化物型固体碱表面中相邻的层与 Al^{3+}(替代了 MgO 晶格中的 Mg^{2+})之间可形成除 Mg^{2+}—O—Mg^{2+} 和 Al^{3+}—O—Al^{3+} 外的 Mg^{2+}—O—Al^{3+} 键[19]。Corma 等[20]认为,部分四面体型的 Al_2O_3 负载在 MgO 晶格的四面体位置上,这种结构能促使 Mg-Al 簇转化为尖晶石类型。为补偿正电荷的产生,Al^{3+} 占据在四面体或八面体的位置并使 Mg^{2+} 或 Al^{3+} 的骨架产生缺陷,结果 O^{2-} 离子与邻近的 Mg^{2+}/Al^{3+} 缺陷呈不饱和,从而产生强的碱性位。Mg(Al)O 在溶液中易吸附阴离子,所以当用 Mg(Al)O 为载体制备负载型催化剂时,为使活性组分分散良好，其前驱体应以阴离子状态存在[18]。对于此类化合物只要煅烧温度不超过 773K，其表面上的羟基和更强碱性的 O^{2-} 是煅烧后的活性位。在 Knoevenagel 缩合反应中该固体碱催化剂的活性比离子交换沸石活泼，但其碱强度比纯 MgO 弱[21]。

当二价金属阳离子为 Mg^{2+}，三价金属阳离子的半径接近 Mg^{2+} 的离子半径时，离子半径与 Mg^{2+} 相近的金属离子容易替代 MgO 晶格中的 Mg^{2+}，从而导致晶格变形和电荷分布不平衡，使催化剂表面碱量显著增加，结果促使催化剂碱性增强[9]。镁铝复合氧化物在一定的温度下浸渍负载适量的 KF，在特定温度下干燥活化处理后制得的固体碱催化合成丙二醇甲醚，其活性高、选择性好，也可作为固体碱催化剂[22]。

2. 负载型固体碱

负载型固体碱的制备方法大致可分为浸渍法、离子交换法、在载体上的沉淀或共沉淀法、无机或有机高分子上官能团的化学交联法。负载型固体碱的载体有 Al_2O_3、SiO_2、分子筛、氧化锆和金属氧化物及复合氧化物等。负载的前驱体多种多样，除碱金属外，还常用碱金属氧化物、碳酸盐、硝酸盐、乙酸盐、氨化物或碱土金属乙酸盐[2, 23, 24]。这些固体碱的活性位既有碱金属、碱金属或碱土金属氧化物、氢氧化物等，也有前驱体经高温煅烧后和载体反应生成的[6]。固体碱催化剂的催化活性、碱强度等性质受负载物与载体之间相互作用的影响。金属氧化物在载体上的分散实质上是氧化物的金属离子进入载体表面的晶格空位，而与之相伴的氧阴离子则处在阳离子占据的位置上，以抵消过剩的正电荷，同时产生屏蔽效应，即遮盖部分表面空位，使其他阳离子不能进入，以致实际上只有部分表面晶格空位被使用[25]，从而使催化剂的活性中心或碱性位不能很好地起作用。

1）Al_2O_3 为载体的固体碱

对以 Al_2O_3 为载体的固体碱研究较多的是负载钾盐或氢氧化钾。将 KOH 和 K_2CO_3 负载到 Al_2O_3 表面，Al_2O_3 前驱体本身就可产生碱性位；KF、KNO_3 负载到 Al_2O_3 表面需通过高温焙烧才能产生碱性位。徐景士等[26]指出，$K_2O/\gamma\text{-}Al_2O_3$ 催化剂具有较强的活性，主要原因是 K_2O 负载在 $\gamma\text{-}Al_2O_3$ 上活化后产生强的 K_2O 碱性位，即在表面产生电荷密度很大的 O^{2-} 的碱中心；KF/Al_2O_3 是一种兼有强碱性和亲核性的固体碱催化剂。$KF/\gamma\text{-}Al_2O_3$ 经活化后则在固体表面残留着一些特殊的羟基，它们与 F^- 形成具有强碱活性的 [Al-OH…F^-] 类的物种。Weinstock 等[27]用红外拉曼光谱分析后指出起作用的是 KF 和 Al_2O_3 反应生成的 KOH 或 $KAlO_2$：

$$12KF + 3H_2O + Al_2O_3 \longrightarrow 6KOH + 2K_3AlF_6 \tag{5-1}$$

$$6KF + 2Al_2O_3 \longrightarrow K_3AlF_6 + 3KAlO_2 \tag{5-2}$$

对 KF/Al_2O_3 进行表面分析，可知 KF 高度分散于 Al_2O_3 表面，产生了配位不饱和的 F^-[28]。KNO_3 负载于 Al_2O_3 上，当负载量低于单层分散阈值时，KNO_3 可均匀分散于 Al_2O_3 表面；当负载量高于此阈值后，未能分散的 KNO_3 及与 Al_2O_3 形成的新物种有可能位于 Al_2O_3 的孔深处，在高温抽空过程中不仅使 KNO_3 及生成的新物种分解且使含钾组分从 Al_2O_3 的孔内向孔口和外表迁移，完全可覆盖在原有单层分散的含钾化合物上而形成碱性物种如 K_2O 的多层重叠结构[29]，从而产生碱强度达 27.0 的超强碱性位。将碱性的 CsOH、金属钠、氨基钾等负载到 Al_2O_3 表面，经高温焙烧可以得到碱强度 > 30 的固体碱[6]。而采用弱碱性的 Cs 的碳酸盐或乙酸盐为前驱体浸渍负载到 Al_2O_3 表面，高温分解可产生碱强度 > 35 的超强碱性位[30]。$RbNH_2$、KNH_2、$NaNH_2$ 和 RbOH 分别负载于 Al_2O_3 上，在 201K 条件下，2,3-二甲基 1-丁烯异构化反应中可表现高的催化活性，表明这些都是强固体碱[3]。$Na/NaOH/\gamma\text{-}Al_2O_3$ 固体碱强度为 370，其 Na 也并非只是单纯分散在多孔 γ-Al_2O_3 载体上，而是表面的 Na_2O 与 Al_2O_3 离子化形成 γ-$NaAlO_2$，γ-$NaAlO_2$ 再与 γ-Al_2O_3 载体相互作用使 γ-$NaAlO_2$ 结构更稳定，即 Na 使表面氧的电子密度增大而使 Na/NaOH/γ-Al_2O_3 固体碱催化剂具有超强碱性[18]。

2）ZrO_2 为载体的固体碱

KNO_3、K_2CO_3 或 $KHCO_3$ 负载于 ZrO_2，经 973 K 焙烧后 Zr^{4+} 的八面体位置被 K^+ 占据，产生了类似于 Ca^{2+} 离子稳定 ZrO_2 高温四方晶的效应，使固体碱催化剂依然存在亚稳态四方晶。钾盐在载体表面的分散程度与载体的空位密度有关，而 K^+ 的离子密度与 ZrO_2 的表面空位数目接近[31]，从而使 ZrO_2 单位表面积对钾盐有高的分散能力。ZrO_2 上负载 KNO_3、K_2CO_3 或 $KHCO_3$ 的固体碱的阴离子在高温下分解生成 K_2O，而强碱性位的形成与超细 K_2O 微粒有关[32]，所以可使这些碱的碱强度由 15.0 提高到 26.5。

$Mg(NO_3)_2$、$Ca(NO_3)_2$ 和 $Sr(NO_3)_2$ 负载于 ZrO_2 上时硝酸盐虽可分解成为各自的氧化物，但所得氧化物的存在形式及与载体的作用方式各不相同。就碱性强弱而言：Ba/ZrO_2 > Sr/ZrO_2 > Ca/ZrO_2，就单位面积上的碱性位来说，Ca/ZrO_2 > Sr/ZrO_2 > Ba/ZrO_2，碱性位的强弱受分散物种和分散量的影响[33]。MgO/ZrO_2 上有一强碱性位和一弱碱性位，MgO 单层分散于 ZrO_2 表面，其碱性位主要来自分散态的 MgO，单层分散的 MgO 可有效抑制 ZrO_2 四方晶向单斜晶转化，抑制 ZrO_2 晶粒生长及晶粒间的烧结，使所得 ZrO_2 的比表面积显著增加，当 MgO 量接近分散阈值时 ZrO_2 有最大的比表面积（274m^2/g），此时催化剂的碱性位数目最多，碱强度最大[34]。

3. 分子筛为载体的固体碱

微孔类分子筛的出现为催化科学注入了新的生机。此类分子筛尤其在石油化工应用方面取得了极大的成功（主要作为酸催化剂和氧化还原催化剂），如石油精炼、重油催化裂解等。然而此类分子筛在碱性催化剂方面的应用却很少。由于微孔分子筛具有可以择形催化、高的比表面积及由此而引起的高催化活性等优点，理应受到更为广泛的应用。

硅铝沸石中具有负电荷的骨架氧是碱性位，其碱性取决于其存在的微环境，如沸石骨架中铝含量上升或硅被镓、锗等元素取代，骨架氧邻近的碱金属离子半径越大，电负性越低，越有利于骨架氧的碱性增加。此外，沸石结构中 T—O—T 键角变小或键长变长，也有利于微孔分子筛碱性的提高。但是，此类材料的碱性很弱，从而限制了其在有机合成上的应用。在沸石上直接负载碱金属氧化物或碱金属氢氧化物，其在高温活化过程中会与沸石中的硅组分反应而侵蚀沸石骨架，造成分子筛结构坍塌，而将弱碱性或中性化合物作为碱性前驱体负载在高比表面积上再通过适当处理不仅可以产生强碱性位，并且还可以避免对沸石结构的破坏[6]。在 NaY 沸石上由于缺乏可供 K^+ 嵌入的八面体空位，且在预处理过程中沸石骨架可发生表面重构，KNO_3 只能被高度分散而难以形成强碱性位[32]。另外 KF、KNO_3 负载于 NaY 沸石上，NaY 分子筛中的硅组分也易与钾化物反应生成碱强度低的硅钾化物，高温活化后其结构也发生坍塌[6]。KNO_3、K_2CO_3 负载在 KL 沸石上，在 873K 下抽真空，与 KL 沸石表面接触的 KNO_3 和 K_2CO_3 分解产生具有超强碱性位的 K_2O 微粒，碱强度达 27.0。金属 Yb 或 Eu 溶于液氨后负载于 NaX、NaY 沸石上可形成 $YbNH_x$ 或 $EuNH_x$（x=1 或 2）的物种和金属微粒，其碱性位主要为金属簇或金属氨化物[35]。Yb 或 Eu 负载于碱金属交换 Y 型沸石上，其强度取决于所交换的碱金属，碱强度顺序为 K > Rb > Cs > Na > Li[21]。尽管此类材料由于制备工艺的不同而多种多样，但其具有一个共同的特点就是要在分子筛上形成碱金属或碱金属化合物团簇，而且碱性较强。例如，有机碱金属溶液浸渍、NaOH 溶液浸渍再分解、离子交换后 Na、

Yb 或 Eu 的液氨溶液再浸渍、碱金属蒸气沉积等。以上几种负载型碱性分子筛中，碱金属蒸气沉积法制备的分子筛具有相对较好的性质，而其他几种分子筛都显示出对水和空气非常敏感，在一定程度上限制了它们的应用。

用微波辐射法将 MgO 分散到 NaY 沸石上，MgO 在水中微溶使制得的固体碱耐水冲刷[36]，且碱强度达 22.5。用微波辐射法将 CaO 直接分散在 NaY 沸石上，得到碱强度为 27.0 的固体碱，它不仅耐水冲刷且能在沸石表面保留类似于弱酸位的催化活性位，可用于酸碱协同作用的反应[37]。MCM-41 上同时浸渍 Cs 的乙酸盐和 La 的硝酸盐，在 MCM-41 孔道中可形成 $CsLaO_x$ 的客体氧化物，尽管其碱强度比 MCM-41 上负载 CsO_y 客体氧化物时的碱强度低，但前者的混合氧化物中存在 La—O 键使 Cs 不与 MCM-41 相互作用，从而使 $CsLaO_x$/MCM-41 不受 H_2O 等杂质的影响[38]。魏一伦等[39]制得介孔分子筛 SBA-15，其引入 Al 使载体表面性质改变，有利于引入碱性客体时的结构稳定和碱性位的形成。

迄今为止固体碱催化剂的研究和应用取得了巨大的进展，某些固体碱和酸碱双功能催化剂已用于工业化生产。但固体碱催化剂在多相碱催化反应中关于碱性中心的强度和数量还有许多不明之处。因此，催化剂表面碱性中心的作用机理及与酸性位的相互转变是一个十分重要的研究课题。相同的前驱体负载在不同载体上，碱强度随载体碱强度的变化而变化[40]。另外，不同的制备方法也影响碱性位的生成和表面性质，从而影响固体碱的性质，并最终影响固体碱催化剂在工业中的应用。固体碱催化剂的表征和再生问题也是研究方向之一。

5.1.2 生物柴油的制备

植物油与短链的醇（如甲醇、乙醇等）发生的酯交换可以在催化剂[41, 42]、超临界条件[43]和高温无催化剂[44]条件下进行反应。

1. 催化剂法

催化剂包括酸性催化剂、碱性催化剂和酶催化剂。

1）酸性催化剂

常用的酸性催化剂有液态的无机酸、液态的有机路易斯酸、固体酸及液态的无机酸如浓硫酸、磺酸、磷酸和盐酸[45-47]等。其中浓硫酸价格便宜，因此最为常用。液态酸催化酯交换过程中酯交换产率高，最高达到 99.6%[48]，并且能够用来催化自由脂肪酸（FFA）[41]，含量较高 [FFA > 0.5%（质量分数）] 的酯交换反应过程中常伴有磺化、硫酸化等许多副反应，易腐蚀设备，反应后酸分离难且易产生废水，目前已逐渐被淘汰。

Serio 和 Tesser[49] 利用 Cd、Mn、Pb、Zn 等的羧酸盐作为有机路易斯酸催化剂，在 200 ～ 210℃条件下，反应 300min，大豆油和甲醇质量比为 250 ∶ 114，得到甲酯的最高产率为 96%。

固体酸性催化剂能够消除液体酸对反应设备的腐蚀和解决反应后分离过量的液体酸难的问题，但目前所报道的固体酸性催化剂如 $AlPO_4$[50]、Amberlyst-15[51]、天然高岭石[52]、B_2O_3/ZrO_2[53] 等还不能得到令人满意的效果。Furuta 等[54] 利用钨酸锆铝（$Zr(WO_4)_2$）、SO_4/SnO_2、SO_4/ZrO_2 作为固体酸催化剂，大豆油与甲醇的摩尔比为 40，温度为 200 ～ 300℃，反应时间为 20h 时，酯交换产率达到 90% 以上。

酸性催化剂的优点在于催化剂用量少，能够催化自由脂肪酸含量高的酯交换反应，并且产率也很高；但反应需要的温度较高（一般需要几百摄氏度），时间长。同时，与碱性催化剂相比较，酯交换的反应速度慢得多[54, 55]。很多学者研究其他类型的催化剂，因此关于酸性催化剂的报道较少。

2）碱性催化剂

碱性催化剂包括无机碱、有机碱和固体碱催化剂。

常用的无机碱催化剂有甲醇钠[56]、氢氧化钠[57]、氢氧化钾[58]、碳酸钠和碳酸钾[59]、氢氧化钡、乙酸钙 [Ca(CH₃COO)₂][60] 等，这一类碱性催化剂在低温下反应较短的时间便可使酯交换产率达到 98% 以上。例如，邬国英等[61] 利用 KOH 作为催化剂，反应温度为 45℃，醇油的摩尔比为 6∶1，催化剂用量为 1.1%（质量分数），反应时间为 60min，植物油的转化率可达 98.33%。

传统的碱催化酯交换过程由于油脂中水和游离脂肪酸易产生大量副产物，分离比较难，含氮类的有机碱作为催化剂进行酯交换，分离简单清洁，不易产生皂化物和乳状液。Schuchardt 等[62] 对 1, 5, 7- 三氮杂二环 [4, 4, 0]-5- 癸烯（TBD）、1, 3- 二环己基 -2-n- 辛基胍（PCOG）、1, 1, 2, 3, 3- 五甲基胍（PMG）、2-n- 辛 -1, 1, 3, 3- 四甲基胍（TMOG）、1, 1, 3, 3- 四甲基胍（TMG）和胍（G）等一系列胍类有机碱催化油菜籽油与甲醇酯交换进行了研究，结果表明，70℃、醇油的摩尔比为 2.29、催化剂用量为 1%（质量分数）、反应时间为 3h 时，TBD 催化活性最高，产率达到 90%；Tčerče 等[63] 研究了羟基甲铵酯（hydroxymethylamine ester）、4- 甲基哌啶、二甲基乙醇胺等胺类有机碱催化油菜籽油与甲醇酯交换反应，结果表明：在 65℃、醇油物质量比为 8.7∶1、反应时间为 100min、催化剂用量为 3%（质量分数）时烃基甲铵酯催化活性最高，产率达到 80% 以上。

有机碱和无机碱催化剂相对于酸性催化剂而言，虽然大大降低了反应温度，缩短了反应时间，但是仍然存在反应产物和过量催化剂分离难，需大量水和有机溶剂反复洗，且产生废水污染环境等问题。但固体碱催化剂可以克服以上难题。固体碱大体可分为金属氧化物型和负载型两大类。

文献报道的金属氧化物主要有 CaO[60]、Mg-Al 水滑石[64, 65]、沸石[66] 和分子筛，如 Cs-MCM-41、Cs- 海泡石[67] 等，其中吕亮[64] 以双金属氢氧化物 / 双金属氧化物（LDH/LDO）催化菜籽油的酯交换，在 60～70℃下反应 3h、醇油的摩尔比为 6、催化剂用量为 2%（质量分数）时，甲酯的产率达到 98.5%。

负载型的固体碱催化剂是以 Al₂O₃ 为载体的一类固体碱，如 K₂CO₃/Al₂O₃[67]、Na/NaOH/γ-Al₂O₃[68]、K₂O/γ-Al₂O₃、Cs₂O/γ-Al₂O₃[69] 和以金属为基础的催化剂的一类 M（3- 羟基 -2- 甲基 -4- 吡喃酮）₂(H₂O)₂（M 代表 Sn，Pb 或 Zn），如 Sn（3- 羟基 -2- 甲基 -4- 吡喃酮）₂(H₂O)₂[70]，以及其他一类如 KF/CaO[71] 等。

固体碱催化剂活性很高，反应温度都在 60～70℃，反应时间短，醇油的摩尔比小，催化剂用量少，反应后甲酯的产率都在 90% 以上。但这一类催化剂在自由酸含量较高的植物油中容易被中和而失去活性，并且遇到 CO_2 和 H_2O 容易"中毒"。

3）酶催化剂

酶催化剂是另一类重要的植物油酯交换催化剂，它能够在亲脂性有机溶剂中催化甘油三酯与短链醇的酯交换反应。亲脂性有机溶剂中的酶因催化具有反应条件温和、醇用量少、无污染物排放、产品分离纯化简便等优点而引起广泛关注[72]。

为了解决酶在亲脂性有机溶剂中因聚集而影响催化效率、不稳定和失去活性的问题，一般采用对其进行改性的办法，如酶的固定化[73]；在酶催化过程中，短链醇对脂肪酶具有很大的毒性[74]，一般采用分步添加短链醇的方法，使其浓度维持较低水平，以减轻对脂肪酶的毒性[75] 或者采用甲基乙酸盐替代甲醇作为酰基受体[76]；反应副产物甘油对反应体系有副作用，一般采用多级酶反应器，在线及时分离反应副产物甘油，以降低甘油的副作用[77]。清华大学 Du 等[76] 采用脂肪酶催化植物油酯交换反应，其在反应条件 40～50℃、醇油摩尔比 4∶1、酶用量 65%（质量分数，与油的比值）下，得到脂肪酸甲酯收率最高为 92.9%。

与其他催化剂相比较，酶催化剂最大的劣势在于其价格太贵，使其在现阶段无法产业化，但其具有反应条件温和等优点，使其成为今后发展的方向。

2. 超临界法

超临界酯交换能很好地解决反应产物与催化剂难分离的问题，同时还具有对环境友好、反应分离同时进行、时间短、转化率高和可以催化含有自由脂肪酸[78] 和水分[79] 的植物油等特点，因此日益受到研究者的关注。Saka 和 Kusdiana[80] 利用超临界法进行植物油的酯交换反应，反应是在间歇不锈钢反应器中进行，反应温度为 350～400℃、压力为 45～65MPa、甲醇与油菜籽油的摩尔比为 42：1、反应时间为 4s 时产率就达到 90%。Han 等[81]、Cao 等[82] 用质量分数为 0.1%（与甲醇的比值）的 CO_2 作为助溶剂来降低超临界酯交换的温度和压力，反应条件为 280℃、14.3MPa，甲醇与植物油的摩尔比为 24：1，反应 10min 时产率达到 98%，虽然超临界法具有很多优点，但是其要在高温高压条件下才能发生反应，对反应设备要求太高，因此，目前还没有实现工业化。

3. 高温无催化剂法

植物油也可以在高温（250℃）、无催化剂条件下进行反应，但所需反应时间长，伴有分子裂解及聚合等副反应，并且产率低[44]。

综上所述，在植物油和短链的醇酯交换反应中，传统的液态酸性和液态碱性催化剂催化活性好，反应的产率高达到 99% 以上，但对反应设备有严重的腐蚀，并且反应产物和催化剂的分离过程复杂，产生大量的废水，容易引起环境污染。固体酸可以催化自由酸含量较高的植物油的酯交换反应，并且可以大大简化反应产物和催化剂的分离过程，但其反应速度较慢，反应温度较高（几百摄氏度），因此限制了其在工业生产中的应用。酶催化剂具有需要的反应条件温和、醇用量少、无污染物排放、产品分离纯化简便等优点，但其所需反应时间较长（需 10h 以上），并且价格昂贵。运用超临界法进行植物油和短链的醇酯交换反应，反应所需时间短（几分钟）、产率可高达到 98%，并且植物油中含有的自由脂肪酸和水对反应影响不大，但反应条件苛刻（在醇的超临界状态下），对反应设备要求高。因此，目前酶催化剂法和超临界法还没有实现工业化。

4. 固体碱催化法

首先，固体碱催化剂作为一种固体催化剂，使反应产物和催化剂分离过程简化，避免产生废水；其次，其催化活性高，产率最高可达到 98.5%，反应时间一般需几个小时，反应温度为 60～70℃；最后，其容易实现工业化，可取代目前工业上用的液体碱性催化剂。但这一类催化剂在自由酸含量较高的植物油中容易被中和而失去活性，并且遇到 CO_2 和 H_2O 容易"中毒"，因此，现阶段碱性催化剂成为越来越多研究人员的焦点。

固体碱催化剂及其有关的催化反应已被人们广泛、深入地研究并且已有许多种催化剂投入工业生产，有效取代了许多液体碱并克服了后者的固有缺点。在工业生产中，有许多反应是由均相碱催化的，如烯烃和炔烃的异构化、C—C 键的形成反应、环氧化合物的亲核开环反应、氧化反应、Si—C 键的形成反应和杂环的合成反应[3, 5] 等。用固体碱取代均相碱催化剂在化学工业中有几个突出优点：催化剂易从反应混合物中分离出来；反应后催化剂容易再生；对反应设备未产生严重腐蚀；固体碱在某些反应具有几何空间效益；副反应少。固体碱被认为是一种环保型催化剂，在工业中很有应用前景。

利用孔形的碳羟基磷灰石（CHAP）作为载体成功制备出了一种新型的负载型固体碱催化剂，并用该催化剂催化大豆油的酯交换反应制备了一种新型的生物能源——生物柴油。该催化剂的特点是碱性强、制备简单、具有较高的催化活性。

5.1.3 固体碱锶化合物/CHAP 的制备与表征

1.固体碱锶化合物/CHAP 的制备

1）实验步骤

（1）配制质量浓度为 0.01 ～ 0.0425 mol/L 的 $Sr(NO_3)_2$ 水溶液。

（2）称量 3 g 自制的多孔 CHAP，加入一定体积的上述质量浓度的 $Sr(NO_3)_2$ 水溶液中（加入体积根据实验所需来确定），搅拌 3 ～ 5h，然后将其置于真空干燥箱在 393 K 下干燥约 12h 直至水分完全挥发。

（3）将上述干燥的白色粉末在一定温度下焙烧 5h 即得到锶化合物/CHAP 固体碱（焙烧温度根据实验所需来确定）。为了方便描述，本小节对不同负载量（与 CHAP 的质量比）的固体碱使用简写，如负载量为 20% 的固体碱简写成 20%（质量分数）锶化合物/CHAP。

2）固体碱的测试方法

使用日本岛津公司的 XD-5A 型 X 射线衍射仪对固体碱锶化合物/CHAP 进行物相分析，Cu 靶，Kα 辐射源，30kV 管电压，20 mA 管电流。所得的 XRD 图谱用 MDI Jade 5.0 软件处理。物相的鉴定是通过对照 Jade5.0 软件内自带 PDF 卡片来完成。红外测试在美国 Nicolet IR-Impact-420 型傅里叶交换红外光谱仪上进行，采用 KBr 压片。热分析在 Rigaku TG-DTA 型热分析仪上进行，程序升温速率 10K/min。载体和固体碱催化剂形貌分析在日本 JEOL JSM-5510LV 型扫描电子显微镜上进行。

2.固体碱锶化合物/CHAP 的表征

1）热分析

固体碱的热分析如图 5-1 所示。20%（质量分数）锶化合物/CHAP 的 TGA 曲线在 923K 以前出现了两次失重。第一个失重峰出现在 393K 左右，为失去吸附水所形成的；第二个失重峰出现在 843K 左右，可能与 $Sr(NO_3)_2$ 的分解有关。DTA 曲线中 393K、843K 和 860K 出现了吸热峰。根据 XRD 和 FTIR 测试的结果，可以推断在 843K 和 860K 出现的吸热峰可能是一个叠加峰，与 $Sr(NO_3)_2$ 的分解和载体 CHAP 与 Sr^{2+} 发生的固相反应有关。因此，为了获得所需的强碱性位，催化剂的焙烧温度需高于 860K。通过实验发现，873K 为催化剂焙烧最佳温度。

2）形貌分析和比表面积测定

孔形 CHAP 负载 $Sr(NO_3)_2$ 前后在 873K 焙烧后的形貌如图 5-2 所示。载体孔形 CHAP 在 873 K 焙烧后的形貌如图 5-2（a）和（b）所示。孔形 CHAP 在高温焙烧后仍保持球形，但表面已经发生了明显的重结晶，阻止了它里面的孔与外界相通，使其变成了封闭的孔。孔形 CHAP 负载 $Sr(NO_3)_2$ 焙烧后（即固体碱）的形貌如图 5-2（c）和（d）所示。固体碱为球形颗粒（部分破碎的球体为制样过程所致），但载体表面也发生了轻微的重结晶，然而这并没有阻止它里面的孔与外界相通。为了进一步研究固体碱在 873K 焙烧后内部孔的结构，将固体碱研磨后做 SEM 分析，结果如图 5-2（e）所示，可见固体碱内部结构为相互连通的微米级的孔结构。从另外一个角度分析，如果固体碱经过高温焙烧后，其内部发生重结晶现象，那么这可能导致其表面发生塌陷，而不可能为球形。因此，由 SEM 分析的结果可以说明，在高温焙烧过程中，孔形 CHAP 内部结构仍为连通的孔结构，但表面发生严重的重结晶，这导致

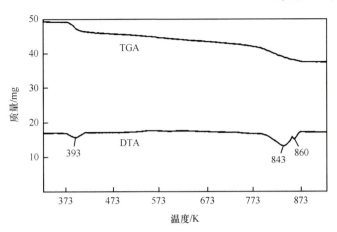

图 5-1　20%（质量分数）锶化合物 /CHAP 的 TGA-DTA 曲线

图 5-2　孔形 CHAP 负载 Sr(NO₃)₂ 前后在 873 K 焙烧后的 SEM 图片

内部孔与外界隔绝，成为封闭的孔。孔形 CHAP 负载 Sr(NO₃)₂ 后，经过高温焙烧，其表面发生轻微的重结晶，但内部连通的孔仍可与外界相通。催化剂样品用在液氮温度下测定吸附量的方法来表征，数据如表 5-1 所示。

表 5-1　催化剂比表面积及其孔结构数据

催化剂样品 /%（质量分数）	比表面积 /（m²/g）	孔容 /（cm³/g）	平均孔径 /nm
0	＜1	—	—
15	25.14	0.2815	13.16
20	24.95	0.2806	13.18
30	23.65	0.2632	13.84
35	23.23	0.2262	14.59
40	22.63	0.2047	15.48
50	20.43	0.1839	16.61
55	18.54	0.1498	20.33

3）XRD 表征

利用 Shimadzu XD-5A 型 X 射线衍射仪对催化剂进行物相分析（测试条件：Cu 靶，Ni 滤波片，步长 0.01°，扫描速度 1°/min）。图 5-3 中曲线 a 的衍射图谱与 JCPDS NO.09-0432 一致，属 CHAP 相。曲线 b～i 为在 873K 下焙烧的不同负载量的 Sr(NO₃)₂/CHAP 样品。由曲线 b～i 我们可以发现如下现象。

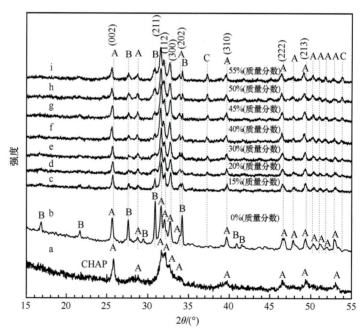

图 5-3　样品的 XRD 图谱

A-CHAP 相；B-Ca₃(PO₄)₂ 相；C-(CaₓSr₁₋ₓ)O 相

（1）在曲线 b 中，除了 CHAP 相出现其特征衍射峰（图 5-3 中标为 A）外，在 $2\theta \approx$ 16.9°、21.8°、27.7°、31.0° 和 34.3° 处也出现了新的衍射峰（图 5-3 中标为 B），属 Ca₃(PO₄)₂ 相（JCPDS No. 70-2065），这说明了有部分的 CHAP 分解成 Ca₃(PO₄)₂。

（2）在曲线 b～i 中，不同负载量的 Sr(NO₃)₂/CHAP 催化剂样品在 873K 下焙烧后，

$Sr(NO_3)_2$ 相的特征衍射峰都没有出现，说明 $Sr(NO_3)_2$ 在高温焙烧中已完全分解。

（3）在曲线 d～i 中，$2\theta \approx 37.2°$ 和 $53.8°$ 处出现了新的衍射峰（图 5-3 中标为 C），这可能是由于 $Sr(NO_3)_2$ 分解生成的 SrO 与 CHAP 结构中的 Ca^{2+} 发生了固相离子交换反应生成了新相 $Ca_xSr_{1-x}O$：

$$Ca_5(PO_4)_3(OH) + SrO \longrightarrow Ca_{5-x}Sr_x(PO_4)_3(OH) + Ca_xSr_{1-x}O$$

该固相离子交换反应也可由 CHAP 晶胞常数的变化加以证明：由于离子半径大的 Sr^{2+} 取代离子半径小的 Ca^{2+}，CHAP 在 $2\theta \approx 25.9°$、$31.8°$、$32.2°$ 和 $33.0°$ 等处出现的特征衍射峰，特征衍射峰随着 $Sr(NO_3)_2$ 负载量的增加而逐渐向低角区偏移，经计算可得，CHAP 的晶胞参数 a 从 0.9425 nm 逐渐增加到 0.9462nm，同时 c 也相应地从 0.6906nm 逐渐增加到 0.6948 nm，与文献 [83] 一致。

（4）在曲线 c～i 中，当 $Sr(NO_3)_2$ 的负载量超过 20%（质量分数）时，$2\theta \approx 37.2°$ 和 $53.8°$ 处才开始出现新的衍射峰，并且其强度随着负载量的增加而逐渐增强。根据谢有畅等的观点 [84-86]，$Ca_xSr_{1-x}O$ 相可以在孔形 CHAP 表面呈单层分散状态，因为尽管 CHAP 的阳离子可以与其他的金属离子发生交换 [87, 88]，但 $Ca_xSr_{1-x}O$ 相难溶于孔形 CHAP 结构中。通过 XRD 定量分析，可以进一步确定 $Ca_xSr_{1-x}O$ 相的单层分散阈。样品中 j 组分的某衍射峰与内标组分 s 的某衍射峰强度比符合如下线性关系 [89]：

$$I_j/I_s = K\ (X_j/X_s)$$

式中，K 为与 j 组分和 s 组分的结构性质、密度及衍射仪有关的常数；I_j 和 I_s 分别为 j 组分和内标组分 s 的某衍射峰强度；X_j 和 X_s 分别为 j 组分和内标组分 s 的质量分数。

载体 CHAP 本身是晶相，并且它的晶面（300）衍射峰强度大，没有出现重叠现象且与待测组分衍射峰较邻近，因此载体 CHAP 可作为内标物。

以 $I_{Ca_xSr_{1-x}O}/I_{CHAP(300)}$ 对 $Sr(NO_3)_2$ 的负载量作图，如图 5-4 所示。直线在 X 轴上有一个截距 [约 0.2g $Sr(NO_3)_2$/gCHAP]。如果 $Ca_xSr_{1-x}O$ 相在所有负载量范围内为晶体或无定型态，那么用外推法所作出的直线应该通过坐标原点 [85]。因此，$Ca_xSr_{1-x}O$ 相在孔形 CHAP 上的单层分散阈值约为 0.2g $Sr(NO_3)_2$/gCHAP。

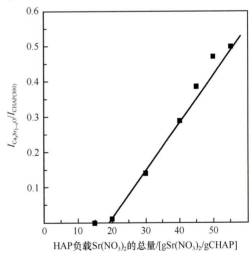

图 5-4　$I_{Ca_xSr_{1-x}O}/I_{CHAP（300）}$ 与 $Sr(NO_3)_2$ 的负载量

（5）随着 $Sr(NO_3)_2$ 负载量的增加，$Ca_3(PO_4)_2$ 相在 $2\theta \approx 27.7°$、$31.0°$ 和 $34.3°$ 处的衍射峰的强度先减小后增大，其转变点是在负载量为 20%（质量分数）时。因此，我们可以推断 $Ca_xSr_{1-x}O$ 相单层分散在孔形 CHAP 表面时，可以最好地抑制其分解。

4）FTIR 分析表征

催化剂的 FTIR 表征采用 KBr 压片，在 Nicolet IR-Impact-420 型傅里叶红外光谱仪上进行。在图 5-5 中，$1092cm^{-1}$、$1039cm^{-1}$、$960cm^{-1}$、$602cm^{-1}$ 和 $566cm^{-1}$ 是 PO_4^{3-} 的吸收谱带，$3430cm^{-1}$ 和 $1630cm^{-1}$ 是 H_2O 的吸收谱带，$1463cm^{-1}$、$1417cm^{-1}$ 和 $880cm^{-1}$ 是 CO_3^{2-} 的吸收谱带，$3574cm^{-1}$ 是 CHAP 结构中羟基的伸缩振动峰。另外，在曲线 c～h 中，$3650cm^{-1}$ 处出现了一个新的吸收峰，并且它的强度随着 $Sr(NO_3)_2$ 负载量增大而增强。因此，我们可以推断 CHAP

结构中部分的 Ca(Ⅱ) 位置被 Sr²⁺ 占据，如图 5-6 所示。由于 Sr—O 键的键长较 Ca—O 键的键长大，所以 O—H 键的键长变短、键强增强，核间距离 r_0 变小，由公式波数 $\gamma = (k/\mu)^{1/2}/2\pi C$（$\mu$、$\pi$ 和 C 都是常数；k 为化学键的力常数）和杨南如[90]提出的双原子分子 AB 键力常数的经验公式 $K = aN(X_AX_B/r_0^2)^{3/4} + b$（其中 a、b、N、X_A 和 X_B 都是常数，r_0 为核间距离）可知，波数 γ 变大。因此羟基的伸缩振动峰出现分裂，即一部分峰出现在 3574cm⁻¹ 位置，另一部分则出现在 3650cm⁻¹ 位置；随着 Sr(NO₃)₂ 的负载量逐渐增大，进入 CHAP 结构中并占据 Ca(Ⅱ) 位置的 Sr²⁺ 数目也会逐渐增加，导致 3650cm⁻¹ 处吸收峰的强度逐渐增强。因此，FTIR 表征的结果进一步证实了固相离子交换反应的发生。另外，在曲线 b 中，3650cm⁻¹ 处没有观察到吸收峰，这可能是因为 Sr²⁺ 择优取代 CHAP 结构中 Ca(Ⅰ) 的位置[91]，当负载量为 15%（质量分数）时，Sr²⁺ 几乎没有取代 Ca(Ⅱ) 的位置。

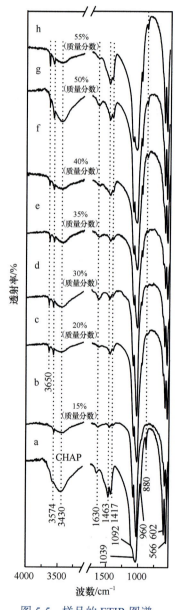

图 5-5　样品的 FTIR 图谱

a- 孔形 HAP；b ～ h- 不同负载量的催化剂

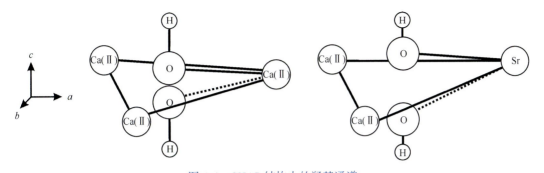

图 5-6　CHAP 结构中的羟基通道

六方晶系 HAP 的羟基出现在 Ca(Ⅱ)平面的上方和下方的概率为 05

5）固体碱强度的表征

用哈米特（Hammett）指示剂测定不同负载量的催化剂的碱强度 [92]。称量不同负载量的催化剂样品 50mg，将其分别加入用甲醇稀释的 Hammett 指示剂中，体积比为 5 ∶ 1。摇匀，放置 12h。注意密封，以防止空气中的 CO_2 气体溶入该体系中。观察 Hammett 指示剂颜色是否发生变化。虽然 Hammett 指示剂经常使用非极性溶剂，但在此使用甲醇作为溶剂是合适的。因为甲醇既作为 Hammett 指示剂的溶剂，又作为该催化剂催化大豆油酯交换反应的反应物，能更好地反映出催化剂的碱强度 [93]。如果催化剂的碱强度超过某种 Hammett 指示剂所指示的强度，则该指示剂的颜色会发生变化 [93]。所用指示剂有酚酞（碱强度为 8.5）、2,4- 二硝基苯胺（碱强度为 15）、4- 硝基苯胺（碱强度为 18.4）和 4- 氯苯胺（碱强度为 26.5）。实验结果表明，所有的催化剂样品可以将 2,4- 二硝基苯胺从黄色变为紫色，但不能使 4- 硝基苯胺变色，而经过高温焙烧或没有焙烧的载体孔形 CHAP 能使酚酞变色，而不能使 2,4- 二硝基苯胺变色，说明载体孔形 CHAP 碱强度在 8.5 ～ 15。这说明了这些催化剂的碱强度在 15 ～ 18.4。根据 Tanabe 等 [94] 的定义，CHAP 属强碱。因此，可以推断强碱性位来源于 $Ca_xSr_{1-x}O$ 相。

5.1.4　固体碱锶化合物 /CHAP 在豆油酯交换反应中的作用

1. 酯交换反应与表征方法

1）酯交换反应

（1）反应方程式如下：

$$H_2C-O-CO-R_1$$
$$HC-O-CO-R_2 + 3CH_3OH \xrightleftharpoons[]{催化} H_3C-O-CO-R_1 + H_2C-OH$$
$$H_2C-O-CO-R_3$$

三甘油酯　　　甲醇　　　　　甲酯　　　　甘油

（2）实验步骤如下：①将大豆油倒入盛有无水 $CaCl_2$ 的烧杯中，以除去大豆油中的部分水分。②将经上述处理后的大豆油装入烧杯，并放入真空干燥箱内，加热、抽真空进一步除去水分。③将催化剂倒入盛有大豆油和甲醇的三口烧瓶中液封起来，以免催化剂吸附空气中的水分和二氧化碳气体而"中毒"。在三口烧瓶上装上冷凝管和温度计。④将上述反应体系放置在水浴中进行反应。反应结束后，减压蒸馏过量的甲醇，趁热过滤。将滤液放置在分液漏斗中，静置，分层。上层为油相（生物柴油），下层为甘油。回收滤纸上的催化剂。

2）反应产物测试方法

反应产物——大豆油生物柴油用 Trace GC-MS 美国热电菲尼根质谱公司的 DB-1（30m×0.25mm ID×0.25μm）弹性石英毛细管柱进行定性分析，用 GC 4000A series 型气相色谱仪、火焰离子化检测器（FID）、石英毛细管 OV-1 色谱柱（30m×0.25mm ID×0.25μm）进行定量分析，以十三酸甲酯为内标，进行大豆油生物柴油中主要脂肪酸甲酯的气相色谱测定。

A. 色谱条件与试样分析方法

汽化室温度为 280℃，检测器温度为 280℃。柱温采用程序升温：初始温度为 170℃，保持 2min，以 5℃/min 的升温速率升至 200℃，然后以 15℃/min 的升温速率升至 240℃，保持 5min；载气为 N_2，柱压 60kPa；氢气气体流速为 32mL/min；进样量 10μL。

采用内标法，具体方法：取少量待测试样 W（g）于 1mL 容量瓶中，加入 0.25mL 浓度为 20mg/mL 的十三酸甲酯（色谱级，内标物），用正己烷稀释定容后，进行气相色谱分析。用从标准工作曲线上查得的各脂肪酸甲酯浓度(mg/mL)之和乘以试样的稀释倍数再除以试样量，得到待测试样中的脂肪酸甲酯含量 A（mg/g）。

B. 标准系列溶液的配制

称取一定量的棕榈酸甲酯、油酸甲酯和亚油酸甲酯（色谱级）标准溶液，以正己烷为溶剂，配制成混合脂肪酸甲酯的标准储备液。然后稀释为 10 个不同浓度的混合脂肪酸甲酯标准溶液。再分别取上述混合标准溶液 0.75mL 与 1mL 置于容量瓶中，加入 0.25mL 浓度为 20mg/mL 的十三酸甲酯做内标，混合均匀后得到标准系列溶液备用。在这个标准系列的混合溶液中，棕榈酸甲酯、油酸甲酯和亚油酸甲酯的浓度依次为 1.50mg/mL、3.00mg/mL、4.50mg/mL、6.00mg/mL、7.50mg/mL、9.00mg/mL、10.50mg/mL、12.00mg/mL、13.50mg/mL 和 15.00mg/mL。

C. 大豆油生物柴油的定性分析

大豆油脂肪酸的成分主要是棕榈酸、硬脂酸、油酸、亚油酸和亚麻酸[41, 66, 95-97]。因此，本小节选用棕榈酸甲酯、油酸甲酯和亚油酸甲酯混合物作为标样进行色谱分离与定性分析。大豆油生物柴油试样和混合脂肪酸甲酯标准溶液的色谱分离图分别见图 5-7 和图 5-8。图 5-7 和图 5-8 中色谱峰 1、2、3 和 4 分别为十三酸甲酯、棕榈酸甲酯、油酸甲酯和亚油酸甲酯。由图 5-8 可见，4 种脂肪酸甲酯分离明显、峰形良好。

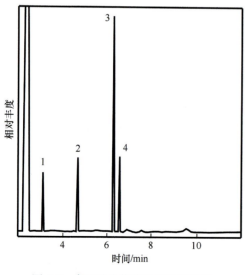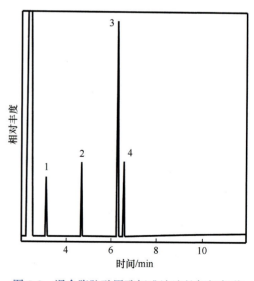

图 5-7　大豆油生物柴油的气相色谱　　图 5-8　混合脂肪酸甲酯标准溶液的气相色谱

D. 标准工作曲线与回归分析

将配制的系列标准溶液分别进行气相色谱分析，得到各脂肪酸甲酯与内标物的峰面积比 Y 和浓度比 X 间的标准工作曲线。其线性回归分析结果见表 5-2，由此可见所建回归方程呈显著线性相关。

表 5-2　线性回归分析结果

标准样品	线性范围 /（mg/mL）	线性回归方程	相关系数 r
棕榈酸甲酯	1.5 ～ 15	$Y=0.9044X-0.1530$	0.9988
油酸甲酯	1.5 ～ 15	$Y=1.0130X-0.2603$	0.9973
亚油酸甲酯	1.5 ～ 15	$Y=0.8395X-0.1211$	0.9981

E. 大豆油转化率的计算

采用上述定量分析中的气相色谱内标法测定大豆油生物柴油中的脂肪酸甲酯的总量 A（mg/g）；取适量原料大豆油，按照国家标准方法 [98] 制备完全甲酯化的生物柴油样品，同样采用气相色谱内标法测定其中的脂肪酸甲酯总量 B（mg/g）。因此：

$$大豆油的转化率=\frac{A}{B}\times100\%$$

2. 固体碱锶化合物 /CHAP 在豆油酯交换反应中的作用

A. 催化剂的焙烧温度

催化剂表面被活性物质所覆盖的程度是衡量催化剂性能的一个指标，而活性物质最优化的负载量为它的单层分散阈值 [86, 99, 100]。由 5.1.3 节的分析讨论可知，当 $Sr(NO_3)_2$ 的负载量为 20%（质量分数）时，活性物质即 $Ca_xSr_{1-x}O$ 相，在载体孔形 CHAP 上达到单层分散阈值。因此，本小节主要考察了焙烧温度对 20%（质量分数）的 $Sr(NO_3)_2$/CHAP 催化剂样品的催化性能，结果见表 5-3。

表 5-3　焙烧温度对 20%（质量分数）的 $Sr(NO_3)_2$/CHAP 催化剂样品催化性能的影响

焙烧温度 /K	大豆油的转化率 /%
773	0
873	85
973	63
1073	43

注：$n_{大豆油}$=0.05mol，$n_{甲醇}$=0.45mol，催化剂用量 =5.6%（质量分数），时间 t = 5h。

随着焙烧温度的升高，催化剂活性增强，当焙烧温度为 873K 时，催化剂活性达到最大，此时大豆油的转化率为 85%。继续升高焙烧温度，催化剂活性下降。这一现象可以解释为：当焙烧温度为 773K 时，$Sr(NO_3)_2$ 没有分解，因此催化剂样品上可能没有产生碱性位，不能催化大豆油的酯交换反应。但当焙烧温度为 873K 时，$Sr(NO_3)_2$ 已完全分解 [$Sr(NO_3)_2$ 的分解温度为 843K 左右]，催化剂样品上可能产生了较强的碱性位，可以催化该酯交换反应。然而，当焙烧温度超过 873K 后，可能导致催化剂样品的比表面积下降，从而影响催化性能。

B. $Sr(NO_3)_2$ 的负载量

$Sr(NO_3)_2$ 的负载量对催化剂活性的影响列于表 5-4。载体 CHAP 对酯交换反应几乎没有活性，大豆油的转化率为零。CHAP 负载 $Sr(NO_3)_2$ 经 873K 焙烧后，催化剂的活性随着 $Sr(NO_3)_2$ 负载量的增加而显著提高。但当负载量超过 20%（质量分数）时，催化剂活性略有下降。因此最佳 $Sr(NO_3)_2$ 负载量为 20%（质量分数），此时大豆油的转化率达到 85%。这可能是由于一方面催化剂样品的碱性位随着 $Sr(NO_3)_2$ 负载量增加而增加；另一方面，催化剂样品的比表面积随着 $Sr(NO_3)_2$ 负载量增加而减小，从而使 $Sr(NO_3)_2$ 负载量为 20%（质量分数）时，催化剂样品达到了最优的催化性能。这与文献 [86]、[100] 相符合。

表 5-4　$Sr(NO_3)_2$ 负载量对催化剂活性的影响

$Sr(NO_3)_2$ 负载量 /%（质量分数）	大豆油的转化率 /%
0	0
15	30
20	85
30	80
35	75
40	77
50	75
55	70

注：$n_{大豆油}$=0.05mol，$n_{甲醇}$=0.45mol，催化剂用量 5.6%，温度 T=343K，时间 t=5h。$Sr(NO_3)_2$/CHAP 在 873K 下煅烧。

C. 正交试验

根据正交试验原理，确定本试验的试验方案。具体方案和结果数据见表 5-5。由表 5-5 可以看出，若从产率角度考虑得出最佳反应条件为 $A_2B_3C_4D_1E_2$；从极差上可以看出，各条件影响程度为 A＞E＞C＞D＞B。

表 5-5　酯交换反应正交试验 L_4^5

因数	A	B	C	D	E	产率 /%
试验 1	1	1	1	1	1	49
试验 2	1	2	2	2	2	67
试验 3	1	3	3	3	3	73
试验 4	1	4	4	4	4	85
试验 5	2	1	2	3	4	90
试验 6	2	2	1	4	3	83
试验 7	2	3	4	1	2	93
试验 8	2	4	3	2	1	77
试验 9	3	1	3	4	2	79
试验 10	3	2	4	3	1	76
试验 11	3	3	1	2	4	89
试验 12	3	4	2	1	3	75
试验 13	4	1	4	2	3	88
试验 14	4	2	3	1	4	74
试验 15	4	3	2	4	1	75
试验 16	4	4	1	3	2	79
均值 1	68.50	76.50	75.00	72.75	69.25	

续表

因数	A	B	C	D	E	产率 /%
均值 2	85.75	75.00	76.75	80.25	79.50	
均值 3	79.75	82.50	75.75	79.50	79.75	
均值 4	79.00	79.00	85.50	80.50	84.50	
极差	17.25	7.5	10.50	7.75	15.25	

注：A 表示负载量，1[15%（质量分数）]、2[20%（质量分数）]、3[25%（质量分数）]、4[30%（质量分数）]；B 表示温度，1（55℃）、2（60℃）、3（65℃）、4（70℃）；C 表示催化剂用量，1[5%（质量分数）]、2[6%（质量分数）]、3[7%（质量分数）]、4[8%（质量分数）]；D 表示醇油摩尔比，1（6∶1）、2（9∶1）、3（12∶1）、4（15∶1）；E 表示时间，1（2h）、2（4h）、3（6h）、4（8h）。

D. 催化剂的重复使用性试验

大豆油的酯交换反应结束后，将该固体碱催化剂 [负载量为 20%（质量分数）] 过滤回收，并在 873 K 下焙烧 3 h，使其恢复催化活性。在醇油摩尔比为 6∶1、催化剂用量为 8%、反应温度为 65 ℃、反应时间为 4h 条件下，使用上述活化后的固体碱催化剂催化大豆油的酯交换反应。重复使用次数可达到三次，大豆油的转化率见表 5-6。

表 5-6　催化剂重复使用性试验

重复性实验次数	大豆油的转化率 /%
1	79
2	64
3	55

E. 助溶剂

从反应体系传质的角度来考虑，三相反应体系（油相、醇相和固体催化剂相）的反应速率低于两相反应体系（油 / 醇 / 助溶剂相和固体催化剂相）的反应速率。如果在三相反应体系中加入助溶剂，使得油相和醇相在酯交换反应温度下能够互溶，则反应速率得到提高，反应时间也相应缩短。本小节以四氢呋喃作为助溶剂。在反应体系中加入助溶剂的对比试验见表 5-7。

表 5-7　加入助溶剂的对比试验

序号	$Sr(NO_3)_2$ 的吸附量 /%	反应温度 /℃	催化剂的量 /%	甲醇∶油	反应时间 /h	助溶剂与油的质量比 /%	转化率 /%
1	20	65	6	9∶1	2	10	88
2	20	65	6	9∶1	2	0	68

F. 溶出试验

CaO 和 SrO 在甲醇中的溶解度极低。为了验证负载后的 $Ca_xSr_{1-x}O$ 是否溶入甲醇，将活化后的催化剂和甲醇混合，在 65℃下搅拌 2h，然后过滤出催化剂，用这种甲醇和大豆油反应，没有生成甘油，但是当用负载在 CHAP 上的 K_2O 进行试验时，有甘油产生，说明负载的 $Ca_xSr_{1-x}O$ 不溶于甲醇，而 K_2O 溶于甲醇。

3. 影响因素的讨论

1）醇油摩尔比

醇油摩尔比是影响酯交换转化率的主要因素之一。由反应方程式计算可知，每摩尔甘油三酯需要和 3mol 醇反应，生成 3mol 脂肪酸酯和 1mol 甘油。较高的醇油摩尔比能在短时间提高甲酯的产率。Freedman 等[101]研究了醇油摩尔比（从 1：1 到 6：1）对植物油的酯交换甲酯产率的影响，结果表明大豆油、葵花籽油、花生油和棉油在摩尔比为 6：1 时甲酯的转化率最高。

从反应平衡角度来讲，增加甲醇的浓度，即增加反应物的浓度，有利于反应向正方向进行，从而增加反应产率；但持续增加甲醇浓度至超过一定值后，相当于降低了另一反应物——大豆油的浓度，不利于反应向正方向进行，从而会降低反应产率[71]。

从传质的角度来讲，过量的甲醇有利于降低体系黏度和增强固液两相间的传质[102]。但是，如果醇油摩尔比过大，会严重影响甘油的分离，增加分离的费用。

从正交试验可以看出，用固体碱催化剂锶氧化物 /CHAP 催化大豆油与甲醇反应时，醇油摩尔比为 6：1 最佳。

2）催化剂的用量

如果催化剂加入量不足，则反应时间较长或转化率不高；如果催化剂加入量过多会引起皂化反应，导致产品乳化不易分离，后处理复杂，同时影响产率和转化率[103]。从正交试验可以看出，大豆油与甲醇反应时，催化剂用量为大豆油质量的 8% 为宜。

3）反应温度

温度对酯交换反应的转化率影响较大：温度低，酯交换速率低，则反应时间延长；而温度较高时，加剧甲醇的挥发，相当于降低了醇油摩尔比。因此反应温度应控制在醇的沸点左右进行，使体系保持在微沸状态下。

4）反应时间

油脂的酯交换过程存在一个诱导期。在酯交换反应过程中，一般初始反应速率比较低，然后慢慢提高。脂肪酸单甘油酯和脂肪酸二甘油酯的浓度起初逐渐升高，之后逐渐降低[104]。张金延[105]研究的油脂的水解反应结果，以及刘少友等[106]研究的油脂和甘油的醇解反应结果也证实了存在一个诱导期。此诱导期可以解释为反应体系的乳化过程。反应体系中，甲醇首先与碱催化剂反应生成甲氧基，甲氧基存在于甲醇相中。由于油脂在甲醇中的溶解度很小，初始反应速率慢。反应进行过程中会产生部分中间产物——脂肪酸单甘油酯和脂肪酸二甘油酯，这些中间产物对甲醇和油脂体系有乳化作用，可以促进油脂与甲醇互溶。

不同的催化剂对反应时间也有影响。用氢氧化钠作催化剂，进行菜籽油酯交换，一般反应时间只需 1h。本小节中采用锶化合物 /CHAP 固体碱作催化剂，反应时间有所延长，主要是因为非均相催化反应中，活性中心和反应物之间需要两相接触的时间，没有均相反应速度快。

反应时间并非越长越好。因为酯交换反应属于可逆反应，当反应趋于平衡时，反应的产率会趋于一定值，延长时间对甲酯产率的提高意义不大。从正交试验可以看出，用固体碱催化剂锶氧化物 /CHAP 催化大豆油与甲醇反应时，反应时间以 4h 为宜。

5）大豆油中的水分和游离酸

对于用碱性催化剂催化的酯交换反应，反应物甘油酯和醇必须保证是无水的，因为水分会引起皂化反应，产生皂[107]。皂消耗了催化剂，会降低催化剂的效率并增加反应体系的黏度，形成凝胶，导致甘油分离困难。Ma 等[108]认为在精炼的油脂中自由脂肪酸的含量应低于 0.5%。Feuge 和 Grose[109]也强调油脂中低水分和低自由脂肪酸含量的重要性。Freedman 等[110]报道了如果反应物没有满足要求，甲酯的产率会明显下降。

水、CO_2 和自由脂肪酸容易使催化剂锶化合物 /CHAP "中毒"。在一般的工业过程中对游离脂肪酸和水分的限制极为严格，要求油脂尽量无水，酸值小于 1mgKOH/g。油脂中的游离脂肪酸会导致反应的诱导期变长。反应初期，催化剂活性受到游离脂肪酸影响，随着反应的进行，游离脂肪酸与甲醇酯化生成脂肪酸甲酯，这种作用逐渐减弱，催化活性恢复。然而过多的游离脂肪酸会使催化剂"中毒"，失去活性[102]。

4. 酯交换反应动力学及固体碱锶氧化物/CHAP 催化机理

Freedman 等[110] 研究了油脂酯交换的动力学，指出酯交换是一种链反应和可逆反应。植物油的酯交换反应可描述如下：

$$
\begin{array}{c}
H_2C-O-CO-R_1 \\
| \\
HC-O-CO-R_2 \\
| \\
H_2C-O-CO-R_3
\end{array}
+ 3CH_3OH
\xrightleftharpoons{\text{催化}}
\begin{array}{c}
H_3C-O-CO-R_1 \\
\\
H_3C-O-CO-R_2 \\
\\
H_3C-O-CO-R_3
\end{array}
+
\begin{array}{c}
H_2C-OH \\
| \\
HC-OH \\
| \\
H_2C-OH
\end{array}
$$

三甘油酯　　　甲醇　　　　　　　甲酯　　　　　甘油

分步反应如下所述。

（1）第一步：

$$
\begin{array}{c}
H_2C-O-CO-R_1 \\
| \\
HC-O-CO-R_2 \\
| \\
H_2C-O-CO-R_3
\end{array}
+ CH_3OH
\underset{K_2}{\overset{K_1}{\rightleftharpoons}}
\ H_3C-O-CO-R_3 +
\begin{array}{c}
H_2C-O-CO-R_1 \\
| \\
HC-O-CO-R_2 \\
| \\
H_2C-OH
\end{array}
$$

三甘油酯　　　甲醇　　　　　　　甲酯　　　　　双甘油酯

（2）第二步：

$$
\begin{array}{c}
H_2C-O-CO-R_1 \\
| \\
HC-O-CO-R_2 \\
| \\
H_2C-OH
\end{array}
+ CH_3OH
\underset{K_4}{\overset{K_3}{\rightleftharpoons}}
\ H_3C-O-CO-R_1 +
\begin{array}{c}
H_2C-OH \\
| \\
HC-O-CO-R_2 \\
| \\
H_2C-OH
\end{array}
$$

双甘油酯　　　甲醇　　　　　　　甲酯　　　　　单甘油酯

（3）第三步：

$$
\begin{array}{c}
H_2C-OH \\
| \\
HC-O-CO-R_2 \\
| \\
H_2C-OH
\end{array}
+ CH_3OH
\underset{K_6}{\overset{K_5}{\rightleftharpoons}}
\ H_3C-O-CO-R_2 +
\begin{array}{c}
H_2C-OH \\
| \\
HC-OH \\
| \\
H_2C-OH
\end{array}
$$

单甘油酯　　　甲醇　　　　　　　甲酯　　　　　甘油

上述正反应为准一级和二级反应[111-114]，反应活化能为 33.5 ～ 83.6kJ/mol；$K_1 \sim K_6$ 均为反应平衡常数。

本小节提出固体碱催化的反应机理是亲核取代反应[103, 104]。具体描述如下所述。

（1）油脂和甲醇吸附在催化剂表面，催化剂碱活性中心 B^- 和甲醇、油脂分别相互作用。

$$CH_3OH\,|\,B^- \longrightarrow CH_3O^- + HB$$

$$\underset{CH_2OOCCH_2R_3}{\overset{\overset{\displaystyle O}{\parallel}}{\underset{|}{CH_2OC-CH_2R_1}}} + B \longrightarrow \underset{CH_2OOCCH_2R_3}{\overset{\overset{\displaystyle O}{\parallel}}{\underset{|}{CH_2OC-C^-HR_1}}} + HB$$

（2）生成的 CH_3O^- 再和油脂作用生成 β- 酮酯中间体。

$$\underset{CH_2OOCCH_2R_3}{\overset{\overset{\displaystyle O}{\parallel}}{\underset{|}{CH_2OC-CH_2R_1}}} + CH_3O^- \longrightarrow \underset{CH_2OOCCH_2R_3}{\overset{\overset{\displaystyle O}{\parallel}}{\underset{|}{CH_2OC-C^-HR_1}}} + CH_3OH$$

（3）β- 酮酯有共振结构。

$$\underset{CH_2OOCCH_2R_3}{\overset{\overset{\displaystyle O}{\parallel}}{\underset{|}{CH_2OC-C^-HR_1}}} \longleftrightarrow \underset{CH_2OOCCH_2R_3}{\overset{\overset{\displaystyle O^-}{|}}{\underset{|}{CH_2OC=CHR_1}}}$$

（4）β- 酮酯的共振结构再和甲醇亲核取代。

$$\underset{CH_2OOCCH_2R_3}{\overset{\overset{\displaystyle O^-}{|}}{\underset{|}{CH_2OC=CHR_1}}} + CH_3OH \longrightarrow \underset{CH_2OOCCH_2R_3}{\overset{\displaystyle CH_2OH}{\underset{|}{CHOOCCH_2R_2}}} + CH_3O-\overset{\overset{\displaystyle O^-}{|}}{C}=CHR_1$$

（5）再从 HB 中夺取一个质子。

$$CH_3O-\overset{\overset{\displaystyle O^-}{|}}{C}=CHR_1 + HB \longrightarrow \left\{ CH_3O-\overset{\overset{\displaystyle OH}{|}}{C}=CHR_1 \longleftrightarrow CH_3O-\overset{\overset{\displaystyle O}{\parallel}}{C}-CH_2R_1 \right\} + B^-$$

（6）重复上述过程，直至三甘油酯交换完全生成甘油和脂肪酸甲酯。
（7）产物从催化剂上脱附。

5.1.5 结论与展望

通过模板诱导自组装法制备一种新型大比表面积的孔形 CHAP。通过浸泡法将硝酸锶负载在 CHAP 上，在 873 K 下焙烧后，得到一种新型的固体碱催化剂——锶化合物 /CHAP。利用此固体碱催化剂催化大豆油与甲醇的酯交换反应制备生物柴油。试验表明，锶化合物 /CHAP 的催化活性较高，能使大豆油的转化率达到 93%，同时简化了反应产物——生物柴油和甘油的分离操作，整个过程无"三废"产生。

对固体碱锶化合物 /CHAP 进行热分析、BET（Brunauer-Emmett-Teller）、SEM、XRD、FTIR 和 Hammett 指示剂的表征，结果表明：

（1）固体碱锶化合物 /CHAP 的比表面积平均达到 22.65m^2/g。

（2）在 873K 焙烧过程中，负载 $Sr(NO_3)_2$ 能有效抑制载体孔形 CHAP 表面的重结晶，使载体内部的孔能够与外界相通。

（3）$Sr(NO_3)_2$ 在 873K 下完全分解为 SrO，且 SrO 与载体 CHAP 发生固相离子交换反应，$Ca_5(PO_4)_3(OH)+SrO \longrightarrow Ca_{5-x}Sr_x(PO_4)_3(OH) + Ca_xSr_{1-x}O$。由单层分散理论可知，当 $Sr(NO_3)_2$ 的负载量约为 0.2g $Sr(NO_3)_2$/gCHAP 时，生成的 $Ca_xSr_{1-x}O$ 新相单层分散在载体孔形 CHAP 表面。当 $Ca_xSr_{1-x}O$ 相在孔形 CHAP 上处于单层分散状态时，能最好地抑制载体的热分解。

（4）固体碱锶化合物 /CHAP 属强碱，其强碱性位来源于 $Ca_xSr_{1-x}O$ 相。

将固体碱锶化合物 /CHAP 应用于催化有机反应——大豆油与甲醇的酯交换反应。试验表明，当焙烧温度为 873K、$Sr(NO_3)_2$ 负载量为 20%（质量分数）时，催化剂活性最好。正交试验表明，当催化剂的负载量为 20%（质量分数）、催化剂用量为 8%、醇油摩尔比为 6：1、反应温度为 65℃、反应时间为 4h 时，该催化剂的催化活性最高，大豆油的转化率达到 93%。上述反应条件对大豆油的转化率影响程度为：负载量＞反应时间＞催化剂用量＞醇油摩尔比＞反应温度。此催化剂可重复使用三次，大豆油的转化率仍可达到 55%。反应体系中加入助溶剂能够有效提高反应速率，缩短反应达到平衡的时间。溶出试验表明，催化剂的活性成分——$Ca_xSr_{1-x}O$ 相不溶入反应体系。因此无须对产物进行中和、水洗等后处理，整个过程避免"三废"污染。

对固体碱催化剂锶化合物 /CHAP 进行表征发现，载体孔形 CHAP 在 873K 焙烧后，载体本身的高温分解与锶化合物表面发生了重结晶，导致其比表面积大幅度下降。负载硝酸锶后，虽然锶化合物的高温分解和重结晶得到抑制，但比表面积减少了 70%。因此，提高载体孔形 CHAP 的高温热稳定性是今后有待研究的重要方向之一。

此外，该催化剂在催化大豆油进行酯交换反应时，所需的用量较多，达到了 8%（大豆油质量百分比），主要原因是催化剂由于经过 873 K 焙烧活化后，容易吸附空气中的酸性 CO_2 和水，导致活性中心失活。因此，减少催化剂用量也是有待研究的重要方向之一。

5.2 磷灰石化学分离功能材料

选择色谱介质存在一些通用标准。首先，材料必须具备化学、物理稳定性和良好的机械性能以满足高流速条件。其次，材料中应不含与蛋白质发生非特异性结合的基团，但易产生衍生物以便引入功能基用于交互作用色谱。材料对再生和洗涤条件的耐受性也是一个重要参数。最后，材料颗粒大小和孔径分布在生产过程中应能控制，且产品重复性良好。羟基磷灰石具有独特的分离性能；在中性条件下，碱性蛋白质吸附主要是靠与磷酸根负离子的静电作用，而酸性蛋白质的羧基则与 Ca^{2+} 位点螯合。结晶羟基磷灰石很脆，且只在有限 pH 范围内（5～10）稳定 [115]。

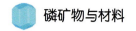

5.2.1 选择吸附机理

羟基磷灰石的吸附作用源于它特殊的晶体结构。羟基磷灰石晶体具有微孔结构，并且其表面具有两种不同的吸附点，即 C 点和 P 点。C 点是由 Ca^{2+} 引起的，位于 $z = 0.25$ 和 0.75 平面内，Ca^{2+} 沿 c 轴按螺旋方式排列，形成孔道结构，而羟基位于孔道结构的中心。羟基处于晶体表面时，在某一时刻将会出现空缺，使得羟基磷灰石晶体表面带有由 Ca^{2+} 引起的多余的正电荷，形成 C 点。P 点是由 PO_4^{3-} 引起的，位于 $z = 0.25$ 和 0.75 的 PO_4^{3-} 被位于 $z = 0$ 和 0.5 的 Ca^{2+} 围绕。当 PO_4^{3-} 连接的 Ca^{2+} 位于晶体表面时，也将会在某一时刻出现空缺，使晶体带有多余的负电荷，形成 P 点；整个过程中羟基不参与吸附反应。

羟基磷灰石分离提纯生物活性物质的过程是比较复杂的，因为整个过程既涉及阳离子交换，又涉及阴离子交换，不同物质以不同的方式吸附到羟基磷灰石晶体上。一般来说，羟基磷灰石对于低分子量的物质亲和力较低，但是对于高分子量的蛋白质和核酸等却具有独特的选择吸附性。这是由于羟基磷灰石和生物活性大分子两者的表面电荷性质都很复杂，并且影响因素也很多，如 pH、离子强度等。这使得二者的结合机理复杂，进而导致其具有非常优异的选择吸附性能。

影响羟基磷灰石吸附生物活性大分子物质的原因很多，主要包括其晶体结构和其表面的电荷性质。一般来说，当两者表面的电荷相反时，在静电作用下发生吸附作用；而当两者的电荷相同时则互相排斥。但是有的活性物质在电荷相同的情况下也会吸附到羟基磷灰石表面。通常情况下，生物活性物质的碱性基团（NH_3^+）吸附到羟基磷灰石的 P 点上，酸性基团（COO^-）则吸附到 C 点上。然而，有的研究者认为蛋白质表面的酸性基团，特别是羧基的含量和分布特性决定了蛋白质在羟基磷灰石上的吸附，而与碱性基团没有多大关系。因此，羟基磷灰石的高效选择性可能主要是源于其晶体表面存在由钙离子引起的多余的正电荷，即 C 点[116]。

5.2.2 草鱼肌肉亮氨酸氨肽酶的分离纯化

氨肽酶是一类从蛋白质或肽链的氮端选择性切割氨基酸残基的外肽酶的总称，对于维持细胞的正常生理功能有重要作用。亮氨酸氨肽酶（leucine aminopeptidase，LAP）是一类对亮氨酸残基切割效率最高的氨肽酶的总称，通常表现出较为广泛的底物特异性。其由于底物、结构的特异性以及分布的广泛性，已成为氨肽酶家族中最典型的代表。在水产品保鲜和加工工业中，鱼肌肉由于组织结构及其体内的酶活力高等特点，其软化和腐败速度比哺乳动物更快，这给鱼类食品加工带来了很大的困难。因此，关于鱼肌肉中相关酶类的研究一直受到水产品加工工作者的关注[117]。

通过二乙氨基 - 乙基 - 葡萄糖离子交换层析（DEAE-Sephacel）、凝胶过滤层析（Sephacryl S2200 HR）、羟基磷灰石层析和苯基 - 琼脂糖凝 6FF 疏水层析（Phenyl Sepharose 6-Fast Flow），从草鱼（ctenopharyngodon idellus）肌肉中分离纯化得到了一种亮氨酸氨肽酶。

图 5-9 给出了 DEAE-Sephacel 离子交换层析、Sephacryl S-200 HR 凝胶过滤层析、羟基磷灰石层析和 Phenyl Sepharose 6-Fast Flow 疏水层析的洗脱结果。从草鱼肌肉中纯化到了亮氨酸氨肽酶。纯化步骤各有关参数见表 5-8，LAP 经（NH_4）$_2SO_4$ 分级盐析、离子交换层析、凝胶过滤、羟基磷灰石层析、疏水层析等步骤后特异性活力提高了 1652.0 倍，回收率为 5.4%，LAP 的特异性活力为 8425.0U/mg。

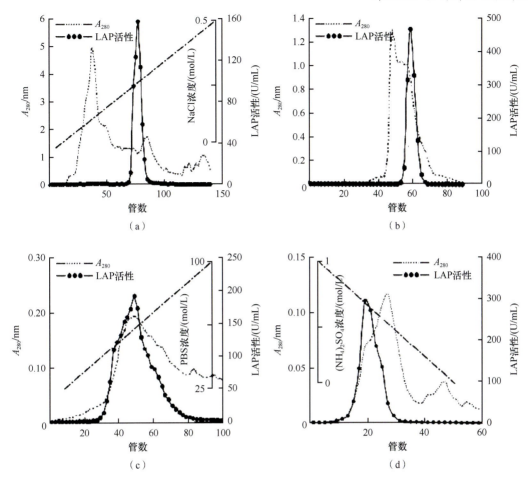

图 5-9　LAP 纯化层析结果

（a）DEAE-Sephacel 离子交换层析（5mL/ 管）;（b）Sephacryl S-200 HR 凝胶过滤层析（1mL/ 管）;（c）羟基磷灰石层析（1mL/ 管）;
（d）Phenyl Sepharose 6-Fast Flow 疏水层析（1mL/ 管）; PBS- 磷酸缓冲液

表 5-8　LAP 纯化结果

纯化步骤	总蛋白 /mg	总活力 /U	比活力 /（U/mg）	回收率 /%	纯化倍数
粗酶液	7 977.0	40 449.0	5.1	100.0	1.0
硫酸铵盐析	1 207.0	8 040.0	6.7	19.9	1.3
DEAE-Sephacel	15.5	5 355.0	345.5	13.2	67.7
Sephacryl S-200	3.3	4 996.0	1 514.0	12.4	296.9
羟基磷灰石	0.7	2 805.0	4 007.0	6.9	785.7
Phenyl-Sepharose	0.3	2 190.5	8 425.0	5.4	1 652.0

　　从图 5-10 的十二烷基硫酸钠聚丙烯酰胺凝胶（SDS-PAGE）电泳可以看出，经过纯化后，得到的 LAP 达到了电泳纯。LAP 的分子量为 10^5ku[①]，凝胶过滤层析结果也相似。

———————

① 1u=1.66054×10^{-27}kg。

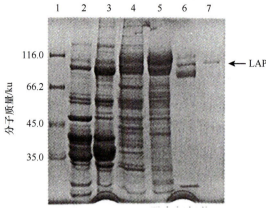

图 5-10　LAP 的 SDS-PAGE 的电泳图

1- 分子量标记；2- 蛋白粗提物；3-40%～60%(NH₄)₂SO₄ 沉淀；
4-DEAE-Sephacel 后活性部分；5-Sephacryl S-200 后活性部分；
6- 羟基磷灰石后活性部分；7-Phenyl Sepharose 后活性部分

5.2.3　螺旋藻藻蓝蛋白提取纯化

1. 钝顶螺旋藻藻蓝蛋白提取纯化

钝顶螺旋藻（spirulina platensis）又称钝顶节旋藻（arthrospira platensis），是一种原核丝状蓝藻，含有藻蓝蛋白（phycocyanin，PC）、多糖、β- 胡萝卜素、γ- 亚麻酸等多种生物活性物质，而藻蓝蛋白以其特有的营养和保健价值受到广泛重视。藻蓝蛋白是一种存在于蓝藻细胞内的光合色素，能高效捕获光能。其分子质量在 40 ku 左右，由 α、β 两个亚基组成，亚基分子质量都在 20 ku 左右。肽链上共价结合 1 个开链的四吡咯环辅基，类似动物红细胞的血红素结构。天然存在的藻蓝蛋白通常以六聚体 (αβ)₆ 的形式存在。与之相近的别藻蓝蛋白（allophycocyanin，APC）为三聚体 (αβ)₃，在 650 nm 处有最大吸收峰[118]。

藻蓝蛋白提取后，经过羟基磷灰石柱层析，磷酸盐缓冲液洗脱，结果见图 5-11。峰 1 为穿过组分，目标组分藻蓝蛋白主要集中在峰 2 和峰 3，峰 4 含藻蓝蛋白和别藻蓝蛋白，峰 5 为别藻蓝蛋白。$A_{620}/A_{280} = 2.56$。

收集峰 2 和峰 3 的组分，经过 sephacryl HR- 200 柱凝胶层析得到 3 个峰，结果见图 5-12。a 组分呈深蓝色，成分主要是藻蓝蛋白。$A_{620}/A_{280} = 3.64$。

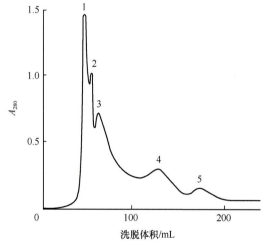

图 5-11　藻蓝蛋白粗品经羟基磷灰石柱层析洗脱曲线

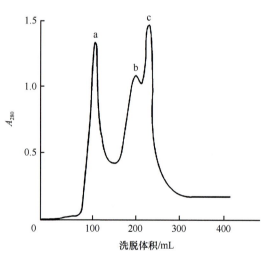

图 5-12　峰 2、峰 3 经 sephacryl HR-200 柱凝胶层析洗脱曲线

组分 a 再次经过 HAP 柱层析得到藻蓝蛋白的单一洗脱峰，结果见图 5-13。表明藻蓝蛋白得到进一步纯化，$A_{620}/A_{280} = 4.71$。

纯化后的藻蓝蛋白通过 12%SDS-PAGE 电泳得到两条条带，对应蛋白的两个亚基 α 和 β，其分子质量分别为 17.0ku±0.7ku 和 21.4ku±1.0ku（图 5-14）。

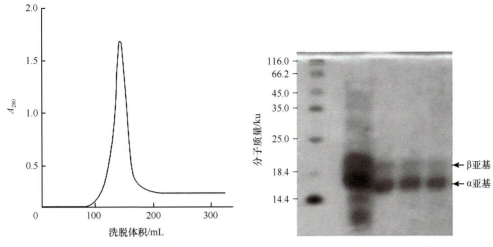

图 5-13　组分 a 经 HAP 柱凝胶层析洗脱曲线　　图 5-14　SDS-PAGE 电泳图

蛋白粗提取液经过 HAP 柱层析时，在 10～20mmol/L 缓冲液作用下，PC 即可被洗脱下来，而 APC 要在 50～100mmol/L 缓冲液作用下才能被洗脱下来。经过一次 HAP 柱层析之后，PC 纯度可大幅度提高，达到 2.56。再经 sephacryl HR-200 柱和 HAP 柱各层析一次，藻蓝蛋白得到进一步纯化，纯度达 4.71。经 SDS-PAGE 电泳分析，藻蓝蛋白单体由 α 和 β 两个亚基组成，分子质量分别为 17.0ku±0.7ku 和 21.4ku±1.0ku。天然存在的钝顶螺旋藻藻蓝蛋白以六聚体（αβ）$_6$形式存在，分子质量为（17.0+21.4）×6＝230.4ku。

2. 极大螺旋藻藻蓝蛋白的提取纯化

藻蓝蛋白在极大螺旋藻（spirulina maxima）中质量分数高达 15%。提取后，藻蓝蛋白粗品溶液流入自制的 HAP 柱后，在柱中自下而上呈鲜明的矩形色带，次序为淡蓝→无色→浅蓝→深蓝→黄绿色。以 90mL/h 的速度洗脱可以达到较好的分离效果。其结果见图 5-15，峰 1 为穿过组分，洗脱液无色；峰 2 低缓，洗脱液呈淡蓝色；峰 3 为一尖高峰，洗出液呈亮蓝色带紫色荧光，为藻蓝蛋白峰；峰 4 为尖高峰，洗出呈液蓝色，无荧光，含藻蓝蛋白和别藻蓝蛋白；峰 5 洗出液为蓝色，其峰图见图 5-15。同样将藻蓝蛋白粗品液上柱作参比，其峰图见图 5-16。峰 3、4 为藻蓝蛋白，峰 2、5 含藻蓝蛋白。收集体积分别为 175～250mL、150～350mL、350～450mL 时，经 HA 及 DEAE-Sephadex A-25 柱纯化后藻蓝蛋白的纯度比较分别如表 5-9、表 5-10 所示[119]。

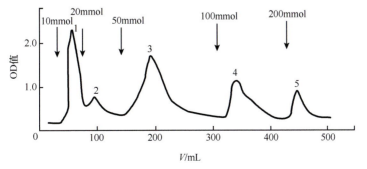

图 5-15　藻蓝蛋白经 HAP 柱层析峰图

V- 洗脱体积

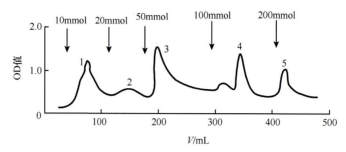

图 5-16 藻蓝蛋白经 DEAE-Sephadex A-25 柱层析峰图

表 5-9 过 HAP 柱后的藻蓝蛋白纯度与收集体积的关系

收集体积 /mL	A_{620}/A_{280}	A_{650}/A_{280}
175 ～ 250	3.64	—
150 ～ 350	280	—
350 ～ 450	1225	1169

表 5-10 过 DEAE-Sephadex A-25 柱后的藻蓝蛋白纯度与收集体积关系

收集体积 /mL	A_{620}/A_{280}	A_{650}/A_{280}
175 ～ 250	4.96	—
150 ～ 250	3.75	—
250 ～ 400	2986	1378

将过 HAP 柱的藻蓝蛋白和别藻蓝部分（150 ～ 450mL）合并浓缩再过一次 HAP 柱后，再经 Sephadex G-100 层析后为单一洗脱峰。将过 DEAE-Sephadex A-25 柱（150 ～ 250mL）处再浓缩过 Sephadex G-100 柱，层析后为单一洗脱峰，表明藻蓝蛋白成分为单一组分。

因此，采用自制羟基磷灰石二次上柱可得试剂级的藻蓝蛋白。一次上柱后纯度为 280，二次上柱后纯度为 418，再经 G-100 层析，为单一洗脱峰，表明其成分单一。

5.2.4 猪肾二胺氧化酶的纯化

新鲜猪肾匀浆后，经热处理、盐析，然后经羟基磷灰石和 DEAE- 纤维素柱层析等纯化。羟基磷灰石柱层析条件：层析柱尺寸为 3.6cm×4cm，流速为 50mL/h，平衡液为 0.1mol/L 的磷酸缓冲液（PB）溶液（pH=7.4），洗脱液梯度洗脱硫酸铵盐浓度为 0 ～ 1.0mol/L 的 PB 溶液，蛋白核酸检测仪检测波长为 280nm。DEAE- 纤维素柱层析条件：层析柱尺寸为 2cm×20cm，流速为 30mL/h，平衡液为 0.030mol/L 的 PB 溶液（pH=7.4），洗脱液梯度洗脱硫酸铵，蛋白核酸检测仪检测波长为 280nm。提纯结果见表 5-11、图 5-17 及图 5-18。图 5-17 为二胺氧化酶经羟基磷灰石柱层析图谱，峰 2 为酶活力峰。图 5-18 为二胺氧化酶经 DEAE- 纤维素柱层析图谱，峰 3 为纯化的 DAO 酶液[120]。

表 5-11 二胺氧化酶的纯化步骤

步骤	体积 /mL	总蛋白 /mg	总活力 / （10^{-10}mol/s）	比活力 /[10^{-10}mol/（s·mg）]	回收率 /%	纯化倍数
匀浆	960.0	105 600	630.0	0.0056	100.0	1
盐析	41.0	6150	209.2	0.0340	33.2	6
羟基磷灰石柱	26.0	370	196.0	0.5300	31.1	94.5
DEAE- 纤维素柱	29.4	63	150.0	2.3800	23.9	425

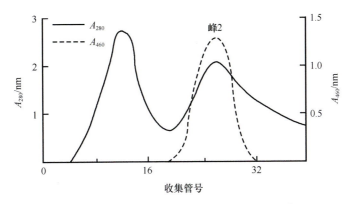

图 5-17　二胺氧化酶经羟基磷灰石柱层析图谱

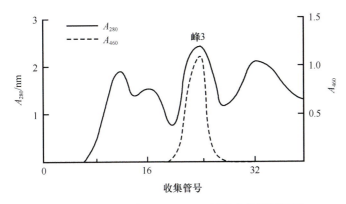

图 5-18　二胺氧化酶经 DEAE- 纤维素柱层析图谱

二胺氧化酶的回收率为 23.9%，纯化倍数为 425。该酶进行凝胶电泳后，经氨基黑、酶活性和氯化硝基四氮唑蓝（NBT）溶液染色分别得到相对应的蛋白质、酶活性及醌辅基谱带。该酶可与腐胺、尸胺、己二胺、组胺等底物作用，释放出 H_2O_2，当底物为腐胺时，最适浓度为 5mmol/L，平衡浓度值 K_m 为 0.5mmol/L，最适 pH 为 7.0，最适温度为 40℃。在非酶系统中，该酶可与 NBT 溶液反应，呈现紫色，颜色随时间延长而加深。经 SDS 板状不连续聚丙烯酰胺凝胶电泳，得到该酶的亚基分子量为 8.3×10^4。

5.3　磷灰石生物功能材料

5.3.1　磷灰石的生物特质

1. 羟基磷灰石的生物活性

羟基磷灰石由于分子结构和钙磷比与正常骨的无机成分非常近似，具有优异的生物相容性。大量的体外和体内实验表明羟基磷灰石在与成骨细胞共同培养时，羟基磷灰石表面有成骨细胞聚集；植入骨缺损时，骨组织与羟基磷灰石之间无纤维组织界面；植入体内后表面类骨磷灰石形成。许多研究表明羟基磷灰石植入骨缺损区有较好的修复效果，这是因为羟基磷灰石以固体或离子状态广泛存在人体内，并动态参与骨组织吸收与重建和钙离子及磷离子代谢过程。因此，羟基磷灰石被广泛用作骨科或上额面手术中修复骨缺损的人工骨材料。

羟基磷灰石和磷酸钙具有骨传导性和骨诱导性。骨传导性是指允许血管长入、细胞渗透和附着、软骨形成、组织沉积和钙化。现在普遍认为多孔双相钙磷材料具有良好的骨传导性。体内外研究表明人类的成骨细胞可以通过内部连接通道扩散进入大孔，并在其中增殖。对孔径的要求是：成骨细胞渗透的内部连接通道最小直径为 20μm，最有利于成骨细胞渗透的内部连接通道直径要大于 40μm；而孔径在 150μm 时，能为骨组织的长入提供理想场所。可见材料内部连接通道在骨形成中起重要作用。骨诱导性是指激发未定形细胞（如间充质细胞）显性地转化成软骨或成骨细胞。钙磷生物材料表现出骨诱导现象，除了其自身的性能外，还与钙磷材料的多孔结构有关。多孔结构有利于骨形态发生蛋白（BMP）的聚集，进而发生骨诱导性。由于羟基磷灰石具有优异的生物相容性，更具有骨诱导和骨传导性，在牙科种植体和金属骨修复材料表面 HA 涂层方面具有广泛的应用。

2. 羟基磷灰石的生物可降解性

羟基磷灰石在体内能发生溶解和生物降解，释放出钙离子和磷酸根离子，参与钙磷代谢，并在植入部位附近参与骨沉积和重建。羟基磷灰石发生降解是无生命材料向有生命材料转化的必要条件，也是参与有生命组织过程的基础。材料降解有两种途径：一是通过体液降解；二是通过巨噬细胞的吞噬及其与破骨细胞的细胞外降解。降解产生的一小部分钙离子可迅速进入血液中，通过血液循环分布到机体各脏器组织中进行代谢，并主要通过肝、肾从粪尿中排泄。其余大部分的钙离子沉积于机体"钙库"（指骨组织中的稳定性钙）。钙可以相对稳定地储存在骨组织中，以不溶性的骨矿盐形式存在，不参与钙的代谢，通过骨的塑造与重建进行钙循环。磷酸钙植入骨内后，巨噬细胞可向植入区聚集。因此，巨噬细胞对陶瓷的降解发挥重要作用。体外实验证明巨噬细胞与磷酸钙陶瓷混合培养后，培养液中的钙磷浓度明显高于单纯度磷酸钙陶瓷浸泡于培养液中的浓度。SEM 观察发现巨噬细胞伸出小的突起将材料颗粒包裹并吞噬到细胞内进而与溶酶体融合在多种水解酶作用下进行细胞内降解，在细胞内降解后产生的钙、磷可被转运到细胞外 [121]。

5.3.2 抑制癌细胞

细胞培养实验发现，纳米羟基磷灰石微晶对正常细胞活性没有影响，但对癌细胞的生长具有抑制作用。纳米羟基磷灰石微晶一方面聚集在癌细胞表面，使得 Ca^{2+} 浓度异常高，导致癌细胞萎缩、变形、死亡；另一方面，粒径小于细胞膜孔尺度的羟基磷灰石微晶也可以进入细胞内部，直接与细胞质、细胞核发生作用。这两种综合作用使得羟基磷灰石微晶抑制了 DNA 合成期中 DNA 的合成，从而改变了细胞周期时相的分布，抑制了细胞的增殖。目前对于纳米微晶羟基磷灰石与癌细胞的作用机理以及纳米粒子的生物学效应等仍不是很清楚，但已有的研究工作表明这方面的研究具有较大的理论意义和应用前景 [122]。

5.3.3 骨缺陷的修复与替换

生物骨组织的多孔结构，使其能够适应一定范围的应力变化，同时多孔组织能够使血液流通，保证了骨组织的正常代谢，因此开发生物活性多孔植入材料是一种必然。在骨替换手术中，植入孔隙形貌和结构与骨单位及其脉管的连接方式一致，可以作为骨基质提供支架的替代物，从而可以促进骨组织的生长，实现骨缺陷的修复和替换。这就是开发类似人体骨基质结构的多孔羟基磷灰石生物陶瓷的原因。研究表明，当多孔羟基磷灰石陶瓷孔隙率超过

30% 以后，孔隙之间能相互连通，新生组织可以从人工骨表面长入内部各部分并相互结合，这样不仅能获得良好的界面结合，而且新生组织的长入能降低多孔羟基磷灰石陶瓷的脆性，提高抗折强度。此外，多孔结构降低了羟基磷灰石材料的刚性，有利于界面应力的传导，符合界面力学要求，使界面能够保持稳定，从而提高种植效应。通过添加硅灰石等纤维状填料来实现多孔陶瓷的增韧，可望将羟基磷灰石生物陶瓷的应用范围扩大到人体承重部位的骨替换或修复 [122, 123]。

将羟基磷灰石陶瓷植入狒狒的腹直肌中，在没有外源性骨形成蛋白存在时，植入 30 天后在羟基磷灰石孔壁发现骨形成蛋白（BMP3，OP-1/BMP7），植入 90 天后，41% 的样品中有骨髓的新骨组织生成，这很好地显示了羟基磷灰石的骨诱导性。将两种不同方法制备的羟基磷灰石陶瓷移植于犬的背部肌肉中，3 个月后，孔壁粗糙的陶瓷孔中有骨组织形成并随时间的延长而增加，而孔壁光滑的陶瓷中没有骨细胞产生。由于这两种陶瓷的化学成分和晶体结构相同，仅微观组织结构不同（微孔的存在使陶瓷的孔壁粗糙），说明微观结构是影响羟基磷灰石陶瓷骨诱导能力的重要因素，具有特殊结构的多孔羟基磷灰石陶瓷具有诱导骨形成的能力。因此，通过控制多孔羟基磷灰石陶瓷的制备工艺，可以获得具有骨诱导性能的磷酸钙基骨替代材料。

骨形成蛋白或骨髓细胞与羟基磷灰石的复合，更有利于骨组织迅速再生。研究报道，将鼠的骨髓基质干细胞移植到羟基磷灰石陶瓷中，经细胞增殖培养 2 周，并用地塞米松处理后再植入老鼠的皮下肌肉中，一周后即可观察到活性骨细胞，新生骨组织随时间的延长稳步增加；而不用地塞米松处理的样品不显示成骨性能，说明羟基磷灰石生物陶瓷加载骨髓基质干细胞，在植入生物组织后具有良好且迅速的骨形成能力。将兔的同源骨髓基质细胞（BMSC）与多孔羟基磷灰石陶瓷复合，再植入兔的背部肌肉中，4 周后，如果在培养 BMSC 时使用了地塞米松，陶瓷植入体大孔内的骨组织明显高于不用地塞米松的样品，大多数样品中的骨细胞达到 10^7 个 /mL。研究还发现，如果多孔羟基磷灰石陶瓷是采用聚甲基丙烯酸甲酯（PMMA）微球成孔制造的，形成的新生骨组织在陶瓷内部均可观察到；而采用萘成孔制造的，则只能在陶瓷的表面和表层孔洞中观测到骨细胞。这可能是孔洞的互通性及孔壁微观结构不同造成的。

将人骨形成蛋白 BMP-2 加载于孔径为 100 ～ 200μm 的不同几何形态（大孔颗粒状、大孔块状、蜂巢状）的羟基磷灰石陶瓷中，再植入大鼠体内，2 周后观测到在颗粒状和块状多孔羟基磷灰石陶瓷中直接形成了新骨组织，而在蜂巢状羟基磷灰石陶瓷中仅发生软骨内骨化反应，软骨位于孔的中间，而骨化组织在孔的开口处。3 周后，在蜂巢状羟基磷灰石孔洞的内表面，软骨组织消失，全部被骨组织覆盖，孔洞的中央仍留有毛细孔。这说明在陶瓷的孔洞内首先形成软骨，进而通过骨化中心在软骨内成骨，这与生物机体骨组织的发育相同。

大量研究事实证明，羟基磷灰石材料的发展历经致密陶瓷和陶瓷涂层，最终归结到多孔陶瓷，是仿生学的必然结果。类似自然骨组织的组成、结构和性质的理想植入材料的研究，是生物陶瓷今后发展的主流方向，但是寻求与机体生物相容性和力学相容性均匹配的多孔陶瓷材料还任重道远。

5.3.4 生物复合材料

单相致密羟基磷灰石陶瓷力学强度和弹性模量均比人体自然骨高出几倍，但是断裂韧性却远远低于人体自然骨，而且将其植入体内后在生理环境中发生选择性化学反应，形成一层覆盖其表面的羟基磷灰石层，与周围组织形成化学性键合，被键结的界面阻止了植入材料的进一步降解，植入材料和机体结合不牢，容易形成应力屏蔽，造成植入物松动、脱落 [122, 124]。

目前对于羟基磷灰石复合材料的研究主要集中在两个方面：一是提高材料的力学性能；二是制备生物性能（生物活性、生物相容性等）可控的复合材料。

许多学者认为，选择一种高强度的生物材料作为承力构件并在其表面包覆一层厚的羟基磷灰石涂层，是解决力学相容性的最佳途径。于是研究者充分利用不同材料的特性进行复合材料的研制，在高强度的金属钛及其化合物、钴－铬合金、不锈钢等金属上涂覆羟基磷灰石涂层，将聚合物（如聚 L- 丙交酯、聚乳酸、聚乙烯纤维等）与 HAP 复合形成生物活性陶瓷－聚合物生物材料，使其同时具有良好的生物相容性和所需的力学强度。事实上，HAP 陶瓷涂层也已经进入临床应用阶段。目前广泛应用的是钛合金表面喷涂 HAP 的种植体，而 HAP 包覆陶瓷、聚合物等类型的种植体很少进入商品阶段。在高强基底材料上涂覆生物活性涂层，其属于表面复合材料，但涂层本身的力学性能并没有得到改善，普遍存在容易剥离、脱离的问题，且该复合材料长期植入体内，仍然会引起金属离子向机体组织游移，导致组织病变。HAP/ 聚合物复合材料两相结合较好，但是长期在生理环境的作用下，也存在聚合物老化、分解的问题，且制备不含其他添加剂如抗氧化剂、抗变色剂或可塑剂的高纯度医用级的聚合材料是很困难的。

以下几个方面是今后生物材料研究发展的主要方向：

（1）发展具有诱导性的、激发人体组织和器官再生修复功能的、能参与人体能量和物质交换相互结合的功能性活性生物材料，将成为生物材料研究的主要方向之一。

（2）把生物陶瓷与高分子聚合物或生物玻璃进行二元或多元复合，制备接近人工骨真实情况的骨修复或骨替代材料将成为研究的重要方向之一。

（3）制备接近天然骨形态的、与纳微米结合的、用于承重的多孔型复合材料用于延长药效时间、提高药物效率和稳定性、减少用量及对基体的毒副作用的药物传建材料将成为研究的热点之一。

（4）血液相容性人工脏器材料的研究也是突破方向之一。

（5）如何制备出纳米尺寸的生物材料的工艺及纳米生物材料本身将成为研究热点之一。

5.3.5　掺锶羟基磷灰石在口腔保健领域中的应用

掺锶羟基磷灰石是以羟基磷灰石为基体掺入活性微量元素锶（Sr），使得掺锶羟基磷灰石具备羟基磷灰石和锶的双重活性，在口腔保健领域中具有更好的生物相容性功效 [125]。

羟基磷灰石掺锶后生物特性得到改善，因其具有优良的口腔保健功效，在口腔保健用品方面具有广泛应用前景，可以开发以下口腔保健用品。

（1）功能牙膏。羟基磷灰石应用于牙膏早有报道。王爱娟等 [116] 开展了羟基磷灰石牙膏的研究，结果表明，该牙膏对唾液蛋白、葡聚糖具有吸附作用，能促使脱矿牙再矿化。临床试验表明使用该牙膏刷牙后能减少患者口腔的牙菌斑，促进牙龈炎愈合，对龋病、牙周病有一定的防治作用。日本专利《一种牙膏含有羟基磷灰石和木糖醇》（JP97235215）公开了一种牙膏含有羟基磷灰石和木糖醇，具有强劲的抗菌和抑制变形链球菌生长的作用；日本专利《一种牙膏含有超细羟基磷灰石和骨胶原》（JP9817449）公开了一种含有超细羟基磷灰石和骨胶原的牙膏，能有效封堵牙齿龋洞；日本专利《一种复合牙膏含有羟基磷灰石和氟化钠》（JP98265355）公开了一种含有羟基磷灰石和氟化钠的复合牙膏，具有增白牙齿、抗蚀斑及抗龋齿的作用。因羟基磷灰石掺锶后，生物特性得到改善，其吸附性能、再矿化作用、脱敏作用得到增强，所以将掺锶羟基磷灰石应用于牙膏，开发具有防龋脱敏、抑制菌斑、美白修复功效更好的功能牙膏，将会具有更加广阔的市场前景。中国专利《一种新型的纳米级牙膏添加剂及其合成方法》（CN1582888A）公开了纳米级牙膏添加剂羟基磷酸锶具有更良好的脱敏作用和生物相容性，能够起到预防龋齿的作用。

（2）脱敏糊剂。针对牙过敏这一常见牙科疾病，利用掺锶羟基磷灰石中锶离子和羟基磷灰石的协同作用，有效封闭过敏性牙本质小管。可研制防牙过敏的局部脱敏糊剂，使用时将该糊剂直接涂抹于过敏部位，方便患者日常使用。

（3）美白牙贴。日本专利《一种由聚合物 Pluronic F-127 和羟基磷灰石组成的液体涂膜》（JP98109915）公开了一种液体涂膜，该涂膜由聚合物 Pluronic F-127 和羟基磷灰石组成，该涂膜溶液覆盖在牙齿表面上形成一种固体白膜，具有防止龋齿、修复美白牙齿的作用。利用掺锶羟基磷灰石的再矿化美白作用，将其制成具有一定黏性的牙贴薄膜直接敷贴在牙体外表面，通过掺锶羟基磷灰石的生物相容性，该薄膜直接再矿化并沉积在牙体表面，使牙齿恢复自然美白的本色。

（4）漱口液剂。日本专利《一种含有超细羟基磷灰石的漱口液》（JP1105722）公开了一种含有超细羟基磷灰石的漱口液，对去除口腔中的牙斑、淀粉、蛋白质、油脂等有良好效果。利用掺锶羟基磷灰石的吸附作用，开发漱口液剂，可以更有效清除口腔中的淀粉、油脂等食物残渣，净化口腔卫生环境。

5.3.6 载银 HAP 复合材料的抗菌作用

将自制 HAP 粉末冷压成型后切成长条状，分别放入一定浓度的 $AgNO_3$ 溶液中在室温下反应 3h 制得 Ag-HAP[126]。

复合材料的抑菌效果如表 5-12 所示。从上述结果可以看出，将未煅烧的 Ag-HAP 块体分别与大肠杆菌和金黄色葡萄球菌于 4℃条件下作用 24h 后，测得其对大肠杆菌的抗菌效率为 99%，对金黄色葡萄球菌的抗菌效率为 100%。这表明 Ag-HAP 对这两种菌都有很强的抑制作用。图 5-19、图 5-20 是复合材料对大肠杆菌和金黄色葡萄球菌抑制作用的实际效果照片，可以看出加入复合材料后，两种菌的数量减至很少，说明材料的抑菌效果良好。

表 5-12　样品的抑菌效果

菌落的组成	不含 Ag-HAP 的浓度 /（cfu/mL）	含 Ag-HAP 的浓度 /（cfu/mL）	抗菌效率 /%
大肠杆菌	4×10^4	400	99
金黄色葡萄球菌	4×10^4	0	100

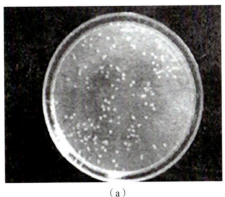
（a）

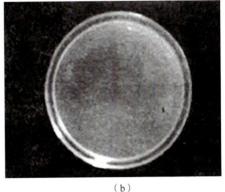
（b）

图 5-19　大肠杆菌实验组照片
（a）未加入 Ag-HAP；（b）加入 Ag-HAP

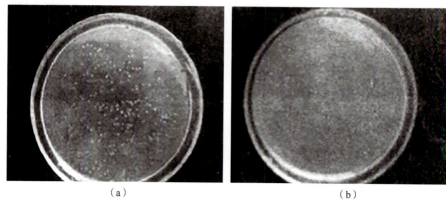

图 5-20　金黄色葡萄球菌实验组照片

（a）未加入 Ag-HAP；（b）加入 Ag-HAP

5.4　磷灰石智能传感材料

5.4.1　湿敏元件和传感器

将人工合成的高纯、超细、高活性 HAP 感湿粉料，无机黏结剂和有机溶剂按一定的比例调和成浆料。将浆料通过丝网印刷机，印刷在印有金电极的氧化铝基片上，经 50 ～ 80℃烘干，入电炉经 600 ～ 800℃锻烧备用[127]。

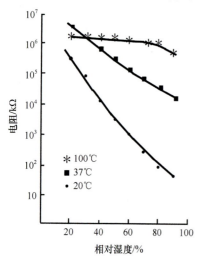

图 5-21　反应温度对湿敏元件相对湿度 – 电阻特性曲线的影响

将 φ0.5mm 的铜丝去除表面锈迹和油污，上一层光亮的焊锡，制成引线，焊接在经检查合格的涂有感湿料的氧化铝基片的两个金电极圆点上，制成湿敏元件。将上述感湿元件再引焊在基座上，制成所需的湿敏传感器。

湿法人工合成 HAP 粉料，发现在其他工艺条件相同的前提下，反应温度对湿敏元件的性能有明显的影响。图 5-21 为用不同反应温度合成的 HAP 粉料制成的湿敏元件的相对湿度 – 电阻曲线。由图 5-21 可知：反应温度在 15 ～ 20℃是合适的。

湿法人工合成 HAP 粉料，反应溶液的 pH 应控制在 7 以上。在试验过程中，选用 pH = 7 ～ 8、9 ～ 10、11 ～ 13，对上述几种条件下合成的 HAP 感湿粉料制成的湿敏元件的性能进行测试，结果见图 5-22。由图 5-22 可知：pH 在 11 ～ 13 是合适的，pH 小于 9 反应不稳定，制成元件性能不好。

采用碱金属为改性剂，加入量分别为 0%（质量分数）、5%（质量分数）、10%（质量分数）。由图 5-23 可知，加入量在 10%（质量分数）时为电流最大，5%（质量分数）时次之，无改性剂的电流最小。

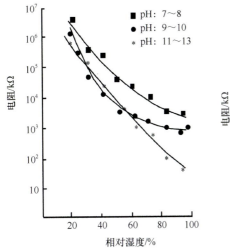

图 5-22 反应溶液 pH 对元件相对湿度 – 电阻特性曲线的影响

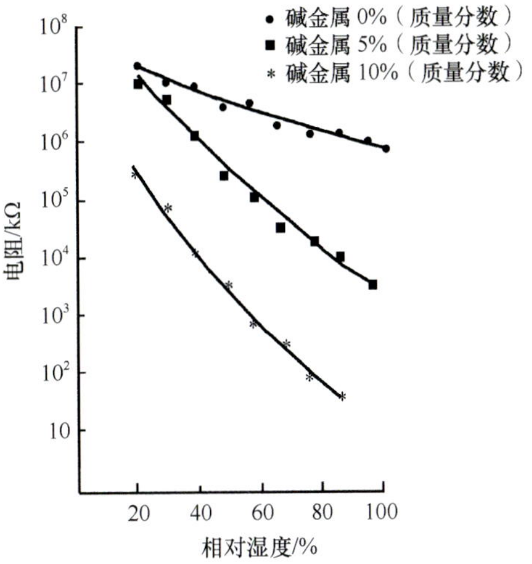

图 5-23 改性剂加入量对元件相对湿度 – 电阻特性曲线的影响

图 5-24 为湿敏元件在不同温度、湿度下的相对湿度 – 电阻特性曲线。由图 5-24 可知，本陶瓷湿敏元件的电阻值受温度的影响，因此在环境温度变化大且频繁的场合，需要进行温度补偿，这可以使用 MTC 热敏电阻来实现。

此湿敏元件和传感器的响应时间、精度、年漂移率等性能的测试最终结果见表 5-13。

5.4.2 感湿机理

湿敏陶瓷的感湿机理较常见的有接触粒界势垒理论和质子导电理论，前者适用于低湿情况（相对湿度 < 40%），后者适合于高湿情况（相对湿度 > 40%）[128]。

1. 接触粒界势垒理论

N 型和 P 型半导体陶瓷的晶粒内部和表面正负离子所处的状态不同，内部正负离子对称包围，而表面离子则处于未受异性离子屏蔽的不稳定状态，其电子亲和力发生变化，表现为表面附近能带上弯（N 型）或下弯（P 型）。因此，半导体陶瓷晶粒接触界处出现双势垒曲线能带结构（图 5-25）。由于粒界势垒存在，粒界电阻比晶粒内部电阻高得多。

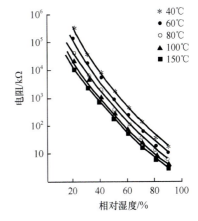

图 5-24 在不同温度下的相对湿度 – 电阻特性曲线

表 5-13 湿敏性能测试结果

元件编号	测试温度 /℃	湿度范围 /%	响应时间 /s		精度 /%	年漂移率 /%
			吸湿	脱湿		
NH₃	20 ～ 25	10 ～ 95	< 3	< 25	< 3.7	< 5

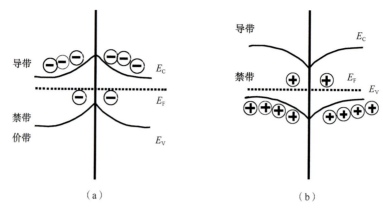

图 5-25　半导体中粒界势垒

（a）在 N 型中；（b）在 P 型中；E_C- 导带；E_V- 价带；E_F- 禁带

当湿敏陶瓷晶粒界处吸附水分子时，由于水分子是一种弱极性的电解质，室温下其介电常数约为 8，水分子的电偶极矩为 1.9×10^{-18}deb[①]；在气态水中，由于其氧原子 2P 态的不等性杂化，其中两个 H—O 键之间夹角是 105°，水的等效半径为 138Å，氢氧间距为 0.99Å。由此可知，在水分子中氢核的对外作用使大量电子趋向氢原子侧，说明氢氧原子附近势必具有非常强的正电场，即具有很大的电子亲和力，这样使得表面吸附的水分子可能从半导体吸附的 O-2 或 O-1 离子中吸取电子，甚至从满带中直接俘获电子，因此将引起晶粒表面电子能态发生变化，从而导致晶粒表面电阻和整个元件电阻发生变化。以 P 型半导体为例，由于 P 型半导体表面禁带（E_F）比价带顶略高，表面的施主电子可能为价带空穴接受，即表面的施主俘获了空穴，形成表阻压空间电荷能带下弯 [图 5-26（a）]，当水气量很少（＜40%）时表面的氧离子吸引水中的 H^+，而 H^+ 从晶粒表面满带俘获电子，使电子与丢失电子的氢复合，把空穴留给了价带。于是耗尽层变薄，能带变平 [图 5-26（b）]，载流子空穴浓度增加，半导体电阻下降。当空气中水蒸气较多时，既增加了表面受主态密度，甚至远远超过主态密度，表面电荷增多，因而近表面层处积累了许多空穴，使势垒升高上弯，空穴易于通过，使半导体陶瓷元件电阻下降，其能带变化如图 5-26（c）所示。

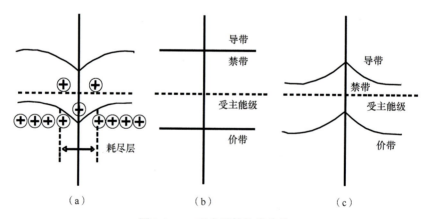

图 5-26　P 型半导体能带变化

[①] 1deb $= 3.33564 \times 10^{-30}$C·m。

2. 质子导电理论

质子导电理论把水分子在晶粒表面的吸附分为三个阶段，如图 5-27 所示。第一阶段少量水分子首先在颗粒之间的颈部吸附，表面化学吸附的一个羟基首先与高价金属阳离子结合，离解出的 H⁺ 形成第二个羟基，羟基解离后质子（H⁺）由一个位置向另一个位置移动，形成质子导电；第二阶段，水蒸气物理吸附在羟基上形成水分子层，由于水分子的极化，水分子层越多，介电常数越高，介电常数随着相对湿度的变化发生可逆变化，介电常数的增加导致离解水分子的能量增高进而促进离解；第三阶段，不仅在颈部而且在平表面及凹部吸附了大量水分子，在两电极间形成了连续电能层，导致电导率随水含量增加而增加。

第一阶段   第二阶段   第三阶段

图 5-27　水分子在晶粒表面的吸附示意图

5.4.3　免疫传感器

利用纳米羟基磷灰石的生物活性和生物兼容性，结合电容传感的高灵敏度和共价键合方法，可以制备一种灵敏的非标记电容免疫传感器，并将其成功地用于人转铁蛋白的测定。与传统的免疫分析相比，其优点在于可以实时监测抗体 – 抗原反应，由于略去了标记步骤，从而简化了分析过程 [129]。

将 0.2mm 的高纯金丝用环氧树脂封填在 4mm 直径的玻璃管中从而制备得到金电极。将金电极在附有 0.05μm 氧化铝泥浆的 1200 粒度的垫片上研磨直至出现光滑的镜面，然后在乙醇和二次石英蒸馏水中分别超声处理 3min 以去除 Al₂O₃。为确保一个洁净的电极表面，将机械抛光后的电极浸入 0.5mol/L H₂SO₄ 溶液中，用电势 0 ～ 1.5V 进行循环伏安扫描直至得到可重现的伏安图。金电极表面自组装 β- 巯基乙醇后，通过阴极恒电流将纳米羟基磷灰石电沉积层于电极表面。填补羟基磷灰石层孔隙后，使用二乙烯基砜（divinyl sulphone，DS）键合，然后将上述处理后的电极浸入含 0.125μg/mL 人转铁蛋白抗血清的 0.01mol/L 磷酸盐缓冲溶液（PBS）（pH 为 7.4）中处理 24h，环境温度维持在 40℃，然后用大量 pH 为 7.4 的 0.01mol/L PBS 溶液冲洗，制得免疫传感器。

将免疫传感器置于三电极体系中作为工作电极。用电化学阻抗模式测量免疫传感器的电容变化。待基线稳定后，加入一定量的人转铁蛋白溶液（由 pH 为 7.4 的 PBS 配制）至有恒温夹套的电化学池中。背景溶液为 10mL pH 为 7.4 的 PBS，并由磁力搅拌子缓慢搅动溶液。工作电压为开路电势值，振幅为 5mV，工作频率由伯德（Bode）图决定。

人转铁蛋白的测定线性范围为 1 ～ 100ng/mL，其活性检测限为 0.15ng/mL。使用过的免疫传感器可用酸性溶液清洗来恢复。活性恢复后的免疫传感器可提供接近新制备的传感器的响应，可重复使用约 10 次而不会明显降低其灵敏度。

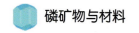

5.4.4 纳米药物控释载体

纳米控释系统包括纳米粒子和纳米胶囊，它们是粒径 10 ～ 500nm 的固状胶态粒子。活性组分如药物、生物活性材料等通过溶解、包裹作用位于粒子内部，或者通过吸附、附着于粒子表面。纳米控释系统将提高药物在体内的吸收效果，改善药物的输送，替代病毒载体，催化药物化学反应和辅助设计药物等，因此在药物和基因输送方面具有许多优越性。比如，对于基因治疗，基因载体是目前较突出的问题，病毒载体有其本身固有的缺点，如病毒制备困难、装载外源大小有限制、病毒竞争性复制对人类安全存在潜在的威胁、病毒载体可能含有其他病原及诱发感染并有高免疫原性、能诱导宿主免疫反应及潜在的致瘤性。而纳米控释系统具有病毒载体的优点，而没有病毒载体的缺点[130-132]。

纳米药物控释载体提高了药物的吸收度和稳定性，改善了药物性质和靶向性，药物缓释、药物作用时间延长，药物剂量减少，可减轻或避免毒副作用。随着纳米技术的发展和应用，纳米控释系统作为药物或基因载体材料的研究越来越引起人们的重视，纳米粒子包裹的药物沿着静脉迅速聚集在肝和脾等网状内皮系统的主要器官，使由传统治疗用的药物非特定性聚集而引起的毒性被降低。作为一个理想的药物载体，其应具备以下几个特性：靶向性、药物释放可控性、在药理学上应是稳定的且易于药物释放、无毒、可降解。临床应用的药物，尤其是抗癌的化疗药物大多存在毒副作用大、缺乏药理活性专一性的缺陷，因而设计出良好的载药系统，以达到减毒增效的目的，使对载体制剂的研究成为近年来国内外研究的热点。

磷灰石是一类具有良好生物相容性的生物活性材料，无毒，无刺激，无致突变，可以作为药物载体。国外已有报道采用磷酸钙（$Ca_3(PO_4)_2$）作为药物的载体，制备 $Ca_3(PO_4)_2$-DNA 共沉淀物。利用磷灰石作为载体的特点，加入敏感性的药物，注入后可以实现局部药物缓释，以达到局部有效抗肿瘤目的。羟基磷灰石作为人体骨骼的修复、替代材料，一直受到广泛关注，它具有良好的生物相容性和一定的生物活性，与正常骨组织化学成分相似，能与骨组织牢固地结合，在临床应用上取得了良好的效果。磷灰石载入抗骨肉瘤药物，全身毒副作用小，临界肿瘤只需行局部病灶刮除术，使手术简化，并可通过抗骨肉瘤药的缓释防止其复发。

目前研究比较多的纳米药物控释载体是磷酸钙骨水泥（calcium phosphate cement，CPC），也称羟基磷灰石骨水泥（hydroxyapatite cement，HAC），是一种新型自固化骨水泥，具有良好的生物相容性、可降解性、应用时可随意塑形等优点。其成分包括固相和液相，固相主要由磷酸四钙 [tetracalcium phosphate，TTCP，$Ca_4(PO_4)_2O$]、二水化磷酸氢钙 [dicalcium phosphate didydrate，DCPD，$CaHPO_4 \cdot 2H_2O$]、 磷 酸 三 钙 [tricalcium phosphate，TCP，$Ca_3(PO_4)_2$]、羟基磷灰石等两相或多相组成，还可以加入氟化物、硫酸钙、碳酸钙等添加剂，以改善其性能。液相可以是蒸馏水、磷酸、血清等。临床使用时常采用的配方是取 TTCP（183g）、DCPD（0.86g）、HAP（1.79g）混合粉末和 0.25mL 含 20mmol/L 的 H_3PO_4 揉捏调和而成。XRD 实验显示，载药 CPC 固化后出现典型的 HAP 图谱，但其衍射峰宽于人工合成的 HAP，说明相对稳定的 CPC 固化后变成了 HAP，且这种 HAP 属于低晶体化的磷灰石，它与硬组织的亲和性要高于高晶体化的磷灰石，而药物则以无定形形式进入 CPC 的微孔中。

CPC 中所载药物的种类较多，主要归纳为三类：①抗肿瘤药 [6- 巯基嘌呤（6-MP）、氨甲蝶呤（MTX）、顺铂（CDDP）等]；②抗生素 [硫酸庆大霉素（GS）、消炎痛、头孢拉定（CEX）、阿司匹林（ASP）等]；③生物活性物质 [骨形态发生蛋白、胰岛素、生长激素（GH）等]。

影响药物释放的主要因素包括：①粉液比。研究表明，增加液相体积可以增加 CPC 基质中的孔隙量及孔隙的弯曲性，提高药物在 CPC 孔隙中的扩散程度，从而加速药物释放。

②载药量。释放速度与载药量有关。载药量越多，早期释放速度越快，释放持续时间越长，但早期释放量占总量的比例反而下降。③ Ca^{2+} 浓度。药物释放速度与 CPC 所处环境中的 Ca^{2+} 浓度有关。④ CPC 晶体颗粒、厚度及放置部位。CPC 晶体颗粒越大，颗粒表面积越大，颗粒间的孔隙越大，所载药物的量越多，释放速度越快。40% 的晶体颗粒（颗粒总表面积）45h 的释放量为 50%，远远高于 3% 的晶体颗粒 170h 16% 的释放量。对均质载药 CPC（即药物和 CPC 调和均匀），药物释放与 CPC 的厚度无关。将 5% 消炎痛载入质量分别为 0.5g、1.0g、1.5g 的 CPC 中，其 90% 药量的释放曲线相同。而对非均质载药 CPC（即药物被 CPC 覆盖），药物释放与 CPC 厚度有关。载 6-MP 厚度为 1mm、2mm、3mm 的 CPC 在 570h 时的释放量分别为 16mg、8mg、1mg，且放置在骨缺损区的释放量要高于髓腔和溶解支架。

对于 CPC 中药物释放动力学的研究主要是在体外（in vitro）模拟体液（SBF）或 PBS 中通过高效液相层析法（HPLC）进行。对于药物释放动力学的体内（in vivo）研究，由于检测方法的限制，目前文献较少。

5.5 磷灰石除镉环境功能材料

5.5.1 实验方法

磷灰石除镉实验采用间歇实验方法。含镉水样是实验室配制的镉标准储备溶液，浓度为 1000mg/L。所用试剂均为分析纯。用移液管取一定体积的镉标准储备溶液置于烧杯中，用重蒸馏水稀释至 200mL，得到所需浓度的含镉溶液。用 6mol/L 的 HNO_3 和 6mol/L 的 NaOH 调节 pH，再加入一定量的磷灰石样品，在恒温磁力搅拌器上搅拌若干时间，提取试样，分离过滤。滤液中镉离子含量的测定采用双硫腙分光光度法 [《水质 镉的测定 双硫腙分光光度法》（GB 7471—1987）]，试剂及操作步骤详见参考文献 [133]）在 SP-752 紫外可见分光光度计上进行。

准确量取不同体积的镉标准储备溶液，使其镉含量分别为 5μg、10μg、30μg、50μg、70μg、100μg，以此作为校准点绘制工作曲线。工作曲线必须定期进行修正，以确保实验结果的精度。在此只列出其中的一条工作曲线，如图 5-28 所示。相应的校准方程式为：$Y=21.2337X+0.28593$，相关性系数 $R=0.99953$。

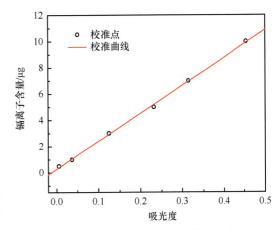

图 5-28 镉离子含量对吸光度的校准曲线

5.5.2 除镉行为的影响因素

选用合成的 HAP，从介质 pH、镉离子初始浓度、HAP 用量、作用时间、粒度、温度等角度系统考察了磷灰石去除水溶液中镉离子的影响因素。

在镉离子初始浓度为 25mg/L、HAP 用量为 5g/L、温度为 298K、作用时间为 30min、粒度范围为 200～240 目条件下，考察了不同介质 pH 下 HAP 的除镉行为（图 5-29）。由图 5-29 可以看出：极酸条件下（pH=2～3）镉离子去除率增加较快但随着 pH 升高这种增加变得缓慢。介质 pH 对除镉行为的影响较为复杂，它与水溶液中镉离子的赋存状态、HAP 溶解特性、

HAP 表面性质等密切相关，而这些性质又影响着 HAP 除镉行为的作用机理，这将在作用机理分析中详细讨论。

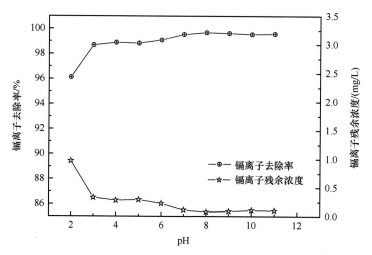

图 5-29　不同介质 pH 条件下 HAP 的除镉行为

在 HAP 用量为 5g/L、介质 pH 为 7、作用时间为 30min、温度为 298K、粒度范围为 200～240 目条件下，考察不同镉离子初始浓度情况下的镉离子去除行为。镉离子初始浓度与镉离子去除率之间的关系如图 5-30 所示。从图 5-30 中可以看出镉离子去除率随镉离子初始浓度的增加而降低，在镉离子初始浓度为 1mg/L 时，除镉后的镉离子残余浓度已达到生活饮用水卫生标准 0.005mg/L[《生活饮用水卫生标准》（GB 5749—2022）]。这就凸显出磷灰石在处理微量或痕量重金属废水时的优势。

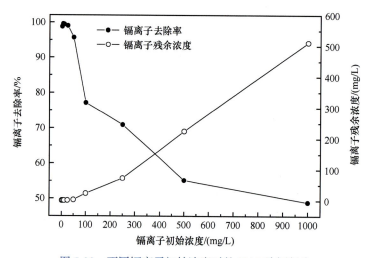

图 5-30　不同镉离子初始浓度时的 HAP 除镉行为

在溶液体积均为 200mL、镉离子初始浓度为 25mg/L、作用时间为 30min、介质 pH 为 7、温度为 298K、粒度范围为 200～240 目条件下，考察 HAP 用量对除镉作用的影响。HAP 用量与镉离子去除率之间的关系如图 5-31 所示。由图 5-31 可知：HAP 用量与镉离子去除率呈正相关关系，即随着 HAP 用量的增加，镉离子去除率增加，当 HAP 用量达到 2g 以后，镉离子残余浓度低于 0.01mg/L。在实际处理工艺中，要根据重金属离子的排放浓度和污水的排放量而选择适宜的 HAP 用量。

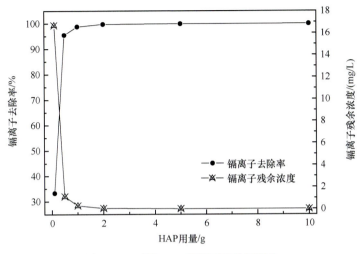

图 5-31   不同 HAP 用量下的除镉行为

在镉离子初始浓度为 25mg/L、HAP 用量为 5g/L、介质 pH 为 7、温度为 298K、粒度范围为 200～240 目条件下，考察作用时间对除镉作用的影响。作用时间与镉离子去除率之间的关系如图 5-32 所示。由图 5-32 可知：在此条件下，作用 60min 后 HAP 对镉离子的去除就已趋于平衡，因此，HAP 与水溶液中镉离子的相互作用是比较快的，这对于现场工艺应用具有重要意义。

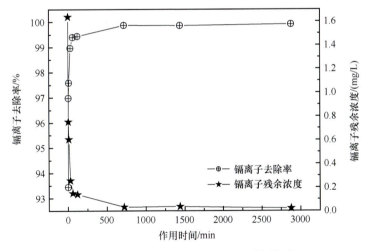

图 5-32   不同作用时间时的 HAP 除镉行为

在镉离子初始浓度为 25mg/L、磷灰石用量为 5g/L、介质 pH 为 7、温度为 298K、作用时间为 30min 条件下，考察 HAP 不同粒度对除镉作用的影响。HAP 粒度与镉离子去除率之间的关系如图 5-33 所示。由图 5-33 可知：HAP 粒度与镉离子去除率呈负相关关系，随着粒度减小，去除率增加。粒度减小会增大 HAP 的比表面积，进而会增加 HAP 与镉离子作用的有效面积，因此，镉离子去除率随之增加。但考虑到 HAP 过于细小会给后期的分离处理带来诸多困难，所以在现场处理工艺中，要视具体工艺过程而选择较为合适的粒度范围。

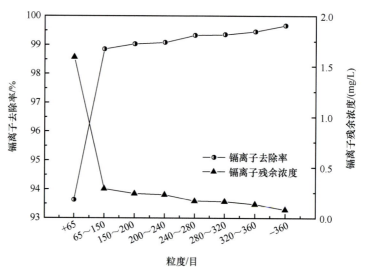

图 5-33　不同粒度时 HAP 的除镉行为

在镉离子初始浓度为 25mg/L、HAP 用量为 5g/L、作用时间为 30min、介质 pH 为 7、粒度范围为 200 ~ 240 目条件下，考察温度对除镉作用的影响。由图 5-34 可知：温度对吸附作用的影响较小，可以忽略不计。

在室温下，粒度范围为 200 ~ 240 目条件下，本小节选取介质 pH、HAP 用量、作用时间、镉离子初始浓度四个因素对 HAP 除镉进行了正交实验分析。正交实验采用混合正交实验，正交表直接套用混合正交表 L_{18}（6×3^6）[134]。各水平的选取是以除镉实验分析为基础的，尽可能地兼顾各种因素，同时又最大限度地缩小实验工作量。

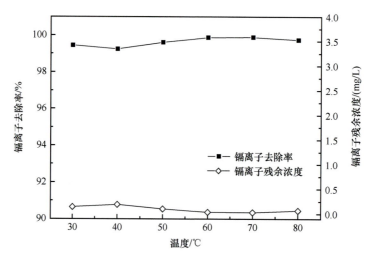

图 5-34　不同温度时 HAP 的除镉行为

由正交实验的极差分析可知，HAP 去除镉离子的理想工艺条件为：HAP 用量为 5g/L、介质 pH 为 6、作用时间为 5min，在镉离子初始浓度小于 10mg/L 时，处理后的含镉溶液可以达到国家污水综合排放标准 0.1mg/L[《污水综合排放标准》（GB 8978—1996）]，甚至生活饮用水卫生标准 0.005mg/L[《生活饮用水卫生标准》（GB 5749—2022）]；镉离子初始浓度大于 10mg/L 时，可采用分级处理的方法，逐级处理以达到排放要求。

在理想工艺条件下，对不同氟替换量的氟-羟基磷灰石连续固溶体去除镉离子的效果进行了对比研究，以考察氟离子的引入对磷灰石去除镉离子的影响。实验结果如图 5-35 所示。结果表明：F/(F+—OH)为 0 时对镉离子的去除效果最好，而相应的氟-羟基磷灰石，则是随 F 含量的增加，对镉离子的去除效果逐渐变差，但仍然具有良好的去除效果，F 含量最高的 F_{09}-HAP

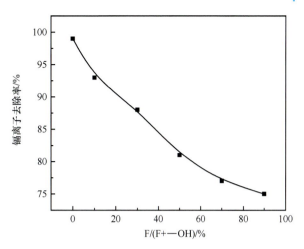

图 5-35　氟-羟基磷灰石连续固溶体除镉实验分析

对镉离子的去除率仍可达到 75%。因此，我们有理由相信，以氟磷灰石为主要组分的天然磷矿石对镉离子也具有良好的去除作用。

5.5.3　除镉动力学研究

以溶液中镉离子浓度（C_R）的对数 $\ln C_R$ 为纵坐标，作用时间 t 为横坐标作图，得到图 5-36。从图 5-36 中可以看出：在除镉反应的初期阶段（$0 < t < 15\text{min}$），镉离子浓度下降得很快，即此时的反应速度非常快；而在反应的后期阶段（$t \geqslant 15\text{min}$），反应速度显著减缓，这时 $\ln C_R$ 与 t 之间呈负线性相关，这是一级反应的特征之一[135, 136]，所以该阶段 HAP 对水溶液中镉离子的去除反应符合一级反应动力学方程，可以用 $\ln C_R = -k_1 t + B$ 来表示，其中 k_1 为反应速率常数，B 为与溶液浓度有关的积分常数。因此，HAP 对水溶液中镉离子的去除过程是一个复杂的非均相固液反应，从动力学角度来看，大致可以分为如下两个阶段：初期阶段，反应速度快，动力学过程复杂，有待深入研究；后期阶段，反应速度较慢，并符合一级反应动力学方程，作者对此进行了详细的研究，分别讨论了温度、介质条件、初始镉离子浓度等因素对吸附动力学的影响。

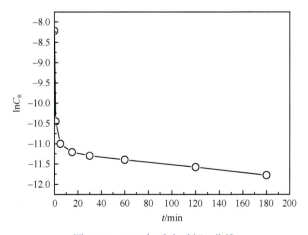

图 5-36　$\ln C_R$ 与反应时间 t 曲线

图 5-37 为温度对反应速率常数 k_1 的影响（实验条件：介质 pH=5，HAP 用量为 20g/L，镉

离子浓度为 30mg/L，作用时间为 15min ）。从图 5-37 中可以看出：随着反应温度的升高，k_1 增加。各种化学反应的反应速率与温度的关系都是相当的复杂，目前已知的有五种类型[136]，本小节温度与反应速率的关系属于第一种类型，即阿伦尼乌斯（Arrhenius）类型，即符合阿伦尼乌斯方程。若以 $\ln k_1$ 对 $1/T$ 作图（图 5-38），用最小二乘法对其进行拟合，可得到其回归方程：$\ln k_1 = -0.73063/T + 1.30204$，其线性相关系数 $R = 0.9439$。与阿伦尼乌斯方程相比较，可以得到除镉反应的活化能 $E_a = 6.075\text{J/mol}$，反应的频率因子 $A = 220\text{s}^{-1}$。

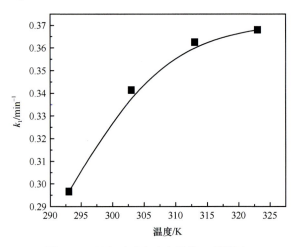

图 5-37　温度对反应速率常数 k_1 的影响

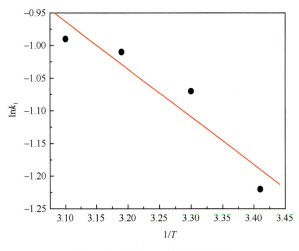

图 5-38　$\ln k_1 \sim 1/T$ 拟合曲线

在介质 pH=7、HAP 用量为 10g/L、温度为 298K、吸附时间为 30min 条件下，考察了镉离子初始浓度 C_0 对反应速率常数 k_1 的影响（图 5-39）。从图 5-39 中可以看出：k_1 值随镉离子初始浓度的增加而降低，表明镉离子初始浓度也是此时化学反应速率的影响因素。

在镉离子初始浓度为 30mg/L、HAP 用量为 10g/L、温度为 298K、作用时间为 30min 条件下，考察了介质 pH 对反应速率常数 k_1 的影响。由图 5-40 可知，介质 pH 也是此时化学反应速率的影响因素，随着 pH 的增加，k_1 也增加，二者呈正相关性。

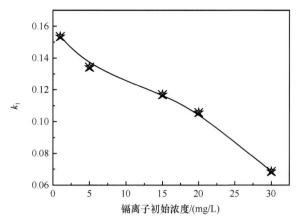

图 5-39　镉离子初始浓度与 k_1 关系

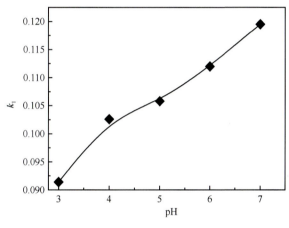

图 5-40　介质 pH 与 k_1 关系

在镉离子初始浓度为 30mg/L、介质 pH=5、温度为 298K、作用时间为 15min 条件下，考察了不同 HAP 用量对反应速率常数 k_1 的影响（图 5-41）。HAP 用量与 k_1 也是呈正相关关系，随 HAP 用量的增加，k_1 也增加。

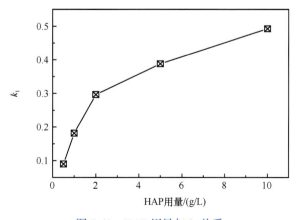

图 5-41　HAP 用量与 k_1 关系

前述实验结果表明：羟基磷灰石吸附水溶液中镉离子的过程是一个复杂的非均相的多相反应过程。多相反应的特点是反应在相界面上进行，或者反应物通过界面进入相的内部进行反应。因此多相反应的速率除了与温度、介质条件、浓度等因素有关外，还与界面的性质、大小及反应物和产物在相界面上的吸附等因素有关。一般而言，多相反应由以下几个步骤组成：

（1）反应物分子扩散到相界面上；

（2）分子在相界面上发生吸附；

（3）被吸附分子在相界面上发生化学反应；

（4）产物分子从界面上解吸；

（5）产物分子通过扩散离开相界面。

因此，多相反应可概括为扩散、吸附、化学作用或新相生成等步骤。多相反应速率将由其中最慢的步骤控制：当扩散是最慢的一步时，称反应受扩散控制（或称过程在扩散区进行）；若化学过程最慢时，称反应为动力学控制（或称过程在动力学区进行）。由于扩散、吸附和化学作用各自遵循不同的规律，当反应的控制步骤不同时，便有不同形式的动力学方程[136]。

本小节由于 HAP 的结晶度较低且只有纳米级粒度（50 ～ 200nm），在纳米效应的影响下，HAP 在水溶液中会扩散得很快，同时溶液中的镉离子也会快速地被吸附到 HAP 界面上并迅速地进行离子交换、溶解－沉淀、表面络合等化学反应过程，所有这些都导致了 HAP 除镉反应初期阶段动力学过程的复杂性，也使得人们对其本质的认识变得扑朔迷离。而该阶段的研究又是揭示整个吸附过程机理的关键所在，因此，对它的细化分析必须加强！而后期阶段的动力学过程相对简单，是一个一级反应动力学过程，可能是与步骤（4）、（5）密切相关的。

5.5.4　天然磷矿石除镉行为研究

如前所述，通过氟－羟基磷灰石连续固溶体去除镉离子的实验分析，曾推测天然磷矿石对镉离子也具有良好的去除效果，并对此进行了实验分析。

实验用天然磷矿石（NAP）分别采自湖北保康、宜昌和云南海口磷矿（样品标号分别为 NAP1、NAP2、NAP3）。将原矿石用水浸泡、洗去矿泥、晾干、粗碎、磨矿筛分，得到 –200 ～ +240 目矿粉样品用于矿石物相分析和镉离子去除实验。

由 X 射线粉晶衍射分析结果可知（图 5-42）：三地磷矿石的主要矿物成分均为磷灰石（d=2.803Å，I/I_0=100；d=2.713Å，I/I_0=60；d=1.841Å，I/I_0=40），其中 NAP1 中的脉石矿物以白云石为主（d=2.899Å，I/I_0=100）夹少量方解石（d=3.035Å，I/I_0=100）及石英（d=3.3434Å，I/I_0=100）；NAP2 中的脉石矿

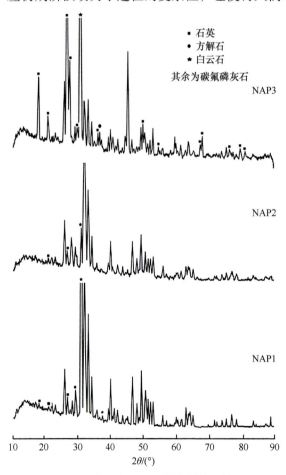

■ 石英
● 方解石
★ 白云石

其余为碳氟磷灰石

图 5-42　三地磷矿石 X 射线粉晶衍射图

物以石英为主，含少量白云石和方解石；NAP3 中的脉石矿物以石英为主。从 X 射线衍射图中选出磷灰石的衍射线，用晶胞参数精修程序计算出的晶胞参数分别为：NAP1，$a=0.9375nm$，$c=0.6875nm$，$V=0.5233nm^3$，$c/a=0.733$；NAP2，$a=0.9376nm$，$c=0.6875nm$，$V=0.5233nm^3$，$c/a=0.733$；NAP3，$a=0.9362nm$，$c=0.6884nm$，$V=0.5227nm^3$，$c/a=0.735$。它们的 a、c、V 中至少有一个值小于正常的氟磷灰石而接近含少量结构碳酸根离子的低碳氟磷灰石。从红外光谱图（图 5-43）中也可以看出，在 $1430 \sim 1460cm^{-1}$ 处均出现结构碳酸根离子的吸收双峰，这是由于碳酸根离子进入磷灰石结构后，位置群对称下降，使原先简并的振动解除简并，形成分裂的吸收双峰，成为磷灰石中结构碳酸根离子存在的重要特征 [137]。根据刘羽等 [138] 的研究结果，三地天然磷矿石中碳氟磷灰石的结构碳酸根离子含量分别为：NAP1，$W_{CO_3^{2-}}=1.06\%$；NAP2，$W_{CO_3^{2-}}=3.2\%$；NAP3，$W_{CO_3^{2-}}=1.68\%$[138-140]。

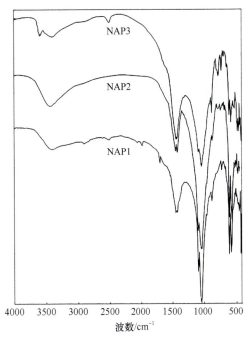

图 5-43 三地磷矿石红外光谱图

分别考察了 pH、镉离子初始浓度（C_0）、磷灰石用量（ρ）及作用时间（t）等因素对 NAP 除镉行为的影响情况。实验结果表明，pH 对 NAP 去除水溶液中镉离子具有影响，在中性和碱性介质条件下三地磷矿石对镉离子的去除效果达到最佳，同时，在不同的初始 pH 下，除镉后溶液的 pH 都趋于中性（图 5-44），这就避免了酸或碱造成的二次污染，具有实际工业应用意义。NAP 对镉离子的去除率随 C_0 的增大而降低（图 5-45），C_0 越低越有利于对镉离子的去除，在 $C_0 < 5mg/L$ 时，处理后溶液镉离子浓度可达到国家污水综合排放标准 0.1mg/L [《污水综合排放标准》（GB 8978—1996）] 以下，可以设想在 $C_0 > 5mg/L$ 时可采用分级处理的方式使工业废水达到排放标准，同时也显示出了 NAP 处理微量或痕量重金属工业废水的优势。就作用时间而言，NAP2、NAP3 在 60min 左右即达到反应平衡，NAP1 在 1h 也可达到平衡（图 5-46）。此外，NAP 对镉离子的去除率与磷灰石用量呈正相关关系（图 5-47）。

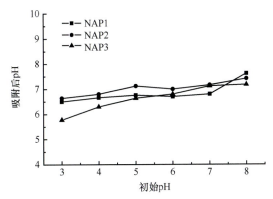

图 5-44 初始 pH 与吸附后 pH 的关系
$C_0=30mg/L$，$\rho=10g/L$，$t=15min$，室温

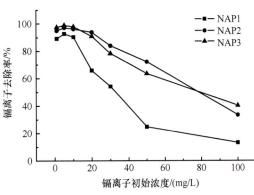

图 5-45 磷矿石对镉离子去除率与镉离子初始浓度的关系
pH=6，$\rho=10g/L$，$t=15min$，室温

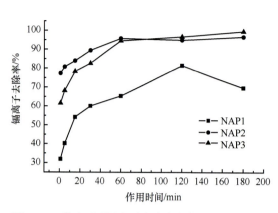

图 5-46　磷矿石对镉离子去除率与作用时间的关系　　图 5-47　磷矿石对镉离子去除率与磷矿石用量的关系
C_0=30mg/L，ρ=10g/L，pH=6，室温　　　　　　　　C_0=30mg/L，pH=6，t=15min，室温

同时，由于不同产地的磷矿石的矿物成分有所不同，其在各种反应条件下所表现出的镉离子去除特性也就存在着差异。因此，可以根据实验中观察到的这种差异来探讨二者之间的内在联系。

由图 5-44～图 5-47 可知，在相同的实验条件下，NAP2 对镉离子的去除效果最好，NAP1 对镉离子的去除效果最差，NAP3 对镉离子的去除效果居中，但更接近于 NAP2 的去除效果。由前述的物相分析结果可知，NAP2、NAP3 的脉石成分以石英为主，NAP1 的脉石成分以白云石为主，所以 NAP1 中的非磷酸盐类可溶性钙盐矿物含量较高，它溶解出来的钙离子会对可能存在的溶解 - 沉淀或离子交换过程产生抑制作用，导致 NAP1 对镉离子的去除效果是三地磷矿石中最差的一个。

一般而言，天然沉积氟磷灰石都含有结构碳酸根离子，不同的结构碳酸根离子含量会使氟磷灰石在结构上产生差异。CO_3^{2-} 替换 PO_4^{3-} 进入晶格会使氟磷灰石的结构产生畸变，氟磷灰石中的 CO_3^{2-} 含量越高，晶格的变形就越厉害，相应的氟磷灰石就会表现出较高的反应活性。因此，理论分析与实验结果相吻合，都反映出磷矿石对镉离子的去除效果与磷矿石中结构碳酸根离子的含量呈正相关性，这也是影响磷矿石对镉离子去除效果的一个主要内在因素。

5.5.5　磷灰石除镉过程的等温吸附曲线分析

为了系统地探讨磷灰石对镉离子的去除行为，本小节对 HAP 和 NAP 去除水溶液中镉离子的过程进行等温吸附曲线的拟合分析。

在环境化学反应中，最常用的基本等温吸附线有三种 [141]：朗缪尔（Langmuir）等温吸附曲线、弗罗因德利希（Freundlich）等温吸附曲线和 BET 等温吸附曲线，它们的表达式分别如下。

（1）Langmuir 等温吸附曲线（简称 L 型）表达式：

$$\frac{C}{C_S} = \frac{1}{K \times B} + \frac{C}{B}$$

式中，C 为吸附饱和时浓度；C_S 为 S 时的溶液浓度；B 为最大吸附量，mg/g；K 为系数。

（2）Freundlich 等温吸附曲线（简称 F 型）表达式：

$$C_S = K_f \times C^{1/n}$$

式中，K_f、$1/n$ 为系数。

（3）BET 等温吸附曲线（简称 B 型）表达式：

$$\frac{C}{C_S(C_0 - C)} = \frac{1}{X_m \times C_n} + \frac{(C_n - 1)C}{X_m \times C_0 \times C_n}$$

式中，X_m 为单分子层容量；C_n 为 n 时的浓度。

根据实验数据，分别对 HAP 和 NAP 去除水溶液中镉离子的过程进行 L 型、F 型和 B 型拟合，并分别计算出三种不同形式的等温吸附曲线表达式在每种吸附过程中的吸附常数和相关系数，结果列于表 5-14。

表 5-14　不同除镉过程的拟合吸附常数及相关系数

磷灰石	等温吸附曲线形式								
	L 型等温式			F 型等温式			B 型等温式		
	$1/K$	B	r	K_f	$1/n$	r	P	Q	r
HAP	1.29×10^{14}	1.49×10^{15}	0.9477	6712	1307	0.9517	4.78×10^{-3}	-1.79×10^{-2}	0.2397
NAP1	188	8.277	0.7989	0439	0407	0.8634	-0.076	2.956	0.6204
NAP2	2.355	4.426	0.9522	1466	0248	0.9501	0.101	0.591	0.7088
NAP3	2.603	3.881	0.9701	1494	0210	0.9619	-0.012	1.051	0.8622

注：$P = \dfrac{(C_n - 1)C}{X_m \times C_0 \times C_n}$；$Q = \dfrac{1}{X_m \times C_n}$。

由表 5-14 计算数据可知：按各模型拟合后所得拟合方程的相关系数 r 值中，最大的 r 值是 NAP3 的 L 型等温式拟合曲线，为 0.9701；最小的是 HAP 的 B 型等温式拟合曲线，只有0.2397。相关系数 r 用来检验曲线拟合的显著性，$r \leqslant 1$，r 值越接近 1，拟合效果越好，实验数据点越符合模型方程。根据 r 值判断曲线拟合的显著性，上述每个吸附过程的实验数据点都没有严格地满足模型方程，也可以从图 5-44～图 5-47 中 12 个拟合曲线图中得到较为直观的结论，每个拟合曲线图中的实验数据点或多或少都存在着离散现象，数据点偏离拟合曲线，而且这种离散往往发生在镉离子浓度较高的区域。由此可知：表面吸附作用并不是单一存在的，还伴随其他的去除作用机理。

5.5.6　除镉作用机理

对 HAP 除镉过程进行了除镉量与溶钙量比值（摩尔比，用 Cd/Ca 表示，下同）的实验分析，如图 5-48～图 5-51 所示。

从 Cd/Ca 的实验分析可以看出：在不同 pH 条件时，Cd/Ca 存在一个转折点（pH=7），pH=7 时，Cd/Ca 接近 1，pH＜7 时，溶钙量大于除镉量，而 pH≥7 时则相反。出现此现象的原因可能有两种：①随 pH 升高，HAP 的溶解度降低，溶钙量减少，Cd/Ca 增加。② pH≥7 后镉离子以多种络合物型体存在，进一步加强了表面络合作用，提高了镉离子的去除量，促使 Cd/Ca 增加。它们的"合力"作用使 Cd/Ca 增加，尤其是在 pH＞7 时 Cd/Ca 增加得更快。镉离子初始浓度为 25mg/L 时，Cd/Ca 接近 1；镉离子初始浓度小于 25mg/L 时，Cd/Ca 随镉离子初始浓度增加而增加；而镉离子初始浓度大于 25mg/L 时，Cd/Ca 随镉离子初始浓度增加而降低，此时，除镉量与溶钙量均随镉离子浓度增加而增加。镉离子初始浓度小于 25mg/L 时，除镉量增加的速度大于溶钙量增加的速度，而镉离子初始浓度大于 25mg/L 时，情况则相反。在不同作用时间下，2h 内 Cd/Ca 逐渐趋近于 1，大于 2h 后，Cd/Ca 小于 1，主要原因是在 2h 后镉离子的去除已趋于平衡，而 HAP 的溶解尚未达到平衡。在不同 HAP 用量下，图 5-51 中 Cd/Ca 均小于等于 1，这主要是由过剩的 HAP 溶解所致。

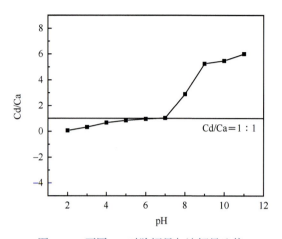

图 5-48　不同 pH 时除镉量与溶钙量比值

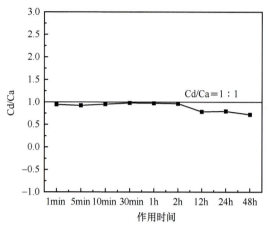

图 5-49　不同作用时间时除镉量与溶钙量比值

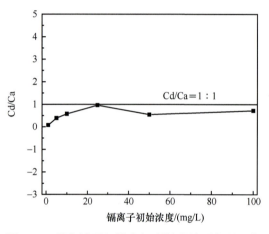

图 5-50　不同镉离子初始浓度时除镉量与溶钙量比值

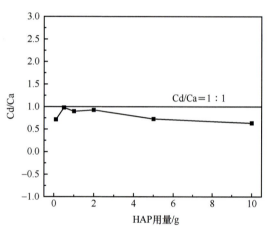

图 5-51　不同 HAP 用量时除镉量与溶钙量比值

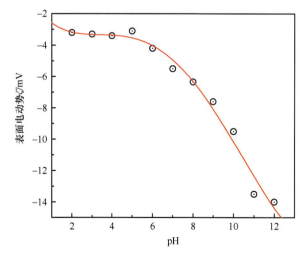

图 5-52　不同 pH 时空白溶液中 HAP 表面电动势

从上述实验结果可以看出，HAP 除镉后的 Cd/Ca 不等于 1，这就表示在除镉过程中离子交换或溶解–沉淀作用并不是唯一存在的，可能还存在复杂的表面作用机理。

HAP 在空白溶液中的表面电动势 ζ 如图 5-52 所示。在本实验条件下，广泛的 pH 范围内，HAP 在空白溶液中的表面电动势均为负值，且随 pH 增加其绝对值增大，即负电性增加。这种表面负电荷的增加将会更有效地促进阳离子吸附[142]。

采用废弃物浸出毒性（toxicity characteristic leaching procedure，TCLP）对除镉

的 HAP 进行了脱附实验分析，以进一步探讨 HAP 除镉的作用机理及去除镉后 HAP 的环境稳定性，结果列于表 5-15。从表 5-15 中可以看出：对于镉离子而言，HAP 除镉时溶液的 pH 越高溶液中 Cd^{2+} 浓度越低，也就是说，在高 pH 时镉离子能够更有效地被 HAP 去除，环境稳定性更好。

表 5-15 TCLP 实验结果及脱附比

样品	溶液中 Cd^{2+} 浓度 /（mg/L）	脱附比 /%
pH=2 HAP 除镉	2.74	11.40
pH=5 HAP 除镉	1.78	7.20
pH=7 HAP 除镉	1.55	6.23
pH=9 HAP 除镉	1.54	6.18
pH=11 HAP 除镉	0.78	3.13

在镉离子初始浓度为 50mg/L、作用时间为 30min、Cd-CaHAP 用量为 15g、pH=7、室温条件下，对不同 Cd-Ca 配比的 Cd-CaHAP 连续固溶体的除镉行为进行了对比分析，结果如图 5-53 所示。从图 5-53 中可以看出：随着固溶体中镉离子含量的增加，Cd-CaHAP 固溶体对镉离子的去除性能降低，Cd-CaHAP 固溶体对镉离子的去除率从 Cd_0-CaHAP 时的 92.92% 降至 Cd_1-CaHAP 时的 12.89%。这就间接地说明 HAP 在除镉过程中存在离子交换作用，此外还有表面吸附作用，因为 Cd_1-CaHAP 对镉离子还有一定的去除作用。

结合前述分析，如果 HAP 的除镉过程只是单一地以离子交换为作用机制的话，

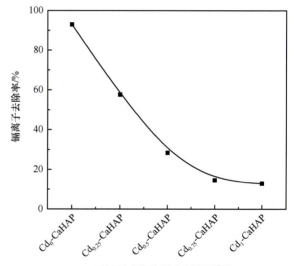

图 5-53 Cd-CaHAP 固溶体除镉行为对比分析

那么在整个除镉过程中，Cd/Ca 应该是 1，但在本实验研究中 Cd/Ca 并不等于 1。同时，在 TCLP 脱附实验中，镉离子的脱附量也应该为零或极少，但实验事实则不然。因此，可以认为离子交换机理是存在的，但并不是唯一的，可能还涉及其他的表面吸附作用。

为了进一步证实上述根据实验现象分析所得出的推测，采用多种测试分析手段对 HAP 的除镉过程进行了详细的分析，以揭示其作用机理。

对不同 pH 时除镉后的 HAP（图 5-54）、不同镉离子初始浓度时除镉后的 HAP（图 5-55）及不同作用时间时除镉后的 HAP（图 5-56）进行了 XRD 分析，分析结果表明：在不同条件下，除镉后的 HAP 中均无新的物相形成，因此，进一步证实了在 HAP 除镉过程中没有溶解 - 沉淀或共沉淀作用。

根据溶度积规则和能量最小原理，在 HAP 除镉过程中，所有可能产生的化合物的溶解度中，$Cd_{10}(PO_4)_6(OH)_2$、$Ca_{10}(PO_4)_6(OH)_2$ 的溶解度最小，分别为 [143, 144]

$$\lg K_{sp} = -84.98$$
$$\lg K_{sp} = -76.30$$

式中，K_{sp} 为溶度积常数。

$Cd_{10}(PO_4)_6(OH)_2$ 的溶解度略低于 $Ca_{10}(PO_4)_6(OH)_2$，但是 $Cd_{10}(PO_4)_6(OH)_2$ 的晶格能（36405kJ/mol）却高于 $Ca_{10}(PO_4)_6(OH)_2$ 的晶格能[145]，因此，在 HAP 除镉体系中，溶度积规则和能量最小原理成为一对矛盾体，致使 $Cd_{10}(PO_4)_6(OH)_2$ 沉淀很难自发地形成。

不同条件下，除镉后 HAP 的 FTIR 谱图如图 5-57、图 5-58 所示，从图中可以看出，除镉后 HAP 的 OH^-、PO_4^{3-}、CO_3^{2-} 的振动频率并没有发生明显变化。值得注意的是，在不同镉离子初始浓度条件下，当其初始浓度增加到 250mg/L 后，除镉后 HAP 的 FTIR 谱图中，在 1384cm^{-1} 处，出现了一个强的振动吸收峰。Houwen 等[146] 在 HAP 的 FTIR 谱图中也发现在 1385cm^{-1} 附近有振动吸收峰，但他们没有给出明确的指派，这还有待于深入研究。

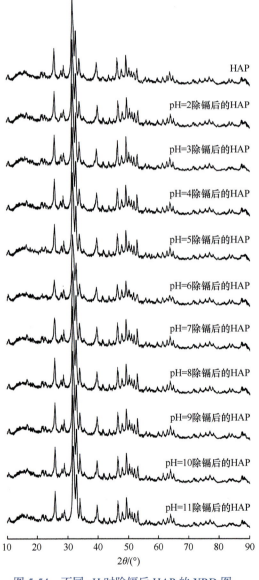

图 5-54　不同 pH 时除镉后 HAP 的 XRD 图

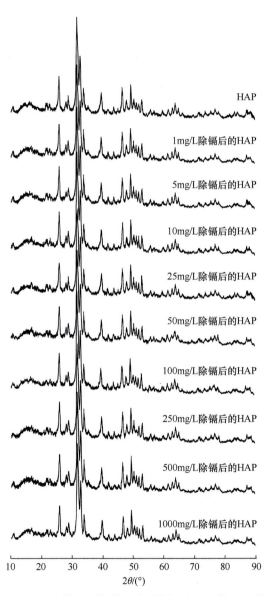

图 5-55　不同镉离子初始浓度时除镉后 HAP 的 XRD 图

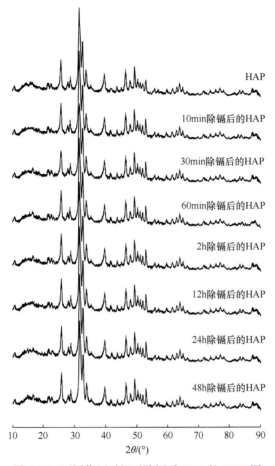

图 5-56　不同作用时间时除镉后 HAP 的 XRD 图

在除镉后的 HAP 中，选择有代表性的几个样品进行扫描电镜二次电子形貌像分析，如图 5-59 所示。由图 5-59 可知，pH=2 除镉后的 HAP、pH=10 除镉后的 HAP、镉离子初始浓度为 500mg/L 时除镉后的 HAP 仍然是颗粒的团聚体，与 HAP 的二次电子像并无差别。另外，还对 pH=2 除镉后的 HAP 进行了背散射电子成分像分析，如图 5-60 所示。背散射电子的产额是随原子序数增大而增大的，因此，背散射电子像与成分密切相关，可以从背散射电子像的衬度得出一些元素的定性分布特征。从图 5-60 可以看出，对于 pH=2 除镉后的 HAP，亮色的区域是镉元素的分布，可以看出该元素的分布是比较均匀的，没有出现富集。

此外，还采用了激光拉曼光谱对 HAP、$Cd_{0.25}$-CaHAP、pH=2 除镉离子 HAP、pH=7 除镉离子 HAP、pH=11 除镉离子 HAP 进行了分析，如图 5-61 所示。

Mahapatra 等[147, 148]采用振动光谱对 $Ca_{10-x-y}Cd_xPb_y(PO_4)_6(OH)_2$ 磷灰石连续固溶体进行研究时指出：265 ～ 355cm^{-1} 范围内出现的谱带是由 M—O（Ca—O、Cd—O、Pb—O）伸缩振动引起的，由理论计算可知，v_{Ca-O}、v_{Cd-O} 分别为 322cm^{-1}、334cm^{-1}，因此，本小节 330cm^{-1} 位置处的拉曼谱峰可能是由 Ca—O、Cd—O 振动引起的。

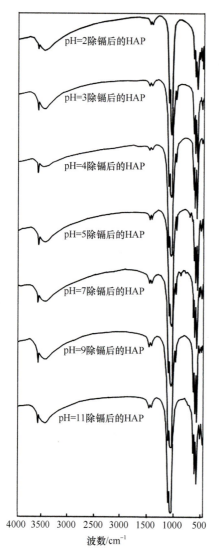

图 5-57　不同 pH 时除镉后 HAP 的
FTIR 图

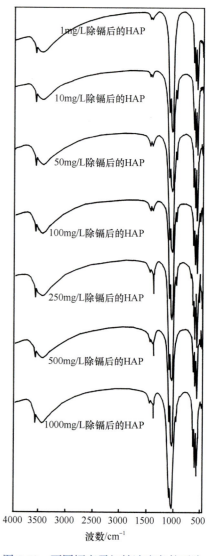

图 5-58　不同镉离子初始浓度条件下除
镉后 HAP 的 FTIR 图

（a）pH=2除镉后的HAP

（b）隔离子初始浓度为500mg/L时除镉后的HAP

（c）pH=10除镉后的HAP

图 5-59 除镉后 HAP 的 SEM 图

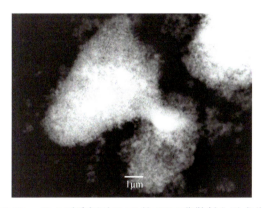

图 5-60 pH=2 时除镉后 HAP 的 SEM 背散射电子成分像

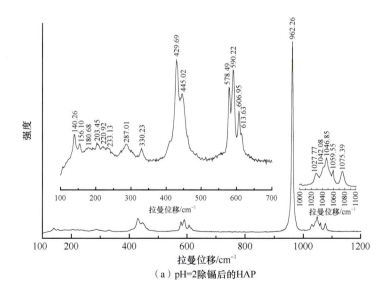

（a）pH=2除镉后的HAP

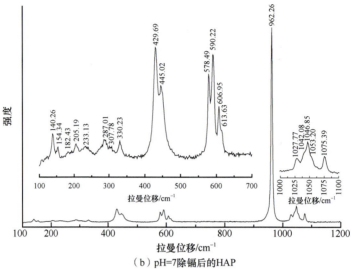

（b）pH=7除镉后的HAP

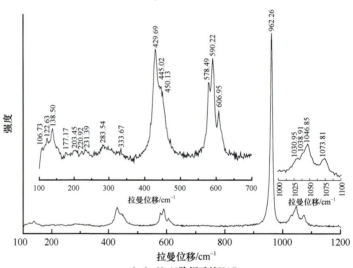

（c）pH=11除镉后的HAP

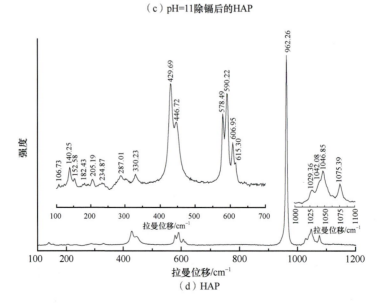

（d）HAP

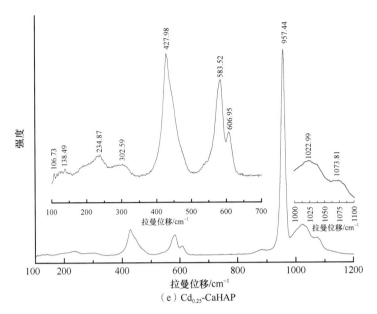

图 5-61　HAP、Cd$_{0.25}$-CaHAP、不同 pH 时除镉后 HAP 的激光拉曼光谱

对 v_{330} 谱峰强度与 v_{962} 谱峰强度的比值（I_{330}/I_{962}）的对比分析如图 5-62 所示，按照样品 pH=2 除镉离子 HAP、pH=7 除镉离子 HAP、pH=11 除镉离子 HAP 和 Cd$_{0.25}$-CaHAP 的顺序，I_{330}/I_{962} 顺次降低，而此时样品中镉离子的含量顺次增加。因此，可以认为 I_{330}/I_{962} 与磷灰石中镉离子的含量密切相关，也可以间接地说明 330cm^{-1} 谱峰是由 Ca—O、Cd—O 振动引起的。

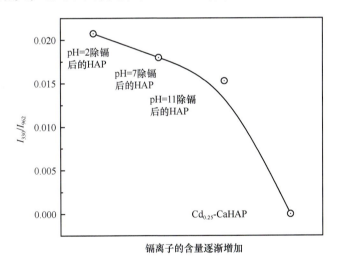

图 5-62　不同样品的 v_{330} 和 v_{962} 谱峰强度比值（I_{330}/I_{962}）分析

同时，拉曼谱图中的最强峰（962cm^{-1}）按照样品 pH=2 除镉离子 HAP、pH=7 除镉离子 HAP、pH=11 除镉离子 HAP 和 Cd$_{0.25}$-CaHAP 的顺序也出现了规律性的半高宽变化。对不同样品的 962cm^{-1} 谱峰的半高宽（FWHM）的对比分析如图 5-63 所示，从中可以看出：随着样品中镉离子含量的增加，FWHM 逐渐增加，962cm^{-1} 谱峰的 FWHM 逐渐加大。而拉曼谱峰的 FWHM 与无序结构的形成密切相关 [149]。这说明镉离子进入磷灰石结构中，形成了磷灰石的无序结构，并且随着镉离子含量的增加，结构的无序性增加，谱峰 FWHM 加大。

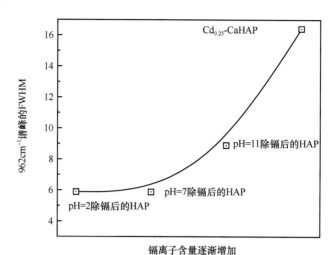

图 5-63　不同样品 962cm⁻¹ 谱峰的 FWHM 对比分析

另外值得注意的是，在 5 个样品的拉曼谱图中，$Cd_{0.25}$-CaHAP 的 v_1 模式谱峰出现了明显的位移，由 962cm⁻¹ 变为 957cm⁻¹。Hadrich 等 [149] 在 $Ca_{10-x}Pb_x(PO_4)_6(OH)_2$ 连续固溶体的拉曼光谱研究中也发现了这个现象，v_1 模式谱峰由 $Ca_{10}(PO_4)_6(OH)_2$ 的 960cm⁻¹ 变为 $Pb_{10}(PO_4)_6(OH)_2$ 的 928cm⁻¹，并认为这一现象的出现与 Ca—O 键与 Pb—O 键的共价性有关。对此，运用相关的键的共价性理论，对 Ca—O、Cd—O、Pb—O 键的共价性进行了理论计算，并结合 Hadrich 等的研究成果，解释本实验中的 v_1 模式谱峰位移现象。

一般而言，金属原子与氧原子结合所形成的键，既具有共价键的键性，又具有离子键的键性，它们之间的相对大小可以用离子键性分数（fractional ionic character，f_i）评价，对于双原子模型，假定其他的化学参数和结晶学参数为常数时，f_i 可由两个原子的电负性计算得到，计算公式如下 [150]：

$$f_i = 1 - \exp[-0.25(\chi_A - \chi_B)^2]$$

式中，χ_A 和 χ_B 为两个原子的电负性。Ca、Cd、Pb、O 的电负性分别为 1.0、1.7、1.8、3.5 [151]，则可计算出 Ca—O、Cd—O、Pb—O 的离子键性分数分别为 f_i（Ca—O）=0.79、f_i（Cd—O）=0.56、f_i（Pb—O）=0.51。由此可知，Pb—O 键的共价性最大，其次是 Cd—O 键，Ca—O 键的共价性最小。结合 Hadrich 等的实验结果，Pb—O 键的共价性大于 Ca—O 键的共价性，致使 Pb 替换 Ca 后磷灰石的 v_1 模式谱峰向低频区移动。那么就可以推知，本小节中 $Cd_{0.25}$-CaHAP 的 v_1 模式谱峰由 962cm⁻¹ 变为 957cm⁻¹ 是由 Cd 替换 Ca 后所形成的 Cd—O 键的共价性大于 Ca—O 键的共价性引起的。这可以间接地说明在 $Cd_{0.25}$-CaHAP 样品中，镉离子进入磷灰石的结构之中。

综上所述，由对拉曼光谱分析所得到的间接证据可知：无论是除镉后的 HAP 还是 $Cd^{0.25}$-CaHAP 连续固溶体，都有镉离子进入磷灰石结构之中。

选择 HAP、$Cd_{0.25}$-CaHAP、pH=2 除镉离子 HAP、pH=7 除镉离子 HAP、pH=11 除镉离子 HAP 5 个样品（在本节中样品的标号顺次为 1、2、3、4、5）进行了 XPS 分析，得到 5 个样品清晰的 XPS 全谱，如图 5-64 所示，预期的 HAP 的 Ca、P、O 谱峰在谱图中均出现了且强度较大，同时，在所有的样品中还检测到了 C1s 谱峰，不同条件下除镉离子 HAP 和 $Cd_{0.25}$-CaHAP 的谱图中也都有 Cd 的相应谱峰存在。此外，在 XPS 数据库① 中，HAP 标准物质中每种

---

① XPS 数据库，网址：https://srdata.nist.gov/xps

元素的 XPS 主峰分别为：O 1s 在 531.8eV、P 2p$_{3/2}$ 在 133.8eV、Ca 2p$_{3/2}$ 在 347.8eV；本小节中 HAP 中 O、P、Ca 的主峰分别为：O 1s 在 530.8eV、P 2p$_{3/2}$ 在 132.8eV、Ca 2p$_{3/2}$ 在 346.9eV，与标准数据相比，都小了 1eV 左右，因此可以断定这种谱峰位移是由实验的系统误差引起的，属于物理位移的范畴，而与化学位移无关。这也进一步说明了本小节中所合成的样品具有很高的纯度，是纯的 HAP。

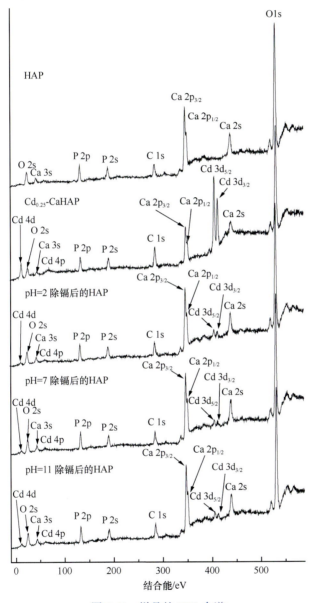

图 5-64　样品的 XPS 全谱

通过高分辨率的各谱测试，对不同样品中各元素主峰的结合能进行了比较分析，如图 5-65 所示，从中可以看出：不同样品同一元素之间的结合能存在着微妙的变化，变化趋势如图 5-66 所示。

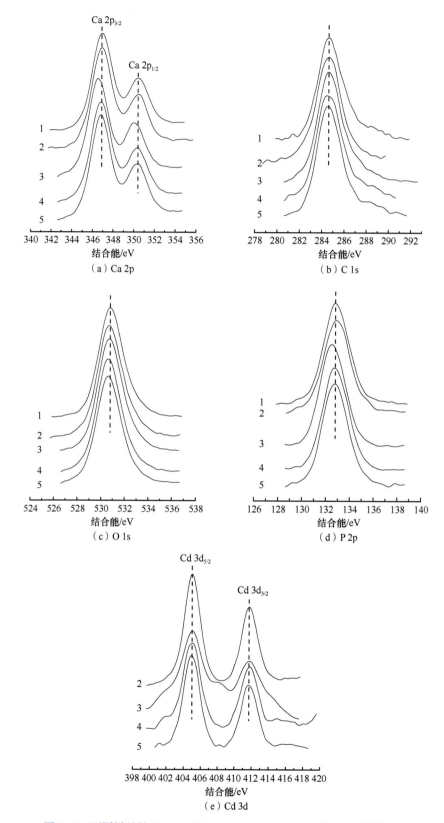

图 5-65　不同样品的 Ca 2p、C 1s、O 1s、P 2p、Cd 3d 的 XPS 谱图对比

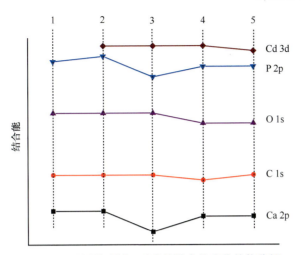

图 5-66　不同样品同一元素的结合能变化趋势分析

由样品 1 和 2 的对比分析可知，相对于 HAP 而言，$Cd_{0.25}$-CaHAP 固溶体的 P 2p 结合能增加了，由 132.8eV 增至 132.9eV，在测量误差之内，而其他元素的结合能则没有变化。结合拉曼分析，Cd—O 键具有较强的共价性，对磷氧四面体振动有一定的影响，从 XPS 分析的角度来看，这种影响不仅仅涉及基团的振动，而且还大大地影响着磷氧四面体的化学环境。为了进一步阐述这种影响的存在，对 O 1s 的电子震激伴峰（shake-up satellite peak）的强度给予了详细的研究（图 5-67）。选择 O 1s 的电子震激伴峰出于两方面的考虑：一方面是由于 O 1s 是磷灰石结构中与 P 原子键合的 O 原子的主峰[152]；另一方面则是 O 1s 的电子震激伴峰的强度与磷氧四面体密切相关[153]。从图 5-67 中可以看出，O 1s 具有两个电子震激卫星峰——峰 Ⅰ 和峰 Ⅱ，峰 Ⅰ 强度的变化不甚明显，对于峰 Ⅱ，$Cd_{0.25}$-CaHAP 的几近消失，而其他样品峰 Ⅱ 的强度变化不显著。这就说明有镉离子进入 $Cd_{0.25}$-CaHAP 的结构，并改变了磷氧四面体的化学环境。

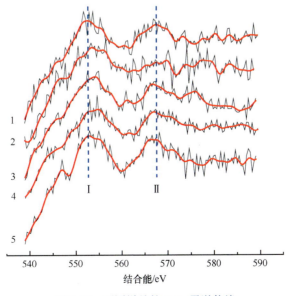

图 5-67　不同样品的 O 1s 震激伴峰

由样品 3～5 与样品 1 的对比分析可以看出，在 pH=2、7、11 条件下，除镉后 HAP 的 Ca、O、P 结合能均发生了变化。由前述的样品 2 和样品 1 的对比分析可知，镉离子的引入使 P 原子的结合能增加，但并没有改变 Ca、O 原子的结合能，与样品 2 相比，样品 3～5 中镉离子的含量更低，从表面结构的角度来看，就更不会引起 Ca、O 原子结合能的变化，同时也不会使 P 原子的结合能发生变化，这一点可以从 O 1s 的电子震激伴峰强度分析（图 5-67）得到证明，样品 3～5 的峰 II 强度与样品 1 相比并无明显变化。因此，可以认为样品 3～5 的 Ca、O、P 结合能变化是由表面基团的变化引起的。HAP 表面有两种主要的表面基团——≡CaOH$_2^+$ 和 ≡PO$^-$，这两种基团在水溶液中依赖于 H$^+$ 和 OH$^-$ 进行质子化和脱质子化过程，因此，随溶液 pH 的不同，表面基团的赋存状态将会出现变化。以 pH=0.05 为步长，依据质子化和脱质子化过程的本征平衡常数，对不同 pH 时 HAP 表面基团型体分布系数进行计算，根据此结果可以绘制不同表面基团的分布图，如图 5-68 所示。从图 5-68 中可以看出：pH=2 时，HAP 的表面基团是 ≡CaOH$_2^+$ 和 ≡POH；pH=7 时，表面基团是 ≡CaOH$_2^+$、≡POH 和 ≡PO$^-$；pH=11 时，表面基团是 ≡CaOH$_2^+$、≡CaOH 和 ≡PO$^-$。结合图 5-64 的镉－羟基络合物型体分布可知，pH=2 时，镉以 Cd^{2+} 形态存在于水溶液中；pH=7 时，镉的赋存形态是 Cd^{2+} 和微量的 Cd(OH)$^+$；pH=11 时，镉的赋存形态是 Cd(OH)$^+$ 和 Cd(OH)$_2^0$。HAP 表面基团可能与镉的各种赋存形态发生络合反应，形成 ≡POCd$^+$ 和 ≡CaOCd$^+$。而在 pH=2 时，镉是以 Cd^{2+} 离子形态存在的，则它与磷灰石之间的反应将会以离子交换为主，因此，此时的表面基团将以 HAP 原生的 ≡CaOH$_2^+$ 和 ≡POH 为主。在 pH=7 和 11 时，镉以多种络合形态存在，此时，表面络合作用在镉与 HAP 的反应中逐渐增加，尤其是在 pH=11 时，形成大量的 ≡POCd$^+$ 和 ≡CaOCd$^+$ 基团，因此，除了 HAP 的原生基团外，还含有新形成的含镉基团。综上所述，不同 pH 条件下除镉后，HAP 中的 Ca、O、P、Cd 会在表面形成不同的表面基团，化学环境的变化导致了 Ca、O、P 结合能的变化，出现了图 5-66 中的规律性变化。

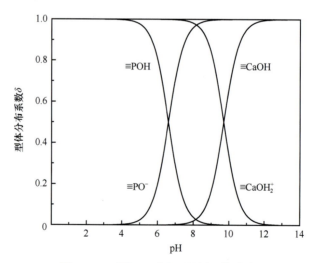

图 5-68 不同 pH 时表面基团型体分布

同时，由样品 3～5 与样品 2 的对比分析可以看出，样品 3、4 中 Cd 的结合能与样品 2 的结合能相同，则进一步说明：在 pH=2 和 7 时，镉与 HAP 之间的反应是以离子交换为主的，交换后的镉离子进入磷灰石的晶体结构中。而样品 5 中 Cd 的结合能则比样品 2 小了 0.1eV，这可能是由于在强碱性条件下镉离子与 HAP 发生了表面络合反应，形成了 ≡POCd$^+$

和≡CaOCd⁺表面络合基团，致使 Cd 的结合能降低。

因此，由 XPS 分析可初步认为：镉离子进入 $Cd_{0.25}$-CaHAP 结构之中，使 P 2p 结合能发生了变化，并使 O 1s 的电子震激伴峰Ⅱ消失。同时，在不同 pH 条件下，HAP 表面基团的赋存形态不同，在强碱条件下 HAP 会与镉离子发生表面络合反应，形成大量的≡POCd⁺和≡CaOCd⁺表面络合基团。

综上所述，通过实验分析并结合多种分析测试手段，作者认为：HAP 除镉过程的主要作用机理是离子交换，同时还伴随表面吸附作用（包括电位吸附、离子交换吸附、分子或离子吸附、表面络合吸附、单分子层吸附）。

HAP 除镉的离子交换过程可用式（5-3）简要表述：

$$Ca_{10}(PO_4)_6(OH)_2 + 10Cd^{2+} === Cd_{10}(PO_4)_6(OH)_2 + 10Ca^{2+} \qquad (5-3)$$

那么，式（5-3）在溶液体系中能否自发地进行呢？这关系到离子交换机理的提出在本质上是否正确。对此，运用热力学的基本知识，对式（5-3）的状态函数——吉布斯（Gibbs）函数（ΔG_f）进行计算，以判别该过程是否能够自发地进行。

由于缺乏 $Ca_{10}(PO_4)_6(OH)_2$ 和 $Cd_{10}(PO_4)_6(OH)_2$ 的标准生成吉布斯函数数据，式（5-3）的 ΔG_f 不能直接计算。鉴于吉布斯函数是状态函数，所以，根据已知 ΔG_f 的反应式，间接地计算式（5-3）的 ΔG_f。

已知[143, 144]：

$$Ca_{10}(PO_4)_6(OH)_2 + 2H^+ === 10Ca^{2+} + 6PO_4^{3-} + 2H_2O \qquad (5-4)$$
$$\Delta G_f = -12558kJ/mol$$

$$Cd_{10}(PO_4)_6(OH)_2 + 2H^+ === 10Cd^{2+} + 6PO_4^{3-} + 2H_2O \qquad (5-5)$$
$$\Delta G_f = -7848kJ/mol$$

式（5-4）和式（5-5）即式（5-3），所以式（5-3）的 ΔG_f 为

$$\Delta G_f = \Delta G_f[式（5-4）] - \Delta G_f[式（5-5）] = -4710kJ/mol < 0$$

由吉布斯函数判据可知，式（5-3）是可以自发进行的。因此，也证明了离子交换机理的提出是正确的。同时，必须指出的是，式（5-3）的反应速度有瓶颈约束，即镉离子在 HAP 中的固体扩散系数只有 $3.8 \times 10^{-19} cm^2/s$[154]。

参 考 文 献

[1] 杨振强，谢文磊. 固体碱催化剂在油脂酯交换反应中应用. 粮食与油脂，2006, 7: 13-16

[2] Tanabe K, Hölderich W F. Industrial application of solid acid-base catalysts. Applied Catalysis A: General, 1999, 181: 399-434

[3] Ono Y. Solid base catalysts for the synthesis of fine chemicals. Journal of Catalysis, 2003, 216: 406-415

[4] Hattori H. Heterogeneous basic catalysis. Chemical Reviews, 1995, 95(3): 537-558

[5] Hattori H. Solid base catalysts: generation of basic sites and application to organic synthesis. Applied Catalysis A: General, 2001, 222: 247-259

[6] 魏彤，王谋华. 固体碱催化剂. 化学通报，2002, 65(9): 594-600

[7] Zhang G, Hattori H, Tanabe K. Aldol addition of acetone catalyzed by solid base catalysts: magnesium oxide, calcium oxide, strontium oxide, barium oxide, larrthanum（Ⅲ）oxide and zirconium oxide. Applied Catalysis, 1988, 36(1/2): 189-197

[8] AKutu K, Kabashima H, Seki T, et al. Nitroaldol reaction over solid base catalysts. Applied Catalysis A: General, 2003, 247(1): 65-74

[9] 田部浩三，御园生诚，小野嘉夫，等. 新固体酸和碱及其催化作用. 北京：化学工业出版社，1992

[10] Zhang G, Hattori H, Tanabe K. Aldol addition of butyraldehyde over solid base catalysts. Bulletin of the Chemical Society of Japan, 1989, 62(6): 2070-2072

[11] 赵雷洪, 郑小明, 费金华. 稀土氧化物固体碱催化剂的表面性质. 催化学报, 1996, 17(3): 227-231

[12] 陈忠明, 陶克毅. 固体碱催化剂的研究进展. 化工进展, 1994, 2: 18-25

[13] Zhang H, Qi R, Evan D G, et al. Synthesis and characterization of a novel nano-scale magnetic solid base catalyst involving a layered double hydroxide supported on a ferrite core. Journal of Solid State Chemistry, 2004, 177: 772-780

[14] Lee S E, Kim J S, Kennedy I R, et al. Biotransformation of an organochlotine insecticide, endosulfan by anabaena species. Journal of Agricultural and Food Chemistry, 2003, 51(5): 1336-1340

[15] Park M, Lee C I, Lee E J, et al. Layered double hydroxides as potential solid base for beneficial remediation of endosulfan-contaminated soils. Journal of Physics and Chemistry of Solids, 2004, 65: 513-516

[16] Cavani F, Trifiro F, Vaccari A. Hydrotalcite-type anionic clays: preparation, properties and applications. Catalysis Today, 1991, 11(2): 173-301

[17] Climent M J, Corma A, Iborra S, et al. Base catalysis for fine chemicals production: Claisn-Schmidt condensation on zeolites and hydrotalcites for the production of chalcones and flavanones of pharmaceutical interest. Journal of Catalysis, 1995, 151(1): 60-66

[18] 朱洪法. 催化剂载体制备及应用技术. 北京: 石油工业出版社, 2002

[19] Caldararu H, Carageorgheopol A, Corma A, et al. One eletron donor sites and their strength distribution on some hydrotalcite and MgO surfaces as studied by EPR spectroscopy. Journal of the Chemical Society, 1994, 90(1): 213-218

[20] Corma A, Formes V, Rey F. Hydrotalcites as base catalysts: influence of the chemical composition and synthesis condition on the dehydrogenation of isoproanol. Journal of Catalysis, 1994, 148(1): 205-212

[21] Weitkamp J, Hunger M, Rymsa U. Base catalysis on microporous and mesoporous materials: recent progress and perspectives. Microporous and Mesoporous Materials, 2001, 48: 255-270

[22] 李军, 崔凤霞, 阎雨, 等. MAF 固体碱催化剂催化合成丙二醇甲醚. 石油化工, 2003, 32(10): 833-836

[23] Fu Y, Baba T, Ono Y. Vapor-phase reactions of catechol with dimethyl carbonate part II: selective synthesis of guaiacol over alumina loaded with alkali hydroxide. Applied Catalysis A: General, 1998, 166(2): 425-430

[24] Handa H, Baba T, Ono Y. H-D exchange between methane and deuteriated potassium amide supported on alumina. Journal of the Chemical Society Faraday Transactions, 1998, 94(3): 451-454

[25] 董林, 陈懿. 一些离子化合物在 CeO_2 和 γ^3-Al_2O_3 载体上的分散. 催化学报, 1995, 16(2): 85-86

[26] 徐景士, 王红明, 吴志明, 等. 微波法制备的固体碱催化丁烯自缩合反应. 精细化工, 2002, 19(11): 644-646

[27] Weinstock L M, Stevenson J M, Tomllini S A, et al. Characterization of the actual catalytic agent in potassium fluoride on activated alumina systerns. Cheminform, 1986, 27(33): 3845-3848

[28] Ando T, Clark J H, Cork D G, et al. Surface analysis of MF—aluminas and related supported reagents by scanning electron microscopy. Bulletin of the Chemical Society of Japan, 1986, 59(10): 3281-3282

[29] 朱建华, 王英, 淳远. 新型固体强碱 KNO_3/Al_2O_3 上的碱性. 催化学报, 1997, 18(6): 498-502

[30] Gorzawski H, Hoelderich W F. Transesterification of methyl benzoate and dimethyl terephthalate with ethylene glycol over superbases. Applied Catalysis A: General, 1999, 179(1/2): 131-137

[31] 王英, 朱建华, 淳远, 等. 氧化锆负载含氧酸钾盐研制固体超强碱. 石油学报 (石油加工), 2000, 16(1): 1-6

[32] Zhu J H, Wang Y, Chun Y, et al. Dispersion of potassium nitrate and the resulting basicity on alumina and zeolite NaY. Journal of the Chemical Society Faraday Transoctions, 1998, 94(8): 1163-1169

[33] 朱月香, 庄伟, 江德恩, 等. 碱土金属化合物在氧化锆上的分散与碱性. 催化学报, 2000, 21(1): 52-54

[34] Jiang D E, Pan G, Zhao B, et al. Preparation of ZrO_2 supported MgO with high surface area and its use in mercaptan oxidation of jet fuel. Applied Catalysis A: General, 2000, 201(2): 169-176

[35] Baba T, Kim J G, Ono Y. Catalytic properties of low valent lanthanide species introduced into Y-zeolite. Journal

of the Chemical Society Faraday Transoctions, 1992, 88(6): 891-897

[36] 王英, 淳远, 朱建华, 等. MgO 在 NaY 沸石上的分散及其催化性能. 催化学报, 1999, 20(4): 409-414

[37] 解革, 朱建华, 淳远, 等. 微波法研制 CaO/NaY 强碱性沸石催化新材料. 催化学报, 2001, 22(5): 445-448

[38] Kloestra K R, van Laren M, van Bekkum H. Binary caesium-lanthanum oxide supported on MCM-41: A: new stable heterogeneous basic catalyst. Journal of the Chemical Society. Faraday Transoctions, 1997, 93(6): 1211-1220

[39] 魏一伦, 曹毅, 朱建华, 等. MgO/SBA-15 固体碱介孔材料的研制. 无机化学学报, 2003, 19(3): 233-239

[40] Bordawekar S V, Doskocil E J, Davis R J. Influence of CO^{2+} H_2 to methanol reaction. Applied Catalysis A: General, 2001, 218: 113-119

[41] Ma F, Hanna M A. Biodiesel production: a review. Bioresource Technology, 1999, 70: 1-15

[42] Strayer R C, Blake J A, Craig W K. Canola and high erucic rapeseed oil as substitutes for diesel fuel: preliminary tests. Journal of the American Oil Chemists' Society, 1983, 60(8):1587-1592

[43] Demirbas A. Biodiesel fuels from vegetable oils via catalytic and non-catalytic supercritical alcohol transesterifications and other methods: a survey. Energy Conversion and Management, 2003, 44: 2093-2109

[44] Diasakou M, Louloudi A, Papayannakos N. Kinetics of the non-catalytic transesterification of soybean oil. Fuel, 1998, 77(12): 1297-1302

[45] Al-Widyan M I, Al-Shyoukh A O. Experimental evaluation of the transesterification of waste palm oil into biodiesel. Bioresource Technology, 2002, 85(3): 253-256

[46] 王一平, 翟怡. 生物柴油制备方法研究进展. 化工进展, 2003, 22(1): 8-12

[47] Furuta S, Matsuhashi H, Arata K. biodiesel fuel production with solid superacid catalysis in fixed bed reactor under atmospheric pressure. Catalysis Communication, 2004, 5: 721-723

[48] Lotero E, Liu Y J. Synthesis of biodiesel via acid catalysis. Industrial Engineering Chemistry Research, 2005, 44: 5353-5363

[49] Serio M D, Tesser R. Synthesis of biodiesel via homogeneous Lewis acid catalyst. Joural of Molecular Catalysis A: Chemical, 2005, 239: 111-115

[50] Kaita J, Mimura T, Fukuoda N, et al. Catalysts for transesterification: US Patent 6407269. 2002-06-18

[51] Vicente G, Coteron A, Martinez M, et al. Application of the factorial design of experiments and response surface methodology to optimize biodiesel production. Industrial Crops and Products, 1998, 8: 29-35

[52] Bandgar B P, Uppalla L S, Sadavarte V S. Envirocat EPZG and natural clay as efficient catalysts for transesterification of beta-keto esters. Green Chemistry, 2001, 3: 39-41

[53] Madje B R, Patil P T, Shindalkar S S, et al. transesterification of beta-ketoesters under solvent-free condition using borate zirconia solid acid catalyst. Catalysis Communications, 2004, 5: 353-357

[54] Furuta S, Matsuhashi H, Arata K. Biodiesel fuel production with solid amorphous-zirconia catalysis in fixed bed reactor. Biomass & Bioenergy, 2006, 30(10):870-873

[55] Hmdn L, Sundram K, Siew W L, et al. TAG Composition and solid fat content of palm oil, sunflower oil, and palm kernel olein blends before and after chemical interesterification. Journal of the American Oil Chemists' Society, 2002, 79(1): 1137-1144

[56] Alcantara R, Amores J, Canoire L, et al. Catalytic production of biodiesel from soy-bean oil, used frying oil and tallow. Biomass and Bioenenergy, 2000, 18: 515-527

[57] Ma F, Clements L D, Hanna M A. The effect of mixing on transesterification of beef tallow. Bioresource Technology, 1999, 69: 289-293

[58] Komers K, Stloukal R, Machek J. Kinetics and mechanism of the KOH—catalyzed methanolysis of rapeseed oil for biodiesel production. European Journal of Lipid Science and Technology, 2002, 104(11): 728-737

[59] Sridharan R, Mathai I M. Transesterification reactions. Journal of Scientific & Industrial Research, 1974, 33: 178-187

[60] Gryglewicz S. Rapeseed oil methyl esters preparation using heterogeneous catalysts. Bioresource Technology,

1999, 70: 249-253

[61] 邬国英, 林西平, 巫淼鑫, 等. 棉籽油间歇式酯交换反应动力学的研究. 高校化学工程学报, 2003, 17(3): 314-318

[62] Schuchardt U, Vargas R M, Gelbard G. Alkylguanidines as catalysts for the transesterification of rapeseed oil. Journal of Molecular Catalysis A: Chemical, 1995, 99: 65-70

[63] Tčerče T, Peter S, Weidner E. Biodiesel-transesterification of biological oils with liquid catalysts: thermodynamic properties of oil-methanol-amine mixtures. Industrial & Engineering Chemistry Research, 2005, 44(25): 9535-9541

[64] 吕亮. 制备脂肪酸甲酯的新工艺研究. 云南化工, 2000, 27(2): 12-14

[65] 李为民, 郑晓林, 徐春明, 等. 固体碱法制备生物柴油及其性能. 化工学报, 2005, 56(4): 711-716

[66] Suppes G J, Dasari M A, Doskocil E J, et al. Transesterification of soybean oil with zeolite and metal catalysts. Applied Catalysis A: General, 2004, 257: 213-223

[67] Ebiura T, Echizen T, Ishikawa A, et al. Selective transesterification of triolein with methanol to methyl oleate and glycerol using alumina loaded with alkali metal salt as a solid-base catalyst. Applied Catalysis A: General, 2005, 283: 111-116

[68] Kim H J, Kang B S, Kim M J, et al. Transesterification of vegetable oil to biodiesel using heterogeneous base vatalyst. Catalysis Today, 2004, 93-95: 315-320.

[69] 崔士贞, 刘纯山. 固体碱催化大豆油酯交换反应的研究. 工业催化, 2005, 13(7): 32-34

[70] Avreu F R, Alves M B, Macedo C C S, et al. Neu muiti-phase catalytic systems based on tin compounds active for vetetable oil transesterification reaction. Journal of Molecular Catalysis A: Chemical, 2005, 227: 263-267

[71] 孟鑫, 辛忠. KF/CaO 催化剂催化大豆油酯交换反应制备生物柴油. 石油化工, 2005, 34: 282-286

[72] 张呈平, 杨建明, 吕剑. 生物柴油的合成和使用研究进展. 工业催化, 2005, 13(5): 9-13

[73] Noureddini H, Gao X, Phikana R S. Immobilized *Pseudomonas cepacia* lipase for biodiesel fuel production from sobybean oil. Bioresource Technology, 2005, 96: 769-777

[74] Nelson L A, Foglia T A, Mamer W N. Lipase-catalyzed production of biodiesel. Journal of the American Oil Chemists' Society, 1996, 73: 1191-1195

[75] 徐圆圆, 杜伟, 刘德华. 非水相脂肪酶催化大豆油合成生物柴油的研究. 现代化工, 2003, 23(s1): 167-169

[76] Du W, Xu Y Y, Liu D H, et al. Comparative study on lipase-catalyzed transformation of soybean oil for biodiesel production with different acyl acceptors. Journal of Molecular Catalysis B: Enzymatic, 2004, 30: 125-129

[77] 宗敏华, 吴虹. 生物催化油脂转酯生产生物柴油的方法: CN 1453332A. 2003-11-05

[78] Warabi Y, Kusdiana D, Saka S. Reactivity of triglycerides and fatty acids of rapeseed oil in supercritical alcohols. Bioresource Technology, 2004, 91: 283-287

[79] Kusdiana D, Saka S. Effects of water on biodiesel fuel production by supercritical methanol treatment. Bioresource Technology, 2004, 91: 289-295

[80] Saka S, Kusdiana D. Biodiesel fuel from rapeseed oil as prepared in supercritical methanol. Fuel, 2001, 80: 225-231

[81] Han H G, Cao W L, Zhang J C. Preparation of biodiesel from soybean oil using supercritical methanol and CO_2 as co-solvent. Process Biochemistry, 2005, 40: 3148-3151

[82] Cao W L, Han H G, Zhang J C. Preparation of biodiesel from soybean oil using supercritical methanol and co-solvent. Fuel, 2005, 84: 347-351

[83] Parhi P, Ramanan A, Ray A R. Hydrothermal synthesis of nanocrystalline powders of alkaline-earth hydroxyapatites, $A_{10}(PO_4)_6(OH)_2$ (A = Ca, Sr and Ba). Journal of Materials Science, 2006, 41: 1455-1458

[84] Jiang D E, Zhao B Y, Xie Y C, et al. Structure and basicity of γ-Al_2O_3-supported MgO and its application to mercaptan oxidation. Applied Catalysis A: General, 2001, 219: 69-78

[85] Wang H, Guan H B, Duan L Y, et al. Dispersion of MgO on Pt/γ-Al_2O_3 and the threshold effect in NO_x storage. Catalysis Communications, 2006, 7(10): 802-806

[86] Wang X Y, Zhao B Y, Jiang D E, et al. Monolayer dispersion of MoO_3, NiO and their precursors on γ-Al_2O_3.

Applied Catalysis A: General, 1999, 188: 201-209

[87] Sugiyama S, Nitta E, Abe K, et al. Effect of the introduction of tetrachloromethane into the feedstream for methane oxidation with oxygen and nitrous oxide on thermally stable strontium hydroxyapatites. Catalysis Letters, 1998, 55: 189-196

[88] Sugiyama S, Moriga T, Goda M ,et al. Effect of fine structure changes of strontium hydroxyapatites on ion exchange properties with cations. Journal of the Chemical Society Faraday Transactions, 1996, 92(21): 4305

[89] 潘晓民 , 谢有畅 . X 射线相定量法测单层分散阈值 . 大学化学 , 2001, 16: 36

[90] 杨南如 . 无机非金属材料测试方法 . 武汉 : 武汉工业大学出版社 , 1996

[91] Kano S, Yamazaki A, Otsuka R, et al. Application of hydroxyapatite-sol as drug carrier. Bio-Medical Materials and Engineering, 1994, 4(4):283-290

[92] Xie W L, Peng H, Chen L G. Transesterification of soybean oil catalyzed by potassium loaded on alumina as a solid-base catalyst. Applied Catalysis A: General, 2006, 300: 67-74

[93] Cantrell D G, Gillie L J, Lee A F, et al. Structure-reactivity correlations in MgAl hydrotalcite catalysts for biodiesel synthesis. Applied Catalysis A: General, 2005, 287: 183-190

[94] Tanabe K, Imelik B, Nacceche C, et al. Catalysis by Acids and Bases. Amsterdam: Elsevier Science Publishers, 1985

[95] 吴苏喜 , 官春云 . 菜籽生物柴油合成反应程度的气相色谱法判断 . 中国油脂 , 2006, 31(8): 67-69

[96] 王丽琴 , 田松柏 , 李长秀 , 等 . 分析技术在生物柴油生产和研究中的应用 . 炼油技术与工程 , 2005, 35(1): 42-46

[97] Komers K, Stoukal R, Machek J, et al. Biodiesel fuel from papeseed oil, methanol, and KOH analytical methods in research and production. Chemische Revue über die Fett-und Harz-Industrie, 1998, 100: 507-512

[98] 国家质量技术监督局 . 动植物油脂 脂肪酸甲酯制备 : GB/T 17376—1998. 北京 : 中国标准出版社 , 1998

[99] Rondon S, Dm. H, Houalla M. Determination of the surface coverage of Mo/TiO$_2$ catalysts by ISS and CO$_2$ chemisorption. Surface and Interface Analysis, 1998,(4):26

[100] Nova I, Lietti L, Casagrande L, et al. Characterization and reactivity of TiO$_2$-supported MoO$_3$ De-No$_x$ SCR catalysts. Applied Catalysis B: Environmental, 1998, 17(4): 245-258

[101] Freedman B, Pryde E H, Mount T L. Variables affecting the yields of fatty esters from transesterified vegetable oils. Journal of the American Oil Chemists' Society, 1988, 65: 936-938

[102] 王广欣 , 颜姝丽 , 周重文 , 等 . 用于生物柴油的钙镁催化剂的制备及其活性评价 . 中国油脂 , 2005, 30: 66-69

[103] 吕亮 , 段雪 , 李峰 , 等 . 固体碱催化酯交换反应的研究 . 中国皮革 , 2002, 31: 17

[104] Ma F, Hanna M A. Biodiesel production: a review. Bioresource Technology, 1999, 70: 1-15

[105] 张金延 . 脂肪酸及其深加工手册 . 北京 : 化学工业出版社 , 2004

[106] 刘少友 , 甄卫军 , 闵梨园 . 红花油脂肪酸单甘酯的合成及其宏观动力学研究 . 日用化学工业 , 2004, 34: 217-219

[107] Wright H J, Segur J B, Clark H V, et al. A report on ester interchange. Oil & Soap. 1944, 21: 145-148

[108] Ma F, Clements L D, Hanna M A. Biodiesel fuel from animal fat ancillary studies on transesterification of beef tallow. Industrial & Engineering Chemistry Research, 1998, 37: 3768-3771

[109] Feuge R Q, Grose T. Modification of vegetable oils Ⅶ alkali catalyzed interesterification of peanut oil with ethanol. Journal of the American Oil Chemists' Society, 1949, 26: 97-102

[110] Freedman B, Butterfield R O, Pryde E H. Transesterification kinetics of soybean oil. Journal of the American Oil Chemists' Society, 1986, 63(10): 1375

[111] Vicente G, Martinez M, Aracil J, et al. Kinetics of sunflower oil methanolysis. Industrial & Engineering Chemistry Research, 2005, 44: 5447-5454

[112] Canakci M, van Gerpen J H. Biodiesel production via acid catalysis. Transactionsof the ASAE, 1999, 42(5):1203-1210

[113] Komers K, Stloukal R, Machek J, et al. Biodiesel from rapeseed oil, methanol and KOH. 3. analysis of composition of actual reaction mixture. European Journal of Lipid Science and Technology, 2001, 103(6): 363-371

[114] Gryglewicz S. Alkaline-earth metal compounds as alcoholysis catalysts for ester oils synthesis. Applied Catalysis A: General, 2000, 192: 23-28

[115] 曾庆冰, 许家瑞, 符若文. 蛋白质分离色谱填料及其特性功. 功能高分子学报, 2000, 13(3): 343-348

[116] 王爱娟, 吕宇鹏, 孙瑞雪. 羟基磷灰石在生物活性物质分离与提纯领域中应用的研究进展. 材料导报, 2006, 20(6): 111-114, 118

[117] 刘冰心, 曹敏杰, 蔡秋凤. 草鱼肌肉亮氨酸氨肽酶的分离纯化与性质研究. 集美大学学报 (自然科学版), 2008, 13(1): 24-29

[118] 李冰, 张学成, 高美华, 等. 钝顶螺旋藻藻蓝蛋白提取纯化新工艺. 海洋科学, 2007, 31(8): 48-52

[119] 韦萍, 李环, 张成武. 极大螺旋藻藻蓝蛋白的提取与纯化. 南京化工大学学报, 1999, 21(3): 62-65

[120] 黄健, 赵永芳. 醌蛋白——猪肾二胺氧化酶的提取和性质. 武汉大学学报 (自然科学版), 1996, 42(4): 507-512

[121] 李保强. 壳聚糖 / 羟基磷灰石仿生骨材料的研究. 杭州 : 浙江大学, 2005

[122] 彭继荣, 李珍. 羟基磷灰石的应用研究进展. 中国非金属矿工业导刊, 2005(2): 12-19

[123] 仇越秀, 谈国强. 多孔羟基磷灰石材料的研究及制备. 佛山陶瓷, 2005(3): 32-35

[124] 卢志华, 孙康宁, 李爱民. 羟基磷灰石复合材料的研究现状与发展趋势. 材料导报, 2003, 17(专辑): 197-199, 203

[125] 林英光, 李伟, 程江, 等. 掺锶羟基磷灰石及其在口腔保健领域中的应用. 日用化学工业, 2006, 36(3): 182-186

[126] 李轩琦, 孙康宁, 卢志华, 等. 载银羟基磷灰石复合抗菌材料的研究. 硅酸盐通报, 2008, 27(1): 12-15, 25

[127] 沈君权, 任雅姗, 王瑞莉. 高温金属氧化物陶瓷湿敏传感器研究. 陶瓷学报, 1997, 18(1): 1-5

[128] 王艳, 王学荣, 刘博林. 羟基磷灰石多孔陶瓷的研究. 长春理工大学学报, 2002, 25(4): 67-69

[129] 杨柳. 几种新型电容生物传感器及复杂样品溶出伏安分析技术的研究与应用. 长沙 : 湖南大学, 2005

[130] 刘静霆, 韩颖超, 李世普. 抗骨肉瘤药物纳米载体的研究进展. 生物骨科材料与临床研究, 2006, 3(3): 44-46

[131] 杨莽, 张彩霞, 陈德敏. 磷酸钙骨水泥药物缓释载体研究进展. 国外医学生物医学工程分册, 2002, 25(1): 8-11

[132] 李娟莹, 张超武. 磷酸钙骨水泥作为药物缓释载体的研究. 陶瓷, 2006(6): 12-15

[133] 中国标准出版社第二编辑室. 中国环境保护标准汇编—水质分析方法. 北京 : 中国标准出版社, 2001

[134] 汪小研. 化工过程最优化设计. 北京 : 化学工业出版社, 1991

[135] 天津大学物理化学教研室. 物理化学 : 下册. 3 版. 北京 : 高等教育出版社, 1993

[136] 杜清枝, 杨继舜. 物理化学. 重庆 : 重庆大学出版社, 1997

[137] Hata M, Okada K, Iwai S. Cadmium hydroxyapatite. Acta Crystallographic. Section B, Stractural Science, 1978, B34: 3062-3064

[138] 刘羽, 钟康年, 胡文云. 海口磷灰石的矿物学及铅离子吸附特性研究. 武汉化工学院学报, 1996, 18(4): 31-33

[139] 石和彬, 罗惠华, 刘羽. 磷矿石的铅离子吸附性能研究. 武汉化工学院学报, 1999, 21(3): 34-37

[140] 胡文云. 磷灰石吸附水溶液中铅离子的研究. 武汉 : 武汉化工学院, 1996

[141] 邵涛, 姜春梅. 膨润土对不同价态铬的吸附研究. 环境科学研究, 1999, 12(6): 47-49

[142] Smiciklas I D, Milonjic S K, Pfendt P, et al. The point of zero charge and sorption of cadmium(II)ions on synthetic hydroxyapatite. Separation and Purification Technology, 2000, 18: 185-194

[143] Crannell B S, Eighmy T T, Krzanowski J E, et al. Heavy metal stabilization in municipal solid waste combustion bottom ash using soluble phosphate. Waste Management, 2000, 20: 135-148

[144] Eighmy T T, Crannell B S, Butler L G, et al. Heavy metal stabilization in municipal solid waste combustion dry scrubber residue using soluble phosphate. Environmental Science & Technology, 1997, 31(11): 3330-3338

[145] Flora N J, Yoder C H, Jenkins H D B. Lattice energies of apatites and the estimation of $\Delta Hf^\circ(PO_4^{3-}, g)$. Inorganic Chemistry, 2004, 43: 2340-2345

[146] Houwen J A M V D, Cressey G, Cressey B A, et al. The effect of organic ligands on the crystallinity of calcium phosphate. Journal of Crystal Growth, 2003, 249: 572-583

[147] Mahapatra P P, Sarangi D S, Mishra B. A new method of preparation of solid solutions of calcium-cadmium-lead hydroxyapatite and their characterization by X-ray, electronmicrograghy and IR. Indian Journal of Chemistry, 1993, 32A: 525-530

[148] Mahapatra P P, Sarangi D S, Mishra B. Kinetics of nucleation of lead hydroxyapatite and preparation of solid solution of calcium-cadmium-lead hydroxyapatite: an X-ray and IR study. Journal of Solid State Chemistry, 1995, 116: 8-14

[149] Hadrich A, Lautie A, Mhiri T. Vibrational study and fluorescence bands in the FT-Raman spectra of $Ca_{10-x}Pb_x(PO_4)_6(OH)_2$ compounds. Spectrochimica Acta Part A: Molecular and Biomolecular Spectroscopy, 2001, 57: 1673-1681

[150] Manecki M. Reactions of aqueous Pb (II) with apatites. Kent: Kent State University, 1999

[151] 硅酸盐物理化学教研室 . 硅酸盐物理化学 (武汉工业大学自编教材). 武汉 : 武汉工业大学出版社 , 1995

[152] Redey S A, Nardin M, Bernache-Assolant D, et al. Behavior of human osteoblastic cells on stiochiometric hydroxyapatite and type A carbonate apatite: role of surface energy. Journal of Biomedical Materials Research, 2000, 50: 353-364

[153] Lu H B, Campbell C T, Graham D J, et al. Surface characterization of hydroxyapatite and related calcium phosphate by XPS and TOF-SIMS. Analytical Chemistry, 2000, 72: 2886-2894

[154] Cheung C W, Chan C K, Porter J F, et al. Film-pore diffusion control for the batch sorption of cadmium ions from effluent onto bone char. Journal of Colloid and Interface Science, 2001, 234: 328-336

　　湖北三峡实验室由湖北省人民政府批复，依托宜昌市人民政府组建，是湖北省十大实验室之一。实验室由湖北兴发化工集团股份有限公司牵头，联合中国科学院过程工程研究所、武汉工程大学、三峡大学、中国科学院深圳先进技术研究院、中国地质大学（武汉）、华中科技大学、武汉大学、四川大学、武汉理工大学、中南民族大学和湖北宜化集团有限责任公司共同组建，于 2021 年 12 月 21 日揭牌成立。

　　湖北三峡实验室实行独立事业法人、企业化管理、市场化运营模式，定位绿色化工，聚焦磷石膏综合利用、微电子关键化学品、磷基高端化学品、硅系基础化学品、新能源关键材料、化工高效装备与智能控制六大研究方向，开展基础研究、应用基础研究和产业化关键核心技术研发，推动现代化工产业绿色和高质量发展。

湖北三峡实验室

附　　图

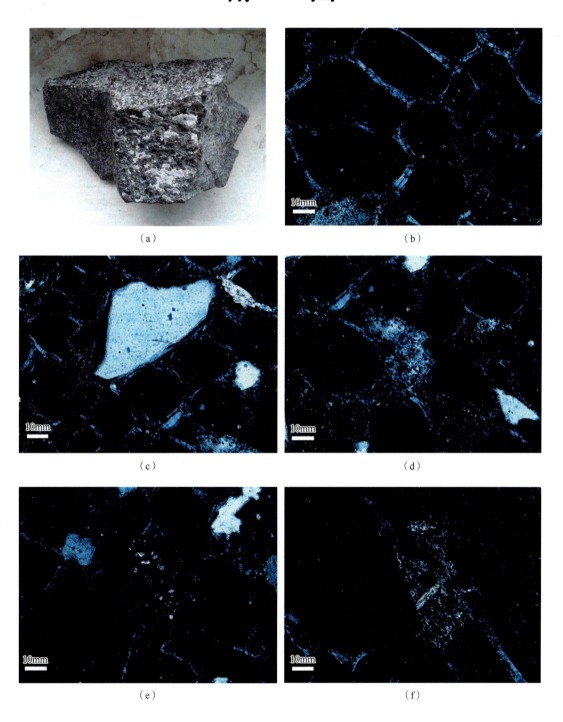

（a）

（b）

（c）

（d）

（e）

（f）

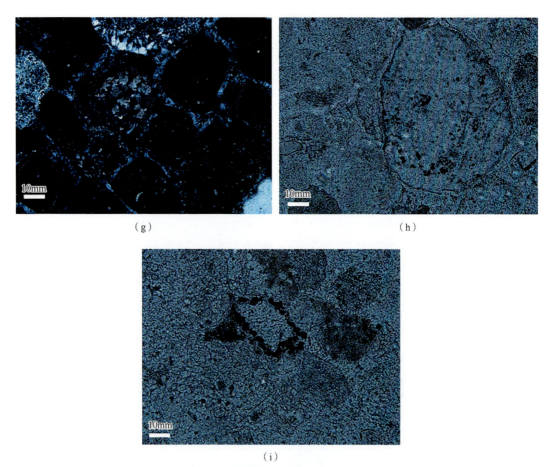

附图1 上富矿

（a）上富矿块状磷块岩；（b）团粒状胶磷矿（黑色），呈球团粒状嵌布，边缘有重结晶；（c）团粒状胶磷矿、石英 [胶磷矿（黑色）呈球团粒状嵌布，与块状石英（亮白色）呈平直毗连嵌镶；石英被团状胶磷矿包裹嵌镶]；（d）团粒状胶磷矿、黏土云母 [胶磷矿（黑色）呈球团粒状嵌布，被黏土云母包裹嵌镶；黏土云母（杂色、暗黑）与团状胶磷矿呈波浪状毗连嵌镶]；（e）团粒状胶磷矿、石英 [石英小颗粒（亮白点）在团粒状胶磷矿（黑色）中呈包裹嵌镶]；（f）块状胶磷矿、黏土云母 [胶磷矿（黑色）呈块状嵌布与黏土云母（杂色、暗黑）呈平直状毗连嵌镶]；（g）团粒状胶磷矿、碳酸盐类矿物 [胶磷矿（黑色）呈球团粒状在黏土云母与碳酸盐类矿物（杂色、暗黑）中呈波浪状嵌镶]；（h）团粒状胶磷矿、碳质矿物 [小颗粒碳质矿物（黑色）被包裹于团粒状胶磷矿（灰色）中呈包裹嵌镶]；（i）团粒状胶磷矿、碳质矿物 [板块状胶磷矿（灰色）被包裹于呈连续点状分布的碳质矿物（黑色）中呈包裹嵌镶]

（a）

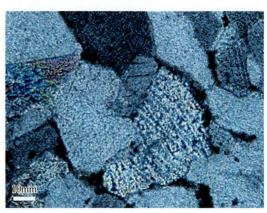

（b）

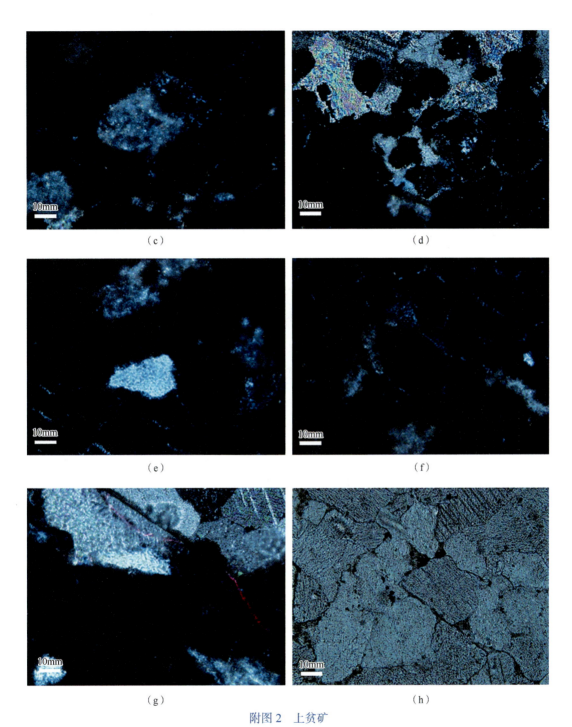

（c）   （d）

（e）   （f）

（g）   （h）

附图 2　上贫矿

（a）上贫矿白云质条带状磷块岩；（b）团粒状胶磷矿、碳酸盐类矿物 [球团粒状的胶磷矿（灰色）与块状的花斑状碳酸盐
　　类矿物（亮杂色）呈港湾状毗连嵌镶]；（c）团粒状胶磷矿、黏土云母 [黏土云母（灰色）被包裹于球团粒状的胶
　　磷矿（黑色）中呈包裹嵌镶；（d）团粒状胶磷矿、碳酸盐类矿物 [球团粒状的胶磷矿（黑色）被包裹于流动状的碳酸盐类
　　矿物（杂色）中呈包裹嵌镶；球团粒状的胶磷矿（黑色）与流动状的碳酸盐类矿物（杂色）呈港湾状毗连嵌镶]；（e）团粒
　　状胶磷矿、石英 [胶磷矿（黑色）呈球团粒状嵌布，与块状石英（亮白色）呈波浪状毗连嵌镶；石英被团粒状胶磷矿包裹]；
　　（f）团粒状胶磷矿（黑色），球团粒状分布，边缘有重结晶；（g）块状胶磷矿、碳酸盐类矿物 [胶磷矿（灰黑色）呈块状，
　　与碳酸盐矿物（花斑色）呈港湾状毗连嵌镶]；（h）团粒状胶磷矿、碳酸盐类矿物 [胶磷矿（灰色）呈球团粒状嵌布；白云
　　　　　　　　　　　　　　石（花斑状）呈块状嵌布，并被胶磷矿包裹]

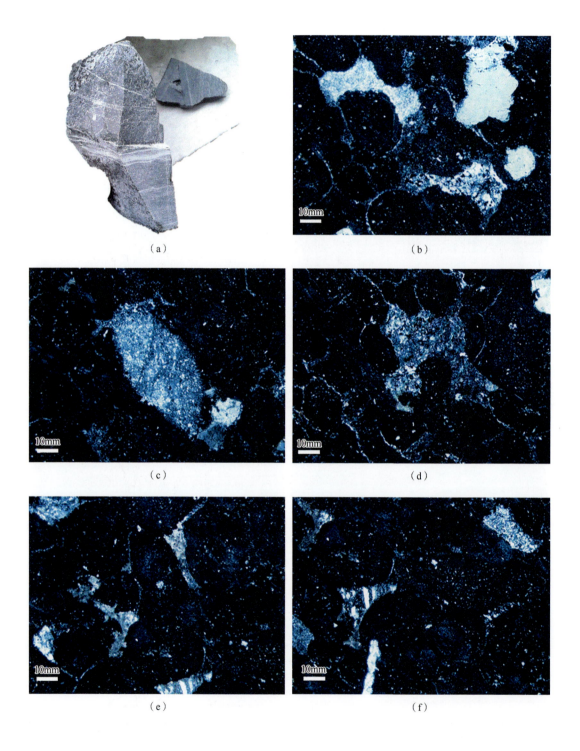

（a）

（b）

（c）

（d）

（e）

（f）

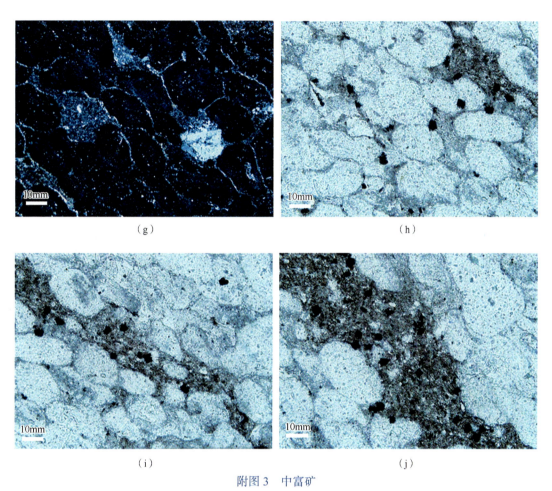

（g）　　　　　　　　　　　　　　　　　　　　（h）

（i）　　　　　　　　　　　　　　　　　　　　（j）

附图 3　中富矿

（a）中富矿致密条纹状磷块岩；（b）团粒状胶磷矿、石英 [胶磷矿与石英矿物总体上呈波浪毗连嵌镶；石英（白色）呈流块状被包裹于胶磷矿中呈包裹嵌镶]；（c）团粒状胶磷矿、黏土云母 [黏土云母（灰色）被包裹于团粒状胶磷矿（黑色）中呈包裹嵌镶；黏土云母与团粒状胶磷矿（黑色）呈平直状毗连嵌镶]；（d）团粒状胶磷矿、黏土云母 [胶磷矿（黑色）呈球团粒状嵌布，边缘有重结晶；黏土云母（杂色、暗黑）呈流动状嵌布，被胶磷矿包裹]；（e）团粒状胶磷矿、黏土云母 [胶磷矿（黑色）呈球团粒状嵌布，边缘有重结晶；黏土云母（杂色、暗黑）呈流动状嵌布并被胶磷矿包裹]；（f）团粒状胶磷矿、石英、碳酸盐类矿物 [胶磷矿（黑色）呈球团粒状嵌布；流块状的石英（白色）和碳酸盐类矿物被胶磷矿包裹呈包裹嵌镶]；（g）团粒状胶磷矿、黏土云母 [胶磷矿（黑色）呈球团粒状嵌布，边缘有重结晶；黏土云母（杂色、暗黑）呈流动状嵌布并被胶磷矿包裹]；（h）团粒状胶磷矿、铁－碳质矿物 [方形的铁－碳质矿物（黑色）被包裹于球团粒状的胶磷矿（灰白色）中呈包裹嵌镶]；（i）流动状黏土云母、铁－碳质矿物 [流动状黏土云母（暗灰色）呈流动状嵌布，边缘明显；方形的铁－碳质矿物（黑色）被包裹于黏土云母中呈包裹嵌镶]；（j）流动状黏土云母、碳质矿物 [流动状黏土云母（暗灰色）呈流动状嵌布，边缘明显；方形的铁－碳质矿物（黑色）被包裹于黏土云母中呈包裹嵌镶]

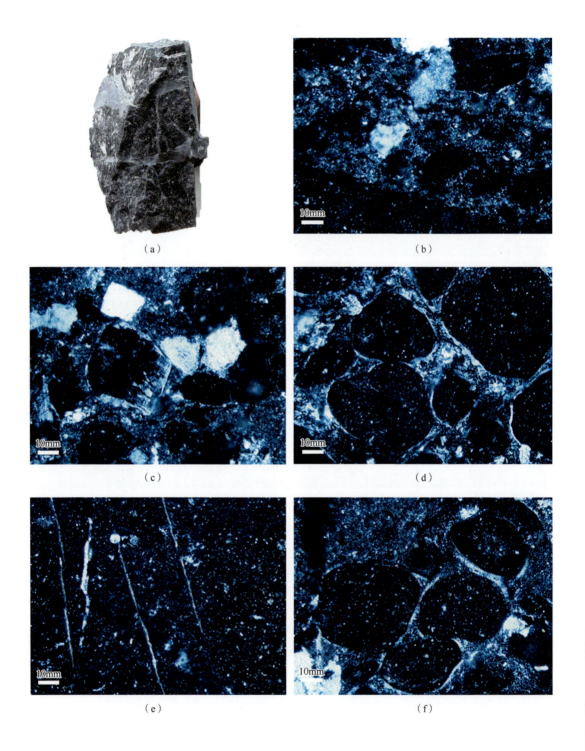

（a）

（b）

（c）

（d）

（e）

（f）

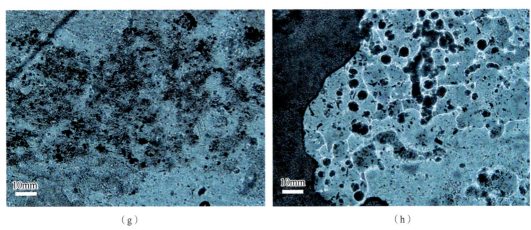

（g） （h）

附图 4 　下贫矿

（a）下贫矿泥质条带状磷块岩；（b）胶磷矿、黏土云母 [球团粒状的胶磷矿（黑色）被流动状的黏土云母（杂色、灰色）包裹呈包裹嵌镶]；（c）团粒状胶磷矿、石英 [块状的石英（白色）被包裹于球团粒状的胶磷矿（黑色）中呈包裹嵌镶]；（d）团粒状胶磷矿、碳酸盐类矿物 [球团粒状的胶磷矿（黑色）被包裹于流动状的碳酸盐类矿物（杂色、暗黑）中呈包裹嵌镶；（e）板块状胶磷矿、黏土云母 [黏土类矿物（彩色，主要为云母）在块状胶磷矿（黑色）中呈线性或分散颗粒状嵌布，黏土类矿物与块状胶磷矿呈平直状毗连嵌镶]；（f）团粒状胶磷矿、黏土云母 [胶磷矿（黑色）呈球团粒状嵌布，边缘有重结晶；黏土云母（杂色、暗黑）呈流动状嵌布包裹胶磷矿]；（g）胶磷矿、铁 – 碳质矿物 [块状胶磷矿（灰褐色）中包裹有团粒状的黏土类（小颗粒中的灰白色）、铁 – 碳质矿物（黑色）颗粒，呈包裹嵌镶]；（h）胶磷矿、黏土云母 [胶磷矿（褐色，左半部）呈杂乱颗粒状嵌布在碳酸盐类矿物（花斑色）中，两者呈平直 – 港湾状毗连嵌镶；黏土云母（灰色）呈点状嵌布被包裹于胶磷矿中，二者有明显的交界]

附图5　鲕状磷块岩[胶磷矿（浅褐色）呈块状嵌布；微小颗粒铁–碳质（黑褐色）被包裹于胶磷矿中与胶磷矿呈包裹嵌镶]

附图6　鲕状磷块岩[石英（白色）粒状与胶磷矿呈平直状毗连嵌镶]

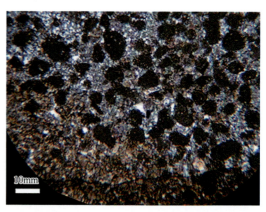

附图7 白云石条带状磷块岩[鲕状胶磷矿（浅褐色）与玉髓（灰白色）毗连嵌镶；微小颗粒铁–碳质（黑褐色）被包裹于鲕状胶磷矿、白云石条带中与胶磷矿呈包裹嵌镶]

附图8 白云石条带状磷块岩[鲕状胶磷矿（黑色）呈条带状嵌布，与白云石（花斑状）条带呈平直状毗连嵌镶]

附图9 蓝灰色鲕状磷块岩[胶磷矿（浅褐色）呈块状嵌布]

ph- 金云母；D- 次透辉石；Q- 石英；AP- 磷灰石

附图10 蓝灰色鲕状磷块岩[铁–碳质（黑褐色）呈粒状与鲕状胶磷矿（浅褐色）呈毗连嵌镶；微小颗粒铁–碳质（黑褐色）被包裹于鲕状胶磷矿中与胶磷矿呈包裹嵌镶]

附图11 白云石条纹磷块岩[在胶磷矿条带中胶磷矿（灰黑色）呈鲕粒嵌布，与白云石（花斑状）呈不规则状毗连嵌镶；胶磷矿（灰黑色）包裹小颗粒白云石（浅褐色）]

附图12 白云石条纹磷块岩[微小颗粒铁–碳质（黑褐色）被包裹于鲕状胶磷矿中与胶磷矿呈包裹嵌镶]

附图13　白云石条带状磷块岩

附图14　白云石条带状磷块岩[胶磷矿（黑色小团粒）杂乱嵌布在白云石（灰褐色）中]

附图15　致密状磷块岩[微小颗粒铁–碳质（黑褐色）被包裹于鲕状胶磷矿中与胶磷矿呈包裹嵌镶；胶磷矿（浅褐色）呈块状嵌布]

附图16　致密块状磷块岩[微小颗粒石英（白色）被包裹于胶磷矿（灰色）中]

附图17　白云石条带状磷块岩[微小颗粒铁–碳质（黑褐色）被包裹于鲕状胶磷矿（浅褐色）、白云石（灰色团粒）中；粒状石英（白色、灰白色）与白云石、胶磷矿呈平直状毗连嵌镶]

附图18　白云石条带状磷块岩[在胶磷矿条带中，白云石（花斑状）与胶磷矿（灰黑色）呈不规则状毗连嵌镶；胶磷矿（灰黑色）包裹小颗粒白云石（浅褐色）]

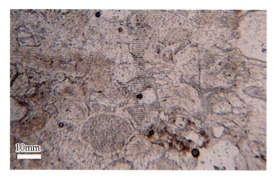

附图19　鲕状磷块岩[微小颗粒铁-碳质（黑褐色）被包裹于鲕状胶磷矿（浅褐色）中与胶磷矿呈包裹嵌镶]

附图20　鲕状磷块岩[胶磷矿（灰黑色）呈块状嵌布；粒状石英（白色）胶磷矿呈平直状毗连嵌镶；黏土（灰色）被包裹于胶磷矿中与胶磷矿呈包裹嵌镶]

附图21　白云质磷块岩[微小颗粒铁-碳质（黑褐色）被包裹于鲕状胶磷矿（浅褐色）白云石（灰色团粒）中与胶磷矿呈包裹嵌镶]

附图22　白云质磷块岩[白云石（花斑状）呈不规则状与胶磷矿（灰黑色）呈毗连嵌镶；胶磷矿（灰黑色）被包裹在小颗粒白云石（浅褐色）中与胶磷矿呈包裹嵌镶；粒状石英（白色）与白云石、胶磷矿呈平直状毗连嵌镶]

附图23　硅质鲕状磷块岩[粒状胶磷矿（黄褐色）呈均匀嵌布；玉髓（白色）呈不规则状在胶磷矿之间胶结，与胶磷矿毗连嵌镶；微小颗粒铁-碳质（黑褐色）被包裹于玉髓（白色）中与玉髓呈包裹嵌镶]

附图24　硅质鲕状磷块岩[黏土（灰暗色）被包裹于鲕粒状胶磷矿中与胶磷矿呈包裹嵌镶]

附图25　硅质角砾磷块岩[鲕状胶磷矿（灰暗色）边缘有针状结晶磷灰石（灰白色）呈块状嵌布；粒状石英（白色）与胶磷矿呈毗连嵌镶]

附图26　硅质角砾磷块岩[小颗粒铁–碳质（黑褐色）被包裹于鲕状胶磷矿（褐黄色）和白云石（灰色团粒）中与胶磷矿呈包裹嵌镶]

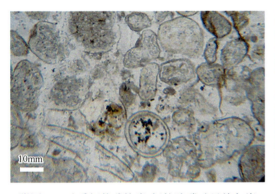
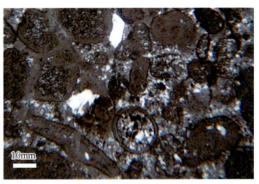

附图27　硅质鲕状磷块岩[鲕粒胶磷矿呈均匀嵌布；玉髓（白色）呈不规则状在胶磷矿之间胶结，与胶磷矿毗连嵌镶；小颗粒铁–碳质（黑褐色）被包裹于胶磷矿和白云石中与胶磷矿呈包裹嵌镶；黏土（灰暗色）被包裹于鲕粒胶磷矿中与胶磷矿呈包裹嵌镶]

附图28　硅质鲕状磷块岩[粒状石英（白色）与鲕状胶磷矿呈毗连嵌镶]

附图29　鲕状磷块岩[粒状石英（白色）与胶磷矿呈毗连嵌镶；鲕状胶磷矿（灰暗色）边缘有针状结晶磷灰石（灰白色）呈块状嵌布]

附图30　硅质鲕状磷块岩[黏土（微小黑点聚合）团粒与胶磷矿呈毗连嵌镶；鲕粒胶磷矿（褐黄色、灰白色）呈块状嵌布]

附图31 鲕状磷块岩[胶磷矿呈蓝灰色；蜂窝状空洞]　　附图32 白云石条带状磷块岩[胶磷矿条带（蓝灰色）；白云质条带（灰白色）]

附图33 蓝灰色鲕状磷块岩　　　　　　　　　附图34 含磷白云岩

附图35 白云石条纹磷块岩[白云质条纹（浅黄色）；胶磷矿条带（蓝灰色）]　　附图36 白云石条带状磷块岩[白云质条带（浅黄色）；胶磷矿条带（蓝灰色）]

附图37　致密块状磷块岩照片

附图38　白云质鲕状磷块岩

附图39　白云石条带状磷块岩照片[白云质条带
（褐黄色）；胶磷矿条带（蓝灰色）]

附图40　白云质角砾磷块岩

附图41　硅质鲕状磷块岩照片

附图42　硅质角砾磷块岩照片